파손분석 실무개론

김의수 지음

도서출판 동화기술

머리말

법률시장 개방 및 공판중심주의 도입으로 인해 과학적, 공학적 증거의 중요성이 대두되고 이로 인해 공학적 지식을 기반으로 한 전문화되고 체계적인 사고조사와 사고해석이 필요하게 되면서 사고 재발 방지를 위한 사고 대상물에 관한 안정성 평가 및 예방 시스템 개발이 절실히 요구되어진다. 법공학(Forensic Engineering)은 안전사고, 화재사고, 교통사고, 인체파손 사고 등에 관한 법적 문제에 대해서 공학적으로 해명을 주는 학문 분야로 공학에 기초를 둔 사고원인 규명 및 예방시스템 개발, 안전성 평가를 연구하는 분야이다. 법공학 분야에서 기계는 인간의 삶의 질을 향상시키는데 큰 기여를 해왔지만 점차 산업이 고도화되고 무한경쟁의 시대가 도래하면서 기계의 역기능으로 인간의 본질적 요소인 생명과 안전을 위협하는 수준으로 발전하였다.

법공학에서 다루는 세부적인 내용은 공구흔·절단흔·총기흔 등과 같은 파손사고에 대한 과학적 검사 및 조사, 전기화재·차량 화재·화재에 의한 폭발 등과 같은 화재 관련 분야, 전기적·기계적 안전사고·건설 안전사고 등과 같은 안전사고 관련 분야, 교통사고 원인 조사·사고의 재구성 및 역학 조사 등과 같은 교통 관련 분야, 구조물의 안전 여부 및 붕괴 사고 등에 대한 원인조사 등과 같은 건축 및 토목 분야, 오폐수 처리 및 관련 시설·인체 손상 평가 연구 등과 같은 법의공학 분야 등으로 요약되며 여기에 사고 현장 및 감정물을 증거화할 수 있는 사진 측량, 촬영 기술과 공학 전문가로써 법정에서 증언하는 방법 및 윤리관 등에 관한 내용으로 구성되어 있다. 이 중 기계안전사고의 주요원인은 기계구조물 및 부품 등이 파손, 손상되는 것에서 기인하며 정확한 구조물 파손 사고 원인 분석을 위해서는 구조와 설계기준, 응력분포 해석, 원소재, 제조공정 및 사용조건 등의 측면을 병행 고려해야 한다. 특히, 기계나 구조물 또는 수송기관들이 대형화, 대용량화, 고속화됨에 따라 파손이나 고장은 대형 피해나 사고로 이어질 가능성이 매우 높아 원인 규명에 대한 고도의 검사 및 시험 평가 기술은 사고 재발 방지를 위한 예방 측면에서도 필연적으로 요구되어 지는 기술이다.

구조물의 파손 유형으로는 과부하에 의한 파손과 반복하중에 의한 피로 파손, 부식 환경에서 발생할 수 있는 부식 파손 및 고온에서의 표면산화, 국부적 용융현상이나 크리프 파손으로 야기되는 고온파손, 주조 단조나 열처리의 제조공정에서 유발되는 결함, 용접 파손 및 코팅이나 표면처리의 표면 상태로부터 발생하는 것으로 분류할 수 있다. 과부하에 의한 파손이란 사용하중 상태에서 선택소재의 부적합성이나 제조공정, 열처리, 표면처리 공정 혹은 설계구조상의 두께 치수나 노치 가공 등의 부적합성 혹은 피로, 부식, 고온파손 등과 같은 특별한 파손조건의 적용 없이 장비나 부품에 과부하가 작용되어 파손에 이르는 것이다. 이 중에서 피로파손이나 부식 파손 및 고온파손은 각각 특징적인 하중상태와 사용조건이 적용되어 발생하는 것으로써 파손 유형에 있어서도 고유의 형태를 나타낸다. 구조물 파손 유형별 구조물 파괴사고 원인규명을 위해서는 주사전자현미경(SEM), 나노인덴트, 크리프시험기, 피로시험기, 충격시험기, 파괴인성시험기 등 다양한 장비를 통해 재료 및 기계물성을 분석함으로써 이들의 결과를 종합적으로 검토하여 활용하고 있다.

이에 본 저자는 국립과학수사연구원, 삼성전자, LG전자, 한국교통대 등에서 공정엔지니어 및 사고조사 감정관, 안전공학과 교수 등으로 재직하면서 겪은 실제 경험을 바탕으로 구조물 파손에 대한 원인분석 방법과 다양한 구조물 파손 유형에 따른 기계 특성 평가 시험 및 파손 진단에 활용되는 장비들의 적용방법을 습득시키고 전문화되고 체계화된 정확한 구조물 파손사고의 기본 분석 지식을 담는데 주안점을 둠으로써 기존 파괴 검사 관련 전문서적과의 차별화를 도모하였다. 이와 같은 관점에서 본 서적은 파손 증거물 수거 후 검사 및 분석과 관련된 종합적인 지식 함양에 도움이 되기 위해 총 6장으로 파손 증거물 검사 및 분석에서 반드시 필요로 하는 파단면 관찰법, 조직 검사법, 재료시험법, 와이어 로프 검사법 등으로 항목을 나누어 챕터를 구성하였고 기본 지식 습득 후 실제 응용 능력 향상을 위해 주요 대상물별 파손사고 조사법을 세부 챕터별로 나누어 실제 현장에서 활용할 수 있는 방법론과 관련된 그림과 사진을 많이 삽입하여 집필하는데 노력하였다. 본 서적을 집필하는데 파손 진단 및 검사 관련 국내외 문헌, 관련 기관 내 공유 자료, 언론 보도 자료, 인터넷 자료 등을 일부 활용하였으며 이에 관해 저자들에게 감사드리며, 원고 집필을 위해 자료 발췌 및 정리 등에 힘써 준 한국교통대학교 안전공학과 기계안전연구실 학생들에게 감사드리고 마지막으로 책의 출판을 위해 물심양면 도와준 아내와 도서출판 동화기술 직원분들께 감사드리오며, 본 서적을 통해 국내 외 파손 원인 규명 관련 공학도 및 소방, 경찰, 손해사정사 등의 기관 관계자분들이 파손 증거물 검사 및 분석 기술을 이해하는데 많은 도움이 되길 소망해 본다.

충주캠 테크노관에서

저자 김 의 수 올림

목차

II 조성 검사법

III 조직 검사법

IV 철강 재료 시험법

V 와이어 로프 검사법

VI 기계 구조물 파괴 사고 조사법

I 파단면 관찰법

01 파손분석의 개요

파손분석 기술은 전공 분야에 따라 구별되는데 기계분야의 전공자들은 주로 설계나 기계구조 해석을 통하며 금속 전공자들은 원소재, 제조공정 및 사용조건을 따지는 재료분석을 통해 파손 해석을 시도함에 서로의 특징을 지닌다. 그러나 해외 사례를 볼 때, 앞으로는 구조해석과 재료 분석의 두 분야가 반드시 공동으로 운용되어 파손분석을 행할 것으로 판단된다. 파손 원인의 유형은 설계 및 과부하, 사용조건(부식, 열, 피로) 및 제조 공정(주조, 단련, 용접, 표면, 열처리)의 크게 3개 분야로 구별한다. 파손 유형별 정리는 파손분석 기술에서 가장 기초가 되는 것을 강조한다. 파손진단의 과정은 대략적으로 정해지는 절차를 따라야 하는데 파단면 및 파손 부위 보호와 2차 균열 발견은 기본적으로 시행해야 한다. 특히 파단면은 형사범의 지문과 같은 것으로써 파손원인을 판단할 수 있는 최초의 근거이다.

파손분석에 접근하는 방식으로는 파손된 부분의 구조와 설계기준 그리고 이곳에 적용되는 열, 응력 분포를 해석함으로써 그 원인을 밝히는 구조 해석 측면을 일반적인 것으로 인식한다. 그러나 대부분의 기계 부품 혹은 구조물에는 이것을 이루는 재료의 문제점이 파손에 대한 주된 원인으로 작용한다. 이와 같이 파손진단은 구조해석과 재료분석의 두 가지 기본 개념을 포함한다. 파손진단의 궁극적인 목적은 파손을 방지하여 안전한 운용을 꾀하는 것에 있는데, 파손에 대한 책임을 가려 손해 배상과 보험을 통해 그 손실을 최소화하는 별도의 목적성이 있다. 구조해석은 설비, 구조물, 부품의 설계 구소와 열 혹은 응력 분포를 해석함으로써 적용하중에 대한 안전성과 파손 위험성을 모사하는 것이다. 금속 소재로 제조되는 거의 모든 기계부품과 설비, 구조물에서는 재료적인 문제가 거의 모든 경우의 파손에 크고 작은 원인을 제공한다. 이에 따라 파손진단에는 재료 분석이 필수적인데 기계 부품류의 파손에서 구조해석 없이 재료분석만으로 그 원인을 진단하는 경우가 흔하다. 재료분석은 크게 원소재와 제조 공정상의 문제점을 사용조건(사용압력 및 하중 열 및 부식 분위기)에 적용함으로써 시행된다. 본 서적의 대부분은 사용조건인 부식, 열, 피로 분위기에 노출된 금속소재에 있어서 재료적인 측면(화학조성, 미세조직, 기계적 특성, 제조공정 결함)의 파손 요인을 진단한 것이다.

1.1 파손분석 순서

(1) 문제점 인식

각 파손사건에 대해 파손분석 절차가 고유하기는 하지만, 경험적으로 파손분석에 유용하다고 알려진 여러 가지 기본 절차가 제시 되고 있다. 파손분석 절차의 여러 면을 설명한 많은 문헌이 있으며 이들을 토대로 [표 1.1]과 같은 표준적인 파손분석 절차를 수립하여 사용하고 있다. 각 절차에 대해 자세히 설명해 보면 다음과 같다.

표 1.1 파손 원인 분석 순서

1. 파손사고와 관련된 문제점 인식
2. 파손사고와 관련된 자료의 수집
   A. 파손사고의 배경
      가) 시간, 날씨 및 장소
      나) 파손기계 지시장치의 지시 값, 작동부의 위치
      다) 목격자의 증언
   B. 파손부품의 제작 및 설계에 대한 자료
      가) 시스템의 사양
      나) 조립과정의 지침서
      다) 보수, 유지에 관한 지침서
      라) 설계근거 및 도면
      마) 제작공정기록 . 기계가공 공정, 열처리공정, 화학처리공정
      바) 품질검사과정(품질검사 성적서)
      사) 관련 코오드나 규격
   C. 사용기록
      가) 파손사고 전의 보수기록
      나) 파손사고 시의 작동기록
3. 현장검사
   A. Wreckage 에 따른 파손부품 분포 기록
   B. 각 부품의 변형 상태
   C. 사진기록
   D. 목격자 및 사용자의 증언 녹음
   E. 실험실 조사를 위한 부품 선정
4. 실험실에서의 파손분석
   A. 파손부품의 보존 및 예비검사
   B. 파면의 세척 및 절단
   C. 비파괴시험
   D. 기계물성 시험
   E. 파면의 거시검사
   F. 파면의 미시검사
   G. 조직검사
   H. 화학분석
5. 모의시험 및 파손방지대책 수립
   A. 파손과정에 대한 추측

B. 모의시험
C. 파손방지대책 수립
6. 보고서 작성
A. 모든 가정의 검사
B. 파손원인 및 파손방지대책에 관한 보고서 작성
C. 기록보관

(2) 자료의 수집

파손분석은 파손사고와 관련된 자료를 수집하는 것으로 시작되는데, 이 자료는 파손사고 배경에 대한 것, 파손부품의 제작 및 설계에 대한 것, 파손부품의 사용기록, 파손현장에 대한 사진 등으로 나눌 수 있다. 이 자료들을 세분하면 다음과 같다.

가. 파손사고의 배경에 대한 자료
(가) 파손발생 시간, 날씨 및 장소
(나) 파손기계의 지시장치부의 지시 값 또는 작동부의 위치
(다) 목격자의 증언

나. 파손부품의 제작 및 설계에 대한 자료
(가) 시스템의 사양(Specification)
(나) 조립과정에 대한 지침서
(다) 보수유지에 필요한 지침서
(라) 설계 근거 및 도면
(마) 제작공정기록 . 기계가공 공정, 열처리 공정 및 화학처리 공정
(바) 품질검사 과정(또는 품질검사 성적서)
(사) 관련 코오드나 규격

다. 사용기록
(가) 파손사고 전의 보수기록
(나) 파손사고 시의 작동기록

이들 자료 중 사용기록에 대한 자료가 파손분석에 도움을 주는 사례가 많으며 특히 비정상 과부하, 작업 시 온도, 부식 환경 등에 주의를 기울여야 한다. 그러나 대부분의 경우 충분한 사용조건을 알기 어려우므로 파손분석자의 경험으로 사용조건을 유추해 내야 한다. 파손분석을 시작하는 단계에서 모든 관련 자료를 수집하는 것은 매우 지루하고 어려운 일이지만, 수집된 자료가 많을수록 파손분석에 필요한 노력과 시간이 감소되고, 정확한 결론에 도달할 수 있음을 기억해야 한다.

(3) 현장검사

만약 파손분석 의뢰자가 파손사고 후 즉시 파손분석을 의뢰하였다면, 파손분석자는 사고현장의 파손부품 위치가 변경되거나 관련 증거가 없어지기 전에 즉시 현장검사를 해야 한다. 이 점은 한 가지 부품의 파손이 원인이 되어 여러 개의 다른 부품이 한꺼번에 또는 차례로 파손되어버리는 잔해분석(Wreckage analysis)에 특히 중요하다. 잔해 또는 파편의 파손 분석 시에는 파손품의 일부를 만지기 전에 모든 파손품의 위치 및 상태를 그림이나 사진 등으로 기록해 두어야 하며 또한 모든 부품이 파손현장에 존재

하는지 확인해야 한다. 왜냐하면 잔해분석에서는 처음에 파손된 부품을 찾아내기 위해 깨진 부품들의 파손 순서를 결정해야 하는데, 파손사고 시의 파손품들의 위치가 파손 순서의 단서를 제공하기 때문이다. 또 처음에 파손된 부품은 먼저 기계에서 분리되어 나중에 잔해 또는 파편이 발생한 위치에서 멀리 떨어져 있는 경우가 많으므로 현장에 모든 부품이 있는지 확인할 필요가 있다. 현장검사를 시작하기 전에 파손분석자는 파손된 시스템 및 부품들이 정상 가동 시 작동하는 기능에 대해 충분한 지식을 얻어야 하며, 만약 현장검사 시에 의문 나는 점이 있으면 주저 없이 의뢰자에게 의문 나는 점을 확인해야 한다. 파손분석 초기 단계에는 간과했던 점이 여러 가지 분석 후에 중요하게 대두될 때의 검사를 위해 사진 기록은 매우 중요하다. 따라서 확대를 위해 큰 필름으로 파손 부품을 촬영해 놓는 것이 좋으며 또한 정확한 색의 재현이 필요한 경우에는 기준 색지를 배경으로 촬영하여, 인화 시에 기준 색지와 색을 비교하여 인화해야 한다. 현장 검사 후에는 실험실에서 분석이 필요한 파손품을 수거한다. 파손분석의 현장검사에는 파손분석키트(Failure analysis kit)가 필요하며, 파손 종류에 따라 파손분석키트에 포함된 공구가 바뀔 수도 있지만 대개 [표 1.2]에 정리한 공구들이 포함된다.

표 1.2 파손 원인 분석용 도구

Camera	Scalpel & Blades
28mm Wide Angle Lens	Forceps
Camera Flash	Soft Brush
Tape Recorder	Wire Brush
Flash Light	Scribe
Magnifying Glass	Magnet
Measuring Tape	Mirror
Machinists Scale	Metal Markers
OD & ID Calipers	Sample Bags
Vernier Calipers	Labels
Micrometers	Replication Materials
Thread & Feeler Gauges	Dental Impression Material
Gloves	Krylon Spray
Wire & String	Basic Mechanic's Tools
Pencils & Pens	Solvent

(4) 실험실에서의 파손분석 절차

현장에서 수집한 파손품에 대해 필요하다고 생각되는 경우 다음과 같은 분석이나 시험을 하게 된다.

가. 파면의 보존 및 예비검사

파면을 파손 당시 상태로 보존하기 위해서는 파면을 손으로 만져서는 안되며, 파손 부분을 서로 붙여 보아서도 안된다. 파면을 보호하려고 헝겊 등으로 싸는 것도 바람직하지 못하며, 또한 파면을 부식으로부터 보호하기 위해 부식방지액을 사용하는 것도 좋지 않다. 이상의 과정들에 의해 파손 원인 해명에 단서가 되는 파면 위의 이물질들이 떨어져 나갈 우려가 많으며, 기계적 파손을 입게 되므로 주의해야 한다. 따라서 파면은 건조기(Desiccators) 등에 건조한 상태로 보존하는 것이 가장 좋은 방법이다. 그러나 많은 경우 이러한 파면의 보존은 파손분석자가 아닌 파손분석의뢰자가 수행하게 되므로, 파손의뢰자는 파손보존에 주의해야 한다. 잘 보존된 파면은 세척하기 전에 파면의 부식상태나 부착입자(Debris)등을 검사하여야 한다. 보통 육안 검사는 넓은 면적의 색과 파면형상의 차이를 볼 수 있는 가장 좋은 방법이므로 조명등의 각도변화 등을 많이 하여 오랫동안 검사하는 것이 좋다. 다시 말하면 육안검사가 현미경을 이용한 방법보다 더 효과적인 경우가 많으므로, 육안검사의 효과를 과소평가해서는 안된다.

나. 파면의 세척 및 절단

만약 파면이 보존되지 못하고 파손된 경우에는 파면을 세척해야 한다. 그러나 파면의 세척은 가능한 한 하지 않는 것이 파면해석에 유리하다.

파면의 세척과정은 보통 다음과 같다.

(가) 건조한 압축공기에 의한 세척 또는 가는 붓에 의한 세척

(나) 무기 용매(Inorganic solvent)에 담그거나, 분사하는 법

(다) 금속의 종류에 따라 약산 또는 약 알칼리로 표면의 침적물을 없애는 법

(라) 초음파 세척법

(마) 모사기술(Replication technique)에 의한 법

선택된 파손 부위의 경도를 측정하거나 파면을 전자현미경으로 관찰하려면 시편크기가 작아야 하므로 파손품에서 필요한 부분을 절단해내야 한다. 절단 시에는 절단부위를 사진이나 그림으로 남겨두도록 하며, 절단 중에 파면을 잘 보존해야 한다. 따라서 절단 시에는 가능한 한 파면을 건조하게 유지해야 하며, 마찰열에 의해 파면 근처의 미세조직이 변하지 않도록 시험부위에서 충분한 거리를 두고 절단해야 한다. 절단은 보통 불꽃 절단(Flame-cutting), 차단휠 절단(Cut-off wheel cutting), 기계톱 등을 사용한다. 만약 파면이 파면해석을 수행할 수 없을 정도로 망실되었다면 2차 크랙(Secondary crack)을 절개하여 2차 크랙의 파면을 검사함으로써 파손원인을 찾는 것이 바람직하다. 2차 크랙의 파면이 망실된 1차 크랙(Primary crack)의 파면보다 더 많은 정보를 줄 경우가 많이 때문이다. 2차 크랙을 절개할 때 파면이 파손되지 않도록 해야 하므로 보통 기계톱으로 균열이 있는 부분의 뒷면에서 균열 선단 부근까지 절개한 후, 인장이나 굽힘에 의해 파면에 수직한 방향으로 절개되도록 한다. 또한 2차 크랙의 원래 파면과 절개 시의 파면을 구별해야 하므로 절개 시의 파면이 원래 파면과 서로 다른 형상을 갖도록 다른 파손기구(예로서 극저온에서의 절개 등)에 의해 절개해야 한다.

다. 비파괴 시험

파손부품에 존재하는 내부 결함이나 표면결함을 찾기 위해 비파괴 검사를 실시하여 검사 목적에 따라 여러 방법을 사용한다.

(가) 자분탐상법(Magnetic particle inspection)

강자성(Ferromagnetic) 재료에서 표면결함 또는 표면 바로 밑의 결함을 탐지할 때 사용된다. 이 방법은 검사 부품의 크기나 형상에 관계없이 적용할 수 있으며, 검사 과정이 간단하고, 결함 부위의 위치를 눈으로 직접 확인할 수 있으므

로 표면결함을 찾는 가장 신뢰성 있는 방법으로 알려져 있다. 그러나 검사 부품 내부의 결함 탐지가 불가능하며, 자기장이 결함의 면에 수직해야 결함을 검출할 수 있다는 단점도 있다. 전류를 통과시킴으로써 자기장을 만들 때에는 전기접촉 점의 과열이나 산화에 유의해야 한다.

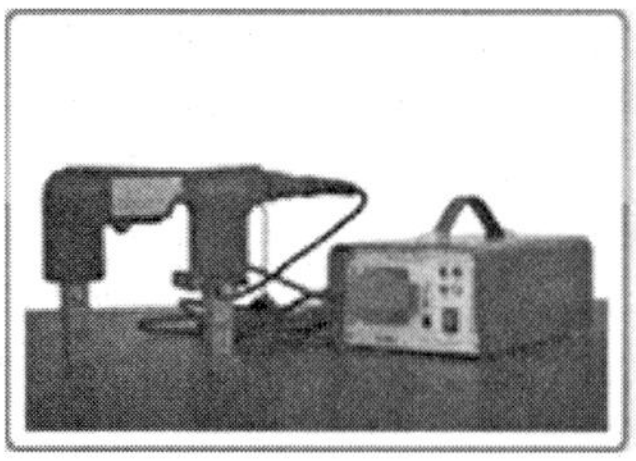

(나) 형광 검사법(Liquid penetration inspection)

형광 검사법은 자분탐상법의 적용이 불가능한 비자성 재료의 표면결함을 탐지할 때 사용된다. 액체 형광물질을 시험부품 표면에 분무하면 이들은 표면결함 속으로 침투한다. 이때 표면의 형광물질을 닦아낸 다음 Developer를 표면에 덮어씌우면 표면결함 속의 형광물이 빠져나오면서 결함의 위치를 알려 주게 된다. 이 방법은 표면에 열려있는 균열만 탐지할 수 있고, 형광물질의 부식성 때문에 사용 후 세척해야 하는 단점이 있지만, 비용이 적게 들고 이동 검사가 용이하기 때문에 종종 사용되고 있다.

(다) 와전류 탐상법(Eddy current inspection)

만약 교류가 통과하는 코일을 시편 근처에 접근시키면 전자기 유도에 의해 재료에 와전류(Eddy current)가 발생한다. 시편 표면에 결함이 있는 경우에는 이 와전류의 변형을 가져오게 되며, Pick-up coil로 이 와전류의 변형을 탐지함으로써 표면결함을 탐지할 수 있다. 와전류 탐상법은 검사재료가 전기적 도체인 경우에 표면 근처의 결함을 탐지하는 데에 사용되는데, 작동자의 경험이 불필요하고 프로브 접촉이 불필요하여 지속적인 모니터링이 가능한 등의 장점이 있지만 검사 깊이가 매우 얕고, 결함의 크기를 알기 위한 기준물이 필요하다는 단점도 있다.

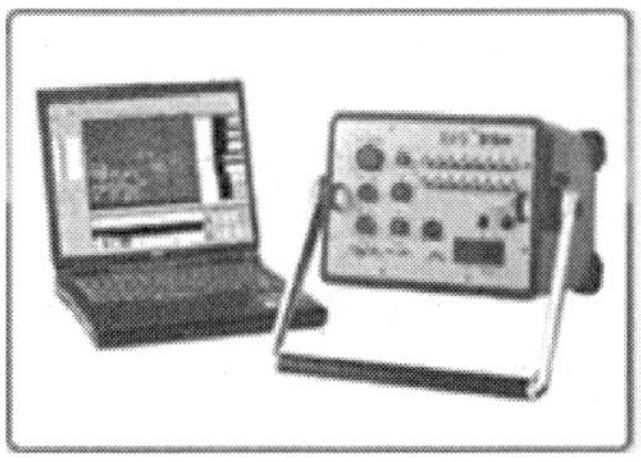
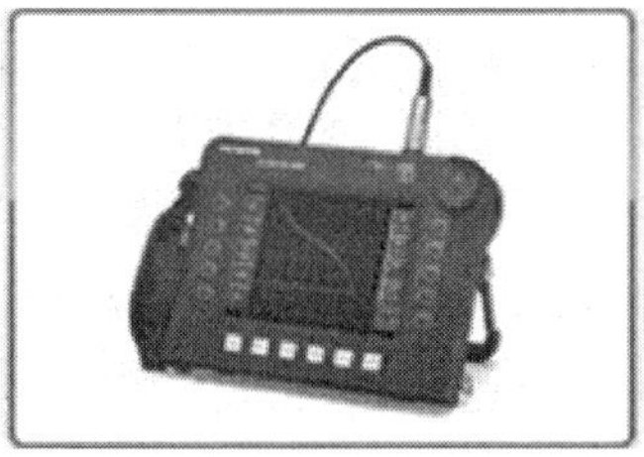
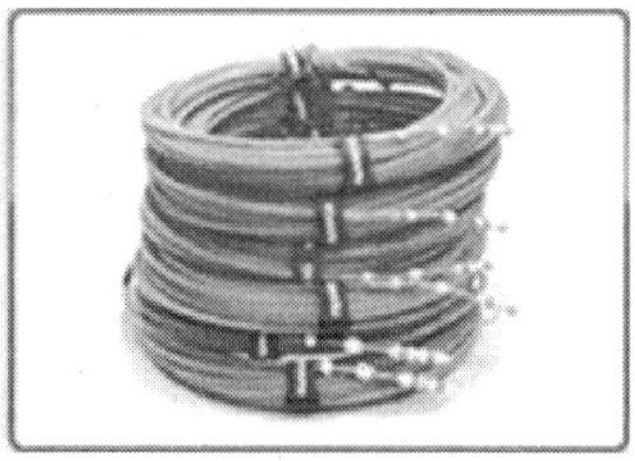

(라) 초음파 탐상법(Ultrasonic-inspection method)

이 방법은 고주파의 음파를 금속에 통과시켜 균열에서 반사된 음파로부터 결함을 탐지해내는 것으로 결함의 위치나 크기의 측정이 정확하여 미세결함도 측정해 낼 수 있다. 그러나 결함의 방향에 따라 검출강도의 변화가 심하며, 검사재료의 입계크기, 기공, Inclusion 등으로 해석이 어려운 경우가 있다.

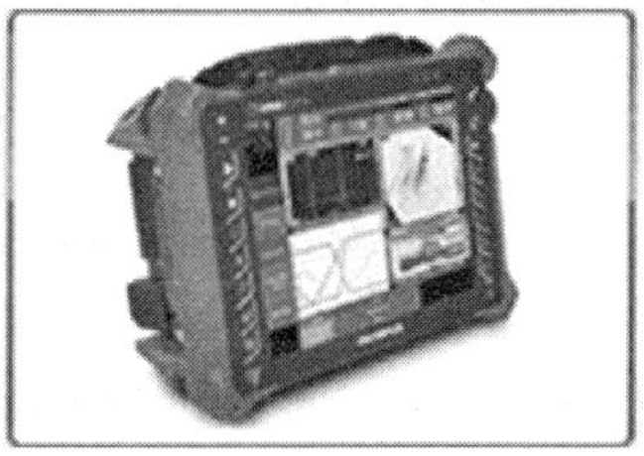

(마) 방사선 탐상법(Radiation inspection method)

X선, R선 등을 사용하는 방법으로 주로 주조품, 단조품, 용접부 등의 내부 결함을 찾는데 사용한다. 또한 파손 부품을 절단하기 전에 가장 파손에 관계된 정보를 많이 줄 곳을 찾아 절단할 수 있게 하여 주며, 이로써 필요 부위가 파손되는 것을 방지할 수 있다.

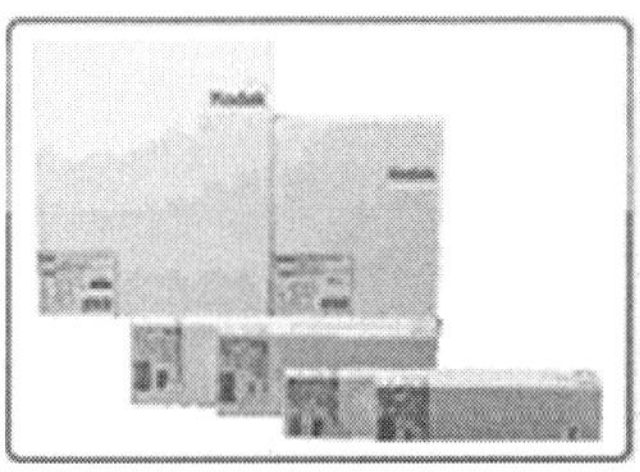

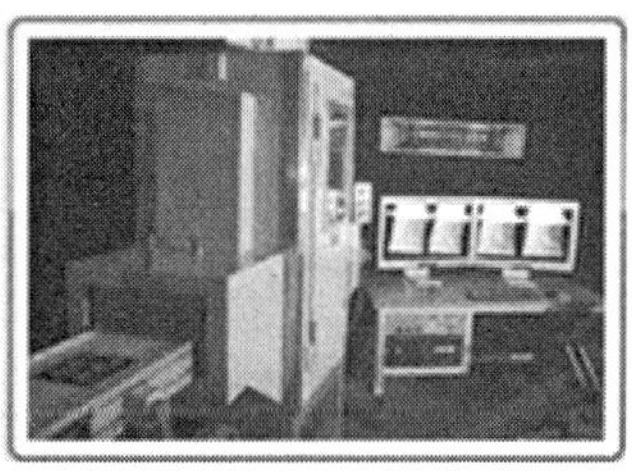

(바) 기계물성 시험

파손분석에 필요한 기계물성 시험에는 경도시험, 인장시험, 충격시험 및 파괴인성시험 등이 있다. 경도시험은 재료의 열처리 상태를 평가할 때, 강재의 대략적인 인장강도를 알고자 할 때, 또는 과열이나 탈탄에 의한 재료의 연화(Softening)부위를 추측할 때 사용하게 된다. 파손부품의 재료가 규격에 맞는지 확인하기 위해서는 인장시험 및 충격시험 등을 실시한다. 구조물의 신뢰성이나 부품의 잔여 수명을 평가할 때는 파괴역할을 이용한 해석이 필요하며 이

해석에 필요한 물성을 알기 위해 측정시험 등의 파괴인성 측정시험과 피로균열 성장시험 등을 실시한다. 기계물성 측정시험의 결과를 파손분석에 이용할 때, 시험결과로부터 얻은 재료의 성질이 파손에 미치는 영향을 신중이 고려하여 시험결과를 과대평가하지 않도록 주의해야 한다. 예를 들어 파손부품의 인장시험 결과, 인장강도가 제품 규격의 최소 규제 값보다 5～10% 낮게 측정되었다고 파손의 중요 원인이 인장강도 부족이라고 단정해서는 안된다. 왜냐하면 제품의 인장강도 값은 열처리 시 부품의 두께에 따른 냉각속도의 차이 등으로 어느 정도 다를 수 있기 때문이며, 실제로 작업조건은 정상인데 부품의 인장강도가 부족해서 파손이 일어난 일은 매우 드물기 때문이다. 또한 실험실에서 샤르피(Charpy) 충격시편으로 측정한 천이온도(Transition temperature)가 0℃ 이하더라도 두께가 Charpy 시편보다 훨씬 두꺼운 대형 구조물에는 상온 근처에서 취성파괴가 발생하는 경우도 있다. 따라서 실험실에서 측정한 기계적 물성을 파손원인 분석에 이용할 경우 시험결과의 해석에 파손분석자의 각별한 주의가 요청된다.

라. 파면의 거시검사(Macroscopic examination)

1～100배의 확대범위 내에서의 파면관찰은 육안이나 저배율 입체현미경(Stereoscopic microscope)로 하게 되며 저배율에서 주사전자현미경(Scanning electron microscope)을 사용하기도 한다. 이러한 저배율 관찰은 파손을 일으킨 응력의 방향 등을 추측하는데 사용된다. 단순인장에 의한 파손을 예로 들면 평면변형률(Plane strain) 상태에서 파면은 최대 인장응력 방향에 수직하게 발생하며, 평면응력(Plane stress) 상태가 우세한 상태에서는 최대 응력방향으로부터 45도에 가까운 방향으로 파단이 일어나게 된다. 만약 파면에 평면 및 경사면이 모두 보인다면, 일반적으로 평면 파단이 경사면 파단보다 먼저 발생한 것이므로 평면에 수직한 방향의 힘이 파손 원인임을 알 수 있는 것이다. 또한 [그림 1.1]과 같이 저배율 관찰에 의해 보통 균열성장방향과 균열진전 시작점을 결정 할 수 있는 경우가 셰브론(Chevron mark)의 방향이 균열진전 시작점 결정에 큰 도움을 주기도 한다.

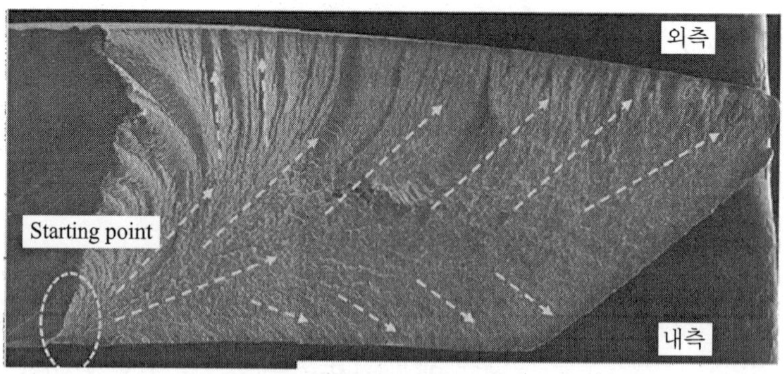

그림 1.1 파단시점 및 전파방향(셰브론마크)

마. 파면의 미시검사(Microscopic examination)

파면의 미시검사는 보통 광학현미경, SEM(Scanning electron microscope) 및 TEM (Transmission electron microscope) 등으로 파면을 관찰하여 파손원인을 해석하는 과정을 말한다. 파면을 고배율로 관찰할 때에 광학현미경은 해상력(0.5μm)과 심도에 제한이 있으며, TEM은 해상력이 뛰어나지만 시편준비에 불편함이 있으므로, 해상력도 충분하며(150A) 저배율(150배 정도) 관찰도 가능한 SEM이 파면의 미시검사에 비교적 널리 사용되고 있다. 광학현미경, SEM, TEM 등으로부터 얻은 파면사진을 해석하려면 많은 경험과 파손기구(Fracture mechanism)에 대한 지식이 필요하다. 그러나 특정한 파손기구를 분명히 나타내주는 기본적 파면 형상을 몇 가지로 분류할 수 있으므로 이를 이용하면 쉽게 파손기구를 추측할 수도 있다. 딤플 파단(Dimpled fracture)은 연성금속이 과하중을 받아 연성파단(Ductile fracture)된 경우에 나타나며 벽계양상(Cleavage facet), 리버마크(River mark), 텅(Tongue)은 취성금속의 입내 취성 파단(Transgranular brittle fracture)에서 관찰되며 BCC 또는 CPH 금속에서 많이 나타난다. 또한, 입계파단(Intergranular fracture)은 파손이 입계응력부식, 수소취성 등에 의해 발생되었을 때에 나타나며 스크라이에이션(Striation), 비치마크(Beach mark)는 피로파괴에서 나타난다.

바. 조직검사(Metallographic examination)

파손부품의 조직검사에 의해 파손분석자는 재료의 종류 및 그 재료가 요구하는 미세구조를 가졌는지 파악하게 된다. 조사결과 만약 비정상 조직이 존재한다면 이것이 파손의 직접적인 원인이 될 수 있는데, 이러한 조직은 제품 제작중의 실수로 인해 원래부터 존재할 수도 있으며, 사용기간 중의 분위기 영향으로 발생할 수도 있다. 조직검사는 망상탄화물, 비금속 개재물, 미세편석, 탈탄층, 미세균열, 비정상 열처리조직, 소성경화층 입계부식등의 비정상부를 찾는데 주로 사용되며 또한 침탄층 두께 측정, 도금층 두께 측정, 입체크기 측정, 열영향부 측정 등에도 사용된다. 파손부 중에서 조직검사를 실시할 최적부를 선택하는 방법에 대해서는 특별한 규칙은 없으나 다음과 같은 일반적 지침을 제시할 수 있다. 대부분의 경우 우선 파면 근처에서 조직검사 시편을 취하게 되는데 이때에는 파면 근처에서 발견된 특징이 파손부품 전체의 특징인지 확인할 필요가 있으므로 파면 부근이 아닌 다른 부분에서도 조직검사 시편을 채취해서 검사해야 한다. 특히 파면 근처에서 과열조직이 관찰된 경우에는 이 과열부가 원래 최초부터 존재했는지 사용 중 발생한 것인지 알기 위해 파손부에서 아주 먼 곳에서 조직검사 시편을 만들어 관찰할 필요가 있다. 균열부를 검사할 때에는 보통 균열선단부를 관찰하는 것이 좋다. 왜냐하면 육안으로 관찰될 정도의 균열은 균열이 너무 벌어져 있고 부식 등으로 훼손되어 있기 쉽지만, 균열선단부는 균열이 미세하여 균열진전과정을 잘 알아볼 수 있기 때문이다. 피로균열은 관찰하는 경우에는 균열시작점 부근의 조직을 관찰하여 피로균열 시작이 어떤 비정상부(보통 용접결함, 탈탄층, 비금속 개재물, 기공 등에서 균열이 시작된다.)에 의한 것인지를 알아봐야 한다. 그러나 균열시작점이 여러 개인 다중원점 크랙(Multiple-origin crack)에 대해 관찰하는 경우에는 균열발생 원인이 보통 프레팅(Fretting)이나 부식피로 등이므로 균열시작부의 관찰 외에 부품 표면에 대한 관찰도 필요하다. 취성파괴가 발생한 경우에는 균열진전 시작부를 찾을 수 있다면 이 부분의 단면을 검사하여 국부적인 가공경화층이 파손의 원인이 아닌지 알아보는 것이 좋다. 이상의 경우에서 파면의 단면 끝부분을 관찰할 필요가 있을 때에 연마 작업 중에 단면 끝부분이 라운딩(Rounding)되므로, 시편을 마운팅 하기 전에 니켈 등의 연한금속으로 단면 끝부분을 덮어 씌워 끝부분이 평면으로 유지되도록 하는 것이 좋다.

사. 화학 분석

파손분석 과정에서 재료가 규격에 맞는지 알아보는 일상적인 절차 중 하나가 화학 분석이다. 그러나 규격 재질의 화학성분에서 약간 벗어난 것이 파손 원인이 되는 예는 극히 드물다. 다만 부식이나 응력부식과 관계된 파손분석에서는 파면 근처의 침적물, 산화물 또는 부식물의 화학 분석에서 파손원인의 결정적 단서를 찾는 경우는 많다.

(가) 벌크 재료(Bulk material)의 화학 분석

파손부품이나, Bulk deposit 또는 파손부품의 윤활유 등의 성분농도를 측정하기 위해 다음과 같은 방법들이 사용된다. 용존금속의 농도를 비교적 정확히 측정할 수 있으며, Combustion method 로는 탄소, 황, 질소, 수소, 산소 등의 농도를 측정한다. 습식화학분석법인 Semi-quantitative emission spectroscopy, Spectro-photometry, Atomic absorption spectroscopy 등으로는 용존금속의 농도를 비교적 정확히 측정할 수 있으며, Combustion method로는 탄소, 황, 질소, 수소, 산소 등의 농도를 측정한다. Cl^-, NO_3, S^- 등의 음이온의 존재나 농도를 측정할 때에는 습식화학분석법을 사용한다. X-ray fluorescence spectrographic technique은 액체나 기체뿐 아니라 Crystalline이나 Amorphous를 분석하는데 사용되고 Infrared & Ultraviolet spectroscopy 등은 유기물질(Organic materials)을 분석하는데 사용된다. 만약 유기물질이 Solvent 나 기름, 플라스틱 등에 혼합되어 있으면 우선 각 성분을 Gas chromatography로 분류한 후 각각의 분석을 실시한다.

(나) 표면(Surface) 및 증착(Deposit)의 분석

전자현미경을 이용한 파면의 미시검사 기술의 발달과 함께, 미세구성 성분의 화학분석법도 발달해 왔다. Dispersive and nondispersive X-ray spectrometer는 SEM의 부대장비로서 파면을 관찰하면서 화학분석도 가능하게 하였다. 또한 매우 얇은 표면 층 속의 분석을 실시하려면 Auger election spectrometer, Mossbauer spectrometer, Ion-scattering spectrometer 등을 사용한다. 시편표면의 직경 1μm 이내의 면적에서 화학분석을 실시하려면 Election microprobe analyzer를 사용해야 하는데 이 방법으로는 Low atomic number element와 모든 원소의 농도를 0.1% 내에서 탐지할 수 있다. 또한 Ion microprobe analyzer를 사용하면 시편표면의 직경 수μm 면적에서 거의 모든 원소의 농도를 100ppm까지 측정할 수 있다.

(5) 모의시험 및 파손방지대책 수립

여러 가지 시험과 분석자료를 검토하면 파손원인에 대한 명백한 결론이 나올 때도 있으나, 보통은 여러 가지 가설에 의한 몇 개의 파손과정 시나리오가 완성되므로 이중 가장 가능성 있는 파손형태에 대해 모의시험을 실시하게 된다. 모의시험 결과는 파손양상이 실제파손 양상과 같은지 확인함으로써 파손원인을 밝혀내게 된다. 그러나 이런 모의시험은 실제 현장조건과 같은 조건에서 실시하면 시험기간이 길어지므로 보통 시험조건을 실제보다 악화시켜 가속시험을 하게 된다. 따라서 가속시험으로는 원하는 시험 결과를 얻었다 할지라도 이후의 장기간에 걸친 시험이나 문헌에 의해 가속시험의 유효성을 입증하여야 한다. 모의시험은 파손의 원인으로 확인하는 목적 이외에도, 파손에 영향을 주는 변수를 적당히 선택하여 시험함으로써 적절한 파손방지대책을 수립하는 데에 사용되기도 한다.

(6) 보고서 작성

모든 파손분석 과정을 거친 후 파손 원인이 밝혀졌으면 [표 1.3]과 같은 순서로 파손분석 보고서를 작성한다. 이때 파손 분석자는 파손원인 결정에 세워진 모든 가정들이 실제 관찰 사실 및 공학 원리와 일치하는지 재검토해 볼 필요가 있으며, 관찰 사실과 논리가 일치하지 않는 점이 없도록 하여야 한다. 파손분석 과정에서 과거의 파손사례집은 매우 유용하게 사용된다. 왜냐하면 실제로 유사한 파손은 여러 다른 장소에서 끊임없이 발생하기 때문이다. 따라서 잘 정리되고 분류된 파손사례 자료는 파손분석 담당자의 가장 중요한 자산이 된다. 그러므로 파손분석이 끝나면 파손보고서를 파손 원인별 또는 관련 산업별로 분류하여 놓아야 한다.

표 1.3 파손 원인 분석 보고서에 실릴 내용

1. 개 요
1.1 의뢰
1.2 파손경위 및 자료
1.3 인수된 파손 부품
2. 목 적
3. 검사 및 시험결과
3.1 현장검사
3.2 파면검사
3.3 조직검사
3.4 화학분석
3.5 기계물성시험
3.6 비파괴검사
3.7 모의시험
4. 종합의견
5. 결론 및 대책
6. 참고문헌

1.2 파손분석 방법

물체의 파단면에는 파괴에 이르는 모든 과정이 기록된다. 법과학 분야에서 금속재료의 파단면을 관찰하는 목적은 파괴 원인을 규명하기 위한 정보, 예를 들면 다음과 같은 사항의 정보를 얻기 위한 것이다.

① 파괴 양식
② 파괴 기점
③ 균열의 발생, 전파 방향 또는 전파 속도 등 파괴 과정
④ 부하 또는 응력의 종류, 크기, 회수 및 속도
⑤ 재질, 재료적 결함 또는 결정립의 크기
⑥ 온도, 환경 혹은 부식성 환경 등 주변 조건
⑦ 물체 형상 또는 표면상태

이러한 사항을 검사하기 위한 파단면 관찰 방법에는 육안이나 40배 정도 저배율의 확대경, 광학현미경 등으로 거시적 파단면 관찰과 이 이상의 고배율의 광학현미경, 주사형(走査型) 현미경 혹은 전자현미경 등을 이용하는 미시적 파단면 관찰이 있다. 금속재료의 파단면은 일반적으로 요철이 심하여 미시적으로 관찰할 때에는 초점 심도가 얕은 광학현미경으로 얻을 수 있는 정보가 한정되므로, 고배율이라도 초점 심도가 깊은 주사형 전자현미경이나 투과형 전자현미경 등을 주로 사용한다. 프랙토그래피는 고체 재료의 파단면을 광학적 현미경 및 주사형이나 투과형 전자현미경으로 관찰하여 파괴 기구나 원인을 조사하는 분야를 말하며, 전자현미경을 사용할 때는 일렉트론 마이크로프랙토그래피(Electron micro fractography)라고 한다. 파단면에 대한 관찰 및 평가 중 가장 일반적인 것은 SEM, TEM 그리고 AFM 등에 의한 프랙토그래피의 분석이다. 이와 같은 측정기에 의해 촬영된 파단면의 프랙토그래피는 실제 균열면의 양상을 보여주는 정확한 자료이며, 그 특성상 매우 국부적인 위치에서 고해상도의 관찰 및 측정이 가능하다.

(1) 파단면의 육안 관찰법

파손 부품의 파단면을 가지고 육안 관찰에 의해 즉석에서 얻을 수 있는 중요한 정보는 크게 두 가지로 나뉜다. 첫 번째는 파단이 연성파괴인가 혹은 취성파괴인가에 대한 것이고, 둘째는 균열이 어디서 시작하여 전파되다가 어느 부분에서 최종 파단에 이르렀는가에 대한 정보이다. 먼저 이러한 구분 방법은 대부분의 파단면은 연, 취성 파단을 공유하고 있고 연성 파단은 파단면이 찢어지듯이 형성되는 것과 취성 파단은 평평하게 구성되는 일반적인 이해를 바탕으로 시작한다. 즉 균열 벌어짐 응력이 걸리는 표시 부분이 균열이 시작되는 곳이고 이곳으로부터 대부분의 파단면은 평평하여 이 부분을 균열 전파지역으로. 그리고 찢어지듯이 예리한 각을 갖는 파단부를 최종 파단으로 판정하면 된다. 이러한 판정 방식은 다른 금속 부품 파단부 판정에 쉽게 적용된다. 아래 그림은 환봉의 파단면을 보여주는 것이다. 이 파단면 상에도 평평한 취성 파단부와 굴곡

을 갖는 연성 파단부가 공존하며 이것으로부터 균열의 시작은 취성파괴부의 중심이 되는 화살표 지점인 것을 판정할 수 있다. 즉 볼트의 파손은 균열 시작 부에서 균열이 시작하여 취성 파단으로 전파되다가 최종 파단에 이르러 어느 정도의 연성 파단으로 발생하는 것임을 알 수 있다.

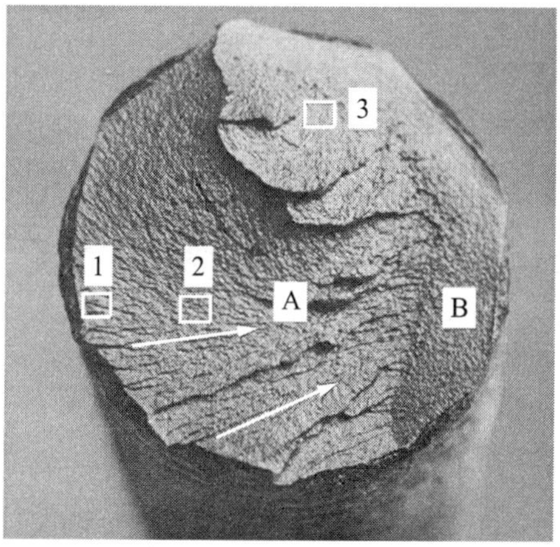

그림 1.2 환봉 파단면 육안 관찰법

1.3 응력과 파단면 관계

(1) 응력의 작용 방향과 파면의 상관관계

[그림 1.3]은 재료에 힘을 가할 때 재료에 작용하는 응력을 알기 쉽게 그린 것이다. 재료에 잡아당기는 힘이 작용할 때를 생각해보자. 재료 내부에 작은 사각형이 있다고 생각하면 힘이 작용하는 양쪽으로 재료가 늘어남에 따라 사각형의 가운데 부분은 잘록해지고 위아래로는 길쭉해질 것이다. 잘록해지는 것과 길쭉해지는 것은 힘이 작용하는 방향과 45도 방향을 경계선으로 하여 나누어진다. 따라서 45도 경계선을 중심으로 양쪽에 작용하는 응력의 방향이 반대가 되므로 경계선에는 전단응력이 작용하며, 길쭉해지는 쪽 방향으로는 수직 인장 응력이 작용하고, 잘록해지는 쪽 방향으로는 수직 압축 응력이 작용하는 것과 같다. 물질의 이동은 전단응력의 경계면을 따라 일어난다.

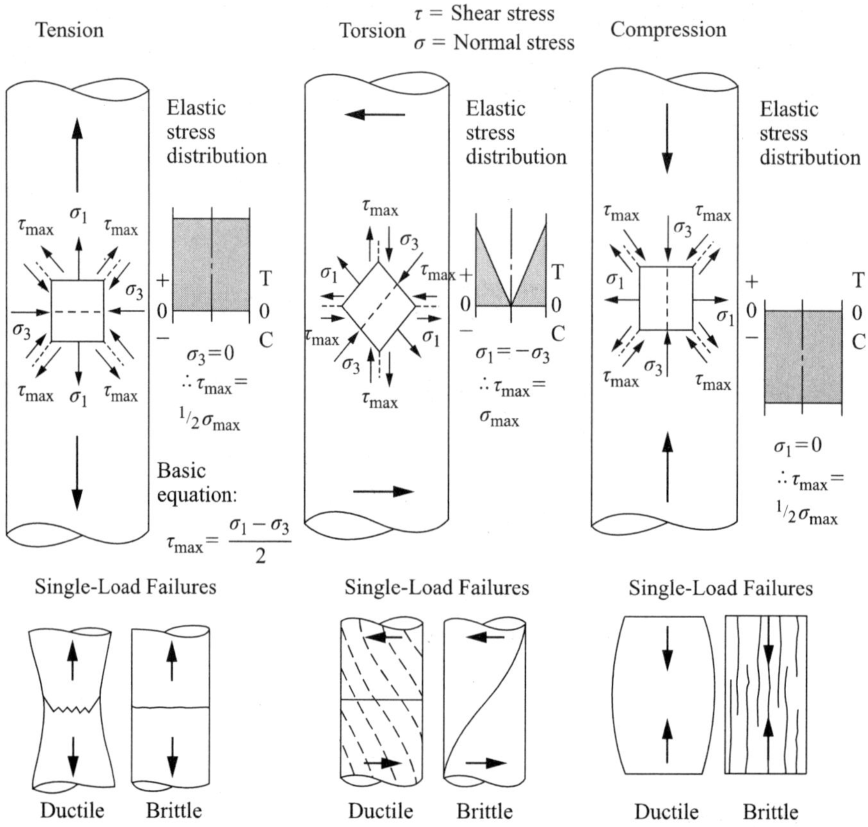

(a) 인장 (b) 비틀림 (c) 압축

그림 1.3 재료에 가해지는 힘의 방향과 작용 응력의 상관관계.

이러한 응력의 작용 방향과 파면과의 관계는 재료의 성질에 따라 다르게 된다. 즉 재료가 엿처럼 늘어나는 성질이 있으면 가운데 부분이 계속 잘록해지다가 단면적이 줄어들어서 더 이상 잡아당기는 힘을 견디지 못하게 되면 끊어지게 된다. 이때 생기는 파면은 재료가 잘록해지면서 생기게 되는데 잘록해질 때 물질의 이동이 45도의 경계선을 기준으로 하여 일어나기 때문에 파면 또한 잡아당기는 힘의 방향과 45도의 경계를 이루면서 생기게 된다. 이 때문에 연성이 좋은 재료는 [그림 1.4]에서 보듯 Cup and Cone의 파면이 생기게 된다. 이 파면의 특징은 파괴가 일어날 때 파면부근이 많이 늘어나기 때문에 파면부의 단면적이 원래의 단면적보다 적다는 것과, 가운데 부분에서는 끊어질 때 파괴가 일어나기 때문에 딤플(Dimple)이 보인다는 점이다.

그러나 재료의 성질이 돌처럼 딱딱하여서 잡아 당겨도 물질의 이동이 일어나지 않는 경우에는 잡아당기는 힘이 재료가 견딜 수 있는 한계보다 커지면 가운데 부분이 그냥 뚝 끊어지게 된다. 이러한 경우에 생기는 파면의 특징은 물질의 이동이 일어나지 않기 때문에 끊어진 부분의 단면적이 원래의 단면적과 거의 같으며 파면은 힘이 가해진 방향과 거의 수직이고 파면에서는 금속성의 반짝거리는 것이 보이기도 한다는 점이다. 이러한 파괴를 취성파괴라고 한다. [그림 1.5]는 연성파괴와 취성파괴를 비교하여 보여

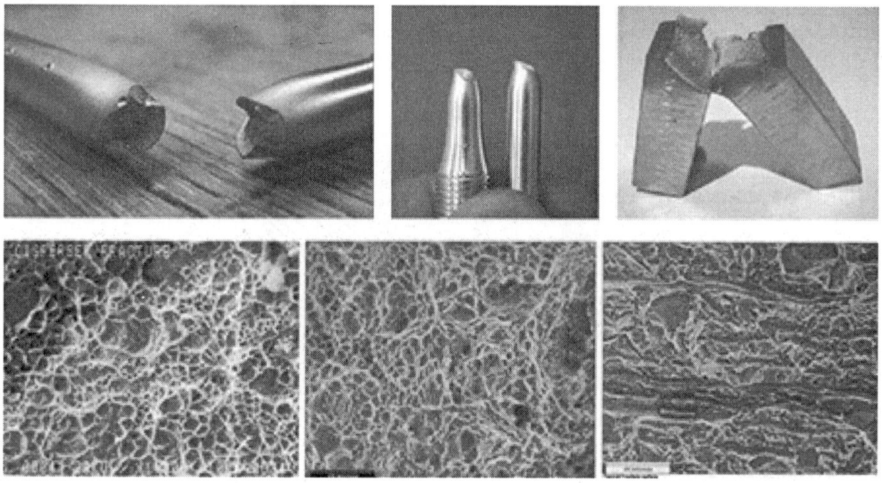

그림 1.4 Cup and Cone의 파면과 딤플 형상

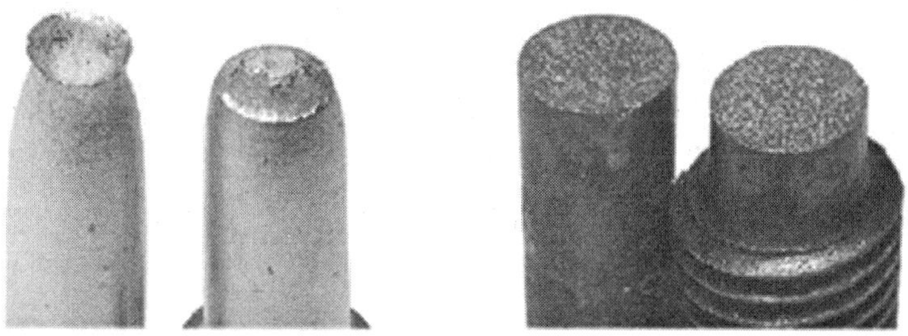

연성파괴 취성파괴

그림 1.5 연성 및 취성파괴

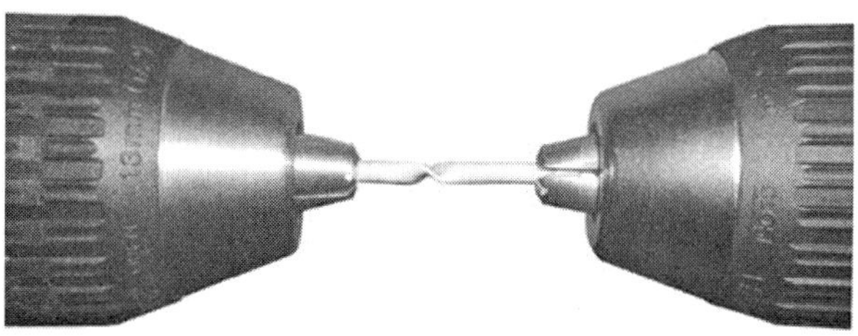

그림 1.6 비틀림 형상

주고 있다. 인장시험결과 왼쪽은 연성파괴, 오른쪽은 취성파괴의 양상을 나타내었다. 이러한 설명은 인장응력이 작용할 때뿐만 아니라 비틀림이나 압축응력이 작용할 때도 마찬가지이다. [그림 1.6]처럼 비틀림 응력이 작용할 때는 연성이 있는 재료의 경우에는 표면에 빨래를 쥐어짤 때와 같은 무늬가 생기면서 가운데 부분의 최대 전단응력이 작용하는 면을 따라 파괴가 일어난다. 취성이 있는 재료의 경우에는 최대 인장응력이 작용하는 면을 따라 양쪽의 재료가 서로 떨어지는 방식으로 파괴가 일어나게 되어 파면은 비틀림 방향과 45도 각도를 이루면서 생기며 파면의 양상은 인장시험 시 생기는 파면과 같다. 또한 연성파괴 때와 같은 무늬는 생기지 않는다.

[그림 1.7]은 연성이 있는 재료가 비틀림의 힘을 받아서 깨질 때 생기는 표면의 빨래와 같은 비틀림 무늬와 함께 파면이 비틀림의 방향과 평행하게 생긴 것을 잘 보여주고 있다.

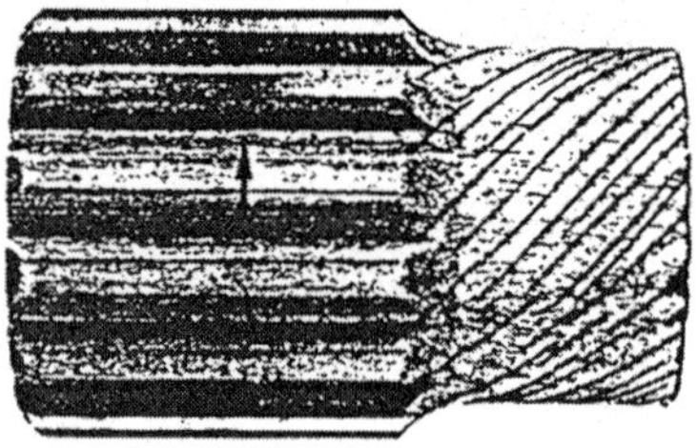

그림 1.7 회전축 비틀림 파손

표면의 균열은 인장응력에 의해 생긴 것으로 비틀림의 방향과 반대이며 핫 에칭(Hot etching)방법으로 잘 보이도록 한 것이다. 빨래를 쥐어 짤 때와 같은 물질 이동 흔적이 희미하게 보이며 비틀림과 동일한 방향으로 생겼다. 파단면은 비틀림 방향과 평행하며 이것은 연성파괴의 특징이다. 압축응력을 받을 때도 마찬가지이어서 연성이 있는 재료는 물질의 이동이 가능하므로 측면이 불룩해지다가 45도 방향으로 미끄러지면서 파괴가 일어난다. 취성이 큰 재료는 나무를 수직으로 내리 누르듯이 균열이 생기면서 깨져 나간다. [그림 1.8]은 연성 재료가 압축응력을 받을 때 변형되어 깨지는 모습을 보여주고 있다.

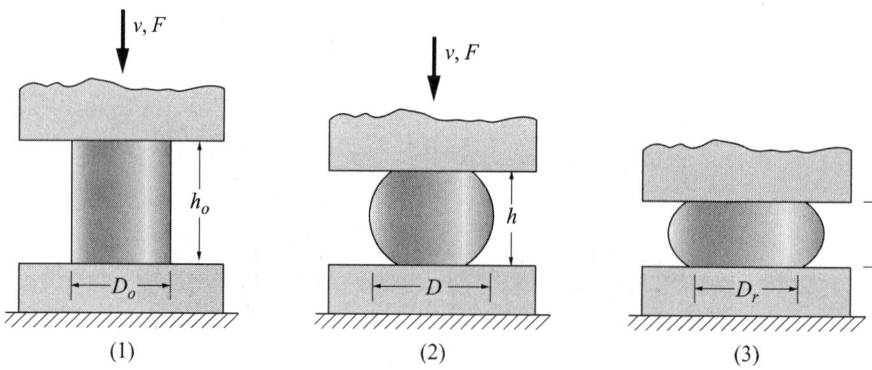

그림 1.8 환봉 압축시험 및 변형

결론적으로 연성재료와 취성재료의 파면이 서로 다르게 나타나는 가장 큰 이유는 물질의 이동, 즉 소성변형이 일어나는지의 여부이다. 소성변형이 일어난다는 것은 물질의 이동이 일어난다는 뜻이며 이것은 곧 최대 전단응력이 작용하는 면을 따라 파면이 생성된다는 것을 의미한다. 취성파괴의 경우에는 소성변형이 거의 일어나지 않으므로 물질의 이동과 관계없이 최대 인장응력이 작용하는 방향으로 파면이 생성된다. 또한 파면의 형상도 이러한 물질의 이동이 가능하냐 아니냐에 따라 다르게 된다.

(2) 응력 - 변형율 곡선과 파단면의 상관관계

재료시험을 하게 되면 응력 - 변형율 곡선을 얻게 된다. [그림 1.9]는 대표적인 곡선인데 탄성변형 영역에서는 실제적인 물질의 이동이 일어나지 않으며 따라서 가해지는 힘이 풀어지면 재료는 원 상태로 돌아간다. 그러나 복점을 지나면서부터는 잡아당기는 힘을 재료가 견디지 못하면서 물질의 이동이 일어나게 된다. 이 부분을 소성변형영역이라고 하며 가해 주던 힘이 풀리더라도 재료는 원상태로 돌아가지 못한다. 굳이 다시 원 상태로 만들고자 하면 힘을 가해서 물질의 이동이 일어나게 해야 한다. 소성변형, 즉 물질의 이동에 소요되는 힘이 실제로는 작아지는 것이 아닌데 소성변형 영역에서는 물질의 이동이 일어나면서 재료의 시험편의 단면적이 줄어들게 되어 응력 - 변형율 곡선상으로 보기에는 소요되는 힘이 작아지는 것 같이 보인다. 최종적으로 파괴가 일어날 때는 연성파괴의 경우 가해지는 힘이 파단(Rupture)에 쓰인다. 취성파괴의 경우에는 거의 모든 힘이 파단면의 형성에 쓰인다고 볼 수 있다.

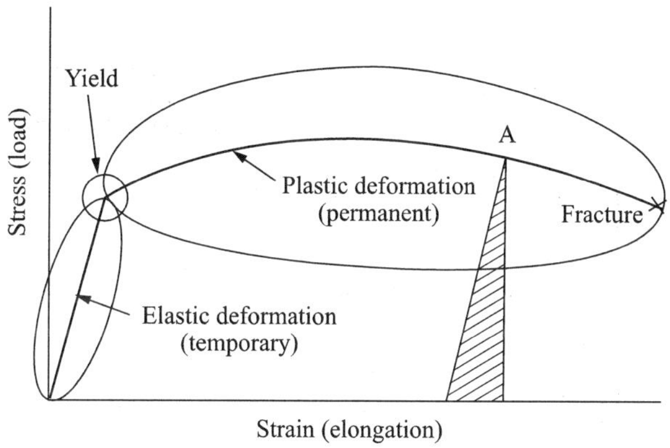

그림 1.9 응력 - 변형율 곡선

실험을 A점에서 중단하면 곡선은 탄성 변형시의 기울기와 똑같게 내려오며 이때 빗금친 부분의 면적이 A점에서 재료가 지니고 있는 탄성 에너지이고 응력 - 변형율 곡선과 가로축 내부의 면적은 변형에 의해 재료에 흡수된 에너지이다. 응력 - 변형율 곡선의 또 다른 의미는 가한 힘의 일부가 물질의 이동이라는 형태로 재료에 흡수된다는 점이다. 즉 가해지는 힘의 일부가 소성변형에 쓰이게 되며 여기에 쓰인 힘은 탄성변형에 쓰인 힘과 달리 다시 회복되지 않는다. 재료를 변형 시킬 때 쓰인 힘의 양은 에너지의 형태로 표현되는데 이 양은 응력 - 변형율 곡선에서 구할 수 있다. 소성변형 영역까지 시험을 하고서 서서히 힘을 줄여 나가면 응력 - 변형율 곡선은 탄성변형 영역에서의 기울기와 똑 같은 기울기로 줄어든다. 이 직선이 응력 0인 상태로 되었을 때는 가로축인 변형율과 만나게 된다. 응력 - 변형율 곡선, 직선, 그리고 가로축으로 둘러싸인 내부의 면적이 재료의 소성변형에 의해서 흡수된 에너지이다. 그리고 응력 - 변형율 곡선이 끝나는 점에서 수직으로 밑으로 내리그은 직선이 가로축과 만나면서 생기는 빗금 친 부분은 응력 - 변형율 곡선이 끝나는 점에서 재료에 저장되어 있는 탄성에너지이다. 탄성

에너지는 회복되기 때문에 저장되어 있다고 표현하고 소성변형에 쓰인 에너지는 흡수되었다고 표현하였다. 소성변형 영역에서도 탄성에너지가 존재한다는 것은 언뜻 이해가 잘 안될 수도 있으나 스프링을 한계 이상으로 늘린 다음에 힘을 풀면 비록 스프링이 원래의 모습대로 되지는 않지만 일부 줄어드는 것을 생각하면 쉽게 이해가 될 것이다. 에너지가 재료에 흡수된다는 것은 안전과 밀접한 관계가 있다. 연성재료의 경우에는 항복강도 이상으로 재료에 힘이 가해지더라도 그 일부의 힘이 재료의 소성변형에 의해 흡수되면서 재료가 늘어나므로 파괴가 일어나기 전까지 시간적 여유가 있음과 동시에 재료가 늘어나는 공간적 변화를 알아내기도 용이하기 때문에 큰 사고가 나기 전에 미리 손을 쓸 수 있는 여유가 있게 된다. 그러나 연성이 거의 없는 취성재료의 경우에는 [그림 1.10]에서 보듯이 소성변형이 거의 일어나지 않으므로 재료에 가해지는 힘의 거의 모두가 그대로 파괴에 쓰이게 되어 항복강도 이상의 힘이 가해지면 미처 손 쓸 사이도 없이 순간적으로 파괴가 일어나므로 매우 위험하다. 따라서 이상적인 구조용 재료는 강도가 높으면서도 연성이 좋은, 즉 인성이 좋은 재료이다.

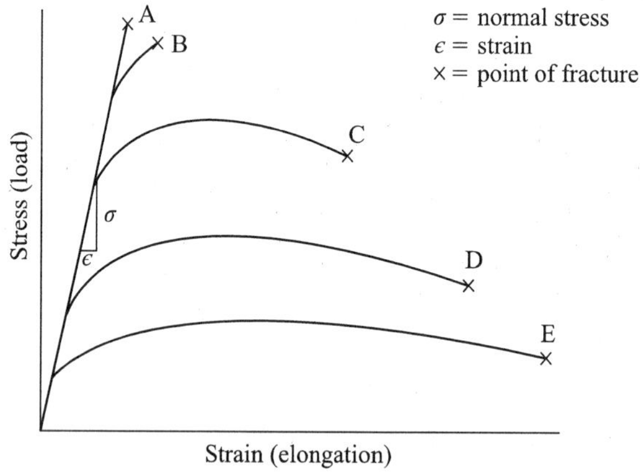

그림 1.10 연성이 큰 재료와(E) 취성이 큰 재료의(A) 응력 - 변형율 곡선 비교.

연성이 큰 재료는 곧 물질의 이동이 쉽게 일어나는 재료이므로 그 파면은 Cup and Cone 모양이 되고 취성이 큰 재료는 물질의 이동이 거의 일어나지 않으므로 도자기 깨지듯이 파면이 힘을 받은 방향과 거의 수직이다. 이러한 파면의 형상은 응력 - 변형율 곡선을 보기만 해도 예측 가능하며 어느 정도나 잘록해지는지도 알 수 있다.

02 파괴

2.1 파괴 개요

기계가 정상적으로 작동하지 않는 원인에는 마모, 헐거움, 진동, 파손 등을 생각할 수 있으며 운전 중의 소음, 이상음, 진동, 과열 등의 이상 징후들과 관련이 깊다. 파손은 파괴, 파단, 손상 등의 용어와 같이 사용되고 파손이 피해손상이 축적된 상태를 나타내며 파괴는 균열이 발생한 상태를 의미한다. 파손고장은 외력이 재료강도를 상회할 때 발생하며 사용 도중 발생되는 재료 내부의 결함 및 균열의 성장에 의한 기계 구조물의 파괴를 방지하기 위하여 기계를 설계 및 제작하는 시점에서 인장, 굽힘, 충격 등의 여러 경우를 상정하여 강도부족이 발생되지 않도록 해야 한다. 파괴는 파괴기구에 따라 크게 연성파괴와 취성파괴로 구분된다. 금속재료, 비금속재료 할 것 없이 최종파괴까지 현저한 신장(Elongation)을 동반하는 파괴를 연성파괴(Ductile fracture), 동반하지 않으면 취성파괴(Brittle fracture)라고 한다. 슬립면 분리 및 미소 공동 합체에 의한 성장 파괴는 연성파괴, 벽개에 해당하는 것은 취성파괴가 된다. 거시적으로는 순금속 점상 파괴, 판상 재료의 전단 파괴, 환봉의 컵콘 파괴, 슬립면 파괴는 연성파괴이며 전단선을 동반하지 않는 인장 파괴 및 평탄 파괴는 취성파괴형태이다. 연성 재료의 경우 항복 응력(Yield strength)이 설계의 기준이 된다. 항복 강도를 넘어 부하하면 재료는 소성변형을 동반하는 변형률 경화(Strain hardening)가 발생하고 변형 저항이 증가한다. 파괴까지의 공칭응력의 최대치를 인장강도(Tensile strength)라 하는데 취성재료의 경우는 인장강도가 설계에 있어서의 기준강도가 된다.

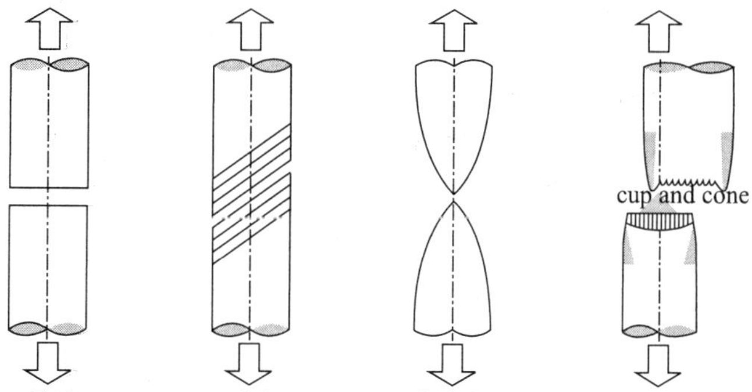

그림 1.11 인장에서 나타나는 파괴의 형태

(1) 벽개

벽개는 특정의 저 기지 격자면에 따라서 인장분리가 발생하는 결과로써 소성변형은 거의 발생되지 않는다. 파면은 결정면을 단위로 하여 완전히 평탄하고 무특징적인 면을 관찰할 수 있다. 다결정에서는 개개의 결정립의 방위가 다르므로 거시적으로는 파면이 인장최대응력의 방향과 수직으로 나타나도 미시적으로는 그 면에서 약간 떨어진 각각의 결정립의 벽개면을 단위로 하는 파면에 의해 이루어져 있다. 실제적으로 파괴는 단일 벽개면을 따라 생기는 경우는 드물고 다수의 평행하지 않는 벽개면을 이루므로 진행 방향에 따라 벽개단이 발생된다. 파면상에는 단이 합류하는 모양이 나타나는데 이것을 리버 패턴(River pattern)이라 한다. 이 리버 패턴의 흐름방향에 의해 파괴의 진행 방향과 파괴기점을 추정할 수 있다.

(2) 미소 공동의 성장과 합체

금속재료가 연성인 경우 전단분리가 우선으로 나타나 항복(Yield)하게 된다. 항복 후 소성변형이 계속되면 제2상입자와 기지(Matrix)의 계면이 분리되어 그 공격이 미소 공동(Micro void)이 된다. 미소 공동은 성장하여 서로 합체하고 파면을 형성하여 파괴된다. 일반적으로 금속재료의 파면은 거시적으로 요철이 현저하고 둔한 번쩍임을 나타내는 섬유상의 양상으로 관찰된다. 이 파면을 전자 현미경으로 관찰하면 많은 봉오리 모양이 발달되어 있는 것을 볼 수 있는데 이것을 딤플(Dimple)이라 한다. 딤플의 형상은 응력 상태 및 인장응력방향과 파면이 이루는 각도에 의해서 정해진다. 미소 공동의 성장과 합체에 의해 파괴하는 경우의 거시적인 파괴 형태는 인장 파괴, 컵콘 파괴, 전단 파괴가 있다.

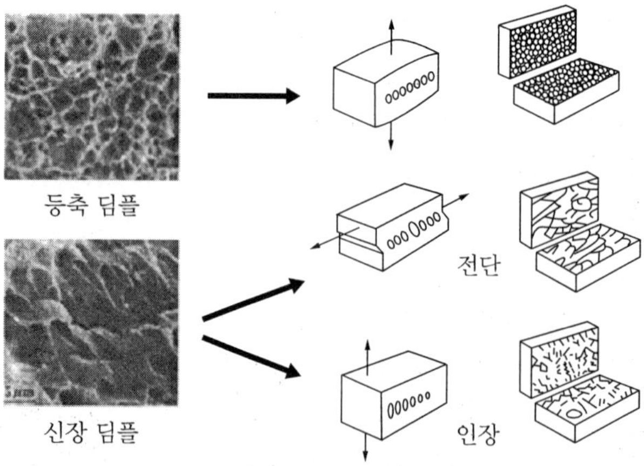

그림 1.12 부하 방향과 딤플 형성 관계

컵앤콘 파괴(cup & cone fracture)가 생기는 과정은 [그림 1.13]에서 (b)처럼 소성변형 진행에 동반하는 외부의 잘록함이 발생하면 시험면 중앙부는 소성구속 때문에 3축 인장응력상태가 되어 미소 공동이 합체 성장하게 된다. 따라서 (c)처럼 중앙부에 합체 성장에 의한 파괴가 진행되게 된다. 즉 동전형의 균열이 발생하여 계속적으로 공동과 합체 성장을 해서 시험편 자유단에 이르게 되면 소성구속이 없어지고 균열은 최대전단 응력면을 따라 (d)처럼 파단하게 된다. 표면 근처의 이 전단파괴는 전단선(Shear lip)을 나타내고 컵앤콘 파면이 형성된다.

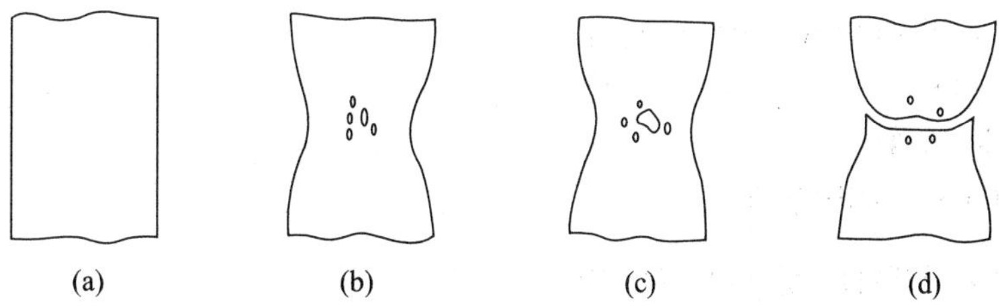

그림 1.13 Cup and Cone 파괴 과정

(3) 슬립면 분리

고순도 금속에서는 핵이 되는 제2상입자가 존재하지 않기 때문에 미소 공동은 형성되지 않고 미끄러짐의 결과로서 표면적만 증대되어 간다. 표면과 파면은 구별이 되지 않고 슬립 모양으로 나타나는데 이것이 슬립면 분리이다.

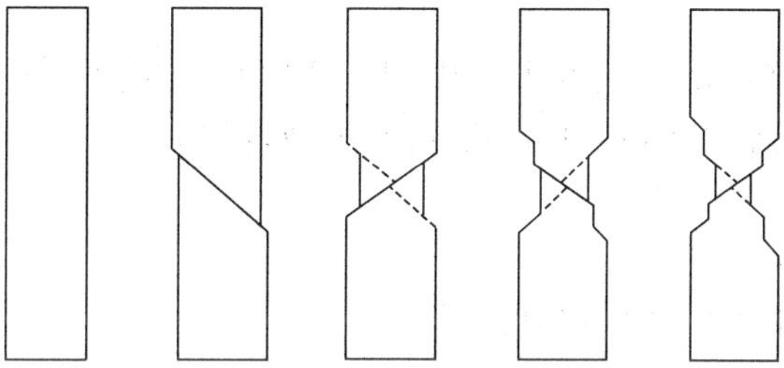

그림 1.14 슬립면 분리

2.2 파괴 분류

어떤 한 물체가 응력의 작용으로 두 개 혹은 그 이상으로 분리되는 현상을 일반적으로 파괴라고 한다. 이러한 분리는 물체 내에 균열이 생기면서 일어난다. 그러나 파괴에는 많은 양식이 있으며 각각 다른 과정을 거친다. 실제로 파괴는 매우 복잡한 현상이므로, 파괴 관련 용어는 전문가 사이에서도 오래전부터 상당히 혼란을 빚어왔다. 따라서 감식 전문가가 감정서를 작성할 때에는 파괴 관련 용어의 의미와 내용을 정확하게 파악할 필요가 있다.

철강재료 뿐만 아니라 금속재료의 파괴는 분류 기준에 따라 다음과 같이 분류된다.

(1) 소성변형의 여부에 따른 것

가. 연성파괴

나. 취성파괴

다. 피로파괴

(2) 파단면의 거시적 형태에 따른 것
가. 섬유상 파괴
나. 전단 가장자리(shear lip)상 파괴
다. 입상 파괴
라. 방사상 파괴
마. 패각(clam shell)상 파괴

(3) 응력이 가해지는 방식에 따른 것
가. 정적 파괴
나. 충격 파괴
다. 피로파괴
라. 크리프 파괴

(4) 균열의 전파 경로에 따른 것
가. 결정입내 파괴(입내 파괴)
나. 결정입계 파괴(입계 파괴)

(5) 결정입내 파괴의 경우, 균열이 발생하는 결정면의 종류에 따른 것
가. 전단형 파괴(슬립 면(slip plane)을 따라 파괴된 것)
(가) 수직 파괴
(나) 전단 파괴
나. 벽개 파괴(벽개면을 따라 파괴된 것)
다. 의(擬)벽개 파괴

(6) 환경 또는 온도 등의 영향에 따른 특수한 파괴
가. 응력 부식 균열
나. 수소 취화 균열
다. 부식 피로파괴
라. 저온 취성파괴
마. 크리프 파괴

위의 분류 중 (1), (2), (4), (5)는 파괴 양식 및 파괴 과정에 대한 것이고 (3)과 (6)은 응력을 가하는 방법 또는 환경, 온도 등 파괴에 관련된 내적 혹은 외적 조건에 대한 것이다.

2.3 연성파괴

연성파괴는 균열이 전파될 때 파단면 상에 상당한 소성변형이 발생되는 파괴형태로써 파단면은 찢어지는 느낌의 형상으로 구성되어 일반적으로는 큰 단면 감소율을 갖는다. 간혹 눈으로 보기에 취성파괴와 같은 평평한 파단면도 연성파괴로 판정되는데, 여기에

는 주사전자현미경(SEM)으로 확인할 수 있는 딤플(Dimple)이 형성되어 있어 이것이 미세한 소성변형의 공공이 부품의 연성적인 파괴에 기여한 것을 확인할 수 있다. 그런데 연성파단과 연성파괴는 부품 파손에서 특별한 의미를 갖는다. 즉 부품이 연성적으로 파손된다면 파손진단 측면에서 그 원인 해석 결과가 아주 단순하게 귀결된다. 다시 말해서 복잡하게 얽힌 파손 원인 분석에서 부품 파손에 주된 역할을 한 파단면 상에 연성파괴의 양상이 존재한다면, 부품의 소재, 제조공정에 대한 책임은 면하게 되고 단순히 설계 구조나 사용상의 과부하만이 파손에 대한 결정적 책임을 지게 마련인 것이다.

연성파괴의 파단면 형태는 대부분 인장시험에서 관찰되는 컵 - 원뿔 파괴로써 이것은 시험편이 인장강도에 도달한 후 소성변형이 시험편의 작은 영역에 집중되어 변형이 불균일해지며 네킹(Necking)과 파손에 이르는 과정이다. 그러나 일반적으로 연성파괴라 하는 것은 거시적으로 컵 - 원뿔 파괴에서와 같이 단면 감소율이 큰 형태가 아닌 평활한 취성파괴 형태와 유사할지라도, 파단면 상에 형성된 딤플의 소성변형 양상이 나타나면 연성파괴로 규정할 수 있다. 파단면 상에 형성되는 소성변형 형태는 소재에 내재하는 산화물, 탄화물, 질화물 등과 같은 $1\mu m$ 이하 크기의 개재물에 의해 유발되는 것으로 알려져 있다. 즉 입자는 기지만큼 쉽게 변형될 수 없기 때문에 입자 주위에 심한 소성변형이 발생하면 기지와의 정합은 잃게 된다. 이로 인해 작은 공동이 생기고 이것이 슬립(Slip)에 의해 성장한다. 이와 같은 미소 공동의 발생, 성장 합체에 의해 연성파괴가 일어나기 때문에 파단면은 딤플이라는 독특한 형태의 요철부가 만들어져 구별이 용이한 것이다.

[그림 1.15] (a)는 알루미늄을 인장시험 하였을 때 나타나는 전형적인 컵 - 원뿔 파괴 형태를 보여주는 것이다. 이것은 연성과 단면 감소율이 큰 재료에 대한 연성파괴의 전형을 보여주는 것이며 파단면 상에는 파단 과정중의 소성과 관련되어 크게 연신된 딤플이 관찰된다. 위와 같이 육안으로 확인되는 연성파괴의 형태 외에도 거시적으로는 파단면이 평활하고 광택을 나타내어 취성파괴의 형태로 판단되는 경우에 있어서 연성파괴의 파단과정을 갖는 것으로 입증되는 경우가 종종 있다. [그림 1.15] (b)는 강의 인장시험 후 파단면을 보여주는 것으로써 단면 감소율이 낮고 파단면이 평활하며 광택을 나타내어 육안 상으로는 취성파괴 형태로 판단할 수 있는 파단 형상이다. 그러나 주사전자현미경 관찰에 의하면 파단면 상에 형성된 미세한 소성변형의 딤플이 관찰되고 이로 인하여 강의 파손이 연성파괴임이 입증된다. 이와 같이 딤플은 연성파단의 증거를 제시하며 여러 가지의 형태로 나타나는데, 재료를 구성하는 미세조직과는 다른 일정한 형상을 갖게 되므로 비교적 판별이 용이하다. 딤플에 의하여 연성파괴로 확인되는 손상의 경우 소재 자체나 제조공정상의 파손원인 제공의 가능성은 배제되며, 사용상 혹은 설계상의 문제점에 의하여 손상이 발생한 것을 단편적으로 판정할 수 있다. 다시 말해서 파단면 상 취성파괴로 밝혀진 파단에 있어서는 소재의 합금화로부터 제조 및 후 처리에 이르는 전반적인 소재에 대한 검토가 손상원인의 분석을 위하여 반드시 수행되어야 하지만, 일단 그 파단이 연성파괴로 입증될 경우 설계상의 두께나 응력 해석상의 문제가 우선적으로 조사되며, 소재가 지탱하기에 부족한 구조적인 설계 상 혹은 사용상의 과부하에 의해 파단에 이른 것으로 판단이 가능하다. 물론 모든 연성파괴의 경우를 이러한 기준에

적용하는 것은 다소 무리가 있다. 피로파손이나 기타 손상과정에서 파단면 상에는 균열의 전파 과정 중에 딤플 형성이 가능한데, 이러한 경우에는 손상의 원인에 대한 위와는 다른 기준이 적용되기 때문이다. 그러나 일반적으로 다른 손상과정이 복합되어 있지 않은 연성파괴에 있어서는 여러 가지 적용 응력을 고려하지 못한 설계구조상의 문제나 사용상 지침을 따르지 않은 과부하에 의한 파단의 가능성을 고려하는 것이 가장 우선적인 손상원인의 진단이 된다.

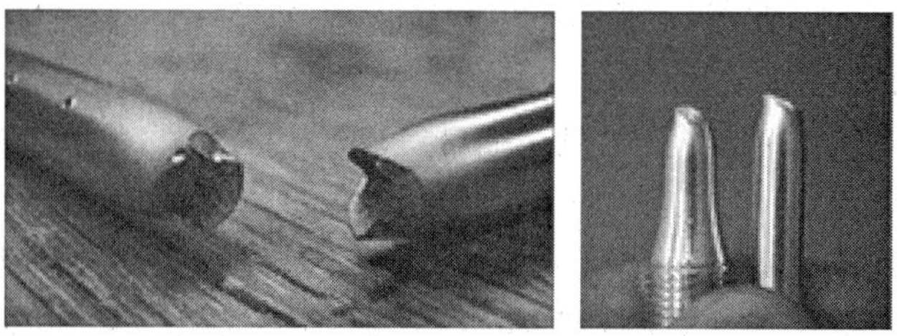

(a) 알루미늄 연성 파단면

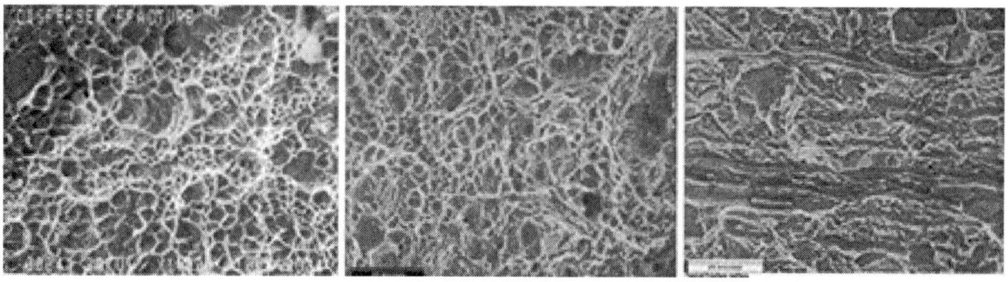

(b) 파단면 전자주사현미경 관찰

그림 1.15 연성 파단면과 전자주사현미경 관찰

2.4 취성파괴

취성파괴는 소재에 내재된 특성에 기인하는 것과 사용시 하중이나 분위기 조건과 같은 외적 요인에 의하여 발생되는데, 파손이 설계 구조상의 노치(Notch)부분이나, 용접시의 열 및 잔존 응력 부분에서 사용 시 하중변화나 운전 시작시의 열 충격 등에 의해 갑자기 발생되는 파손형태이므로 위험요소가 크고 사고 시 큰 손실이 예상되는 파손 유형이다. 다시 말해서 부품 파손이 단순한 연성파괴로 유발되는 경우에 있어서 사고 시 구조물의 변형이나 균열 관찰 등의 사전 감지가 용이할 수 있으며, 사용 허용 두께 증가나 사용 하중의 감소라는 간단한 원인 분석과 파손 방지책 수립이 용이하고 사고에 대한 대비가 비교적 어렵지 않을 것으로 보여 진다. 그러나 취성파괴에 의해 부품이 파손을 입을 경우 예상하지 못한 급작스러운 파손 위험이 크고, 파손 방지책에 있어서도 소재 선택으로부터 제조, 열처리 등 일련의 소재에 내재한 요인에 대한 영향과 설계상 취성파괴를 유발시킬 수 있는 구조적 요인에 대한 고려뿐만 아니라 사용조건(하중, 분위기)의 분석 및 대비책이 뒤따라야 하는 기술적인 어려움을 안고 있다. 소재 자체에 내재하는 취성파괴 유발 요인으로는 결정립 크기, 석출강화 요인 및 결정학적인 취약 요건과 같은 예를 들 수 있다. 일반적으로 조대한 결정립은 미세한 결정립 구조에 비하여 균열의 전파를 억제하는 균열 팁의 둔화효과가 적어 파괴인성을 저하시키며, 결국 취성파괴를 유발시킬 수 있다. [그림 1.16]은 결정립 크기에 따른 연, 취성파괴를 보여주는 것으로써 결정립 크기가 작은 경우 파단면은 일반적인 딤플 현상의 연성파괴 면을 보이는데 반하여, 결정립 크기가 큰 경우 파단면 상에는 취성파괴의 전형적인 형상으로 벽개파괴(Cleavage fracture) 형태인 물결무늬(River pattern)가 결정립 내를 통해 전파하는 취성파괴 양상을 나타낸다.

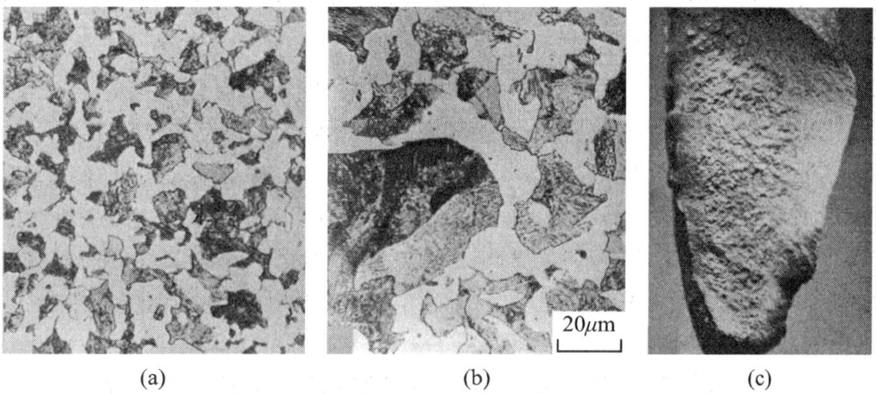

그림 1.16 결정립 크기에 따른 취성파괴 양상

취성파괴를 유발하는 요인 중 소재 유발 인자의 다른 하나로써 입내 석출경화에 의한 입계 취화로 나타나는 입계 취성파괴를 들 수 있다. 일반 저탄소강에서 결정립계가 질화물, 탄화물, 산화물 혹은 유화물에 의해 강화된 경우 특정한 온도와 변형속도 조건에서 입계 취성파괴가 유발될 수 있다. [그림 1.17]은 저탄소강의 전형적인 취성 파단 형상을 나타내는데, 록 캔디 패턴(Rocky candy pattern)의 입계 취화형태를 보이며 이것이 입내에 석출된 알루미늄 나이트라이드(AlN)의 석출상에 기인된 것임을 간접적으로 알 수 있다.

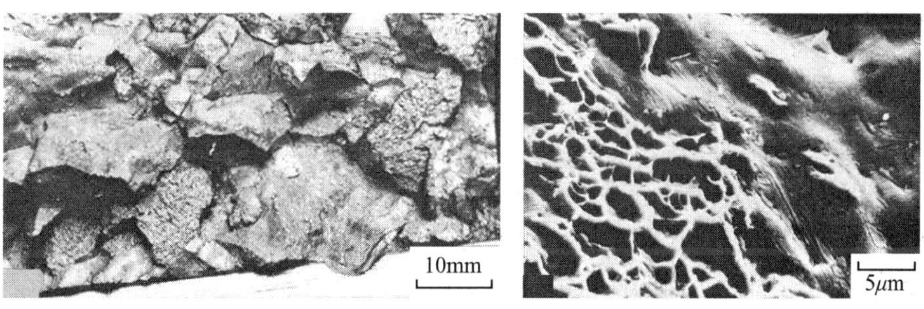

그림 1.17 저탄소강의 취성파괴면

사용 부품의 취성파괴에 있어서 소재에 내재된 요인은 위에서 언급한 결정립 조대화와 입계 석출강화 조건 외에도 소재 자체가 마르텐사이트(Martensite) 조직이나 금속간 화합물에서와 같이 경하고 연, 인성이 없는 경우에서도 취성파괴를 일으키게 되어 부품으로써 사용가치가 없게 된다. 취성파괴는 소재 자체의 요인 외에 사용조건에 따라서도 발생될 수 있다. 특히 (a) 다축응력, (b) 낮은 온도, (c) 높은 변형 및 응력 속도에서 사용되는 부품은 취성파괴의 가능성이 높으므로 설계상의 소재 선택 두께, 노치 효과 고려에 주의하여야 한다. 이외에 부식조건과 고온 사용 조건에서의 크리프 파손에 있어서도 입계 취성파괴를 일으킬 가능성이 크다.

(1) 저온 취성파괴

일반적으로 체심입방정과 같은 결정구조를 갖는 보통 탄소강과 같은 합금은 저온에서 취성을 나타낸다. 이는 슬립계가 충분하여 온도에 관계없이 소성이 충분한 면심입방정 결정구조의 Al, Cu 및 오스테나이트계 강종이 저온에서도 취성이 나타나지 않는 반면에, 슬립 계가 불충분한 체심입방정 구조에서는 고온에서 전위활성화와 이에 따른 연성이 존재하나 저온에서는 이러한 소성변형이 억제되어 취성이 발생하기 때문이다. 즉 체심입방정의 저탄소강은 온도가 낮아짐에 따라 급격히 연, 인성이 감소하여 어느 온도 이하에서는 취성파괴를 일으키는 연성 - 취성파괴 천이 온도를(Ductile-Brittle Transition Temperature, DBTT) 가지며 저온에서 취성파괴의 가능성이 높아지는 것이다.

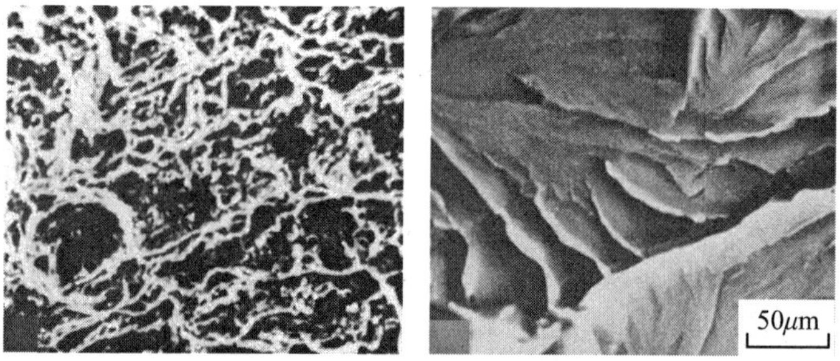

(a) (b)

그림 1.18 탄소강의 저온 취성파괴

(2) 변형률 속도에 따른 취성파괴

사용조건 중 높은 변형률 속도나 응력 속도는 취성파괴를 일으킬 수 있는 다른 한 요인이 된다. 이는 부품의 사용에 따른 변형에서 충분한 소성변형의 시간적 여유 없이 급작스럽게 변형이 유발될 경우 균열이 발생하기 쉬운 이유와 유사하게 설명될 수 있다. 즉 사용조건상 사용부품에 가해지는 높은 변형속도나 응력 속도는 부품의 전위이동에 따르는 충분한 시간을 갖는 소성변형 과정이 없을 때 국부적인 부분에서 균열 파괴를 일으키게 되는 요인을 제공하는 것이다.

(a) (b) (c)

그림 1.19 탄소강의 변형률 속도에 따른 인장 파단면

(3) 부식에 의한 취성파괴

부식 파손으로 형성된 파단면은 파단면 자체가 부식조건에 노출되고 다시 부식에 의해 훼손되어 처음 균열의 전파, 파단 양상을 판별하기가 어렵다. [그림 1.20]은 $MgCl_2$ 액상에서 발생된 STS 304 Stainless 강 SCC(Stress Corrosion Cracking)에 의한 입계 취성파괴면을 보여주는 것이다. SCC에 의하여 균열이 입계 전파로 하고 파단에 이른 양상을 나타낸다. 그러나 일반적인 18-8 강의 SCC 균열은 보통 2차 균열관찰에 있어서 입내와 입계를 동시에 통과하는 가지 형태(Branched type)로 관찰되는데, 이러한 가지 형태의 입내+입계 균열은 부채꼴 패턴(Fan shaped pattern)의 취성파괴 양상을 보인다.

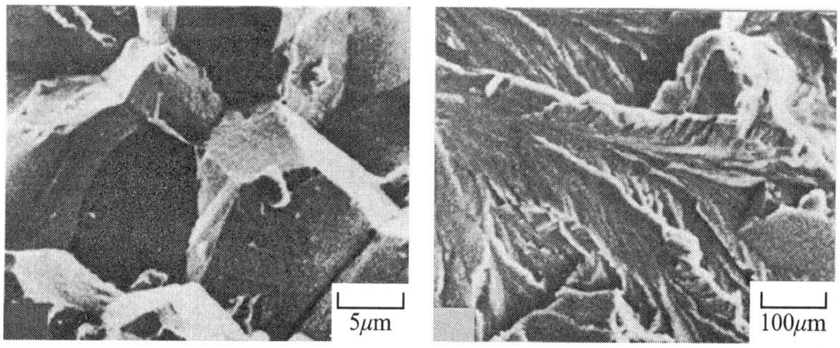

(a) (b)

그림 1.20 STS 304 강의 SCC에 의한 입계 취성파괴면

(4) 크리프에 의한 취성파괴

고온-정 하중 상태에서 발생하는 크리프 파손은 일반적으로 입계 미끄럼과 입계 변형에 따라 결정립계 공공과 균열 형성으로 발생한다. 따라서 파단 파손 형태는 대부분 입계 취화로 나타난다. 위의 그림은 STS 304 Stainless 강의 크리프조건에서 파단면을 보여주는 것이다. 저 응력 조건에서 공통적으로 입계 취화형태로 관찰되는데, 저 응력에서는 결정립계 상에 연성 딤플이 형성된 것으로 볼 때 입계 취성 외에도 비교적 연성파괴가 복합된 파단 양상으로 나타나는 것을 알 수 있다.

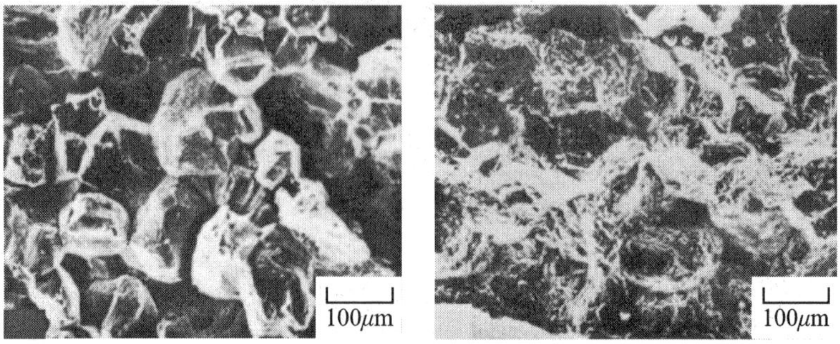

(a) (b)

그림 1.21 STS 304 Stainless 강의 크리프파손 파단면

2.5 피로파괴

피로파괴는 응력이 반복적으로 가해져 점점 균열이 전파 및 확대하고 결국 파괴에 이르는 것으로 응력 진폭이 정적 강도 이하, 때로는 탄성한(彈性限) 이하에서도 일어난다. 거시적으로는 소성변형이 동반되는 경우가 거의 없지만, 미시적으로는 크든 작든 소성변형이 집적한 결과이다. 피로에 의해 발생한 파손에서 그 파단면은 취성파괴의 한 형태로 규정할 수 있다. 그러나 이것은 일반적인 취성파괴의 특징이 아닌 피로균열 전파에 따르는 새로운 파단의 전형을 갖는다. 피로 균열 전면에는 육안으로 확인되는 비치마크(Beach mark)외에도 주사전자현미경의 관찰로써 확인할 수 있는 피로 줄무늬(Fatigue striation)가 또 다른 특징으로 발생되어 피로파손을 확인할 수 있는 중요한 근거가 된다. Striation은 부품 혹은 장비에 가해지는 사용 중의 반복하중 중에서 일회의 응력 주기(인장 - 인장, 인장 - 압축, 압축 - 압축, 굽힘 - 굽힘 등)에 의하여 만들어지는 것으로써, 균열면에 가해지는 최대 인장응력 혹은 균열면 열림 응력에 의해 균열면 전선의 전진과 닫힘이 반복됨으로써 형성되는 것이다.

그러나 해안 자국(Beach mark) 혹은 피로 줄무늬(Fatigue striation)가 관찰되지 않는다고 해서 피로파괴의 가능성을 배제할 수 없다. 균열전파시의 전파면 분위기나 응력조건에 따라 표면 손상이 있을 수 있고, 스트라이에이션(Striation) 간격이 너무 작거나 균열 팁에서의 연성이 불충분하여 파단면 상 피로손상의 흔적이 남지 않을 경우가 있다. 또한 탄소강에 있어서 펄라이트(Pearlite) 와 같은 미세한 층상 조직(Lamellar structure)을 갖는 미세조직의 파단면에서 관찰되는 스트라이에이션은 피로균열 전파에 따른 것이 아니고 미세조직과 관련된 파단면이 형성된 것일 수 있으므로 손상 판정에 있어서 이에 대한 주의가 필요하다. 피로파단의 균열시작은 노치나 개재물과 같은 응력 집중점에서 발생하며 파손수명을 결정하는 중요한 요소인데, 대부분 금속 표면에서 시작되므로 피로파손이 우려되는 부품에 있어서 표면 상태는 매우 중요하게 된다. 기계 구조물의 파괴 사고는 피로파괴가 원인인 경우가 많다. 피로파괴의 과정은 응력이 반복적으로 가해진 재료의 표면 혹은 내부에 슬립 밴드가 생성되어 미시적 소성변형과 전단균열(10^{-3} $\sim 10^{-2}$cm 정도)이 발생한다. 그리고 이러한 상태가 수명의 3/4 이상(혹은 약 90%) 유지된 뒤, 인장방향에 거의 수직인 거시적 균열이 일어나 동심원 모양의 간헐적인 전파, 확대를 시작(이것을 원인으로 패각 모양이 나타난다)하고, 마지막에는 거시적 균열이 급속도로 진행되어 파단에 이른다. 마지막 단계를 최종 파단면이라 하며 통상의 연성파괴 혹은 취성파괴이다.

또한, 피로균열의 전파는 미시적으로는 결정입내를 가로지르는 형태와 결정입계를 따라 일어나는 형태가 있으며, 두 경우 모두 통상 반복 응력의 1사이클마다 줄무늬가 나타난다. 줄무늬는 슬립 면을 따라 소성변형된 연성 줄무늬가 많이 나타난다. 하지만, 재료나 부식 환경 등의 조건에 따라 벽개면을 따라 취성 줄무늬가 나타나기도 한다. 이 줄무늬의 형성에 결정입계 외의 결정학적 구조는 거의 관여하지 않는다. 또한, 철강 재료의 피로 파단면에 보이는 줄무늬 형태는 알루미늄 합금과 같은 종류보다 불규칙적이고 명확하지 않은 때가 많다. 이외에도 응력 사이클에 대응하지 않는 줄무늬 형태도 관찰할 수 있다. 실제 기계구조물의 철강 재료의 피로 파단면은 두께(Board thickness)나 금속 구조, 파괴에 이르기까지 응력이 반복되는 횟수에 따라 복잡한 양상을 보이고, 미시적으로는 줄무늬 이외에도 딤플이나 리버 패턴(River pattern) 혹은 입계 파괴 등이 나타나는 예가 있다.

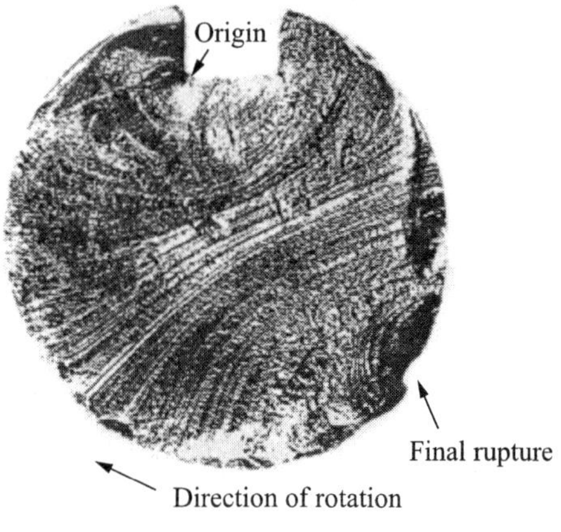

그림 1.22 피로파괴의 거시적 파단면

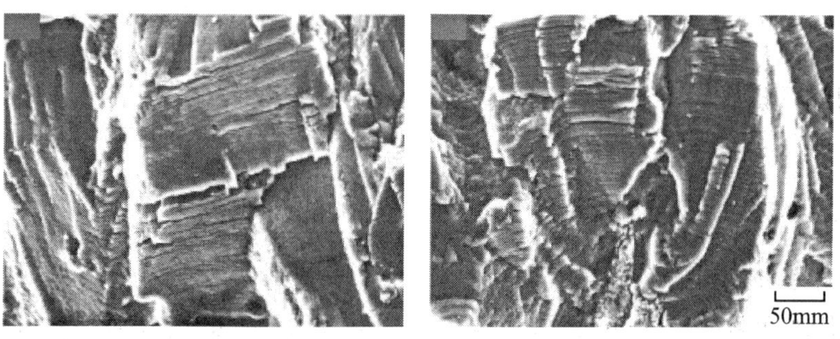

그림 1.23 줄무늬 패턴 형태

03 파괴 양식과 파단면

3.1 파괴 분류 및 상호 관계

앞에서 기술한 파괴의 분류 중 (1), (2), (4) 또는 (5)의 관계를 [표 1.4]에 정리했다. 단, 연성파괴와 취성파괴가 두 번째 단과 세 번째 단 이하와 반드시 대응하지는 않는다.

표 1.4 파괴 분류 및 상호 관계

<table>
<tr><th colspan="2">소성변형의 정도</th><th colspan="2">---- 연성 파괴 ----</th><th>---- 취성 파괴 ----</th><th colspan="2">---- 피로 파괴 ---</th></tr>
<tr><td colspan="2" rowspan="2">거시적 파단면</td><td rowspan="2">-- 섬유상 --</td><td rowspan="2">- 전단 가장자리 -</td><td rowspan="2">방사상
셰브론 패턴 ---
헤링본 패턴
입상</td><td>패각상
방사상</td><td>- 매끄러움 -</td></tr>
<tr><td colspan="2">(연성 파괴 혹은 취성 파괴 특징을 보이는 예가 있다)</td></tr>
<tr><td rowspan="3">파괴 메커니즘</td><td rowspan="2">입내</td><td colspan="2">전단형 파괴</td><td></td><td colspan="2" rowspan="3">반복적인 응력에 의해
슬립 밴드 생성
미시적 균열 발생
피로 균열 전파</td></tr>
<tr><td>-수직 파괴
인열 파괴</td><td>- 전단 파괴 -</td><td>벽개 파괴
의벽개 파괴</td></tr>
<tr><td>입계</td><td colspan="2">--- (입계 전단형 파괴) ---</td><td>(입계 벽개 파괴)</td></tr>
<tr><td rowspan="3">미시적 파단면</td><td>입내</td><td>--- 등축 딤플
신장 딤플</td><td>-- 신장 딤플 --</td><td>- 리버 패턴 -
의벽개 패턴</td><td colspan="2">연성 줄무늬
취성 줄무늬
슬립 모양
줄무늬상 모양
딤플
리버 패턴 등</td></tr>
<tr><td rowspan="2">입계</td><td colspan="2">--- 입계 딤플 ---</td><td>입계분리 패턴
록 캔디 패턴 ---</td><td colspan="2">입계 줄무늬
입계 줄무늬상 모양
입계 딤플 등</td></tr>
<tr><td colspan="2">--- (입계 연성 파괴) -----</td><td>(입계 취성 파괴) --</td><td colspan="2">(입계 피로 파괴)</td></tr>
</table>

3.2 입내 파괴와 입계 파괴

3.2.1 입내 파괴

입내 파괴는 결정입내에서 횡적으로 균열이 일어나 발생한다. 형식은 전단형 파괴(수직 파괴, 전단 파괴), 벽개 파괴 또는 의벽개 파괴가 있다. 또한, 입내 피로파괴는 입내 파괴의 변형이다.

(1) 전단형 파괴

균열이 슬립 면이라고 하는 전단에 약한 특정한 결정면(대부분 철강에서는 {110} 또는 {112}면)을 따라 연성적으로 전파한다. 말하자면 미시적으로는 완전한 취성변형에 따른 파괴, 즉 연성파괴이다. 거시적으로는 연성파괴와 취성파괴 두 종류가 있다. 그 기구는 전단 응력에 의해 미끄럼 현상이 진행되어 네킹(Necking)이 일어난다. 이어 재료 내부에 석출물이나 비금속 개재물(제2상) 등이 핵이 되거나 혹은 재료 내부에 불균일한 변형이 집중된 부분에 형성된 다수의 미소 공동이 결합하여 균열이 전파한다. 그러므로 파단면에는 미시적으로 딤플이라는 컵 모양의 패임이 여러 개 생성된다. 패인 부분에는 제2상의 핵이 관찰되는 예가 많다.

그리고 핵이 된 제2상 중 고순도 철 등에서는 딤플이 생성되지 않고 슬립 면에서 분리되어 리플(Ripple)이라는 잔물결 모양 혹은 줄무늬 모양 등 미시적으로 대개 평탄한 파단면 형태가 나타난다. 철을 관찰할 때에는 보이지 않지만, 순 알루미늄 등 고연성 재료에서는 매우 평탄하고 무늬가 없는 스트레칭 형태가 나타난다. [그림 1.24]는 전단형 파괴의 두 가지 형태인 수직 파괴와 전단 파괴를 딤플 형성 기구 모형이다. 그림 (a)는 수직 파괴를 나타낸 것이며, 일정한 인장(引張)을 받은 경우 재료 내부 중앙에 최초의 발생한 균열이 외주(外周)의 자유표면과 분리되어 주위의 소성구속이 크므로, 파괴형태는 인장 축에 거의 수직이 된다. 파단면은 거시적으로는 섬유상 혹은 견상(絹狀)의 형태이고 회색빛을 띠며 광택이 없다. 미시적으로는 원형에 가까운 등축 딤플이다. (b)는 전단 파괴로 내부에서 일어난 균열이 외주의 자유면에 가까워질수록 소성구속이 사라지고, 균열은 전단응력 최대 방향, 즉 45° 경사로 전파되어 외부표면에 이른다. 파단면은 전단 가장자리(Shear lip)라고 하며 경사가 완만하고 희미한 금색광택을 띤다. 그리고 때때로 주름 모양이 보인다. 미시적으로는 신장 딤플이다. (c)는 수직 파괴의 한 종류인 인열 파괴이다. 재료 내부 중앙의 수직 파괴에 이어 균열이 외주 방향으로 확대될 때 인열, 즉 불균일 인장에 따라 파괴 형태는 인장 축에 거의 수직이 된다. 파단면은 거시적으로는 방사상이 나타나고 비교적 거칠다. 미시적으로는 신장 딤플이다.

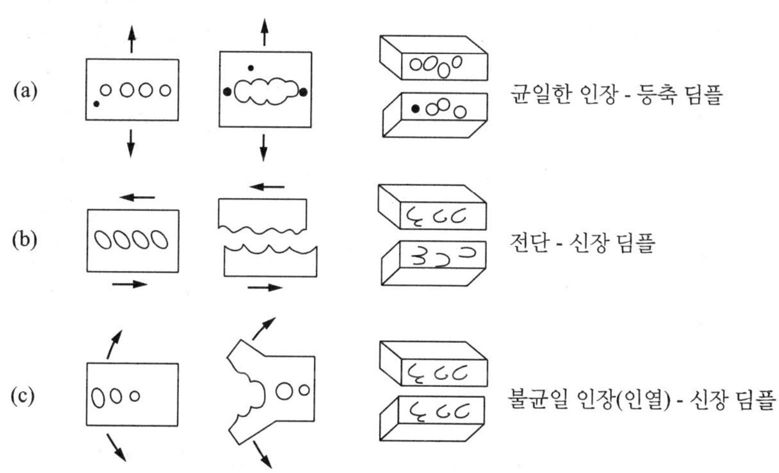

그림 1.24 딤플형성기구(Beachem)

(a) 거시적 파단면

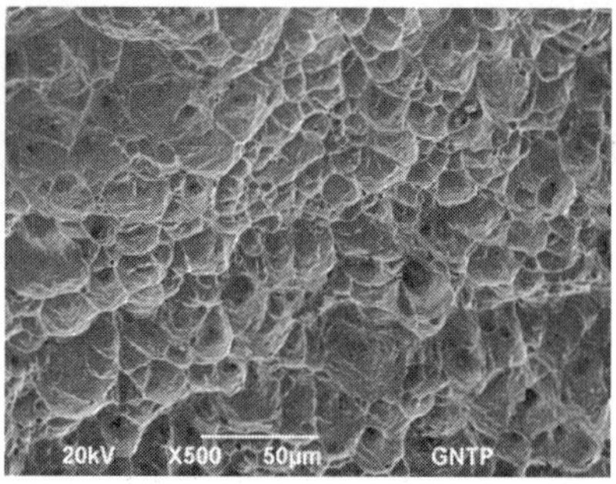

(b) 미시적 파단면

그림 1.25 인장시험편의 파단면

[그림 1.25]는 저탄소강(KS SM15C 기계 구조용 탄소 강재)의 원형봉 시험편을 상온에서 인장 파괴한 경우의 거시 또는 미시적 파단면의 형태이다. 이 그림에서 알 수 있는 바와 같이, 저탄소강의 거시적 파단면은 내부 원형 부분이 모두 수직 파괴인 섬유상이고, 외주부가 전단 파괴인 전단 가장자리가 나타난다. 미시적 파단면은 전자가 등축 딤플, 후자가 신장 딤플이다. 중탄소강의 거시적 파단면에는 내부 중앙에 수직 파괴인 섬유상 부분(원형), 그 바깥쪽에 방사상 티어 리지(Tear ridge)의 파괴 부분, 외주부에 전단 파괴인 전단 가장자리가 있다. 미시적 파단면은 중앙원형의 섬유상 부분이 등축 딤플, 그 바깥쪽 방사상 티어 리지의 부분이 촘촘한 딤플, 외주부의 전단 가장자리 부분이 신장 딤플이다. 모든 딤플이나 저탄소강보다 매우 작고 촘촘하다.

(2) 벽개 파괴

균열은 벽개면이라는 특정한 결정면(대부분 철강은 {100}면)을 따라 취성적으로 급속하게 전파된다. 즉, 거시적이든 미시적이든 취성파괴이다. 이 메커니즘은 수직응력에 의해 벽개면에서 분리 파괴되는 것으로, 철강과 같은 다결정 재료는 각 결정립의 방향이 정해져 있지 않으므로 미시적 균열의 진행방향이 입계마다 변한다(균열이 결정립에서 결정립으로 횡단한다). 또한, 벽개가 하나의 벽개면에서 일어나지 않고 평행한 여러 벽개면에 걸쳐 있으므로 패싯(Facet, 파면단위)의 표면에 벽개단이 생성된다. 균열의 전파에 따라 벽개단이 결합하여 강이 흐르는 모양과 유사한 모양, 즉 리버 패턴이 생성된다. 또한, 취성균열이 합체할 때 접합부에 텅(Tongue, 혀 모양)이 생성된다. 강의 흐름 방향으로부터 균열의 전파 방향을 알 수 있다. 이처럼 리버 패턴이나 텅은 페라이트강이나 페라이트+펄라이트강에 나타나고, 특히 저온 취성파괴를 일으킬 때 현저하게 나타난다. 거시적 파단면은 입상 혹은 입계상에 빛(단, 회주철, 가단주철 등 비교적 강도가 낮은 주철은 빛나지 않는다), 방사상, 셰브론 패턴, 헤링본 패턴 등의 모양이 나타난다.

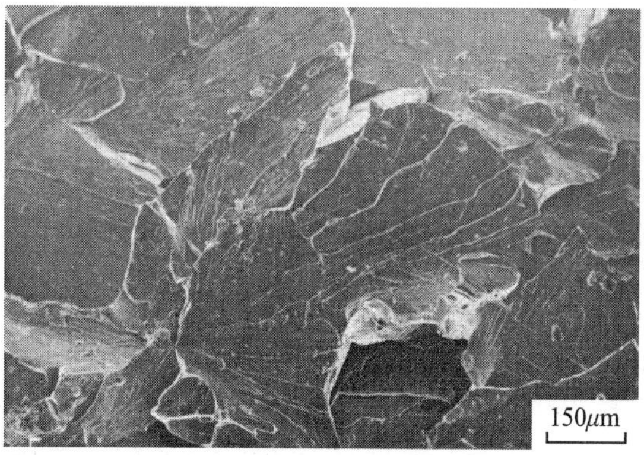

그림 1.26 리버 패턴과 텅

(3) 의벽개 파괴

의벽개 파괴는 담금질 - 뜨임 처리를 한 강철과 같은 조질강 및 고장력강 등 거시적 취성파괴일 경우 일어난다. 파단면은 거시적으로는 벽개 파괴와 유사하지만, 미시적으로는 패싯 중앙으로부터 강이 주위로 흐르는 모양이 나타나거나 패싯 주변에 소성 변형에 의한 티어 리지가 관찰되기도 하며 강의 모양이 확실하지 않은 때도 있어 벽개면을 따른 파괴인지 단정하기 어렵다. 이것은 저탄소강의 결정입도 등을 조질강에서 정확하게 산출할 수 없기 때문이며, 본질적으로 벽개 파괴와 동일한 것으로 추정한다.

3.2.2 입계 파괴

결정입계에는 원래 불순물이나 합금 원소가 쉽게 편석(偏析)하고, 제2상의 석출이 많다. 여기에 환경 또는 부식과 같은 외부 조건이나 온도 효과 등의 요소가 더해져 입계가 취화하고, 입계를 따라 파괴가 일어나는 때가 많다. 이것을 입계 파괴라고 한다. 입계 파괴는 거시적으로는 취성파괴이고 파단면은 입상을 나타내는 경우가 많지만, 미시적으로는 소성변형의 정도에 따라 입계 연성파괴, 입계 취성파괴, 입계 피로파괴 등으로 나뉜다. 또한, 입계 파괴를 입계 전단 파괴와 입계 벽개 파괴로 구분할 때가 있지만, 입내 파괴와는 상당히 다른 파괴 형태를 보인다.

(1) 입계 연성파괴

입계를 따라 미소 공동이 형성 및 합체한 뒤 연성적으로 균열이 확대되어 입계표면에 딤플이 생성된다. 입계에 석출한 불순물이나 제2상이 미소 공동 형성의 핵이 된다.

(2) 입계 취성파괴

입계를 따라 취성적으로 분리 파괴된다. 파단한 입계의 표면은 평탄하고 모양이 거의 나타나지 않는 때가 많다. 이것을 록 캔디 패턴(Rock candy pattern)이라고 한다.

(3) 입계 피로파괴

입계를 따라 피로균열이 확대한 것으로, 미시적 입상 파단면 상에 입내 피로파괴가 일어났을 때와 유사한 줄무늬 모양을 관찰할 수 있다.

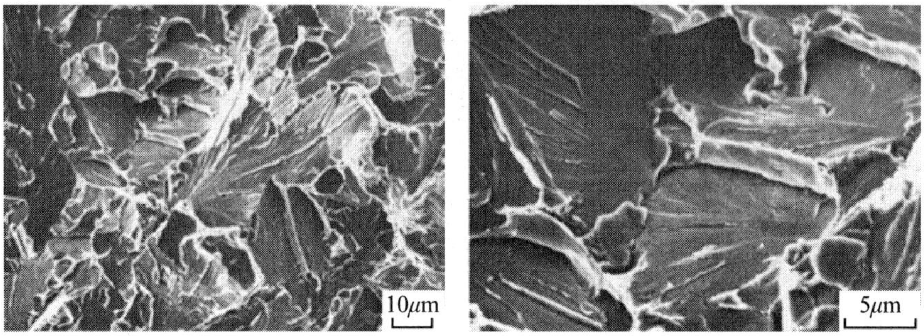

그림 1.27 입계 취성파괴

04 거시적 파단면의 관찰법

4.1 관찰 사항과 관찰 요점

(1) 파단면의 외관

가. 파괴 기점

(가) 파괴 기점 위치는 표면인가, 표면 아래인가, 내부인가.

(나) 파괴 기점 수는 한 개인가, 여러 개인가, 수없이 많은가.

(다) 파괴 기점이 여러 개라면 동시에 발생한 것인가, 순서에 따른 것인가.

(라) 파괴 기점은 재료결함으로 발생한 것인가.

(마) 파괴 기점의 위치는 최대 응력부와 일치하는가.

나. 파단면의 패턴

(가) 섬유상, 전단 가장자리, 방사상, 헤링본 패턴, 입상, 패각상과 같은 패턴이 있는가. 있다면 파단면에서 각 패턴이 나타나는 부분이 차지하는 부분과 그 면적 비율은 어떠한가.

(나) 각 패턴의 조도(粗度, 거칠기)는 어떠한가.

(다) 각 패턴의 색은 회색인가, 흰색에 가까운가, 검은색에 가까운가. 그리고 금속 광택이 결정상에서 반짝거리는 빛이 나는가, 나지 않는가.

(라) 각 패턴의 경사도는 최대 주 응력면에 직각인가, 45°의 경사인가.

(마) 피시 아이(fish eye), 이상흑연의 석출 등 재료에 결함이 있는가.

다. 환경, 온도의 영향

(가) 부식이 발생했는가, 녹이 부착되었는가.

(나) 뜨임 색(temper color) 등 고온으로 말미암은 변색이 일어났는가.

(2) 파단 부위
파단 부위는 파괴한 기계구조물 중 어느 부위에 해당하는가. 구조상 혹은 제조가공상 어떤 응력이 발생했는가. 응력집중이 있는가.

(3) 파괴 형태
파괴부위에 소성변형이나 국부수축이 있는가.

4.2 파단면의 청정 및 보존

철강 재료의 파단면은 쉽게 녹이 슬고, 특히 사고로 인한 파단면은 진흙 등 주변 물질에 오염되는 때가 많으므로, 파괴가 일어난 직후 파단면을 관찰하는 일은 상당히 어려운 일이다. 오염되지 않은 파단면에는 파괴에 대한 여러 가지 정보가 담겨있다. 따라서 파단면 관찰을 위해서는 가능한 한 파단면을 깨끗하게 보존해야 한다. 청정법에는 유기용매, 세제, 용제, 알칼리, 산 등을 이용하는 화학적 청정방법과 오염, 녹, 부착물을 제거하는 기계적 청정방법이 있다. 어떤 방법이든 청정 과정에서 파단면을 변형하거나 파손해서는 안 되므로, 관찰 목적에 알맞도록 적절한 청정방법을 선택해야 한다. 이외에 파단면을 관찰하기 위해 시료를 절단할 때에는 파단면이 파손되거나 특히 용단 등 열로 인한 영향이 미치지 않도록 세심한 주의를 기울여야 한다.

4.2.1 오염 제거

(1) 유지(油脂) 종류의 오염 제거
세제를 사용한 화학적 청정방법을 선택하는 편이 좋다. 가정용 중성세제를 찬 물이나 뜨거운 물에 푼 뒤 가볍게 흔들어서 세정한다. 그리고 아세톤, 트리클로로에탄, 알코올 등 유기용매에 담가도 좋다. 솔이나 헝겊으로 문지르는 일은 상처가 남아 파단면의 미시적 형태를 관찰할 때 영향을 끼치므로 피하도록 한다. 또한, 파단면에 있는 패임 안쪽까지 완벽하게 오염물을 제거하고자 할 때에는 중성세제의 수용액, 혹은 유개용매와 초음파세척기를 사용하면 된다. 단, 이 방법은 크기가 작은 재료에만 이용하도록 한다.

(2) 그리스, 중질유 그 외 단단하게 굳은 오염 제거
이런 종류의 오염은 용제의 용해성을 이용한 화학적 청정 방법을 이용해야 한다. 석유계 용제를 일반적으로 사용하고 휘발유, 경유, 벤젠 등을 이용한다. 석유계 용제는 쉽게 용해되는 반면 완전하게 기름을 제거할 수 없으므로 제1단계로 사용한 뒤, 제2단계에 (1)의 방법을 이용한다. 페인트 리무버도 효과적이다.

4.2.2 녹 제거

약 산성액, 예를 들어 30~40℃로 가열한 농도 10% 구연산 암모니아 용액에 담근다. 녹이 제거되는 정도를 보아 수분에서 수십 분간 담가 놓는다. 단, 이 방법으로 녹을 제거한 파단면은 거시적 관찰 검사에는 문제가 없지만, 미시적 형태가 상당히 변하므로 미시적 관찰 검사를 동시에 진행할 때에는 적당하지 않다. 그 외에 묽은 염산에 담그는 방법도 있지만, 일반적으로 화학적인 녹 제거 방법은 파단면을 거시적으로 관찰할 때에만 사용하도록 한다. 미시적 관찰을 병행할 때에는 기계적인 녹 제거 방법이 적절하며 아세트산메틸에 담가서 부드러워진 아세틸셀룰로스 필름을 파단면에 붙이고 어느 정도 시간이 경과한 후 핀셋으로 조심해서 떼어낸다. 이 과정을 여러 차례 반복하면 파단면이 변화나 파손 없이 깨끗해진다.

4.2.3 청정 파단면의 보존

(1) 건조기

청정 파단면을 보존하기에는 진공 용기가 가장 적당하지만, 진공 용기가 없을 때에는 건조기(Desiccator)에 넣어 둔다.

(2) 녹 방지 기름 등 도포

녹 방지 기름이나 기계유 등 유성 녹 방지제, 보호 래커 등을 도포한다. 어느 것을 사용해도 좋지만, 파단면을 관찰할 때 제거하기 쉬운 쪽을 선택한다. 실리콘 수지도 좋다. 단, 녹 방지 기름을 뿌리면 제거 후에 파단면의 색이나 광택에 변화가 있을 수 있다. 또한, 그리스를 사용해서는 안 된다.

(3) 비닐액 도포

표면의 요철이 비교적 적거나 매끄러운 파단면이라면 비닐액을 도포하면 좋다. 굳은 비닐액이 피복이 되어 파단면을 보호한다. 파단면을 관찰할 때에는 간단하게 제거할 수 있다.

05 미시적 파단면의 직접 관찰법

5.1 관찰 사항과 관찰 요점

미시적 파단면의 관찰 사항은 직접관찰과 간접관찰 모두 거시적 파단면 관찰과 거의 동일하다. 하지만, 직접관찰과 간접관찰을 병행하면 파괴 양식 또는 파괴 과정에 대해 더욱 상세하고 풍부한 정보를 얻을 수 있다. 직접관찰법은 주사형전자현미경(SEM)으로 직접 파단면을 미시적으로 관찰하는 방법으로 앞으로 설명할 투과형 전자현미경을 이용하는 레플리카 관찰법(간접관찰법)과는 시료의 제작 또는 관찰 방법이 다르다. 또한, 어떤 현미경을 이용하든 미시적 관찰의 특성상 관찰범위가 매우 좁으므로 우선 거시적으로 파단면을 관찰한 뒤 파단형태를 자세히 관찰하여 파괴 기점, 거시적 파괴 양식 또는 파괴 과정을 파악한다. 이 과정에서 중요한 사항은 미시적으로 관찰할 위치를 결정하는 것이다. 잘못 설정한 위치에서 미시적 관찰을 할 때에는 양호한 정보를 얻을 수 없다. SEM은 동일 관찰 부분을 수십 배 정도의 저배율에서 수만 배의 고배율까지 연속적으로 배율을 바꿔가며 관찰할 수 있는 특징이 있다. 거시적 관찰 부위와 대응하기 좋다. 또한, 초점심도가 상당히 깊고 입체감 있는 상을 볼 수 있는 이점이 있다. SEM으로 파단면을 관찰할 때에는 2차 전자상을 사용한다. 이 분해능은 통상 100∼300Å 정도로, 레플리카로 얻은 투과상보다는 낮지만, 실제로 사용할 때에는 불편함이 없다. 미시적 파단면을 관찰하고 검사할 때의 요점은 다음과 같다.

가. 파괴 기점
  (가) 파괴 기점 부근의 파단역의 결정학적 파괴 양식은 어떠한가.
  (나) 파괴 기점 부근에 비금속 개재물과 그 외의 재료 결함은 없는가.
  (다) 부식하지 않았는가.

나. 파단면의 미시적 패턴
  (가) 거시적 특징이 나타나는 패턴의 구역에서 미시적 패턴은 나타나는가. 동일 구역에서 미시적 패턴이 다른 부분은 없는가.
  (나) 각 미시적 패턴과 그 특징적 모양의 상세한 판독

5.2 관찰 방법과 순서

SEM으로 파단면을 관찰하는 방법은 사용하는 위치에 따라 다소 차이가 있지만 일반적으로 다음과 같은 순서를 따른다.

(1) 관찰 부위 결정
거시적 관찰로 파단면의 특징을 파악한 뒤 SEM을 이용하여 관찰할 부위를 정한다. 거시적으로는 파괴 기점, 파단면 패턴(패각 모양, 피시 아이 등을 예로 들 수 있다)을 관찰할 수 있다. 하지만 거시적 관찰만으로는 파단면의 특징을 밝히기 어려운 때가 있으므로 기구에 넣을 수 있는 크기로 시료를 제작하여 SEM을 이용하여 미시적으로 관찰한다.

(2) 시료 절단
일반적으로 시료의 허용 수치는 지름 25mm, 높이 20mm 가량이다. 이 수치보다 크기가 큰 시료는 홀더에 장착할 수 있도록 절단해야 한다. 또한, 절단 시 주의할 점은 5.3.1 시료의 절단과 수집을 참조하기 바란다.

(3) 시료의 청정
파단면에서 정확한 정보를 얻기 위해 파단면에 부착된 기름, 먼지, 녹 등을 제거한다. 청정하게 처리한 뒤 신속하게 건조기에 넣어 다시 한 번 먼지나 녹 등이 부착되지 않도록 주의를 기울인다. 청정 방법은 5.3.2 시료의 청정 작업을 참조하기 바란다.

(4) 시료 홀더에 장착
SEM의 각 기구는 주의할 사항이 있으므로 설명서 항목을 반드시 참고하도록 한다. 시료가 시료 홀더 보다 작을 때에는 알루미늄 포일 등으로 감싼 뒤 카본 페이스트(Carbon paste)로 고정한다.

(5) 설명서에 따라 홀더에 고정한 시료를 SEM 장치에 넣는다.

(6) SEM을 이용하여 2차 전자상을 관찰한다. 2차 전자상의 관찰 방법은 장치 조작법이 자세하게 기술된 설명서를 참조하도록 한다.

(7) 2차 전자상을 얻으면 시료를 옮겨 딤플이나 리버 패턴, 줄무늬 등 미시적 파단면의 특징을 거시적 특징과 대응하여 찾아낸다.

(8) 2차 전자상의 특징을 파악했다면 사진을 찍는다. 설명서를 참고하여 촬영 시의 명암 또는 대비를 설정한다. 2차 전자상의 특징이 화면 가득히 들어오도록 최고배율을 설정하여 촬영하는 것은 물론이고 관찰 장소와 시료의 위치 관계를 파악할 수 있도록 저배율로도 촬영해 둔다.

(9) 파단면을 관찰한 뒤에는 정해진 순서대로 장치에서 시료를 꺼낸다. 또한, 본 항에서는 SEM으로 파단면을 관찰하는 방법만 기술했지만, 최근 파단면 관찰과 동시에 그 부위를 직접 원소 분석할 수 있는 반도체 X선 검출기가 장착된 SEM도 있다. 그리고 편석과 비금속 개재물을 분석할 수 있어 시료의 재질 등을 알 수 있는 장치도 있다. 파단면의 분석이 필요한 시료는 금속뿐만 아니라 유리나 플라스틱처럼 전도성이 낮은 것도 있다. 이러한 시료는 (3)과 (4)의 순서 사이에 보통 금증착(金蒸着)을 하여 전도성을 높인다. 금증착을 하는 이유는 전도성을 높이는 일 이외에도 2차 전자상의 대비를 증가시키는데 목적이 있다. 또한, 분석하지 않는 금속 시료라도 상의 대비나 대전을 줄

이려면 때때로 금증착을 해야 한다. 금증착이란 시료를 10^{-5}Torr 정도의 진공실에 넣고, 우선 탄소를 적열하여 증착한 뒤 텅스텐 바구니에 넣은 금을 적열 증발하여 시료면에 증착하는 것을 가리킨다.

5.3 시료 제작

시료 제작은 장치에 적합한 방법을 선택해야 하고, 장치마다 차이가 있으므로 본 항에서는 일반적인 주의사항을 밝히도록 한다.

5.3.1 시료의 절단과 수집

(1) 수집 위치와 크기
거시적 관찰로 얻은 특징적인 부위나 판단하기 어려운 부위를 일반적으로 채집 위치로 정한다. 될 수 있는 대로 시료 전체를 홀더에 끼워 관찰하는 것이 바람직하다. 그리고 허용 수치를 넘어서는 시료라면 홀더에 끼울 수 있도록 절단한다.

(2) 절단
시료 크기가 홀더보다 클 때에는 시료를 절단하여 홀더에 끼운다. 파단면을 훼손하지 않고 시료를 절단하도록 한다. 또한, SEM으로 2차 전자상만 관찰한다면 영향이 없지만, 파단면 주변 조직을 조사할 때도 있으므로 절단할 때에는 열을 가하지 않도록 한다. 그러므로 절단할 때에는 충분히 냉각 과정을 거쳐야 한다. 또한, 냉각액 때문에 녹이 슬지 않도록 주의한다.

5.3.2 시료의 청정 작업

(1) 오염 제거
파단면에는 녹을 방지하기 위해 대개 액상 기름을 도포한다. 거시적으로 관찰할 때와 마찬가지로 SEM으로 관찰할 때에도 액상 기름을 제거해야 한다. 그리고 현장에서 채집한 시료에는 기름 외에도 진흙이나 약품 등이 부착된 경우가 많다. 이러한 이물질은 보통 유기용매(아세톤, 트리클로로에탄, 알코올 등)로 제거할 수 있다. 가벼운 오염은 시료를 유기용매에 담가 조금 흔들어 주기만 해도 제거되지만, 심하게 오염된 시료는 초음파세척기를 이용하여 제거한다. 초음파세척기로 오염을 제거할 때에는 세정조에 지정된 깊이보다 많은 양의 물을 붓고 비커 등의 용기에 용매와 시료를 넣어 물속에 담가 위로 뜨지 않도록 하여 수분 간 세정한다. 또한, 기름 등 제거하기 어려운 이물질이 부착된 시료는 워싱 오일에 며칠간 담근 뒤 5.2의 순서에 따라 세정하면 좋은 결과를 얻을 수 있다.

(2) 녹 제거
4.2.2 녹 제거를 참조하기 바란다.

5.3.3 마킹

SEM으로 시료를 관찰할 때에는 목표 위치를 단시간에 찾을 수 있도록 파단면에 카본 페이스트로 점을 찍어두면 편리하다.

5.4 SEM을 이용한 시료 관찰과 탐색

SEM의 2차 전자상은 시료를 전자총 위치에서 바라보고 있는 것처럼 화면상에 나타난다. 따라서 시료에 큰 단차(段差)가 있어 그림자가 지는 부분이 있을 때에는 시료를 회전시켜 그림자 때문에 관찰할 수 없는 부분이 생기지 않도록 해야 한다.

5.5 SEM을 이용한 파단면 사진 촬영과 시료 보존

파단면 관찰 중 리버 패턴이나 줄무늬 등 미시적 특징이 나타날 때에는 사진을 찍어서 기록한다. 촬영에는 폴라로이드, 35mm 브라우니 필름을 사용한다. 폴라로이드는 즉시 볼 수 있는 장점이 있지만, 필름으로 촬영한 사진보다 해상도가 떨어진다. 그러므로 필름으로 촬영하는 경우가 많은데 최근에는 대체로 브라우니 필름을 사용한다. 촬영 시에는 설명서를 숙지하여 따르도록 한다. 시료 보존은 4.2.3 청정 파단면의 보존을 참조하기 바란다.

06 미시적 파단면의 간접 관찰법

6.1 관찰 사항

최근 두드러지게 SEM의 기술적 진보가 이루어져 파단면을 직접 관찰하는 방법이 보급되었다. 그리고 파단면을 간접적으로 관찰하는 방법으로 투과형 전자현미경을 사용하는 레플리카법이 있다. 레플리카법은 준비 시간이 많이 소요되며 직접 관찰하는 방법보다 정확도가 떨어진다. 하지만 크기가 크고 절단하기 어려운 시료는 레플리카 사용하여 간접적으로 관찰해야 한다. 레플리카 법에는 산화 피막법, 합성 피막 1단법, 합성 피막 2단법이 있다. 파단면의 관찰은 대개 2단법이 사용된다. 레플리카법으로 파단면을 관찰하려면 이물질이나 녹을 제거해야 정확한 정보를 얻을 수 있다. 이물질, 기름, 녹 등의 제거법은 5.3.2 시료의 청정 작업을 참조한다. 또한, 레플리카법에서는 파단면에 몇 차례 레플리카막을 접촉하여 오염물을 레플리카막에 부착시켜서 제거하는 방법도 병용한다.

6.2 레플리카 제작 방법

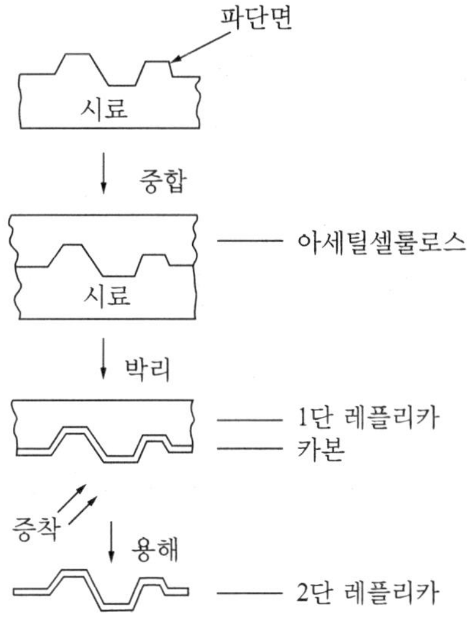

그림 1.28 2단 레플리카 제작 방법

레플리카법 중 일반적으로 사용하는 2단법의 제작 방법을 설명하고자 한다. 순서는 [그림 1.28]에 간략하게 나타냈다.

(1) 파딘면을 유기용매로 깨끗하게 씻어낸다. 초음파 세징을 하면 더 효과직이다.

(2) 아세트산메틸에 담가 연화시킨 레플리카 용 필름(아세틸셀룰로스)을 파단면에 붙인다. 몇 분 후 마르고 나면 필름을 떼어낸다. 이 과정을 몇 차례 반복하여 이물질이나 오염 등을 제거한다.

(3) 파단면에서 떼어낸 필름을 유리판에 고정하여 진공증착장치에 넣는다. 상(像) 대비를 나타내기 위해 크롬으로 그림자를 만든다. 그 뒤 레플리카막 면에 수직 방향으로 카본을 증착한다.

(4) 증착한 뒤 진공증착장치에서 레플리카를 꺼내어 시료 홀더에 끼울 수 있는 크기로 절단한다.

(5) 첫째 단의 아세틸셀룰로스 필름을 제거하려면 용제 속에 담가 용해한 후 둘째 단의 레플리카만 망으로 건져 시료 홀더에 고정한다.

(6) 건조 뒤에 투과형 전자현미경으로 관찰한다.

07 파단면의 거시적 및 미시적 형태

파단 또는 파단면의 형태에는 다음과 같은 요소가 큰 영향을 미친다.
(1) 재료 – 재질, 연성, 취성, 인성(靭性), 재료결합, 이방성 등
(2) 부품 – 형상, 길이, 노치, 균열, 표면 조도(粗度) 등
(3) 화물, 응력 – 종류, 크기, 회수, 속도 등
(4) 주변조건 – 온도, 환경(부식 등), 접촉, 마모 등

실제 파괴는 여러 요소가 복합하여 일어난다. 하지만 여기서는 편의상 파괴를 정적 파괴 등 응력 방향에 따라 분류한 후 각 파괴에 따라 요소별로 나타나는 파괴 형태나 파단면 형태에 미치는 영향과 관찰법을 살펴보고 다른 요소와의 관계를 설명하도록 하겠다. 또한, 여기서는 입내 파괴 양식만을 다룬다. 입계 파괴는 대개 부식성 환경이나 온도의 영향으로 입계가 취화한 경우에 일어나므로 입계 파괴의 파괴 형태나 파단면 형태에 대해서는 부식성 환경이나 온도의 영향을 설명하는 항에서 다룬다.

7.1 정적 파괴와 파단면의 관찰

7.1.1 재료의 연성 및 취성 등에 의한 영향

정적 파괴에서는 거시적으로 볼 때 연성파괴와 취성파괴가 단독으로 나타날 때도 있고 혼재하며 나타나기도 하며, 그 차이점이나 파괴가 일어나는 면적배합의 차이는 재료 자체의 특성이 영향을 끼친다. 정적 파괴의 거시적 파단면은 대개 섬유상, 방사상(판에서는 셰브론 패턴, 헤링본 패턴), 입상(이나 전단 가장자리 중 하나), 혹은 모든 패턴이 나타나기도 한다. 이것을 거시적 파단면의 3요소(파단면의 3요소)라고 한다. 일반적으로 섬유상 혹은 전단 가장자리 부분이 많을수록, 방사상 혹은 입상 부분이 적을수록, 파괴

는 연성적이고 재료의 연성이 크다. 반대인 경우의 파괴는 취성적이며 재료는 취성이 큰 것이다.

파단면의 3요소는 입내 파괴일 경우 미시적으로는 다음과 같다.

- 섬유상 부분 – 딤플(등축 딤플이 많다)
- 방사상 혹은 입상 부분 – 리버 패턴, 의개벽 패턴 혹은 딤플
- 전단 가장자리 부분 – 딤플(신장 딤플이 많다) 혹은 잔물결(연성이 큰 재료에 많다)

(1) 원형봉 또는 판재 철강의 인장 파괴

기본적 파괴 형태 또는 거시적 파단면을 [표 1.5]에 정리했다. 표 안의 기호는 다음과 같다.

N : 국부수축 부분, F : 섬유상 부분, R : 방사상 혹은 입상 부분, S : 전단 가장자리 부분

(2) 원형봉 철강의 비틀림 파괴

[표 1.6]은 기본적인 파괴 형태 또는 거시적 파단면을 정리한 것이다.

(3) 주철의 인장 파괴

주철에는 취성이 큰 백주철(백철), 중간 정도의 회주절, 연성이 큰 구상흑연주철, 흑심가단주철 등이 있다. 거시적 파단면도 거의 취성인 것에서 연성인 것까지 있다.

표 1.5 파괴 형태 또는 거시적 파단면(철강의 평평하고 매끈한 원형봉 또는 판재의 인열 파괴)

재료	1	2	3	4
	고순도 또는 연성이 큰 재료	연성이 큰 재료	고순도 또는 연성이 큰 재료	연성이 큰 재료 또는 연성 재료
파괴형태 – 형상	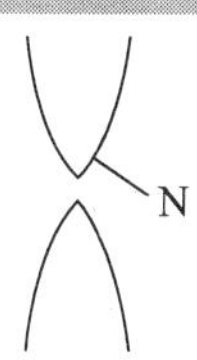	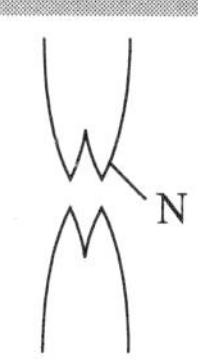	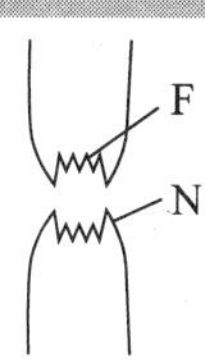	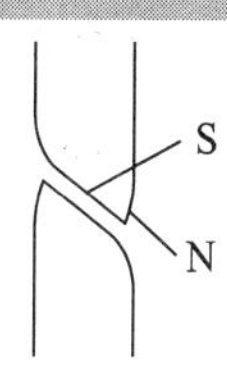
파괴형태 – 명칭	완전 수축형	악어입형	양쪽 끝이 컵형	경사 파단 혹은 단방향 전단형
파괴형태 – 직요	전체적 국부수축	전체적 국부수축		판재가 이러한 파괴형태를 나타내고, 중앙에서 양쪽으로 균열이 전파하는 2방향 전단형(끌형)이 있음
거시 파단면	완전 수축 N부는 국부수축	완전 수축 N부는 국부수축	F부는 섬유상 N부는 국부수축	S부는 전단 가장자리 연성이 크면 국부 수축이 더해짐
파괴양식	연성 파괴	연성 파괴	연성 파괴	연성 파괴

재료		5	6	7	8
		연성 재료	중간 재료	비교적 취성재료 (고강도 재료 등)	취성 재료
파괴형태	형상	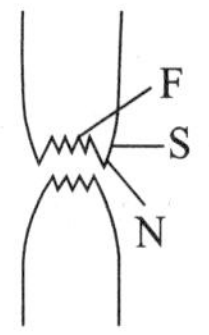	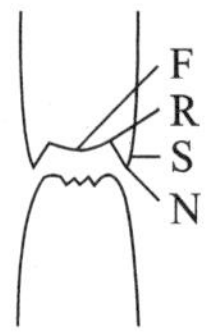	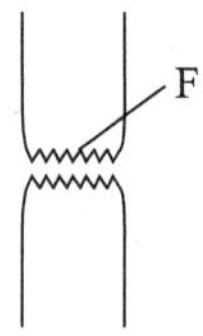	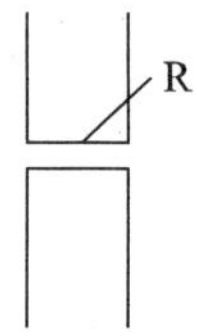
	명칭	컵 또는 원뿔형 (연성형)	컵 또는 원뿔형 (중간형)	수직 파단형	벽개 파괴형
	적요	중앙 또는 내부는 수직 파괴 외주 또는 외부는 전단 파괴	중앙 또는 내부는 수직 파괴 혹은 벽개 파괴 외주 또는 외부는 전단 파괴	대개 수직 파괴	대개 벽개 파괴
거시 파단면		F부는 섬유상 S부는 전단 가장자리 N부는 국부수축	F부는 섬유상 R부는 방사상, 입상 S부는 전단 가장자리 N부에 국부수축 있음 취성이 클수록 방사상, 입내 부분 증가함	F부는 섬유상 국부수축 거의 없음	R부는 방사상, 입상
파괴양식		연성 파괴	연성 파괴 또는 취성 파괴	취성 파괴에 가까운 연성 파괴	취성 파괴

표 1.6 파단형태 또는 거시적 파단면

재료		1	2	3
		연성 재료	중간 재료	취성재료
파괴형태	형상	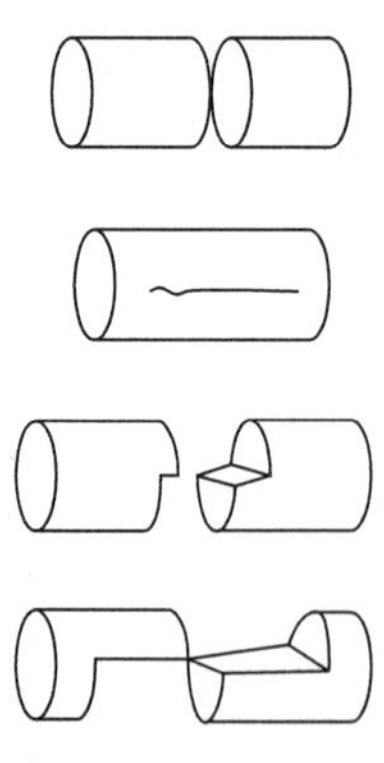	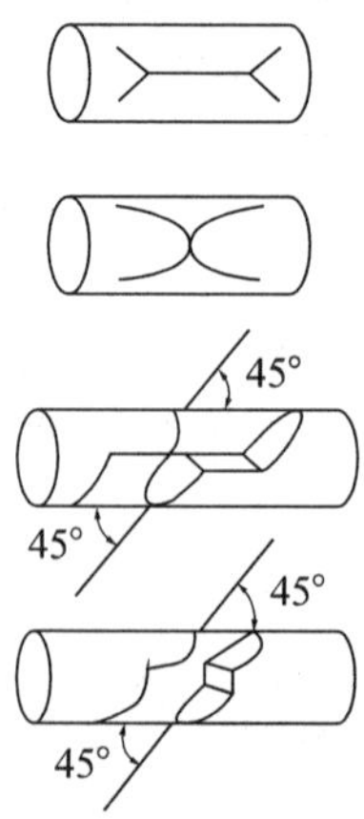	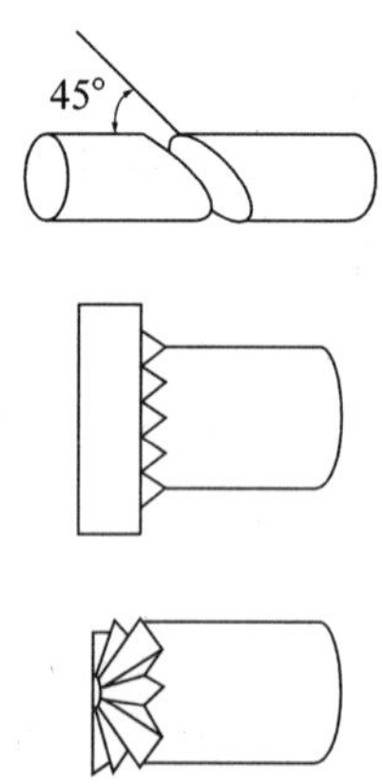
	명칭	전단형	복합형	인장형
	적요	전단 파괴	전단 파괴와 인장 파괴의 복합	인장 파괴

거시적 파단면	섬유상	섬유상, 입상	입상, 방사상
파괴 양식	연성 파괴	연성 파괴와 취성 파괴	취성 파괴

[그림 1.29]는 페라이트형 구상흑연주철의 거시적 및 미시적 파단면이며, [그림 1.30]은 흑심가단주철의 거시적 및 미시적 파단면이다. 미시적 파단면에서는 흑연 부분의 공극(空隙)과 딤플을 관찰할 수 있다.

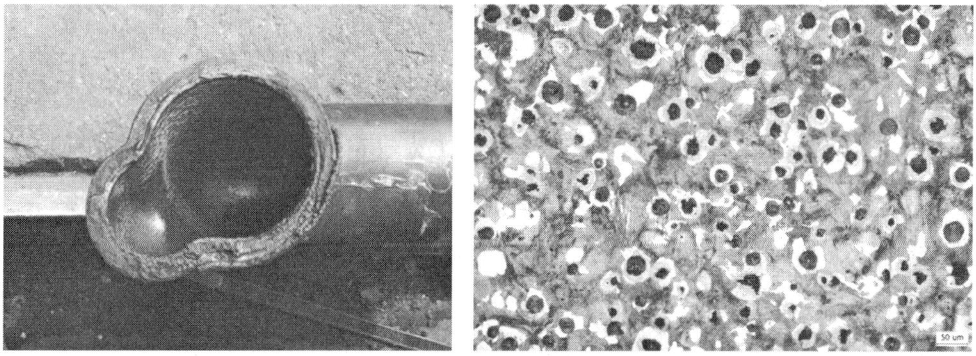

그림 1.29 구상흑연주철의 파단면

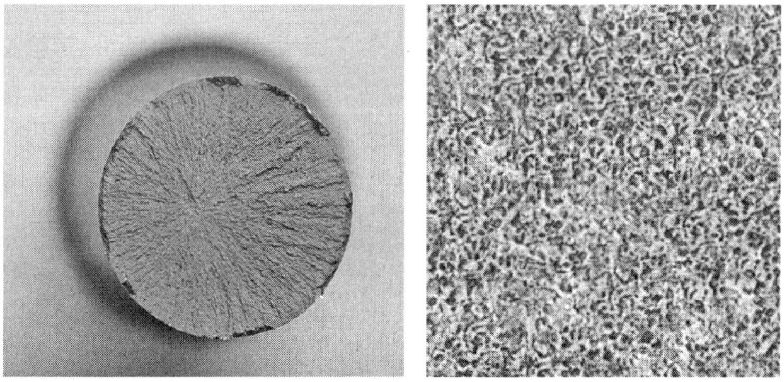

그림 1.30 흑심가단주철 파단면

(4) 표면 경화재의 굽힘 파괴

동일한 재료이지만 표면층을 담금질, 침탄, 질화 등으로 경화시킨 재료는 표면층 부분과 내부에 나타나는 파단면의 조도(粗度, 거칠기)가 다르다. [그림 1.31]은 표면층에 고주파 담금질을 한 자동차 주축의 굽힘 파괴 파단면으로 외주부와 내부의 차가 확실히 나타난다. 일반적으로 단단한 부분일수록 파단면이 조밀하다.

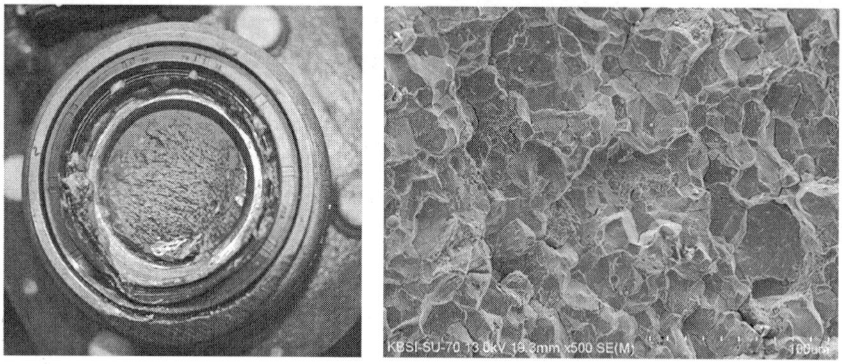

그림 1.31 자동차 주축의 굽힘 파단면

7.1.2 재료 형상 등의 영향

재료의 형상, 노치, 균열의 여부 등도 파괴나 파단면의 형태에 큰 영향을 미친다.

(1) 후판

후판(厚板) 형태인 철강의 인열 파괴도 파괴면의 3요소가 나타나지만, 취성재료는 물론 저탄소강 같은 연성재료라도 대부분의 파단면은 취성파괴이며 방사상(셰브론 패턴, 헤링 본 패턴) 또는 입상이 나타난다. 이것은 평면 변형 상태에서 파괴되는 후판의 파단면에 나타나는 특징 중 하나이다. 방사상 부분의 모양으로 균열의 전파 방향을 알 수 있다. 또한, 이 모양을 거꾸로 추적하면 파괴 기점을 찾을 수 있다. [그림 1.32]에 그 예를 나타냈다. 그리고 대개 파괴 기점 부근에는 섬유상의 부분이 있어 최종 파단면 부분, 즉 자유 표면에 가까운 부분은 평면 응력 상태가 되어 전단 가장자리의 부분이 있다.

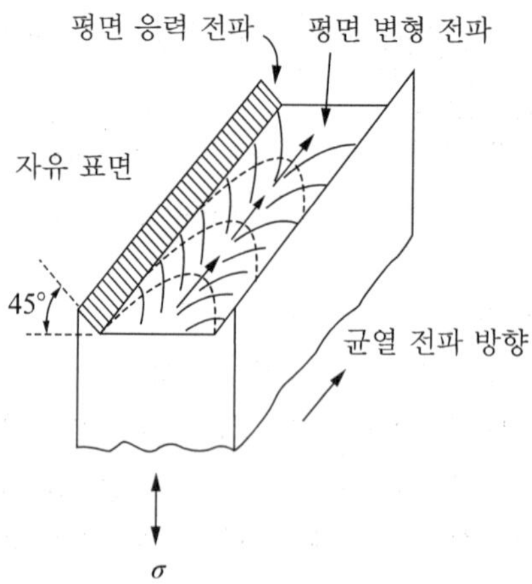

그림 1.32 셰브론 패턴 파단면과 전파방향

이때, 섬유상 또는 전단 가장자리 부분은 입내 전단 파괴이며, 미시적 파단면은 등축 혹은 신장 딤플이다. 방사상(셰브론 패턴, 헤링본 패턴) 혹은 입상 부분은 재료의 인성(靭性)이 클 때에는 입내 전단 파괴 또는 인열 파괴이고, 그 미시적 파단면은 신장 딤플이 된다. 재료의 취성이 클 때에는 입내 벽개 파괴 혹은 입내 의벽개 파괴이고, 그 미시적 파단면은 리버 패턴 또는 의벽개 패턴이 나타난다.

(2) 박판

박판(薄板) 형태인 철강의 인열 파괴는 저탄소강 등 연성 재료라면 파단면에 생기는 방사상(셰브론 패턴, 헤링본 패턴) 모양 간의 각도가 좁아지거나 차이가 없어져 방사상으로 판별하기 어렵다. 이러한 경우에는 평면 응력 상태가 되어 소성변형을 저지하는 두께방향의 응력이 사라져, 초성변형하기 쉬우므로 입내 전단 파괴 부분이 많아진다. 아주 얇은 판은 전면이 전단 가장자리가 된다. 미시적 파단면은 신장 딤플이다. 하지만 취성재료, 용접열의 영향을 받은 재료, 경화한 재료 또는 날카로운 균열이나 노치가 있는 재료 등에서는 박판이라도 취성파괴 한다.

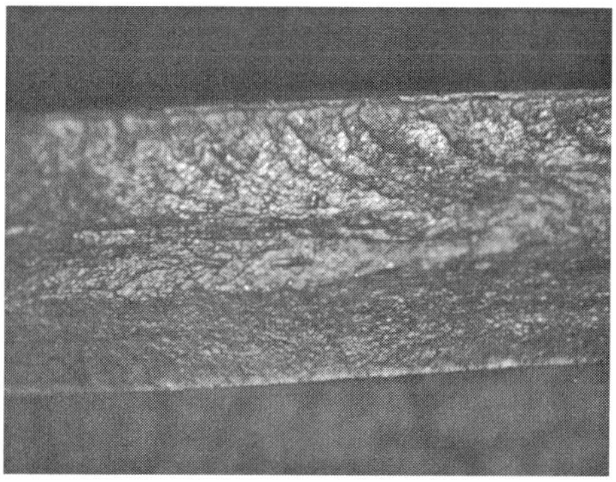

그림 1.33 박판에서 식별되는 셰브론 패턴

(3) 노치와 균열

철강 재료는 노치, 균열 또는 파단 급변부에서 파단이 발생한다. 파괴의 시작은 대개 섬유상이지만, 날카로운 노치나 균열일 때에는 짧은 시간 안에 방사상(셰브론 패턴, 헤링본 패턴) 혹은 입상의 거시적 취성 부분을 생성하고, 균열이 급속하게 전파한다. 이 부분의 파괴 양식 또는 미시적 파단면이 재료의 인성과 취성에 따라 다르게 나타나는 이유는 위에 기술한 후판의 경우와 같다. [그림 1.34]는 앵커 볼트 표면에 있는 딤플이 있으므로 인장과 굽힘의 의해 딤플 바닥에 연성균열이 일어나고, 이어 취성균열이 방사상으로 전파되어 파단된 예이며 방사상 부분에는 리버 패턴과 텅을 관찰할 수 있다.

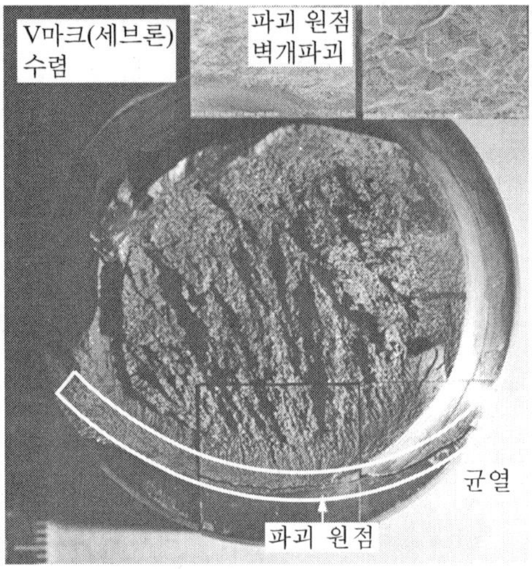

그림 1.34 노치에 의한 거시적 파단면(SS 410)

7.1.3 온도의 영향

인열 파괴는 같은 재료라도 온도가 높아질수록 연성이 증가하고 파단면의 3요소 중 대개 섬유상 또는 전단 가장자리 부분이 커지며(연성파괴), 방사상 혹은 입상 부분이 작아진다. 단, 탄소강과 같이 청열취성 등이 나타나는 특정한 온도에서는 반대 상태를 보인다. 한편, 온도가 낮아질수록 취성이 증가하고 연성 - 취성 변이온도를 넘어서면 파단면 전체가 방사상 혹은 입상을 나타내는 취성파괴가 된다. 이것을 저온 취성파괴라 한다. [그림 1.35]는 원형 산소탱크의 저온 취성 파단면의 거시적 형태로 미시적 파단면의 리버 패턴과 유사한 단사가 명확하게 보인다. 이 파괴 형태는 주로 입내 벽개 파괴 혹은 입내 의벽개 파괴이고, 입계가 취화한 때에는 입계 파괴되어, 미시적으로는 각 파괴 형태에 대응하여 파단면이 된다.

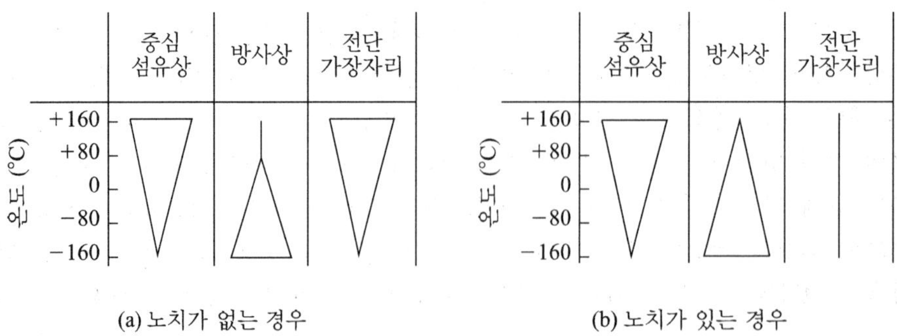

그림 1.35 온도에 따른 인장 파괴면의 변화

7.2 충격 파괴와 파단면의 관찰

7.2.1 부하속도의 영향

정적 하중에 부하 속도를 차츰 증가시키면 충격하중이 된다. 따라서 정적하중에 의한 정적 파괴와 충격 하중에 의한 충격 파괴 모두 파괴의 본질은 동일하다. 충격 파괴한 파단면에는 정적 파괴와 마찬가지로 파단면의 3요소가 생성된다. 미시적 파단면 관찰만으로는 구별하기 어렵지만, 일반적으로 노치나 균열, 파단변화 부분의 영향이 뚜렷이 나타나 취성파괴의 특징적 부분이 증가하는 경향을 보인다. 또한, 연성파괴의 부분에서도 인열 파괴나 방향 반전경사 등이 보인다. 압력용기의 파괴는 최초 균열 발생 시 혹은 전파 단계에서는 부하속도가 비교적 느리다. 하지만 일부라도 다른 부분에 균열이 다다르면 내부의 압력액체나 압력기체가 대기압까지 강하함으로써 급속히 확장하여 충격압력에 의해 전체적으로 급속파단, 즉 파열하게 된다. [그림 1.36]은 충격파단의 예로 인열 파괴 또는 방향반전경사 파괴(두 가지 모두 연성파괴)이다. 압력용기 파열 시 파단면이 섬유상일 경우, 연성재료라면 비교적 국부수축이 클 경우, 방사상, 셰브론 패턴, 계단상(Step-wise) 등의 모양을 통해 균열의 전파방향을 역으로 구할 수 있을 경우에는 파괴 기점을 찾을 수 있다.

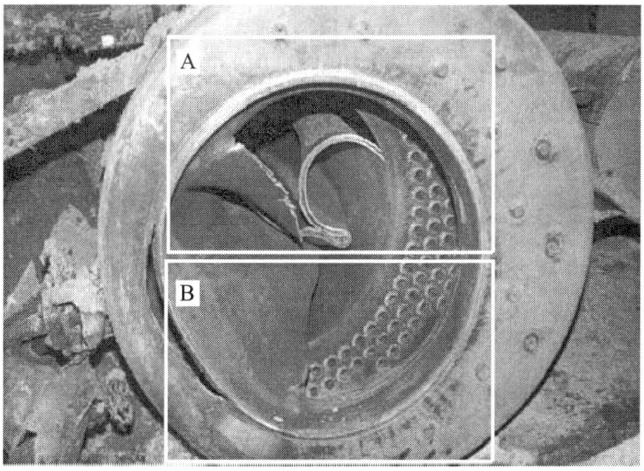

그림 1.36 보일러 압력용기의 충격파단

7.2.2 폭발 하중의 영향

폭발 하중, 즉 가스폭발, 화약 또는 폭약 등의 폭발로 초고압 상태의 순간적인 충격하중에 의한 파괴는 충격 파괴 중에서도 폭발 파괴라고 한다. 폭발 파괴는 정적 파괴나 충격 파괴와 본질적으로는 동일한 것이다. 하지만 폭발 파괴는 철강 재료의 연성 혹은 취성의 영향이 더욱 크게 나타나는 특징이 있으므로 일반적으로 정적 파괴보다 복잡한 양상을 보인다. 파괴 형태 또는 파단면에는 다음과 같은 특징이 있다.

(1) 전단형 파괴의 경우

거시적 파단면은 대개 전단 가장자리가 나타나지만, 파단형태는 다음과 같은 예를 관찰할 수 있다.

가. 방향반전 경사 파괴 : 동일한 초기 균열에서 전단방향이 교대로 반전하는 파괴

나. 삼각주상 파괴 : 동일한 초기 균열에서 두 축으로 전단균열이 전파하여 삼각주상이 되는 파괴

다. 양방향 전단 파괴 : 중앙에서 양쪽으로 전단균열이 전파하여 끌(Chisel)상이 나타나는 파괴, 2방향 전단 가장자리

라. 계단상 파괴 : 압연방향 또는 압연방향에 수직 방향의 전단균열이 교차하여 계단상이 되는 파괴

그리고 연성재료는 정적 인장 파괴보다 크게 신장하고 국부적으로 수축이 나타난다. 그 외에 판재나 관재(管材)의 표면 또는 내부에 종종 물결 모양이나 복잡한 형상의 균열을 관찰할 수 있으며 미시적 파단면은 딤플이 나타난다.

(2) 벽개 파괴의 경우

거시적 파단면은 방사상이나 입상으로 파괴 형태는 연성파괴이며 미시적으로는 대개 리버 패턴이다. 폭발 파괴의 특징은 화약 혹은 화약의 종류나 양, 밀폐 또는 개방에 따라 나타나는 형태에 차이가 있지만, 철관이나 소화기용기가 폭발 파괴된 경우에는 가능한 한 많은 파편을 회수하여 거시적 파괴 형태나 파단면 검사를 해야 한다. [그림 1.37]은 CNG 압력용기의 경우 폭발 파괴된 거시적 파단 및 파편형태이다.

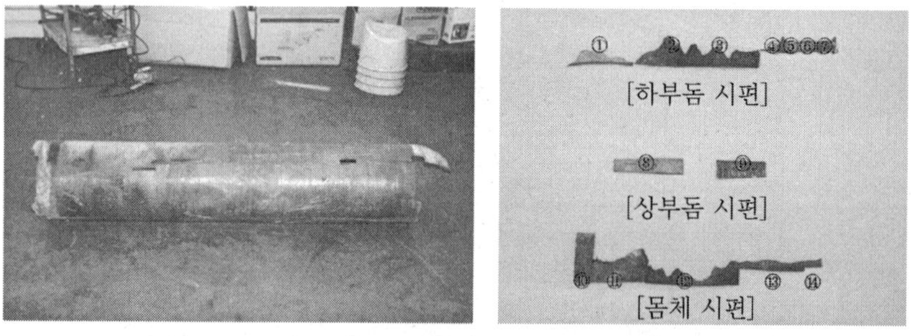

그림 1.37 CNG 압력용기의 폭발 파단 및 파편 형태

7.3 피로파괴와 파단면의 관찰

7.3.1 응력의 영향

항복점과 가까울 정도의 큰 응력이 몇 회 반복해서 재료에 가해지면 파괴된다. 10^4

혹은 10^5회 정도의 횟수로 반복해서 응력이 가해질 때 파괴하는 경우를 저사이클 피로 파괴라고 한다. 이 이상의 반복횟수로 파괴된 경우를 고사이클 피로파괴라고 한다. 파괴의 본질은 동일하지만, 파단면은 거시적이든 미시적이든 상당히 다른 모양을 관찰할 수 있다.

(1) 저사이클 피로파괴

저사이클 피로파괴는 비교적 반복 응력이 크므로 피로균열의 전파 속도가 빠르고, 응력 진폭의 변동이 클 때에는 거시적으로 성긴 줄무늬 모양이나 패각 모양을 생성한다. 이 모양은 연성재료에 나타나는 경우가 많고, 취성재료에는 거의 나타나지 않는다. 피로균열의 전파 속도와 파단면의 조도(粗度)는 비례한다. 줄무늬 모양이나 패각 모양에 수직하는 방사상 모양이나 셰브론 패턴을 생성하는 예도 있다. 표면은 비교적 청정하고 흰색에 가깝다. 피로균열의 전파 속도가 느릴 때 거시적 파단면은 최대 주응력면에 수직이지만, 빨라질수록 경사를 나타낸다. 미시적 파단면은 대개 응력 사이클에 대응하는 연성 줄무늬를 관찰할 수 있다. 종종 줄무늬 모양이나 취성 줄무늬를 관찰할 수 있는 경우도 있다. 취성 줄무늬에 수직하는 리버 패턴도 보인다. 그 외 균열이 발생한 뒤 파단면이 서로 부딪혀 생긴 압흔, 즉 타이어 트랙(Tire track)이 관찰되는 예도 있다. 또한, 열처리재나 저탄소강재는 파괴 횟수가 적은 경우 패각 모양이 나타나지 않으므로 연성파괴인지 취성파괴인지 구별하기 어려운 때도 있다. 이때, 미시적 파단면에도 대개 딤플이나 리버 패턴이 나타난다. 그리고 모든 파단면 중 피로파괴 부분의 면적 비율보다 최종 파단면의 면적 비율이 높다.

(2) 고사이클 피로파괴

고사이클 피로파괴는 비교적 반복 응력이 작으므로 피로 균열의 전파 속도가 느리고 거시적으로 조밀한 패각 모양을 생성하지만, 응력 진폭의 변동이 적으면 패각 모양이 나타나지 않는 때가 있다. 표면은 매끈하다. 또한, 조밀한 방사상 모양이나 셰브론 패턴이 명확하게 나타난다. 표면의 색은 균열전파 속도가 느리기 때문에 산화 또는 마찰열 등의 원인으로 검은색에 가깝다. 파단면은 최대 주응력면에 수직이다. 미시적 파단면은 명확한 줄무늬를 관찰할 수 있다. 또한, 모든 파단면 중 피로파괴 부분의 면적 비율이 높고, 최종 파단면의 면적 비율이 낮다.

(3) 열사이클 피로파괴

재료에 가열 또는 냉각을 반복하여, 즉 열사이클의 반복응력이 가해져 균열이 발생하고 전파가 일어나 열사이클 피로파괴가 일어나는 경우가 있다. 열사이클 피로파괴는 가열냉각 속도, 재료의 열적성질, 비용적, 부품형상, 재료의 기계적 특성 등의 영향으로 발생한다. 열사이클로 재료가 소성변형 하므로 저사이클 피로파괴와 유사한 파단면을 생성한다. 또한, 고온이 될 때에는 종종 크리프(Creep)의 영향으로 저사이클 피로파괴와 크리프 파괴 양쪽의 특성이 모두 나타나지만, 오히려 크리프 파괴의 영향이 크므로 거시적으로는 취성파괴, 미시적으로는 입계 취성파괴가 되는 예가 많다.

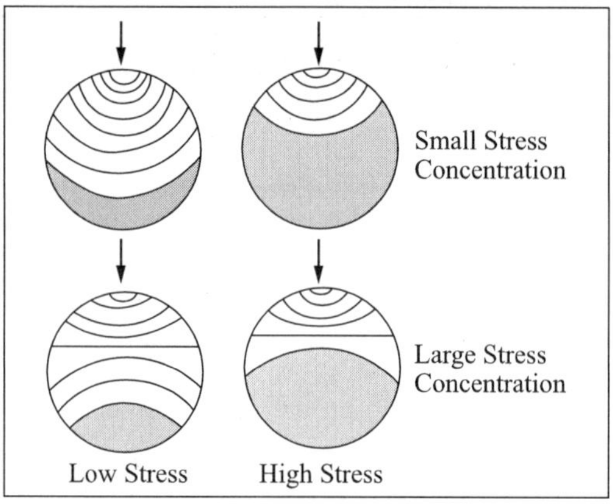

그림 1.38 축의 저사이클 및 고사이클 피로

7.3.2 노치 및 선재 균열 등의 영향

재료의 표면에 노치, 선재(先在) 균열, 그루브(Groove), 홀(Hole), 필릿(Fillet) 등 형상이 변한 부분이나 상처(흠)가 있을 때, 또는 마지막 공정이 불량하여 표면에 요철이나, 툴마크(Tool mark), 타흔(打痕) 등이 있거나 표면 경화층 재료에서 피시 아이가 있을 때에는, 이 부분이 응력 집중원이 되어 미시적 초성변형과 미시적 전단균열, 즉 초기 피로 균열을 생성한다. 이러한 응력 집중원의 수가 많을 때에는 다수의 초기 피로균열이 동시에 발생한다. 대개 평활(平滑)한 재료보다 노치재의 피로 강도가 저하된다. 거시적 파단면은 재료의 형상에 따라 다르지만 노치의 유무에 따라 다음과 같은 형태를 보인다.

(1) 축

공칭 응력이 경우와 작은 경우로 구분한 뒤, 각 표면에 노치가 있을 때와 없을 때(평활한 경우)의 축의 피로 파단면이 나타내는 거시적 형태 분류를 [그림 1.39]에 정리했다. 사선 부분은 최종 파단면이다. 예를 들어 공칭 응력이 큰 회전굽힘일 경우 날카로운 노치가 있을 때에는 외주에서 다수의 균열이 동시에 발생하여 전파되지만, 공칭 응력이 작은 회전굽힘일 경우에는 똑같이 날카로운 노치가 있더라도 균열발생점이 적어진다. 또한, 공칭 응력이 큰 편진(片振) 혹은 양진(兩振) 굽힘의 경우, 노치가 날카로운 때에는 표면을 따라 균열이 전파되는 속도가 빠르므로 피로균열 부분은 셰브론 패턴이 된다. 노치가 무디거나 평활한 경우에는 균열의 전파속도가 느리므로 피로균열 부분은 동심원 형태의 접시 모양이 나타난다. 또한, 균열의 날카로운 정도가 같을 때에는 재료의 노치 감도가 높은 고장력강 등에서 전자의 형태가 나타나고, 노치 감도가 낮은 저탄소강 등에서 후자의 형태가 나타난다. 그 외에 최종 파단면은 공칭 응력이 큰 경우나 노치가 날카로운 경우는 축의 중심에 가깝지만, 공칭 응력이 작은 경우나 노치가 무딘 경우에는 바깥쪽에 가까워진다. [그림 1.40]에 실례를 보였다.

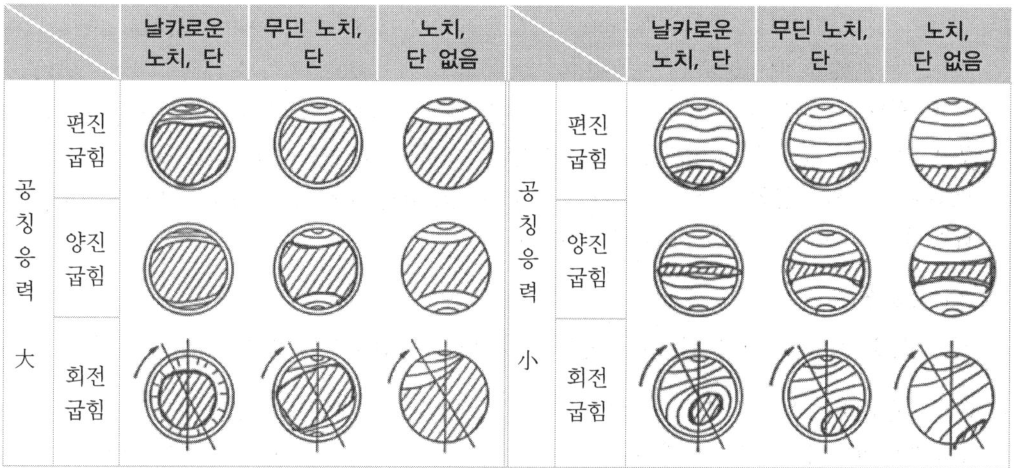

그림 1.39 축의 피로 파단면의 거시적 형태

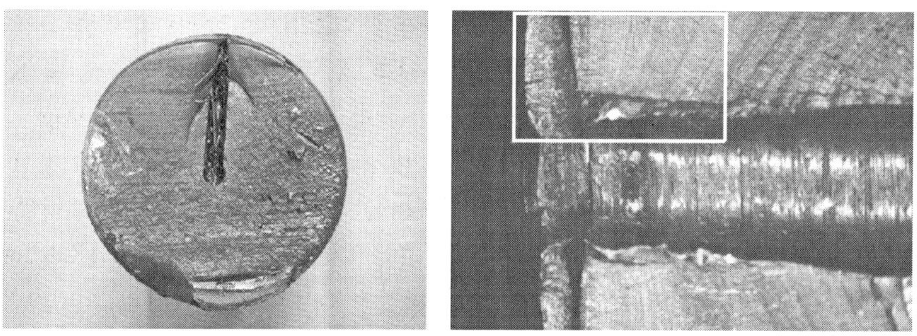

그림 1.40 축 파단에 미치는 노치의 영향

(2) 판

노치 등이 있는 판의 인장과 인장압축, 또는 굽힘에서도 피로 파단면의 거시적 형태는 회전축과 같은 경향을 나타낸다. 파단면에는 균열의 전파 속도가 빠를 때에는 방사상, 셰브론 패턴, 입상 모양이 나타나고, 전파 속도가 느릴 때에는 평행상 모양이 나타난다. 따라서 단순히 취성파괴로 구별하기 어려울 수 있지만, 굽힘 피로 파단에서는 대개 파단면의 조도(粗度)가 평활(平滑)한 경우가 많고 색깔은 검은색에 가깝다.

7.3.3 하중 종류의 영향

반복해서 하중이 가해지는 방식, 즉 인장, 인장압축, 굽힘(편진, 양진, 회전), 비틀림 등의 영향으로 거시적 파단면의 형태가 달라진다.

(1) 인장과 인장 압축

반복 인장이나 인장 압축에 따른 피로 파단면의 거시적 형태는 재료 내에 결락이 없을 때, 대개 불규칙한 가공이 원인이 되어 표면에 1개 혹은 외주를 따라(노치가 날카로운 때) 균열이 여러 개 발생하여 전파한다. 1개의 균열에서 전파할 때에는 편진 굽힘의 영향을 받은 경우의 거시적 형태와 거의 유사하다. 또한, 재료 내에 비금속 개재물 등의 결락이 있을 때에는 표면이 아니라 바닥에서 균열이 발생하고, 둥근 고리 모양으로 전파 확대하는 경우가 있다. 레일이나 스팀 해머 등에 이러한 예가 나타난다. 그리고 판이 인장 피로파괴 될 때에는 인장 방향에 수직인 파단면에 45° 방향의 파단면이 이어진다. 이것은 균열의 전파에 따라 균열 선단(tip)의 소성역이 커져 평면 스트레인 상태에서 평면 응력 상태로 이행하기 때문이다.

(2) 굽힘

앞서 설명한 7.3.2 노치 및 선재 균열 등의 영향을 참조하기 바란다.

(3) 비틀림

연성재료의 비틀림 피로파괴는 최대 전단 응력면을 따라 축 방향에 수직이거나 축 방향을 따라 일어나고, 취성재료의 파괴는 최대 인장 응력면을 따라 축 방향의 45° 각도로 일어난다. 스플라인 샤프트(Spline shaft)나 키 웨이 샤프트(Key way shaft)처럼 비교적 여러 개의 날카로운 노치 홈이 있는 축에서는 홈의 바닥에서 발생한 균열이 비틀림에 의해 최대 인장 응력면에 수직으로 전파하고, 여러 곳에서 동시에 발생 전파한 균열이 중앙에서 합체하여 별 모양 파단면이 된다. 파단면에는 줄무늬 모양이 나타난다. 또한, 노치 홈이 없는 회전축에도 응력 집중으로 축의 외주 곳곳에서 동시에 균열이 발생하는 경우가 있으며, 이때 축에 가해지는 토크의 영향으로 피로 균열이 나선 모양으로 전파하여 톱니 모양이 된다. 양진 회전의 경우에는 래칫 마크(Ratchet mark)가 회전의 45° 방향으로 전파하여 특수한 톱니바퀴 모양이 나타난다.

그림 1.41 스플라인 샤프트의 비틀림 피로 파단면

(4) 조합 하중

인장과 비틀림, 혹은 굽힘과 비틀림과 같이 반복해서 조합 하중이 가해진 경우의 파단면 형태는 주로 지배적인 하중의 영향을 받는다. 예를 들어, 취성 재료의 축에 비틀림이 반복해서 가해질 때 파단면은 대개 축에 45° 기울어져 있지만, 축 방향의 반복 인장이 가해질 때에는 축 방향과 수직에 가까워진다. [그림 1.41]은 인장과 비틀림의 조합 하중에 의한 저사이클 피로 파단면으로, 플라스틱 사출성형기의 스크루 샤프트(KS STD11 고탄소 고크롬 공구강)의 선단(Tip) 부근의 편석부에서 균열이 발생, 전파하여 파괴한 예이다.

7.3.4 재료 형상의 영향

앞에서 설명한 바와 같이 재료의 형상도 피로파괴 또는 파단면의 형태에 영향을 미친다. 특히 단부(段付)일 때에는, 단(段) 부분이 응력 집중원이 되어 특징적인 형태가 나타난다. 예를 들어, 단부 회전축에 굽힘 하중이 반복해서 가해질 때에는 균열이 주인열 응력선에 수직으로 전파하므로, 축에 수직하는 것이 아닌 중앙부가 패인 접시 형태의 파단면이 나타난다.

7.3.5 재료 접촉의 영향

어떤 압력이 반복해서 가해지는 상황에서 재료가 다른 재료와 접촉한 경우 특수한 피로 파단면을 생성한다.

(1) 피팅 및 스폴링

피팅(Pitting)은 점부식(点腐蝕)이라고도 하며, 굴림 베어링(Rolling bearing)이나 치면(Tooth surface)의 닿는 면에 반복해서 굴림 접촉 압력이 가해질 때 생성된다. 표면으로부터 일정한 깊이의 부분에 피로균열이 발생, 전파하여 부채꼴 형태로 박리하는 특징이 있다. 거시적 파단면은 앞서 기술한 것과 본질적으로 동일하지만, 균열의 기점이나 패각 모양이 나타난다. 스폴링(Spalling)은 표면 경화층이 있는 롤링 베어링이나 기어에 생성되고, 피로균열이 표면 경화층과 심부 간의 경계를 따라 표면과 평행하게 전파하여 표면층이 박리하는 것이다. 따라서 거시적 파단면에는 통상의 피로파괴에서 나타나는 모양 이외에 밭이랑과 같이 평형한 모양이 보인다.

(2) 프레팅 커로전

프레팅 커로전(Fretting corrosion)은 산화 마모라고도 하며, 접촉한 두 재료가 진동 때문에 서로 미끄러질 때 접촉면에 산화가 일어나 마모되는 현상이다. 접촉면에는 마모분이 부착한다. 이 영향으로 즉시 파괴하는 예는 적지만 종종 피로파괴로 진전되기도 한다.

(3) 캐비테이션

캐비테이션(Cavitation)은 고속으로 운동하는 유체와 재료 사이의 접촉면에 생성되는 특수한 압궤(壓潰) 현상이다. 유체 내의 압력 변화로 생성된 기포가 붕괴할 때에는 재료 표면에 수백 기압에 달하는 고압이 가해진다. 이 압력이 반복해서 가해지면서 재료 표면상에 작은 공동이나 요철이 생긴다. 부식 피로의 일종이다.

7.3.6 부식성 환경의 영향

자연적이든 인위적(예를 들어 화학공업)이든 재료가 부식성 환경에서 반복해서 응력을 받으면 특수한 피로파괴가 일어난다.

(1) 부식 후 피로파괴
재료가 이미 부식되었을 때에는 재료의 표면에 결락이나 조도의 증대가 나타난다. 그러므로 피로파괴는 부식의 영향을 받는다고 할 수 있다. 전면이 부식했을 때에는 대개 재료 표면에 보호 피막이 생성되므로 파단면의 형태는 통상의 피로와 동일하다. 부분적으로 부식했을 때에는, 즉 구멍이나 균열이 있을 경우는 이것이 응력 집중원이 되므로 파단면의 형태는 노치 등이 있을 때의 피로파괴와 동일하다. 단, 파단면은 부식의 진행이 빠르므로 서둘러 청정 작업을 하지 않으면 관찰이 어려워지기도 한다.

(2) 부식 피로파괴
재료에 부식과 피로가 동시에 일어나면 강도가 급격히 떨어져 부식 피로파괴가 일어난다. 이러한 경우 파괴 형태는 재료와 부식성 파괴의 종류에 따라 상당히 다른 양상을 보인다. 예를 들어, 담수에 노출된 부식 피로파괴는 표면의 구멍이나 홈을 기점으로 여러 개의 피로 균열이 일어난다. 일반적으로 강한 부식성 환경일 때와 비슷한 수준으로 균열의 수가 증가한다. 부식 피로파괴에서 거시적 파단면은 대개 통상의 피로 파단면과 같은 모양, 조도, 경사 이외에도 부식에 따른 색상의 변화, 구멍, 홈, 산화, 높낮이 차가 있는 여러 개의 균열, 주름 모양 등이 생성된다. 미시적으로는 통상의 줄무늬 외에도 입계 파괴가 관찰되는 예가 있다.

7.3.7 온도의 영향

온도의 영향에 따른 재료의 피로파괴 파단면의 형태는 다음과 같다.

(1) 고온 피로파괴
고온 피로파괴의 파단면에는 상온에서 일어나는 피로파괴의 특징과 취성파괴의 특징이 혼재하여 나타난다. 고온 상태가 길게 이어질수록 크리프가 현저해져 취성파괴의 특징이 조금 더 두드러지게 나타난다. 미시적으로는 고온이 될수록 입계 파괴의 경향을 보인다.

(2) 저온 피로파괴
극저온에서는 균열이 차츰 전파하는 과정을 거치지 않고, 한번 피로 균열이 발생하면 즉시 취성파괴 한다. 저온 피로파괴의 파단면은 파괴 기점 이외에는 모두 저온 취성파괴의 특징을 보인다. 이때에는 미시적으로 파괴 기점 부근의 양상을 관찰하여야 한다.

7.4 크리프 파괴와 파단면의 관찰

크리프 파괴는 고온 상태에서 재료에 일정 하중이 가해질 때, 시간이 지날수록 재료가 변형되며 일정 시간이 경과한 뒤 급속하게 파괴하는 현상이다. 고온 상태에서 파괴되므로 파단면이 산화 및 오염된다.

7.4.1 비교적 저온 상태에서의 크리프 파괴

절대온도 융점의 0.3~0.4배 정도인 비교적 저온 혹은 고응력에서 일어나는 크리프 파괴는 거시적으로 연성파괴로 큰 소성변형을 일으킨다. 내압이 가해진 가열관이나 보일러 급수관 등은 내부에서 크게 팽출(膨出) 또는 개구(開口)가 일어나 거의 완전 수축 혹은 완전 수축에 가까운 상태로 신장하여 나이프 에지(Knife edge) 모양으로 파단된다. 나이프 에지의 선단(Tip)은 관내의 유체나 기수(氣水)가 분출 및 냉각으로 산화될 때가 많다. 이러한 현상은 비교적 단시간에 크리프 파괴가 일어났을 때에 나타난다.

7.4.2 비교적 고온 상태에서의 크리프 파괴

절대온도 융점의 0.5배 정도 이상의 비교적 고온 혹은 저응력에서 일어나는 크리프 파괴는 거시적으로 취성파괴로 신장이나 네킹이 거의 일어나지 않는다. 이것을 일반적인 크리프 파괴라 한다. 내압이 가해진 가열관 등 장시간(수만 시간의 예도 있다) 가열 상태에 놓인 뒤 파괴가 일어나고 팽출과 개구가 적다. 미시적으로는 입계 파괴(연성적 혹은 취성적)의 형태가 나타난다.

7.5 응력 부식 균열 및 수소 취화 균열과 파단면의 관찰

석유화학공업의 발전으로 철강 재료가 다양해지고 사용 환경이 복잡해짐에 따라 어떤 특정 재료와 특정 환경이 조합될 경우 특이한 파괴 사고가 발생한다. 환경의 영향으로 파괴 사고가 발생할 때에는 파단면의 관찰과 더불어 재료, 환경, 사용 이력 등의 모든 정보를 종합하여 검토해야 한다. 환경은 대기와 다양한 화학적 환경, 즉 기체 혹은 액체 환경이 포함되지만, 이러한 환경의 영향 아래 일어나는 파괴를 환경 파괴라고 하고, 응력 부식 균열과 수소 취화 균열이 대표적인 예라고 할 수 있다. 여기에 부식 피로파괴가 포함될 때도 있다. 하지만 환경 파괴의 정의, 현상의 분류, 명칭, 메커니즘 등에 대해서는 아직 여러 가지 이론이 있고 입증된 단계에 이르지 못했다.

7.5.1 응력 부식 균열

응력 부식 균열은 가공이나 열처리에 따른 잔류 응력, 형상에 의한 응력 집중, 열응력 등 응력이 불균형 상태일 때 인장 응력이 가해진 특정한 장소가 부식성 환경 아래에서 양극이 되어 부식하고, 그곳에서 균열이 일어나는 현상이다. 이 부식은 매우 국부적으로 나타나고 부식 속도가 빠르다. 또한, 전면이 부식하는 환경에서는 거의 일어나지 않는다. 환경 상태는 취성 환경이고 파단면은 미시적으로 입계파단이 많지만, 입내파단도 있다. 탄소강과 저합금강은 해수, 해안 대기, 공장 대기, 질산, 염산, 황산 등의 환경에서 입계 파괴하고, 가성 알칼리, 암모니아 환경에서는 입계 파괴와 입내 파괴가 모두 나타난다. 또한, 응력과 부식성 환경의 상호 작용으로 나타나는 파괴를 모두 응력 부식 균열이라고 하며 앞으로 설명할 수소 취화 균열도 이 예에 포함된다.

7.5.2 수소 취화 균열

고장력강, 니켈강 등 특수강은 부식으로 생성된 수소를 흡수하여 취화하고 인장 강도 이하의 응력 상태에서도 일정 시간이 경과한 후 갑자기 취성파괴 할 때가 있다. 이것을 수소 취화 균열이라 한다. 지연 파괴(Delayed fracture) 현상의 하나이다.

수소 취화 균열의 거시적 파단면은 취성파괴의 양상을 나타내지만, 미시적으로는 다양한 양상을 보인다. 이것은 재료의 형상, 재질, 노치, 선재균열의 여부, 수소 농도, 하중 조건 등의 영향을 받는다. 예를 들면, 니켈크롬몰리브덴강의 수소 취화 균열 파단면은 파단기점에서 입계 파단면 - 입내 의벽개 파단면 - 입내 딤플로 변화한다. [그림 1.42]는 식염수 중의 저탄소강의 수소 취화 균열에서 응력 최대치와 파단면의 관계를 개념화한 것으로, 응력 확대 계수가 작을 때에는 입계 파단면이지만, 계수가 증가하면 입내 의벽개 파단면을 거쳐 입내 딤플로 변화한다. 단, 응력 부식 균열도 동일한 변화가 일어나도 유사한 파단면이 되는 경우가 많으므로 실제로는 양자를 구별하기가 쉽지 않다.

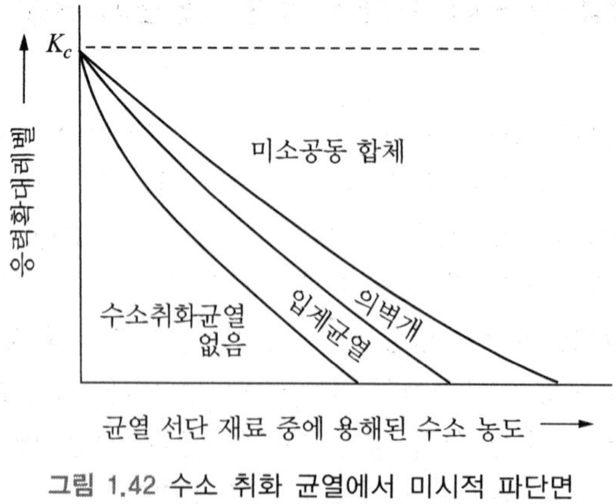

그림 1.42 수소 취화 균열에서 미시적 파단면

08 용접부 파단면의 관찰법

8.1 용접법의 종류

현재 실제로 사용되는 주요 용접법과 절단법을 [표 1.7]에 정리했다.

표 1.7 용접법 또는 절단법

- 용접
  - 융접
    - 아크 용접
      - 소모식
        - 비피복 아크
          - 금속아크용접
          - 비피복 스터드 용접
        - 보호 아크
          - 스터드 용접
          - 피복 아크 용접
          - 서브머지드 아크 용접
          - 불활성 가스 금속 아크 용접(MIG)
          - 탄산가스 금속 아크 용접
      - 비소모식
        - 보호 아크
          - 불활성 가스 텅스텐 아크 용접(TIG)
          - 원자수소 용접
        - 비피복 아크(탄소 아크 용접)
    - 가스 용접
      - 산소 아세틸렌 용접
      - 산소 수소 용접
      - 공기 아세틸렌 용접
    - 테르밋 용접(thermit welding)
    - 일렉트로슬래그 용접(electroslag welding)
    - 전자선 용접
  - 납접
    - 가스 압접
    - 저항 용접
      - 겹치기
        - 점 용접
        - 심 용접
        - 프로젝션 용접
      - 맞대기
        - 불꽃 맞대기 용접
        - 업셋 맞대기 용접
        - 충격 용접
    - 단접
    - 냉간 압접
    - 초음파 용접
  - 납땜
    - 경 납땜
      - 가스 납땜
      - 노내 납땜
      - 유도 납땜
      - 저항 납땜
      - 침지 납땜
      - 진공 납땜
    - 연 납땜(soldering)
- 절단
  - 산소 절단
    - 가스 절단
    - 분말 절단
  - 산소 아크 절단
  - 아크 절단
    - 소모식
      - S피복 금속 아크 절단
      - 불활성 가스 메탈 아크 절단(MIG식)
    - 비소모식
      - 탄소 아크 절단
      - 불활성 가스 아크 절단(TIG식)

8.2 용접부의 파괴

기계구조물의 파괴 사고는 용접부 혹은 그 부근이 파괴되어 일어나는 때가 많다. 용접부는 다양한 원인에 의해 용접결함이나 용접균열이 일어나기 쉽고, 이것이 파괴의 원인이 되는 때가 있다.

8.2.1 용접 결함

용접으로 생긴 용접 결함은 다음과 같은 것이 있다.

(1) 치수 결함

가. 변형 : 용접 시 접합부의 형상, 판 두께, 모재 크기, 용접 입열, 용접 방법 등에 따라 용접부에 잔류 응력이 발생하고 용접 변형이 일어난다.

나. 치수 불량 : 덧 살(Reinforcement of weld, excess metal)이 많거나 부족할 때, 필릿 다리 길이나 목둘레 치수의 불량으로 용접 작업의 질이 떨어진다.

다. 형상 불량 : 용입 불량(Lack of penetration), 언더컷(Undercut), 오버랩(Overlap) 등. 용접 작업이 불량하여 결함이 나타난다.

(2) 구조 결함

가. 블로 홀(Blowhole, 기공) : 모재에 부적합한 용접봉을 사용하거나, 용접봉의 흡습, 과대 전류, 아크 길이가 부적합 때, 그리고 이음부에 유지·페인트·녹 등 불순물, 이물 부착, 모재 중 유황량 과다할 때, 용접 금속이 급랭될 때 결함이 나타난다.

나. 슬래그(Slag) : 혼입 비금속 개재물(Inclusion) 존재, 불완전한 슬래그 제거, 좁은 루트 간격(Root opening)이나 홈 각도(Groove Angle), 빠른 운봉속도 등으로 결함이 나타난다.

다. 융합 불량

라. 용입 부족 : 홈 형상이 부적합할 때, 용접속도가 높거나 용접전류가 낮을 때, 부적합한 용접봉을 사용할 때 결함이 나타난다.

마. 언더컷 : 용접전류가 높거나 부적합한 용접봉을 사용할 때, 용접봉의 유지각도나 운봉 속도가 적합하지 않을 때 결함이 나타난다.

바. 피트(Pit) : 부적합한 용접봉을 사용할 때나 용접봉의 흡습, 이음부에 유지·페인트·녹 등의 불순물, 이물 부착, 모재 중의 유황량 과대 등으로 결함이 나타난다.

사. 비드(Bead)의 폭 또는 불균일한 주름(Puckering) : 불규칙한 용접속도나 아크 길이, 용접부의 과열 등으로 결함이 나타난다.

아. 피시 아이 : 수소의 석출취화로 나타난다. 원형이나 타원형의 은백색을 띤 무른 파단면으로 중심에는 대개 작은 기공이나 슬래그 혼입 등이 있다.

(3) 기계적 성질의 열화

용접부가 용접 열영향을 받아 취화할 때가 있다.

8.2.2 용접 균열

용접 균열은 용접 시 일어나는 현상으로 용접봉이 부적합하거나 접합부의 구속이 큰 경우, 모재에 유황량이 과다하게 많은 경우, 루트 간격이 너무 넓을 경우, 접합부가 냉각된 경우에 나타난다.

(1) 고온 균열
열간 균열이라고도 하며 용접부가 냉각되기 시작하면 비교적 고온(약 550℃ 이상)에서 발생하므로, 균열 표면이 산화 변색하여 템퍼 색이 나타난다. 재료의 열적취성이 원인이다. 파괴 형태는 입계 파괴이다. 고온 균열이 발생하면 이후에 저온 취성파괴나 부식성 환경으로 인해 파괴가 나타나는 경우가 있다.

(2) 저온 균열
냉간 균열이라고도 하며 용접부가 냉각되어 비교적 저온(약 200℃)에서 발생한다. 지단 균열(토 크랙, Toe crack), 비드 밑 균열(Under bead crack), 종균열, 횡균열 등이 있다. 비드 밑 균열은 용접부가 냉각된 경우 플럭스(Flux)나 공기 중의 수증기의 수소가 용접 금속에서 모재의 열영향부로 확대된 부분이 취화되어 발생한다. 지단 균열, 종균열, 횡균열은 모두 수소의 영향은 받지 않고 용접으로 팽창 또는 수축하는 구속력의 영향으로 균열이 일어난다. 파괴 형태는 벽개 파괴이다.
용접결함 또는 용접균열의 형태는 [그림 1.43]과 같다.

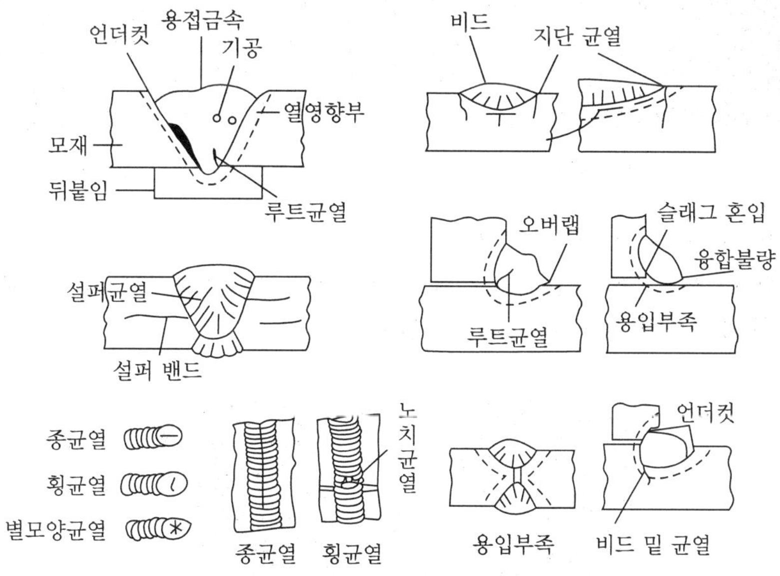

그림 1.43 용접결함 또는 용접균열

8.3 용접부 파단면의 검사

8.3.1 파단면의 관찰

파단면을 관찰하여 용접 결함 또는 용접 균열의 여부, 종류, 파단형태, 파괴 양식 등을 판별한다.

(1) 블로 홀
[그림 1.44]는 탑형 지브 크레인의 필릿 용접부의 용접 금속부에 생긴 블로 홀(Blow hole)이다.

(2) 언더컷
[그림 1.45]는 맞대기 용접식 관접합부 용접부의 언더컷 또는 용입 부족의 예이다.

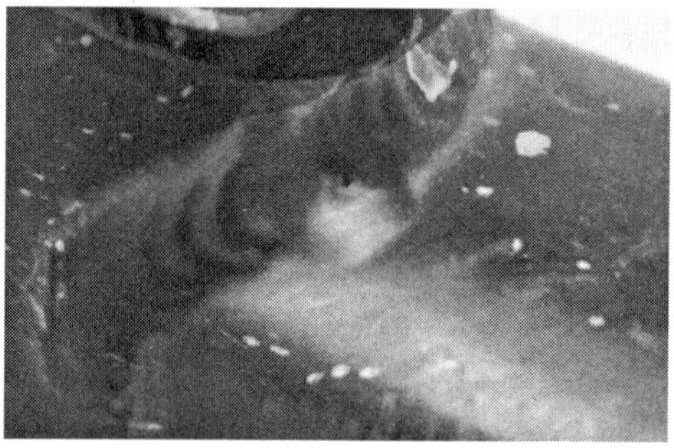

그림 1.44 블로 홀

그림 1.45 용입 부족

(3) 비드의 폭, 불균일한 주름, 구멍
[그림 1.46]은 이륜구동 자동차 차체의 수리 용접부에 보이는 비드의 폭, 불균일한 주름 및 구멍의 예이다. 용락의 흔적도 보인다.

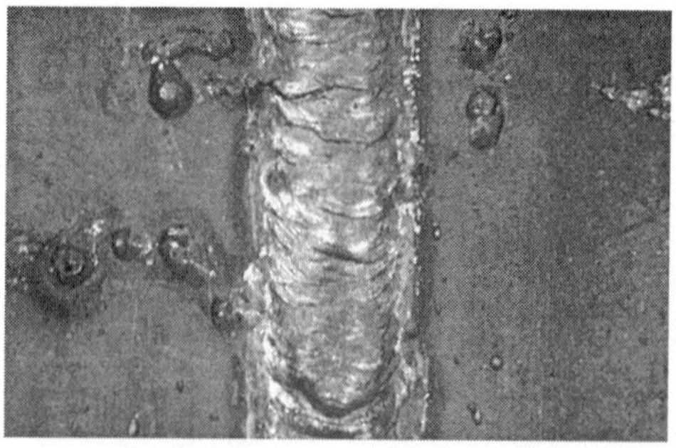

그림 1.46 비드의 폭, 불균일한 주름, 구멍

(4) 이물 유입

[그림 1.47]은 원유 수송관에 맞대기 용접을 할 때, 용접봉을 잘못 사용하거나 부실한 작업에 대비하여 그루브(틈, 용접할 두 부재 사이의 홈, 여기서는 V형) 사이에 와이어를 넣어 용접한 예이다. 이것을 원인으로 용입 부족, 융합 불량 등이 나타나 파단된다.

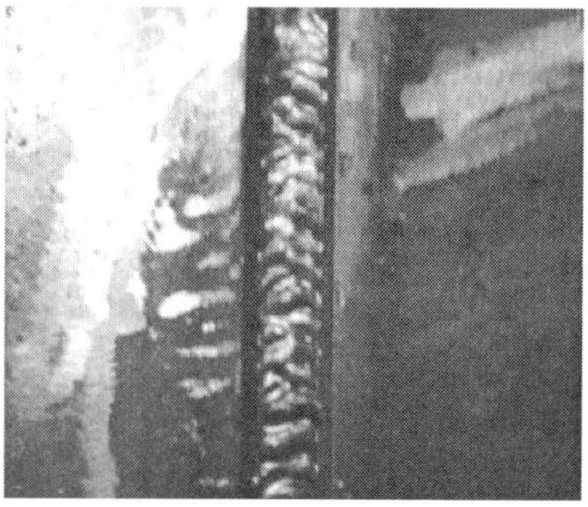

그림 1.47 이물 유입

8.3.2 그 외 검사

용접부 파단면은 파단면 관찰 이외에 조직 검사, 비파괴 검사, 기계적 성질 시험 등을 통해 파단 원인을 조사한다.

II 조성 검사법

01 들어가며

일반적으로 공업용 철강을 철이라 하지만, 실제로는 철 원소에 탄소, 규소, 인, 유황 등 비금속 원소나 망간, 동, 니켈, 크롬, 텅스텐 등 금속 원소 및 비금속 개재물이 유용물, 불순물, 유해물로 포함된 합금이다. 철강에 이와 같은 다양한 성분이 포함되지 않도록 하는 것은 아직 기술적인 한계가 있으며, 때로는 사용 목적에 따라 인위적으로 넣는 예도 있다. 철강의 제(諸) 성질은 탄소 함유량에 가장 큰 영향을 받는다. 철강 중에 함유된 탄소량이 0.01∼0.03%라면 공업용 순철(혹은 순철), 1.7% 미만이라면 강, 1.7% 이상이면 주철(선철)이라고 한다. 철강은 일부 시제품을 제외하고 KS, 제강 메이커, 주요 단체의 정해진 규격과 기준에 따라 용도, 제품의 형상, 제조법 등에 따라 다양한 강종(鋼種)이 규정되어 있다. 화학성분과 기계적 성질은 각각 고유의 특성을 있다. 따라서 철강 검사에는 강종 구별 또는 화학 성분 분석이 필요하다.

02 강종 구별법

강종(鋼種) 구별법은 비교적 간단하게 철강의 강종 혹은 화학성분을 분석하는 방법으로 다음과 같은 것이 있다.

(1) 불꽃 시험법
가. 그라인더 불꽃 시험법
나. 분말 불꽃 시험법

(2) 기전력법

(3) 시약 반응법

여기에서는 주로 불꽃 시험법에 대하여 설명한다. 먼저 기전력법 및 시약반응법에 관해 간략히 알아보고자 한다. 기전력법은 재질이 다른 2개의 금속선 끝을 시험편에 연결하여 각각 다른 온도 환경에 두었을 때, 2개의 금속 단자 사이에 강종 혹은 조직에 따라 각기 다른 기전력이 발생(열전대 이론)하므로 표준 시험편의 기전력 표와 측정치를 대조하여 강의 성분 혹은 조직의 차이를 조사하는 방법이다. 시약 반응은 시료 표면의 스케일, 흑피, 탈탄층 등 모재와 다른 부분을 줄이나 그라인더로 제거하여 왕수나 기타 시약을 스포이트로 몇 방울 떨어뜨려 일정 시간 유지한 뒤 시약의 변화를 관찰하는 방법이다. 또한, 시약을 이용하여 정성(定性) 또는 정량한다. 시약 반응법으로 니켈, 크롬, 몰리브덴, 망간, 코발트 등을 판별할 수 있다. 그 외에도 파단면 관찰이나 광학현미경 조직검사를 이용하면 강종 및 화학성분을 어느 정도 판별할 수 있으므로 이 책의 각 해당 항을 참고하기 바란다.

2.1 그라인더 불꽃 시험법

철강을 그라인더로 연삭하면 절삭분이 발열하며 불꽃이 생긴다. 시료의 화학성분 종류와 양에 따라 발생하는 불꽃의 형태(유선의 색, 형태, 길이, 파열의 형상, 수, 색채 등)가 다르므로 화학성분이 표시된 표준 시료의 불꽃과 비교하여 강종을 판별한다. 그라인더 불꽃 시험법은 그라인더만 있으면 시험이 가능하고 신속하게 결과를 알 수 있을 뿐만 아니라 강 내의 탄소량을 파악할 수 있으며 시험법에 숙련되면 정보량이 늘어나는 장점이 있지만, 결과를 주관적으로 판단할 수 있거나 숙련도에 따라 활용이 좌우되는 단점이 있다. 그라인더 불꽃 시험법에 관한 규격은 다음과 같다.

한국 산업 규격	KS
D 0218	강철의 불꽃 시험방법

2.1.1 기구

시험 조건을 통제하기 위해 항상 동일한 기구를 이용한다.

(1) 그라인더

전동형, 압축 공기형 어느 것이라도 좋으며, 고정식이거나 가동식이거나 어느 것도 좋으나, 관찰하는데 충분한 불꽃을 방출시킬 능력을 가지고 있어야 하며, 연삭 및 관찰을 안전하게 할 수 있는 것이어야 한다.

(2) 숫돌

KS L 6501(비트리파이드 연삭 숫돌)에 규정하는 입도 36 또는 46, 결합도 PM 또는

Q정도의 숫돌을 써서, 20m/s 이상의 원주 속도로 사용하는 것을 표준으로 한다.

(3) 보조기구
바람의 영향을 막고 직사광을 피하며, 또는 주위의 밝기를 조절할 필요가 있을 때는 암막, 칸막이 도는 가동암상을 사용하는 것이 좋다.

2.1.2 표준 시료

(1) 화학 성분을 알고 있는 봉강 등을 여러 종류 준비하여, 표준시료로 하는 것이 좋다.
(2) 표준시료의 화학성분의 결정은, 한국공업규격에 정한 분석방법에 따른다.
(3) 표준시료는 탈탄층, 침탄층, 질화층, 가스절단층 및 스케일(Scale) 등을 제거하고, 그 강종을 대표하는 것이어야 한다.

2.1.3 시험 방법

(1) 장소
어두운 실내를 장소로 선택한다. 옥외 또는 밝은 장소에서 하는 경우에는 보조기구를 사용하여, 불꽃에 직사광이 닿는 것을 막고 배경의 밝기가 불꽃의 색 또는 밝기에 영향을 주지 않도록 조절한다.

(2) 불꽃의 형태
시험품을 그라인더에 누르는 압력, 또는 그라인더를 시험품에 누르는 압력은 될 수 있는 한 같도록 하여야 한다. 탄소량 0.2%정도의 탄소강의 불꽃의 길이가, 500mm 정도 되도록 하는 압력을 표준으로 한다. 불꽃은 수평 또는 경사진 위 방향으로 튄다.

(3) 관찰 요령
관찰은 원칙적으로 전방에 불꽃을 날리고 유선의 후방에서 불꽃을 관찰하는 견송식 또는 유선을 옆에서 관찰하는 방견식으로 한다. 불꽃을 관찰할 때는 뿌리, 중앙 및 끝의 각 부분에 걸쳐서 유선, 파열의 특징에 대하여 다음의 항목에 의거하여 주의 깊게 관찰하여야 한다. 전체를 보는 것이 아니라 각각의 유선을 쫓아 관찰한다. 다음과 같은 특징에 주의를 기울여 불꽃의 뿌리와 중앙 및 끝 부분을 관찰한다[그림 2.1].
가. 유선(색깔, 수자, 밝기, 길이, 굵기)
나. 파열(수자, 모양, 크기, 꽃가루)
다. 손의 느낌

(4) 주의 사항
시험품의 연삭은 모재의 화학성분을 대표하는 불꽃을 일으키는 부분에서 하여야 한다. 강재의 표면의 탈탄층, 침탄층, 질화층, 가스절단층, 스케일 등은 모재와 다른 불꽃을 일으키기 때문에 그 부분을 피하여야 한다.

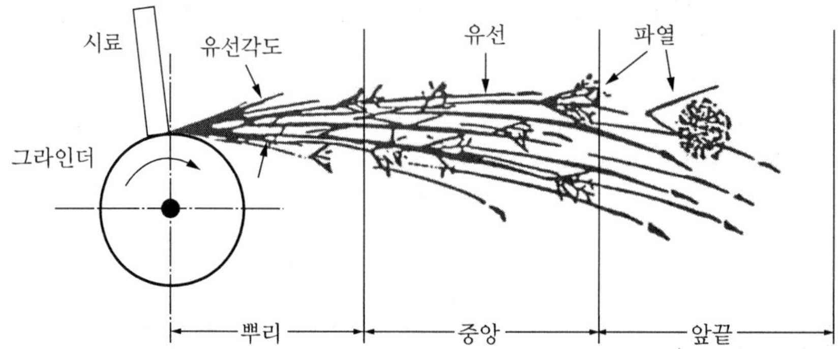

그림 2.1 불꽃의 형태 및 명칭

2.1.4 불꽃 시험으로 얻을 수 있는 정보

불꽃 시험으로 얻을 수 있는 정보는 숙련 정도에 따라 다르다.

(1) 초보단계

가. 강의 대분류 구분 : 탄소량에 따라 저탄소강(탄소 0.25% 이하), 중탄소강(탄소 0.25～0.50%), 고탄소강(탄소 0.50 이상)으로 구분할 수 있다.

나. 고합금강의 판별 : 고합금강 특유의 불꽃을 생성하므로 판별할 수 있다.

다. 탈탄층, 침탄층의 유무 : 표층과 내층은 불꽃이 다르게 나타나므로 탈탄층과 침탄층의 유무를 알 수 있다.

라. 림드강과 킬드강의 구별 : 용강 중에 포함된 산소에 규소나 알루미늄 등의 강탈산제를 가하여 충분히 탈산 진정시킨 강을 킬드강이라고 하고, 용강 중 산소를 제거하지 않고 만든 강을 림드강이라 한다. 또한 중간 정도의 강을 세미 킬드강이라고 한다. 킬드강은 균일한 품질을 얻을 수 있지만, 상단 중앙부에 홈이 생긴다. 림드강은 강괴 주변부의 품질은 좋지만, 내부에 기포나 생기거나 성분이 불균일한 경우가 있어 대개 킬드강보다 질이 떨어진다. 림드강의 불꽃은 깃털 모양이다.

(2) 숙련단계

가. 탄소강의 탄소량 판정 : 탄소강종에 따라 다르지만 0.02～0.2%의 차로 판정할 수 있다. 탄소량이 적은 강일수록 판정하기 쉽다.

나. 강종 추정 : 탄소강과 합금강의 구분, 탄소량이나 합금원소의 판정 등으로 강종을 추정한다.

다. 담금질의 여부 : 담금질한 강은 피연삭성이 있고 불꽃이 생성되기 쉽다. 불꽃 형태는 크게 다르지 않지만, 담금질한 강은 유선 각도가 크고 불꽃이 많이 생성된다.

2.1.5 탄소강의 불꽃 특성

[표 2.1]과 [그림 2.2]에 탄소강의 탄소량과 불꽃 특성의 관계를 정리했다.

[그림 2.3]은 탄소강 불꽃의 특징, [그림 2.4]는 탄소강 불꽃의 예를 스케치한 것이다.

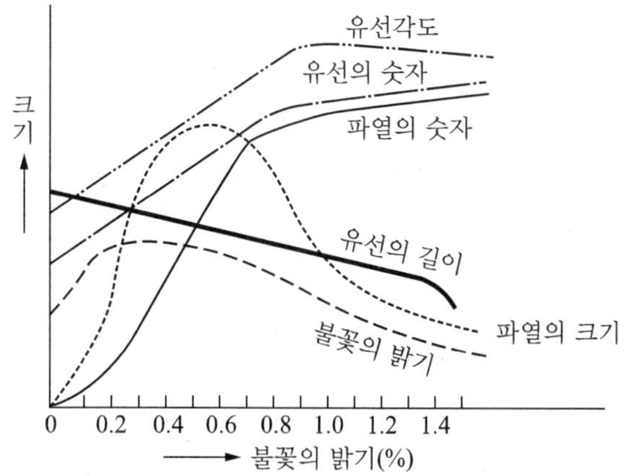

그림 2.2 탄소강의 불꽃 특성도

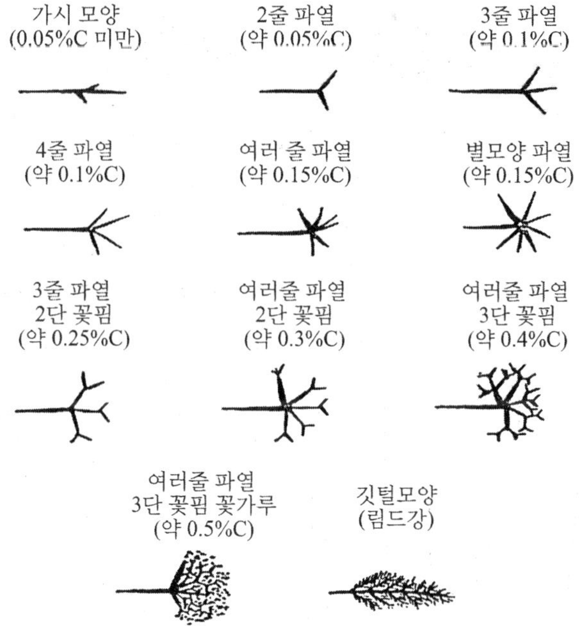

그림 2.3 탄소강 불꽃의 특징(탄소파열)

이러한 특성을 통해 다음 사항을 확인할 수 있다.

(1) 탄소량이 작은 탄소강의 불꽃은 성긴 갈퀴와 같은 형태로 뿌리 가까이에 균열이 생기지만, 탄소량이 증가함에 따라 유선의 각도, 수, 파열의 수 및 크기가 증가한다. 하지만 탄소량이 0.8% 정도를 넘으면 증가율이 감소하여 더 증가하지는 않게 된다.

(2) 유선의 길이는 탄소량이 증가함에 따라 조금씩 줄어든다.

(3) 파열의 크기는 탄소량이 약 0.5～0.6%까지 급속하게 커지지만 이를 정점으로 탄소량이 0.6%를 넘으면 오히려 줄어들어 탄소량 0.2% 이상의 고탄소강에서는 거의 변화가 없어진다.

(4) 불꽃의 밝기는 탄소량이 증가함에 따라 점차 밝아져 탄소가 0.4∼0.6%일 때 가장 밝으며 탄소량이 0.6%를 초과하면 점차 어두워진다.

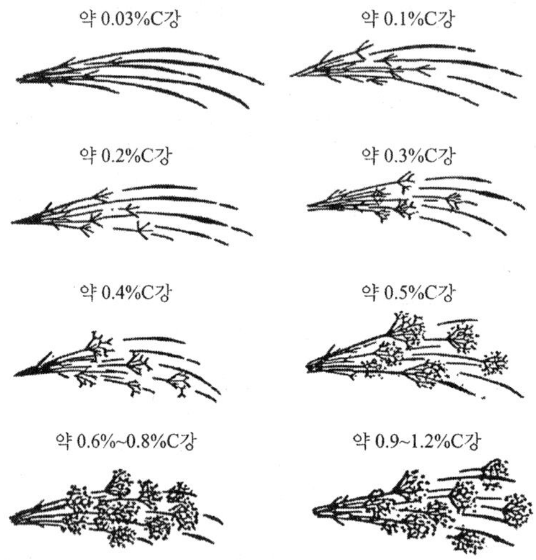

그림 2.4 탄소강 불꽃의 스케치 예

표 2.1 탄소강의 불꽃 특성

C%	유선					파열				손의 느낌
	색	밝기	길이	굵기	숫자	모양	크기	꽃가루	숫자	
0.05 미만	주황색	어둡다	길다	굵다	적다	파열 없다				부드럽다
0.05						2줄 파열	적다	없음	적다	
0.1						3줄 파열		없음		
0.15						여러 줄 파열		없음		
0.2						3줄 파열 2단 꽃핌		나타나기 시작한다.		
0.3						여러 줄 파열 3단 꽃핌		있음		
0.4										
0.5		밝다	길다	굵다			크다			
0.6										
0.7										
0.8										
0.8 초과	빨간색	어둡다	짧다	가늘다	많다	복잡	적다	많다	많다	단단하다

2.1.6 합금 원소가 불꽃 특성에 미치는 영향

규소, 아연, 동, 유황, 인 등은 불꽃으로 특징을 파악하기 어려워 판별하기 쉽지 않은 원소이다. 그리고 탄소파열을 촉진하는 합금 원소에는 망간, 크롬, 바나듐이 있고, 탄소파열을 저지하는 합금 원소에는 텅스텐, 규소, 니켈, 몰리브덴, 알루미늄 등이 있다. 따라서 탄소파열을 촉진하는 원소가 포함된 강의 불꽃 시험에서는 함유된 탄소량보다 고탄소로 판정되는 경향이 있고, 탄소파열을 저지하는 원소가 포함된 강의 불꽃 시험에서는 상반되는 경향 나타난다. 이러한 경향을 보정하기 위해 일반적으로 다음과 같은 과정을 거친다.

망간 1%당 탄소 0.02%를 감소시킨다.

크롬 1%당 탄소 0.02%를 감소시킨다.

니켈 1%당 탄소 0.02%를 증가시킨다.

[표 2.2]는 탄소파열을 촉진하는 원소와 저지하는 원소 그룹을 나누어 원소를 단독으로 첨가했을 때 나타나는 불꽃의 특징을 정리한 것이다. [그림 2.5]는 합금강 불꽃의 특징이다.

그리고 [그림 2.6]~[그림 2.8]은 합금강 불꽃을 스케치한 예이다.

표 2.2 불꽃 특성에 미치는 합금원소의 영향

<table>
<tr><th rowspan="2"></th><th rowspan="2">첨가
원소</th><th colspan="4">유선</th><th colspan="4">파열</th><th rowspan="2">손의
느낌</th><th colspan="2">특징</th></tr>
<tr><th>색깔</th><th>밝기</th><th>길이</th><th>굵기</th><th>색</th><th>형태</th><th>꽃
가루</th><th>수</th><th>모양</th><th>위치</th></tr>
<tr><td rowspan="3">탄
소
파
열
조
장</td><td>Mn</td><td>황백색</td><td>밝다</td><td>짧다</td><td>굵다</td><td>흰색</td><td>가는나무
가지모양</td><td>있다</td><td>많다</td><td>연하
다</td><td>꽃
가루</td><td>중앙</td></tr>
<tr><td>Cr</td><td>오렌지
색</td><td>어둡다</td><td>짧다</td><td>가늘다</td><td>오렌지
색</td><td>국화꽃모양</td><td>있음</td><td>불변</td><td>단단
하다</td><td>꽃</td><td>앞끝</td></tr>
<tr><td>V</td><td colspan="4">변화 적다</td><td>변화
적다</td><td>가늘다</td><td>–</td><td>많다</td><td>–</td><td>–</td><td>–</td></tr>
<tr><td rowspan="4">탄
소
파
열
저
지</td><td>W</td><td>암적색</td><td>어둡다</td><td>짧다</td><td>가는
파상단속</td><td>빨간색</td><td>작은방울
여우꼬리</td><td>없다</td><td>적다</td><td>단단
하다</td><td>여우
꼬리</td><td>앞끝</td></tr>
<tr><td>Si</td><td>노란색</td><td>어둡다</td><td>짧다</td><td>굵다</td><td>백색</td><td>흰구슬</td><td>없다</td><td>적다</td><td>–</td><td>흰
구슬</td><td>중앙</td></tr>
<tr><td>Ni</td><td>붉은
황색</td><td>어둡다</td><td>짧다</td><td>가늘다</td><td>붉은
황색</td><td>팽창섬광</td><td>없다</td><td>적다</td><td>단단
하다</td><td>팽창
섬광</td><td>중앙</td></tr>
<tr><td>Mo</td><td>붉은
오렌지
색</td><td>어둡다</td><td>짧다</td><td>가늘다</td><td>붉은
오렌지
색</td><td>창끝</td><td>없다</td><td>적다</td><td>단단
하다</td><td>창끝</td><td>앞끝</td></tr>
</table>

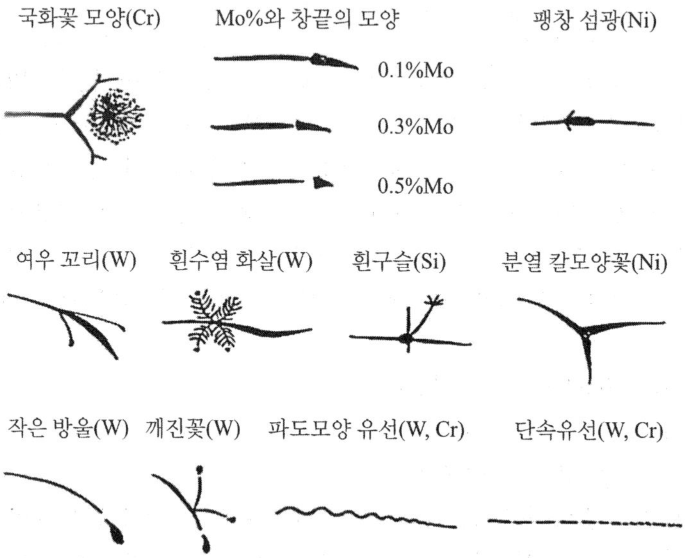

그림 2.5 합금원소에 의한 불꽃의 특징

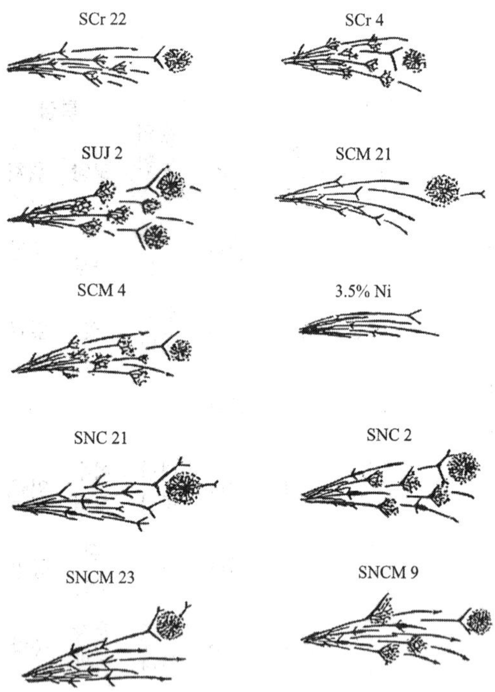

그림 2.6 합금강 불꽃의 스케치 예(1)

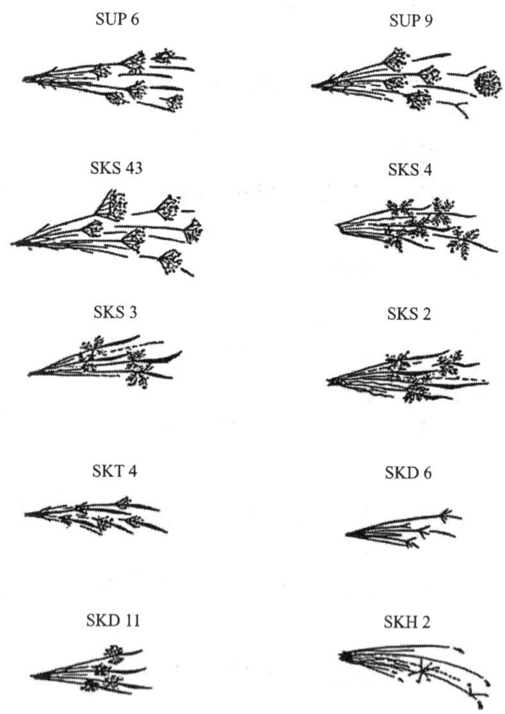

그림 2.7 합금강 불꽃의 스케치 예(2)

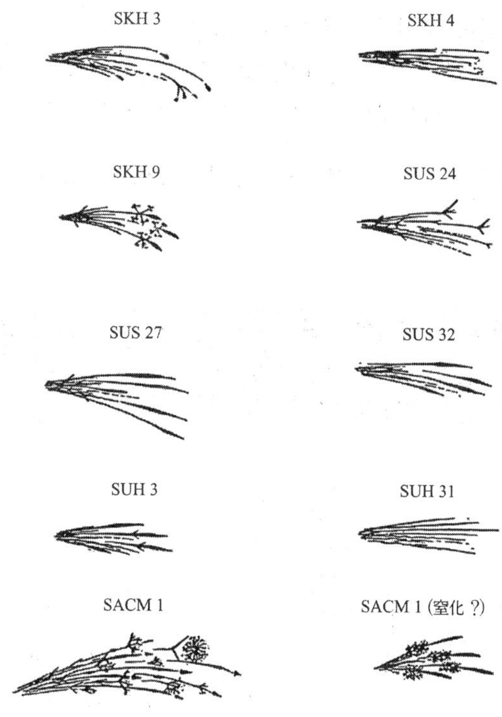

그림 2.8 합금강 불꽃의 스케치 예(3)

2.1.7 강종 추정의 순서

우선 탄소파열의 유무에 따라, 탄소강, 저합금강의 군과－고합금강의 군으로 크게 나눈다([표 2.3]의 제 1분류 및 [표 2.4]의 제 1분류)

(1) 탄소강, 저합금강의 경우

가. 먼저 탄소파열의 다소에 따라 C%를 추정하고, 0.25%C 이하, 0.25%C 초과하여 0.5%C 이하, 0.5%C를 초과하는 것으로 대별한다([표 2.3]의 제 1분류).

나. 다음에는 0.5%C 이하이면 Ni, Cr, Si, Mn, Mo 등이 함유되어 있는 것이 있고, 0.5%C를 초과하는 것이면, 위 원소 이외에 W, V 등이 함유되어 있는 것이 있으므로 이들 합금원소의 유무를 조사하여, 탄소강인가 저합금강인가를 추정한다(표 2.3의 제 3분류).

다. 저합금강이면, 합금원소의 특징을 관찰하여, 그 종류와 양으로 강종을 추정한다.

(2) 고합금강의 경우

가. 주로 유선의 색깔에 의하여 스테인리스강, 내열강, 고속도 공구강, 합금공구강으로 나눈다([표 2.4]의 제 2, 3분류).

나. 이들의 고합금강에는 Ni, Cr, Mo, W, V 및 Co 등이 함유되어 있기 때문에 불꽃의 특징에 따라 합금원소의 종류와 양을 관찰하여 강종을 추정한다.

(3) 불꽃시험으로 판별이 곤란 및 불가능한 강종

가. 불꽃이 극히 유사하고 강종의 판별이 대단히 곤란한 것이나, 판별할 수 없는 것이 있다. 이 같은 경우에는 화학분석 방법이나 그 밖의 시험방법을 병용하여 판별하면 좋다.

또한, 탄소량이 0.50%를 넘는 것은 공구강이 많으므로 크롬, 몰리브덴, 텅스텐 등의 유무에 주의를 기울인다.

표 2.3 강종 추정 순서표(1)

<table>
<tr><th colspan="3">제 1 분류</th><th colspan="3">제 2 분류</th><th colspan="3">제 3 분류</th><th colspan="2">강종추정</th></tr>
<tr><th>관찰</th><th>특징</th><th>분류</th><th>관찰</th><th>특징</th><th>분류</th><th>관찰</th><th>특징</th><th>분석</th><th>특징</th><th>추정강종 보기</th></tr>
<tr><td rowspan="8">탄소파열 유무</td><td rowspan="8">탄소파열 있다</td><td rowspan="8">탄소파열계</td><td rowspan="8">파열의 다소</td><td rowspan="3">여러 줄 파열</td><td rowspan="3">0.25 %C 이하</td><td rowspan="3">특수불꽃</td><td rowspan="2">특수불꽃 없고 탄소불꽃 끝부분</td><td rowspan="2">탄소강</td><td>–</td><td>SC재(SC 30)등
SS재(SS 41)</td></tr>
<tr><td>깃털 모양</td><td>림드강</td></tr>
<tr><td>특수불꽃 있다</td><td>저합금강</td><td>팽창섬광, 분열
칼모양꽃 Ni
국화꽃, 손의 느낌
단단함 Cr
뿌리부근 완전히 파열
창끝 Mo</td><td>Ni Cr 강(SNC 21)
Cr 강(SCr 22)
Cr Mo 강(SCM21)</td></tr>
<tr><td rowspan="2">여러 줄, 여러 단 파열</td><td rowspan="2">0.25 C% 초과 0.5 %C 이하</td><td rowspan="2">특수불꽃</td><td>특수불꽃 없고 탄소불꽃 끝부분</td><td>탄소강</td><td>–</td><td>SF재(SF 55)
SC재(SM 30C)
(SM 45 C)</td></tr>
<tr><td>특수불꽃 있다</td><td>저합금강</td><td>팽창섬광,
분열 칼모양꽃 Ni
국화꽃, 손의 느낌 단단함,
뿌리부근 완전히 파열 Cr
창끝 Mo</td><td>Ni Cr 강(SNC 4)
Cr 강(SCr 4)
Cr Mo 강(SCM 4)
Ni Cr Mo 강
Si Mn 강</td></tr>
<tr><td rowspan="3">파열 많고 나뭇가지 모양꽃</td><td rowspan="3">0.5 %C 초과</td><td rowspan="3">특수불꽃</td><td>특수불꽃 없고 탄소불꽃 끝부분</td><td>탄소강</td><td>–</td><td>STC재(STC 3)
(STC 5)
스프링강(SPS 3, 4)</td></tr>
<tr><td rowspan="2">특수불꽃 있다</td><td rowspan="2">저합금강</td><td>국화꽃, 손의 느낌 단단함
뿌리부근 완전히 파열 Cr</td><td>베어링강(STB 1)
(2, 3)</td></tr>
<tr><td>흰구슬 Si
나뭇가지 모양꽃 Mn</td><td>Si Mn 강(SPS 4, 5)</td></tr>
</table>

표 2.4 강종 추정 순서표(2)

<table>
<tr><th colspan="3">제 1 분류</th><th colspan="3">제 2 분류</th><th colspan="3">제 3 분류</th><th colspan="2">강종추정</th></tr>
<tr><th>관찰</th><th>특징</th><th>분류</th><th>관찰</th><th>특징</th><th>분류</th><th>관찰</th><th>특징</th><th>분석</th><th>특징</th><th>추정강종 보기</th></tr>
<tr><td rowspan="10">탄소파열 유무</td><td rowspan="10">파열 없다</td><td rowspan="10">유선계</td><td rowspan="10">유선의 색</td><td>오렌지색</td><td>오렌지색계</td><td>특수불꽃</td><td>파열없다</td><td>순철</td><td>–</td><td>전자연철</td></tr>
<tr><td rowspan="2">붉은 오렌지색</td><td rowspan="2">붉은 오렌지색계</td><td rowspan="2">특수불꽃</td><td rowspan="2">끝팽창</td><td rowspan="2">스테인리스강</td><td>자성을 띤다.</td><td>STS 53</td></tr>
<tr><td>자성을 띠지 않는다.</td><td>STS 27</td></tr>
<tr><td rowspan="7">암적색 유선은 가늘다</td><td rowspan="7">암적색계</td><td>특수불꽃</td><td>파열없고 끝팽창</td><td>내열강</td><td>–</td><td>STR 3</td></tr>
<tr><td rowspan="4">특수불꽃</td><td rowspan="4">파열없다 단속파상 유선</td><td rowspan="4">고속도 공구강</td><td>깨진꽃, 작은 방울</td><td>SKH 2</td></tr>
<tr><td>깨진꽃, 작은 방울</td><td>SKH 3</td></tr>
<tr><td>깨진꽃, 작은 방울 없다</td><td>SKH 4</td></tr>
<tr><td>끝팽창 꽃핌</td><td>SKH 51</td></tr>
<tr><td>특수불꽃</td><td>흰수염 화살</td><td>합금공구강 (STD계)</td><td>–</td><td>STS 2, 3, 4</td></tr>
<tr><td>특수불꽃</td><td>가는 국화꽃 많음</td><td>합금공구강 (STD계)</td><td>–</td><td>STD 1, 11</td></tr>
</table>

2.2 분말 불꽃 시험법

분말 불꽃 시험법은 시료를 버너 등 적당한 열원으로 가열하면 불꽃이 생성되는 것을 관찰하여 강종을 구별하는 방법이다. 그라인더 불꽃 시험법과 비슷하지만, 시료의 분쇄와 가열(불꽃 발생)이 각각 이루어지므로 가열 온도를 임의로 변경할 수 있어 다음과 같은 이점이 있다.

(1) 가열 온도를 높일 수 있으므로 그라인더에서 불꽃이 생성되지 않는 강이나 잘 생성되지 않는 강 및 비철금속 등에도 이용할 수 있다.
(2) 불꽃의 속도가 느리므로 관찰하기 쉽다.
(3) 파열음, 불꽃색, 발연 등 특징을 관찰할 수 있다.
(4) 펠릿(불꽃의 재)의 채취가 용이하여 판별할 때 도움이 된다.
(5) 그라인더가 필요하지 않으므로 안전 및 위생상 문제 발생이 줄어든다.

그러나 시료의 분쇄와 같은 조작이 쉽지 않고 불꽃 생성이 적은 단점이 있다.

2.2.1 시료(조각)의 제작

분말 불꽃 시험의 시료(조각)는 시험할 시료 및 표준 시료를 각각 줄 등으로 가공 제작한다. 줄은 공칭 250(10인치) 정도가 적당하고, 줄의 날은 중간 정도(중목)가 알맞다. 중목으로 가공한 시료의 크기는 대개 100～120메시(mesh) 이다. 줄은 사용 전에 와이어 브러쉬로 잘 손질하여 이전 시험에 사용된 시료 등이 혼합되지 않도록 주의한다. 다른 시료가 혼합되면 결과에 오류가 있을 수 있기 때문이다. 그리고 새 줄은 기름이 묻어 있을 때가 있으므로 잘 닦아내어 시료에 기름이 부착되지 않도록 한다. 줄로 가공한 시료를 깨끗한 흰 종이 위에 놓는다. 이 상태로 사용해도 좋지만, 일정한 크기로 시험하려면 체를 이용해도 좋다. 표준 시료와 같이 다량 제작하여 장기간 사용하고 싶을 때에는 시료명, 작업 연월일 등 필요 사항을 기재한 비닐 봉투에 넣어 데시케이터에 보관한다. 오래되어 산화된 시료는 불꽃이 잘 생성되지 않는 경우가 있다.

2.2.2 시험 방법

(1) 장소

그라인더 불꽃 시험을 하는 장소와 동일하므로 2.1.3의 (1)을 참고하기 바란다.

(2) 시료의 가열 방법

소형 전기로로 시료를 가열하는 방법도 있지만, 도시가스를 이용한 버너법이 간편하다. [그림 2.9]와 같은 요령으로 시료를 손으로 집어 불꽃 뿌리 부분에 떨어뜨린다. 탄소강을 시험할 때에는 가스에 공기 함유량이 적고 소리가 나지 않는 환원염을 이용한다. 그러나 그라인더에서 불꽃이 생성되지 않거나 잘 생성되지 않는 강일 때에는 공기를 많이 함유시켜 강한 불꽃으로 가열한다. 또한, 시료의 종류를 변경할 때마다 앞서 사용한 시료가 남지 않도록 손가락을 깨끗하게 유지하도록 한다.

(3) 관찰 요령

불꽃을 관찰하는 요령은 그라인더 불꽃 시험법과 동일하므로 2.1.3의 (3)을 참고하기 바란다.

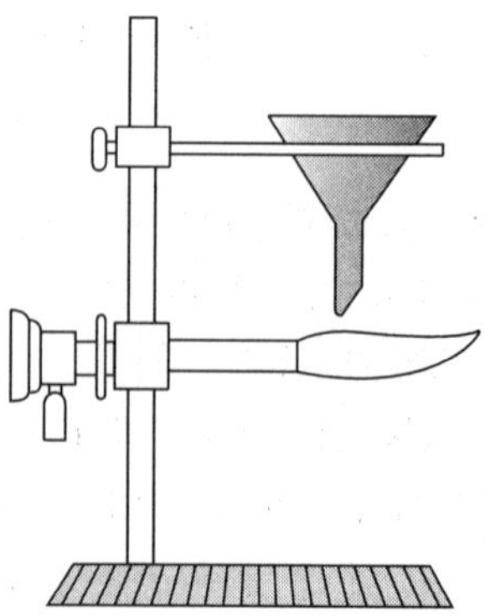

그림 2.9 시료의 가열 방법

2.2.3 불꽃 특성

분말 불꽃 시험법의 불꽃 특성은 그라인더 불꽃 시험법과 동일하므로 2.1.5를 참고하기 바란다. 그리고 크롬은 소리로도 판별할 수 있다.

03 화학성분 분석법

철강의 화학성분 분석법은 크게 화학 분석법, 기구 분석법, 발광 분광 분석법으로 나뉜다. 또한, 강종 구별법에 따라서 대략적인 분석이 가능하다.

3.1 화학 분석법

철강성분의 화학 분석법에 관한 규격은 [표 2.5]와 같다.

표 2.5 철강의 화학 분석법에 관한 규격

한국 산업 규격	KS	한국 산업 규격	KS
D 1801	철 및 강의 분석 방법 통칙	D 1817	철 및 강의 - 바나듐 정량 방법
D 1802	철 및 강의 인 분석 방법	D 1818	철 및 강의 - 비소 정량 방법
D 1803	철 및 강의 황 분석 방법	D 1821	철 및 강의 탄탈륨 분석 방법
D 1804	철 및 강의 탄소 분석 방법	D 1822	강의 납 정량 방법
D 1805	철 및 강 - 규소 정량 방법	D 1823	철 및 강의 알루미늄 분석 방법
D 1806	철 및 강 - 망가니즈 분석정량 방법	D 1824	철 및 강의 마그네슘 분석 방법
D 1807	철 및 강의 크로뮴 분석 방법	D 1825	철 및 강의 니오븀 분석 방법
D 1808	철 및 강의 니켈 분석 방법	D 1826	철 및 강의 안티모니 분석 방법
D 1809	철 및 강의 몰리브데넘 분석 방법	D 1875	철 및 강 - 코발트 정량 방법
D 1810	철 및 강 - 구리 정량 방법	D 1876	철 및 강 - 타이타늄 정량 방법
D 1811	철 및 강의 질소 분석 방법	D 1878	철 및 강 - 붕소 정량 방법
D 1812	철 및 강의 텅스텐 분석 방법	D 1879	철 및 강의 주석 분석 방법

3.2 기구 분석법

기구 분석법은 일반적으로 신속한 분석 및 미량의 분석이 가능하고 시험하는 개인 오차가 줄어들며 개인이 기록할 수 있는 특징이 있다. 발광 분광 분석법도 이와 유사하다. 그리고 X선 회절법, X선 마이크로애널라이저 분석법에 대해서는 다른 도서를 참조하기 바란다.

3.2.1 형광X선 분석법

형광X선 분석법은 형광X선 분석 장치를 사용하여 시료에 1차 X선을 조사(照射)하여 발생한 각 원소의 형광X선 강도를 측정하는 것이다. 이 강도와 함유율의 관계를 표준 시료와 비교하여 원소를 정량(定量)한다. 철강의 형광X선 분석법에 관한 규격을 [표 2.6]에 정리했다.

표 2.6 철강의 형광X선 분석법에 관한 규격

한국 산업 규격	KS
D 1654	철 및 강의 형광X선 분석법의 통칙
D 1655	철 및 강의 형광X선 분석방법
D 1656	스테인리스강의 형광X선 분석방법(폐지)

3.2.2 원자 흡광 분석법

원자 흡광 분석법은 금속 원소가 해리하여 원자 증기화했을 때 기저 상태의 원자가 원자 증기층을 통과하는 빛에서 원소 고유의 파장을 띤 빛을 선택적으로 흡수하는 현상을 이용하는 방법이다. 흡광도는 원소의 농도에 비례하므로 미리 알고 있는 농도의 표준 용액을 측정하여 검량선을 제작해 두고, 광전 측정으로 원소 고유 파장의 흡광도를 측정하여 시험 용액에 넣은 원소의 농도를 구한다. 시험 용액을 그대로 원자 흡광 광도계로 분석하는 직접법과 금속을 킬레이트 착체로 하여 유기 용매에 선택적으로 추출하여 분석하는 용매 추출법이 있다. 또한, 철강의 원자 흡광 분석법에 관한 규격은 [표 2.7]과 같다.

표 2.7 철강의 원자 흡광 분석법에 관한 규격

한국 산업 규격	KS
M 0001	화학 분석 및 시험방법에 대한 통칙
M 0016	원자 흡광 분석 방법 통칙
D 1659	철 및 강의 원자 흡수 분광법

3.3 발광 분광 분석법

철강의 발광 분광 분석에는 두 가지 방법이 있다.

3.3.1 사진 측광법

금속고체 시료 및 시료를 제작한 뒤 전극을 형성시키거나, 용액이나 분말로 바꾼 시료에 보조 전극을 이용하여 분석 목적에 맞는 발광 조건으로 방전 발광시킨 것을 분광하여 스펙트럼 사진을 촬영하면 목적 원소를 분석할 수 있다. 정량에는 통상 분석 시료와 동일 조건에서 촬영한 표준 시료의 스펙트럼 분석선과 내표준선의 측정 강도비를 구하여, 이에 대응하는 원소 함유율과의 관계에서 작성한 검량선을 이용하여 시료 중의 정량 원소의 함유율을 구한다.

3.3.2 광전 측광법

금속고체 시료 및 시료를 제작한 뒤 전극을 형성시키거나, 용액으로 바꾼 시료에 보조 전극을 목적에 맞는 발광 조건으로 방전 발광시킨 것을 분광하여 정량 원소의 각 분석선의 강도를 광전적으로 측정한다. 이 측정치와 미리 표준 시료에 따라 작성한 검량선을 이용하여 분석 시료의 각 원소 함유율을 구한다. 철강의 발광 분광 분석법에 관한 규격을 [표 2.8]에 정리했다. 스펙트럼 사진을 촬영하면 목적 원소를 분석할 수 있다.

표 2.8 철강의 발광 분광 분석법에 관한 규격

한국 산업 규격	KS
D 1650	금속 재료의 광전 측광식 방출 분광 분석 방법 통칙
D 1653	철 및 강의 발광 분광 분석 방법(폐지)
D 1657	철 및 강의 광전 측광식 발광 분광 분석 방법(폐지)
D 1658	탄소강 및 저합금강의 발광 분광 분석 방법
D 1660	철 및 강의 발광 분광 시험 방법 통칙

3.4 각 분석법의 분석 원소

지금까지 살펴본 화학 분석법, 발광 분광 분석법, 형광X선 분석법, 원자 흡광 분석법에서 KS 규정 분석원소를 [표 2.9]에 정리했다.

표 2.9 KS 규정 분석 원소

성분	화학 분석법	발광 분광 분석법					형광X선분석법	원자흡광분석법
		사진측광법				광전측광법		
		탄소강 및 저합금강		선철 및 주철				
		불꽃법	아크법	불꽃법	아크법	철 및 강	철 및 강	철 및 강
탄소	중량법, 가스용량법, 중화적정법, 전기전도도법, 전위측정법					○		
규소	중량법, 흡광광도법	○	○	○		○	○	○
망간	과황산 암모늄 산화적정법, 흡광광도법	○		○		○	○	○
인	중화적정법, 흡광광도법					○	○	
유황	중량법, 연소 중화적정법, 연소 요드적정법, 흡광광도법					○	○	
니켈	중량법, 적정법, 흡광광도법	○	○	○	○	○	○	○
크롬	과망간산 산화적정법, 과황산 산화법, 과염소산 산화법, 흡광광도법	○	○	○	○	○	○	○
몰리브덴	흡광광도법, 직접 흡광광도법	○	○	○		○	○	○
동	적정법, 흡광광도법	○		○		○	○	○
텅스텐	중량법, 흡광광도법					○	○	
바나듐	적정법, 흡광광도법	○	○	○	○	○	○	○
코발트	중량법, 흡광광도법					○	○	○
티탄	과산화수소 흡광광도법, TOPO 추출 흡광광도법		○	○	○	○	○	○
비소	아비산 나트륨 적정법, 흡광광도법		○			○	○	
알루미늄	EDTA 적정법	○	○			○	○	○
주석	적정법, 흡광광도법		○		○	○	○	○
붕소	추출 흡광광도법					○		
질소	중화적정법, 흡광광도법							
납	중량법, 흡광광도법					○	○	○
마그네슘	EDTA 적정법					○		○
니오븀 및 탄탈륨	중량법, 피로갈롤 흡광광도법, 티오시안산 흡광광도법					니오븀	○	
지르코늄	흡광광도법					○	○	
셀렌	(생략)						○	
비고			미량원 소용		미량원 소용		안티몬 세륨 란탄	칼슘 아연 비스무트 안티몬

III 조직 검사법

01 금속 조직

금속은 많은 결정립의 집합체이며, 이 집합한 결정립의 조직을 금속 조직 혹은 금상(金相)이라고 한다. 금속 조직은 재료의 강도나 경도 등 기계적 성질에 큰 영향을 미칠 뿐만 아니라 재료의 변형 및 파괴와도 밀접한 관계가 있으므로 금속 조직의 검사는 중요하다. 금속 조직에는 육안이나 저배율의 확대경으로 관찰할 수 있는 매크로 조직과 광학현미경이나 전자현미경으로 관찰할 수 있는 마이크로 조직이 있다. 매크로 조직 검사는 주로 재료 품질의 좋고 나쁨을 판정에 이용하며 조직의 균일도, 흐름, 편석, 비금속 개재물, 결함 등 거시적 양상을 검사한다. 이에 비해 마이크로 조직 검사 중 광학현미경 조직 검사는 주조, 단조(鍛造), 압연, 기계 가공, 열처리, 용접 등 정규 가공은 물론 폭발, 파열, 파괴, 에칭 등 비정규 부하 및 가공으로 인한 결정 조직 및 조직의 변화, 미세 결합, 비금속 개재물, 불순물, 균열 등을 10^3배 정도의 배율로 관찰하는 것이다. 이때 파괴나 균열이 있으면 파괴나 균열 기점 주위의 조직, 균열 전파의 양상, 파괴 양상 등을 검사한다. 또한, 전자현미경 조직 검사는 금속 조직을 광학현미경보다 높은 배율로 관찰하는 검사로 조직과 결정구조를 대응하여 관찰하는데 이용한다. 여기에서는 광학현미경 조직 검사에 관하여 설명하고자 한다.

1.1 철강의 매크로 조직

철강은 제강 시 재료 내부에 편석, 기포, 파이프 등 결함이 생겨 수소, 산소, 질소와 같은 유해 가스가 함유되거나 인, 유황 등 유해 원소나 비금속 개재물, 불순물 등이 혼입되기 쉽다. 그리고 제강 후의 열처리나 용접, 그리고 사건 사고 등으로 과열, 탈탄 등 결함이 생기기도 한다. 철강의 매크로 조직에 나타나는 모양이나 결함은 KS D 0210(강의 매크로 조직 시험 방법)에 명시되어 있으며 정리하면 다음과 같다.

(1) 수지상(樹枝狀) 결정 : 강괴가 응고할 때 수지상으로 발달한 1차 결정이 단조 혹은 압연 후에도 그 형태를 유지하는 것이다. 이 모양은 현미경 조직과 관계가 없다.

(2) 강괴 모양(Ingot pattern) : 강괴의 응고 과정에서 결정 상태의 변화나 성분의 편차로 인하여 윤곽에 에칭(etching, 부식)의 농도차가 나타나는 것이다.

(3) 중심부 편석 : 강괴의 응고 과정에서 성분의 편차로 중심부에 에칭의 농도차가 나타나는 것으로, 인화물이나 유화(硫化)망간의 편석에 의한 고스트 라인도 중심부 편석의 한 예이다.

(4) 다공질 : 강재 단면(斷面) 전체나 중심부 에칭이 단시간에 진행되어 해면상(海綿狀)이 나타나는 것이다.

(5) 피트(Pit) : 에칭 작업으로 강재 단면 전체나 중심부에 육안으로 볼 수 있는 크기의 점 모양 구멍이 생긴 것이다.

(6) 기포 : 강괴의 기공 혹은 핀홀(Pinhole)이 완전하게 압착되지 못하여 흔적이 남은 것이다.

(7) 개재물 : 육안으로 인지할 수 있는 비금속 개재물을 가리킨다. 샌드 마크(Sand mark, 모래 흠), 샌드 인클루전(Sand inclusion)이라고도 한다. 예를 들어 규사와 알루미나, 산화철과 규소, 석회, 산화망간과 규소 등이 각각 섞인 혼합물이 있다.

(8) 파이프(수축공) : 강괴의 응고 수축으로 1차 혹은 2차 파이프가 완전히 압착되지 못하여 중심부에 흔적이 남은 것이다.

(9) 헤어 크랙(Hair crack, 미세 균열) : 에칭 작업으로 인해 모발처럼 미세한 크기로 단면에 발생한 균열이다. 표면 균열이 하나이다.

(10) 포어징 크랙(Forging crack, 단조 균열) : 부적합한 단조(鍛造) 혹은 압연 작업으로 중심부에 균열이 발생한 것이다.

(11) 표면 결함(Surface flaw) : 강괴의 주변 기포에 의한 결함, 압연 혹은 단조에 의한 결함, 그 외에도 강재의 외주부(바깥 주변)에 생긴 결함, 접합(Seam) 등을 가리킨다.

(12) 유선(Flow line) : 단조, 압연 등 냉간 가공이나 열간 가공으로 개재물 혹은 편석 부분이 가공 방향으로 흘러 생성된 섬유상 모양의 선을 가리킨다.

(13) 변형 모양 : 강이 항복점(降伏點)을 초과하여 소성변형 한 경우에 나타나는 모양이다.

(14) 용접 조직 : 강의 용접 시에 용접 금속이나 그 주위의 열영향을 받은 모재(母材) 조직이다.

(15) 침탄 조직 : 저탄소강을 침탄재 속에서 변태점 이상으로 가열함으로써 표층부의 탄소 농도가 증가한 조직을 말한다. 담금질 및 템퍼링 처리를 하여 표면을 경화시킨다.

(16) 탈탄 조직 : 강의 가공 또는 열처리에 의하여 표층부의 탄소 농도가 감소한 조직을 말한다.

(17) 불꽃 담금질 혹은 고주파 담금질 조직.

(18) 흑연화 조직 : 강 중의 시멘타이트가 장시간의 가열로 분해되고 흑연이 석출된 조직이다.

(19) 파괴 균열, 담금질 균열 또는 단조 균열.

(1)~(11)은 제강 단계에서 쉽게 관찰할 수 있고, (12)~(19)는 정규 혹은 비정규 가공 및 사고 발생 시에 관찰할 수 있는 예이다.

1.2 철강의 광학현미경 조직

철강의 광학현미경 조직에는 철 - 탄소계 평형 상태도와 같은 표준 조직 이외에도, 열처리 혹은 사고 등에 의하여 열영향을 받은 조직, 정규 또는 사고에 의한 비정규 가공이 가해진 조직, 이상 조직, 파괴 또는 균열 부분의 조직 등이 있다.

1.2.1 철 - 시멘타이트계 평형 상태도

[그림 3.2]는 철 - 시멘타이트계 평형 상태도이다. 탄소는 철과 고용체(高溶體)를 만들기도 하고 시멘타이트(탄화철, Fe_3C)나 흑연이 되기도 한다. 시멘타이트는 약 500~900℃ 사이에서 불안정하고 철과 흑연으로 분해되므로 철 - 흑연계를 안정계, 철 - 시멘타이트계를 준 안정계라고 한다.

1.2.2 탄소강의 표준 조직

[그림 3.4]의 A_3선 또는 Acm 선 이상의 균일한 오스테나이트(Austenite) 상태에서 서서히 냉각하여 얻은 조직을 탄소강의 표준 조직이라고 한다. 표준 조직은 탄소 함유량에 따라 다르다.

(1) 순철의 조직
순철(α철)의 조직을 페라이트라고 한다. 페라이트의 탄소 고용량(固溶量)은 상온에서 0.01~0.03% 정도로 상당히 적다. 순철 조직은 페라이트의 결정립과 그 경계(결정립계 혹은 입계라고 한다)에만 존재하고, 페라이트 바탕 내에 비금속 개재물이 점상(點狀)으로 산재한다[그림 3.1].

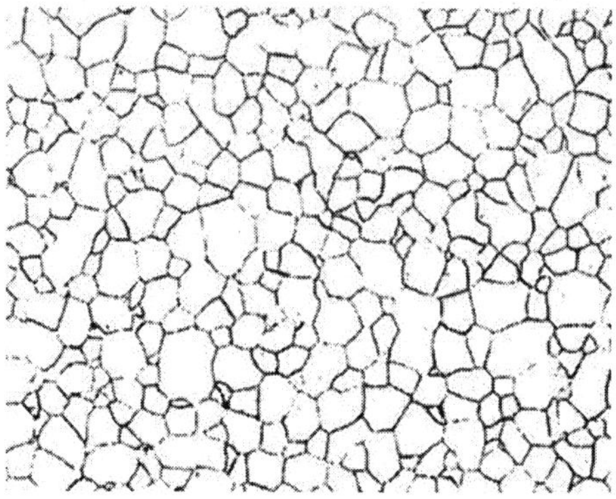

그림 3.1 페라이트

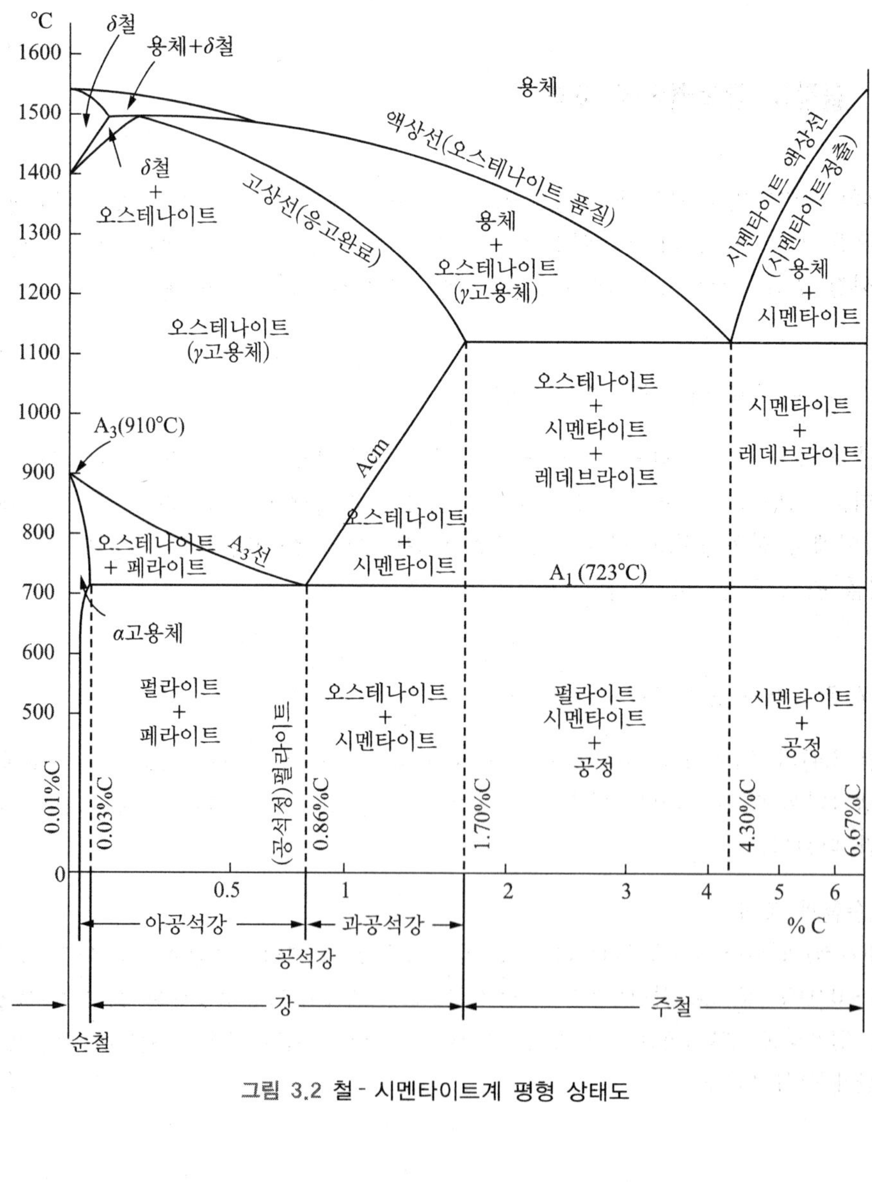

그림 3.2 철 - 시멘타이트계 평형 상태도

(2) 아공석강의 조직

탄소량이 늘어날수록 시멘타이트의 양이 증가하므로 페라이트입계의 곳곳에 검은 부분이 생긴다[그림 3.2]. 이 검은 부분은 페라이트와 시멘타이트가 교대로 나타나 층상을 이룬 공석정(共析晶)이며 펄라이트라고 일컫는다. 펄라이트 내의 탄소량은 강 전체의 탄소량과 관계없이 항상 0.86%이다. 조직 내 펄라이트의 면적 비율은 탄소량이 증가할수록 커지고 탄소량이 0.86%가 되면 전체가 펄라이트가 되며, 탄소량이 0.86% 미만인 강을 아공석강이라고 한다.

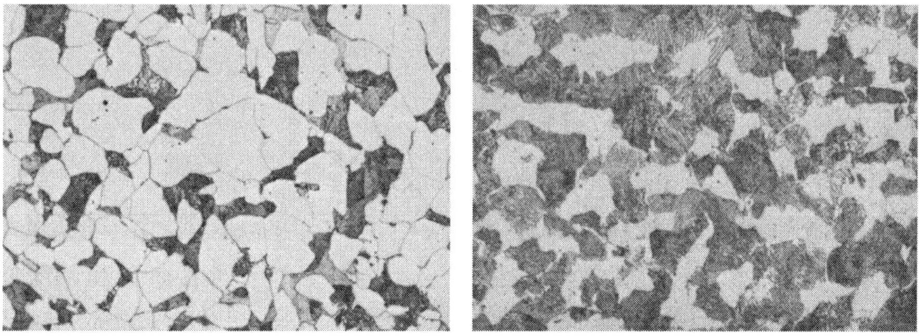

그림 3.3 페라이트와 펄라이트

(3) 공석강의 조직

탄소량이 0.86%인 강을 공석강이라고 하며 조직 전체가 펄라이트이다[그림 3.4].

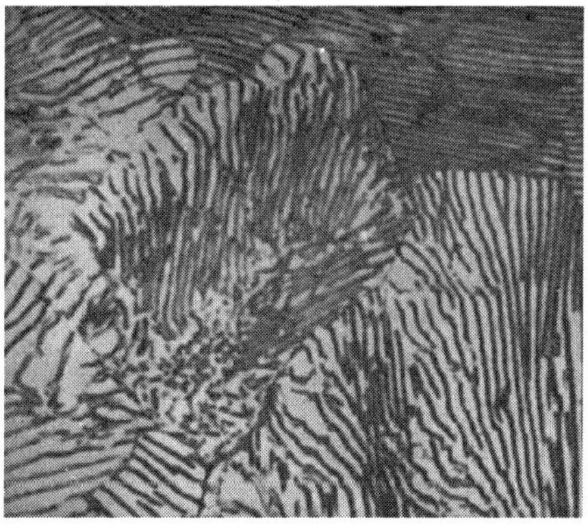

그림 3.4 펄라이트

(4) 과공석강의 조직

탄소량이 0.86% 이상으로 증가하면 펄라이트 바탕의 입계에 시멘타이트가 흰색 망상(網狀)으로 석출된다[그림 3.5]. 탄소량이 0.86~1.7%인 강을 과공석강이라고 한다.

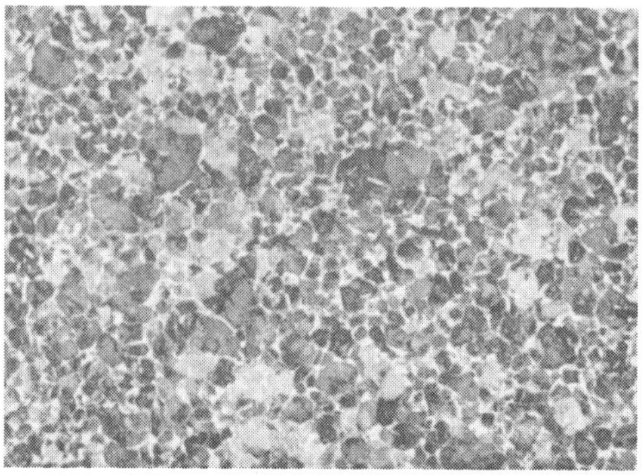

그림 3.5 펄라이트와 망상 시멘타이트

1.2.3 탄소강의 열처리 조직

철강에 어떤 목적의 성질이나 상태로 개선하기 위해 열처리를 하면, 광학현미경 조직은 표준 조직과 다른 양상이 나타난다. 열처리 조직은 열처리 조건에 따라 다양한 양상을 보인다. 또한, 고온 상태에서 일어난 파괴 사고 등으로 철강이 비정규적 열영향을 받은 경우에는 인위적으로 얻은 열처리 조직과 동일한 조직으로 변화하는 예도 많다.

(1) 가열 공랭 조직

탄소강이 A_1선(723℃) 이하로 가열 및 공랭될 때의 조직은 표준 조직과 동일하다. A_1선을 초과하여 가열 및 공랭된 때에는 가열 온도, 제강 시의 탈산 진정 방법에 따라 결정립이 세립화(細粒化)한 조직과 조립화(粗立化)한 조직, 또는 양자가 혼재한 조직이 생성된다. 아공석강에서 조립화하면 오스테나이트립의 벽개면을 따라 페라이트의 침상(針狀) 석출이 관찰된다. 이것을 위드만스테텐(Widmanstätten) 조직이라고 한다[그림 3.6].

(2) 물 담금질 조직

가. 아공석강 : 아공석강은 A_3선 이상의 온도에서 물 담금질을 하면 마르텐사이트(Martensite)가 된다. 이 조직은 삼(麻) 잎 모양의 단단한 침상(針狀) 조직이다[그림 3.7]. A_3선 이하 A_1선 이상의 온도에서 물 담금질을 할 경우 페라이트와 마르텐사이트가 혼합한 불완전 담금질 조직이 된다. A_1선 이하일 때에는 불림(Normalizing) 조직으로 마르텐사이트가 되지 않는다.

나. 공석강 : A_1점 이상의 온도에서 물 담금질을 할 경우 담금질 온도가 낮으면 망상(網狀)조직의 페라이트와 마르텐사이트의 혼합 조직이 되고, 온도가 높으면 마르텐사이트가 된다.

다. 과공석편 : Acm선 이상의 온도에서 물 담금질을 하면 마르텐사이트가 되고, Acm선 이하의 온도에서 물 담금질을 하면 망상(網狀) 조직의 시멘타이트와 마르텐사이트의 혼합 조직이 된다.

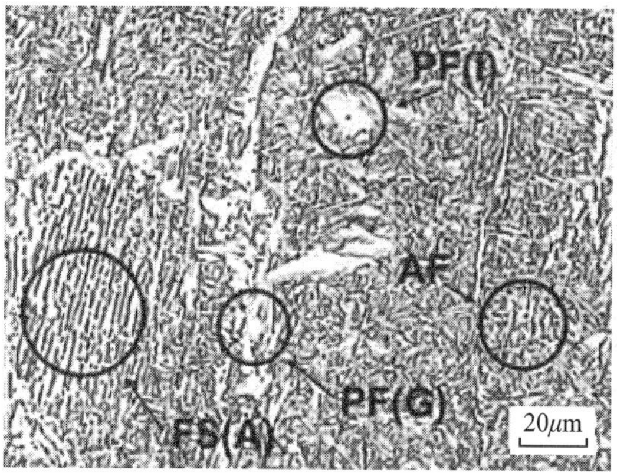

그림 3.6 위트만스테텐 조직

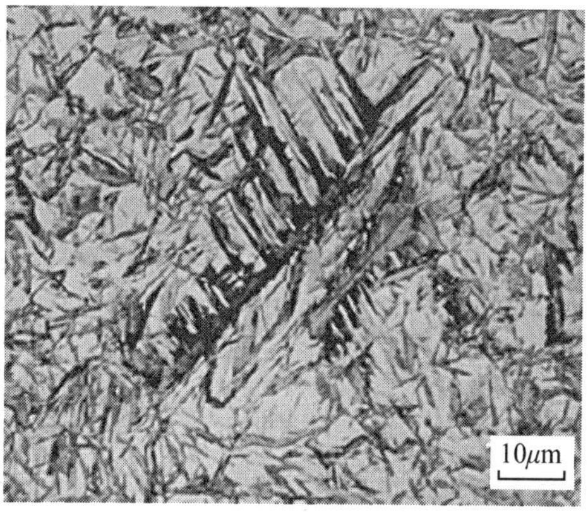

그림 3.7 마르텐사이트

(3) 물 담금질 뜨임 조직

물 담금질을 한 탄소강을 뜨임 처리할 경우, 뜨임 온도 100℃ 정도까지는 조직의 변화가 나타나지 않지만, 200～300℃가 되면 마르텐사이트 부분의 침상(針狀) 조직의 변화가 나타나 유연하고 미세한 뜨임 마르텐사이트(Tempered martensite)가 된다. 나아가 300～400℃인 경우에는 마르텐사이트에서 미립의 시멘타이트가 석출되어 트루스타이트(Troostite, 2차 트루스타이트, 뜨임 트루스타이트)가 된다. 500～600℃가 되면 석출되는 시멘타이트의 입자가 커져 소르바이트(2차 소르바이트 뜨임 소르바이트)가 된다[그림 3.8]. 뜨임 마르텐사이트, 트루스타이트, 소르바이트(Sorbite)의 순서로 조직이 유연해지며 인성(靭性, 질긴 정도)이 뛰어나다.

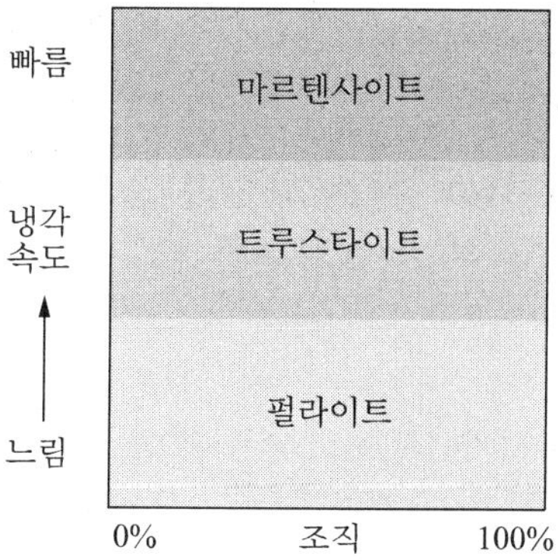

그림 3.8 냉각속도에 따른 조직 변화

(4) 항온 변태 조직

탄소강이 오스테나이트 상태일 때 150～550℃ 사이의 일정 온도에서 담금질하고, 그 온도를 유지할 경우 생성되는 특수한 열처리 조직이다. 온도의 고저에 따라 상부 베이나이트(Bainite) 혹은 하부 베이나이트가 된다. 항온 변태 조직은 깃털 모양으로 페라이트 바탕에 시멘타이트가 분산한 것이다.

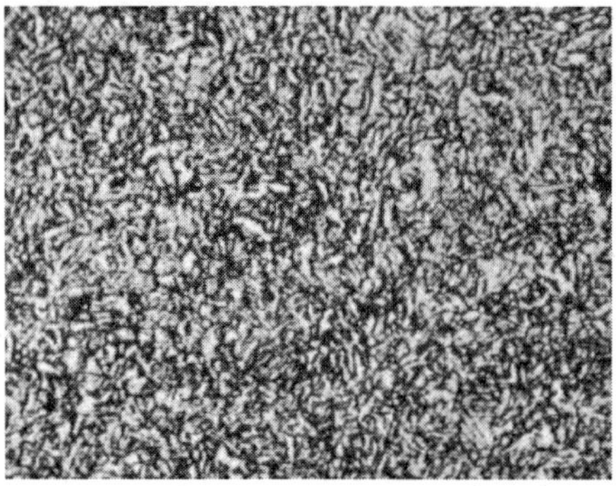

그림 3.9 소르바이트

(5) 침탄 조직

저탄소강이 침탄재(예를 들어, 목탄 60%, 탄산바륨 40%의 혼합물) 속에서 변태점 이상으로 가열되면 일산화탄소 가스가 강재 표면에 침투하여 탄소가 확산된다. 그리고 확산된 탄소가 내부까지 침투하여 표층부에만 탄소량이 증가하여 침탄 조직이 된다[그림 3.10]. 표면에서 순서대로 과공석층, 공석층, 원래의 강에 가까운 층이 나타난다.

그림 3.10 침탄 조직

(6) 탈탄 조직

탄소강이 공기, 수증기, 탄산가스 등의 영향을 받는 상태에서 900℃ 이상 고온으로 가열된 뒤 서서히 냉각되면, 강재 내부의 탄소가 확산되어 표면으로 이동하고 일산화탄소 가스로 변화하여 빠져나간다. 그 결과 표층부의 탄소량이 감소하여 탈탄 조직이 된다[그림 3.11]. 이 조직은 내부에서 표층에 가까워질수록 펄라이트가 감소하고 페라이트가 증가한다.

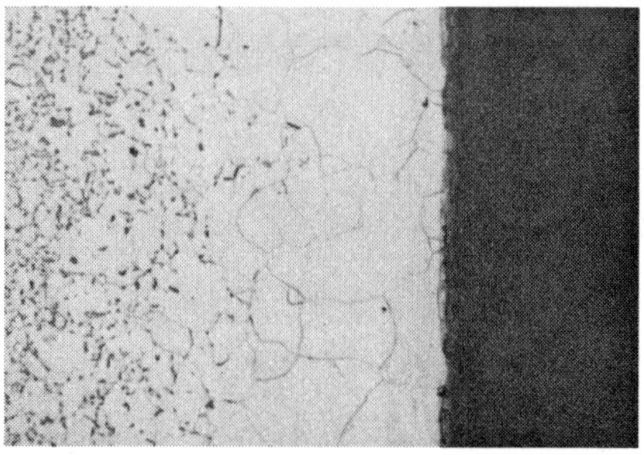

그림 3.11 탈탄 조직

(7) 고주파 담금질 조직
탄소강의 표층부가 고주파 유도전류로 급속히 가열되고 물 담금질 처리를 하면 표층부만 담금질 경화한 고주파 담금질 조직이 된다.

(8) 중간 풀림 조직
냉간 가공된 강을 A_1선 이상의 온도에서 풀림(Annealing) 처리를 하면 중간 풀림 조직이 된다. 중간 풀림 조직은 저탄소강에서는 구상(球狀) 펄라이트와 재결정 페라이트로 이루어지고, 고탄소강에서는 구상 시멘타이트와 재결정 페라이트로 이루어진다.

1.2.4 정규 또는 비정규 가공이 가해진 탄소강의 조직

단조(鍛造), 압연, 용접 등 정규 가공이 가해진 강이나 사고 등을 이유로 변형, 파괴, 폭발, 파열 등 비정규 가공이 가해진 강에는 각각 가공의 영향에 따라 특징적인 조직이 나타난다.

(1) 슬립 밴드와 쌍정
연성강(Ductile steel)이 인장되어 소성변형이 일어나면 결정입내에 평행한 슬립 밴드(Slip band)가 나타난다. 슬립 밴드는 강의 미끄럼에 의해 생성되는 것이다. 또한, 강이 파열이나 폭발로 고속 변형하면 쌍정(雙晶, 노이만 밴드(Neumann bands))이 생성되는 예가 있다[그림 3.12].

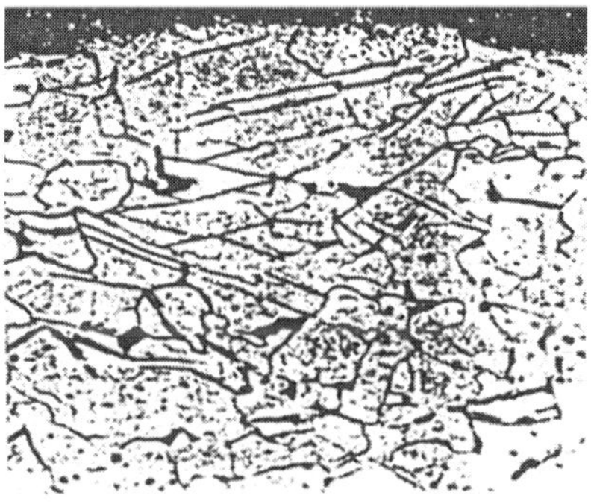

그림 3.12 변형 쌍정(×200)

(2) 냉간 가공 조직

냉간 가공에는 냉간 단조, 냉간 압연, 냉간 압축, 콜드 드로잉(Cold drawing, 냉간 인발(冷間 引拔)), 딥 드로잉(Deep drawing) 등이 있다. 강이 냉간 가공되면 결정립이 슬립 면을 따라 미끄럼 변형하고 가공 방향으로 늘어난 섬유상 조직이 된다. 이때, 재료는 가공 경화가 일어난다. [그림 3.13]은 와이어 로프의 소선(素線)이 콜드 와이어 드로잉(cold wire drawing, 냉간 선인(冷間 線引))한 조직이다. (a)는 콜드 와이어 드로잉한 조직이고 (b)는 가공도와 와이어 드로잉 횟수가 적고 페라이트가 약간 많은 예이다. (a), (b)의 원재료는 모두 소르바이트이다. 그리고 냉간 가공 조직은 풀림 작업을 거치면 대개 재결정화 한다.

(a) (b)

그림 3.13 와이어 로프 소선의 냉간 와이어 드로잉 조직(×100)

(3) 열간 가공 조직

열간 가공에는 열간 단조, 열간 압연, 열간 압축, 핫 드로잉(Hot drawing, 열간 인발(熱間 引拔)) 등이 있고, 강을 열간 가공하면 조대(粗大)한 결정립이 미세화하여 균질하게 된다. 하지만 열간 가공 시의 온도가 지나치게 높으면 세립화가 잘 이루어지지 않고, 반대로 지나치게 낮으면 내부 변형을 일으킨다.

(4) 용접 조직

용접 작업 중에 용가재가 모재에 용착한 금속인 용착 금속 주위의 모재는 강의 융점에서 상온에 이르기까지 복잡한 열영향을 받아, 용접부의 일부로, 용접 작업 중에 용융 응고한 금속인 용접 금속에서 모재의 원질부(原質部)까지 연속적으로 변화하는 조직이 된다. 각 부분의 금속 조직의 경계는 확실하게 구분하기 어렵지만 대개 [표 3.1]과 같이 분류된다.

[그림 3.14]는 용착 금속과 모재의 반 용융부 또는 조립부의 조직이다. 용접은 상당히 단시간에 끝나고 합금 원소의 용해와 확산이 불충분하다. 또한, 용접입열의 대소, 예열의 여부, 판후(板厚)의 두께에 따라 냉각 속도가 달라지므로 모재 열영향부의 조직도 변화한다.

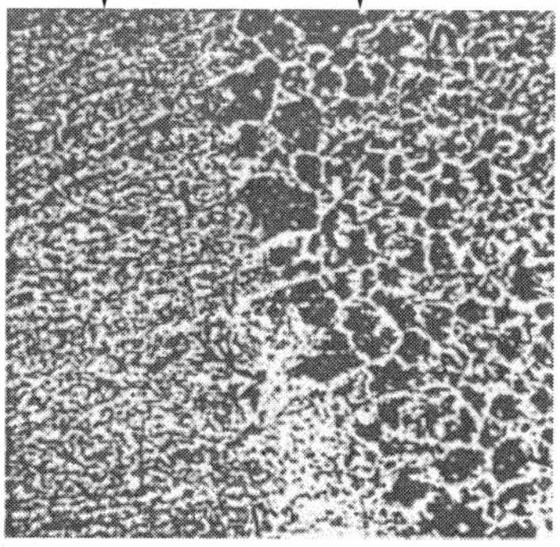

그림 3.14 용접 조직

표 3.1 저탄소강 용접부의 조직 변화

부분 명칭	가열 온도	적 요
용접 금속	1,500℃ 이상	완전하게 용융한 후 응고한 부분으로, 수지상정(樹枝狀晶)이 된다.
반 용해부	1,400℃ 이상	모재의 일부는 용해하고 일부는 고체인 채로 극히 조립(粗立)하며 위드만스테텐 조직이 발달한다.
조립부(粗立部)	1,400～1,200℃	과열로 조립화(粗立化). 위트만스테텐 조직도 관찰된다.
미세부(微細部)	1,200～900℃ (AC_3 이상)	세립균질(細粒均質, 불림). 인성(靭性)이 뛰어나다.
입상 펄라이트부	950～750℃ (AC_1～AC_3 범위)	펄라이트가 세립화(細粒化)한다.
취화부	700～100℃	조직에는 거의 변화가 없지만, 기계적 성질이 취화한다.
원질부	100℃～상온	용접 열영향을 받지 않은 모재 부분이다.

1.2.5 탄소강의 이상 조직

탄소강의 이상 조직은 주변 환경이나 온도 등의 영향으로 발생하는 경우가 많다.

(1) 과열 조직

탄소강이 필요 이상으로 과열되면 오스테나이트 결정립이 성장하여 위드만스테텐 조직이 되고 확연하게 조대화(粗大化)한다.

(2) 연소 조직

불순물이 많은 탄소강이 고온에서 가열되면 국부적으로 용해 산화하여 산화물이나 빈 구멍이 입계에 생성된다. 그 후 열처리 과정을 거쳐도 회복되지 않고 취약한 연소 조직이 된다. 이러한 강을 사강(死鋼, dead steel)이라고 부르기도 한다.

(3) 흑연화 조직

탄소강이 고온에서 장시간 가열되면 강 중의 시멘타이트가 철과 흑연으로 분해되어 흑연화 조직이 되는 경우가 있다. 흑연이 석출된 강은 강도가 상당히 저하된다[그림 3.15].

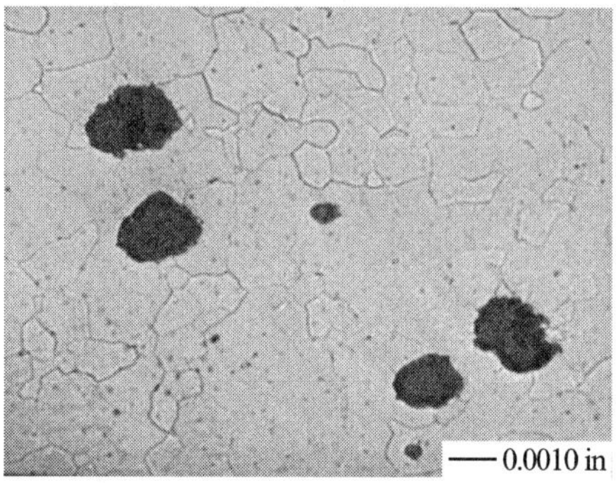

그림 3.15 흑연화 조직

(4) 결정립의 조대화 조직

탄소강이 고온에서 장시간 가열되면 오스테나이트의 결정립이 조대화(粗大化)한다. 또한, 냉각 가공된 강이 재결정 온도 이상으로 가열되면 결정립의 조대화가 일어나기 쉽다[그림 3.16].

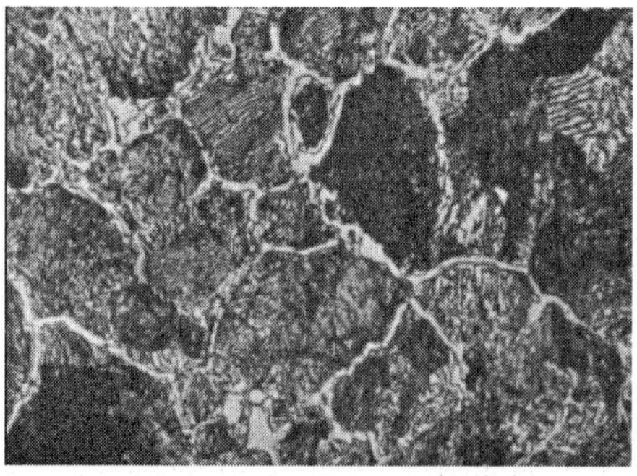

그림 3.16 결정립의 조대화 조직

1.2.6 탄소강의 파단부 및 균열부의 조직

탄소강의 파단부 혹은 균열부에 대해서는 대개 파괴 상태, 파단면, 균열 자체를 거시적 혹은 미시적으로 관찰하여 파괴 원인을 조사하기 위한 정보를 얻지만, 조직을 조사해서 파괴에 대한 결정학적 정보를 얻어야 할 필요가 있다.

(1) 입내 전단 파괴의 조직

입내 전단 파괴, 즉 거시적 파단면이 전단 가장자리(Shear lip)이고 미시적 파단면이 신장 딤플인 조직은 균열 주위의 결정립이 소성유동하여 최대 전단응력의 방향, 즉 전체적으로 인장 방향의 45° 방향으로 미끄러진다. 그리고 미끄럼 방향을 따라 균열이 발생하며 전파하게 된다.

(2) 입내 벽개 파괴의 조직

입내 벽개 파괴, 즉 미시적 파단면에 리버 패턴이 나타나는 경우의 조직은 균열 주위의 결정립이 소성변형 하는 예가 거의 없고, 전체적으로 최대 인장 응력에 거의 수직인 방향으로 입내 균열이 발생하고 전파한다.

(3) 입계 파괴의 조직

입계 파괴, 즉 미시적 파단면에 입계 딤플이나 록 캔디 패턴(Rock candy pattern)이 나타나는 조직에는 입계에 소성변형이 있는 나타날 때도 있고 나타나지 않을 때도 있다.

1.2.7 주철의 조직

철강 내의 탄소량이 1.7%를 넘는 것을 주철이라고 한다. 주조 시의 냉각 속도, 탄소, 규소 혹은 유황의 함유량, 그 외 열처리 방법 등에 따라 다양한 종류의 주철과 조직을 얻을 수 있다. [그림 3.17]은 주철의 탄소 및 규소의 양과 조직 사이의 관계를 나타낸 마우러(Maurer) 조직도이다. 그림의 I은 백주철, II a는 반주철(백주철과 펄라이트 주철의 혼합), II는 펄라이트 주철, II b는 회주철(펄라이트, 페라이트 및 흑연의 혼합), III은 극연주철(페라이트와 흑연의 혼합)이다. 빗금 부분은 주물의 두께가 10~90mm인 경우, 항상 펄라이트 조직이 나타나는 조성 범위이다. 또한, 실용 주철은 대개 탄소 2.5~4.0%, 규소 0.5~3.5%, 망간 0.5~1.5%, 인 0.1~1.0%, 유황 0.12% 이하이다.

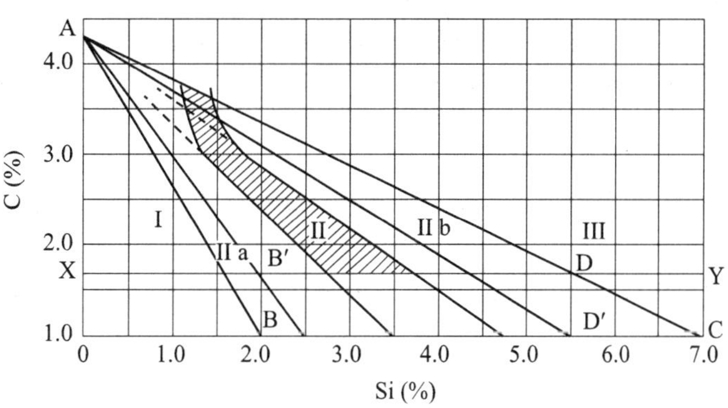

그림 3.17 주철의 마우러 조직도

(1) 회주철의 조직

회주철(회철)은 규소가 1.0~3.0% 정도로 비교적 다량 함유되어 있어 주조 시 서서히 냉각할 때 얻을 수 있는 상당히 유연한 주철이다. 회주철의 조직은 펄라이트 바탕 내에 페라이트가 혼입되어, 그 속에 검은색의 편상 흑연이 산재해 있다[그림 3.18]. 파단면은 회색을 띤다.

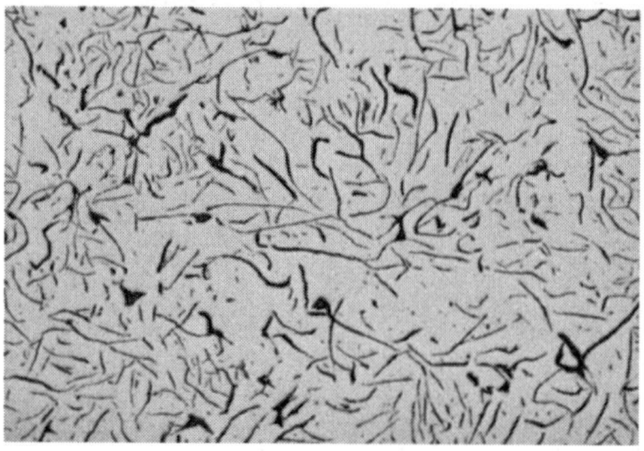

그림 3.18 회주철

(2) 백주철의 조직

백주철(백철)은 규소의 함유량이 1.0% 이하 정도로 적으므로 탄소가 단단한 시멘타이트가 된 견고한 주철이다. 이 조직에서는 시멘타이트, 펄라이트, 레데브라이트(Ledeburite, 시멘타이트와 오스테나이트의 공정(共晶))가 혼재한다. 파단면은 백색을 띤다.

(3) 펄라이트 주철의 조직

펄라이트 주철은 마우러 조직도에서 빗금 부분 내의 탄소 또는 규소량으로 두께가 10~90mm인 주철을 주조할 때 얻을 수 있다. 펄라이트 주철 조직에서는 펄라이트의 원래 바탕에 편상 흑연이 편재한다.

(4) 흑심가단주철의 조직

흑심가단주철은 백주철을 900~950℃에서 장시간 가열하여 시멘타이트를 흑연화하고 냉각시켜 변태점 부근(700~750℃)에서 가열 후 재차 서서히 냉각시키는 방법으로 얻을 수 있다. 흑심가단주철의 조직에는 페라이트 바탕 내에 괴상(塊狀, 덩어리 모양) 흑연이 편재한다[그림 3.19]. 또한, 일부분은 펄라이트의 펄라이트 가단주철도 있다.

(5) 백심가단주철의 조직

백심가단주철은 탄소 2.8~3.2%, 규소 0.6~0.8% 정도의 백주철을 산화철 속에서 3~5일 가열하여 탈탄시킨 뒤, 2일 정도 냉각하면 얻을 수 있다. 백심가단주철의 조직에서는 표면층이 탈탄되어 저탄소강과 같은 조직이 되고 내부에 펄라이트가 남는다.

(6) 구상흑연주철의 조직

구상흑연주철은 주철용탕(鑄鐵溶湯)에 마그네슘, 마그네슘 합금, 규소철(ferrosilicon) 합금을 첨가하면 얻을 수 있다. 구상흑연주철 조직에서는 펄라이트 바탕에 구상흑연과 구상흑연을 감싼 백색 페라이트가 산재하고 있다.

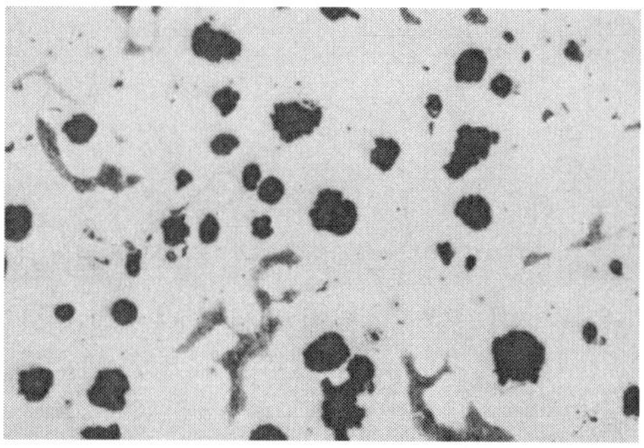

그림 3.19 구상흑연주철

02 매크로 조직 검사법

2.1 검사 사항

매크로 조직의 검사에서 관찰하는 사항은 다음과 같다.

(1) 재료의 조직 : 원재료 조직의 불균일, 편석, 품질의 좋음과 나쁨 등. 1.1 철강의 매크로 조직 (1)~(11)이 이 예에 해당한다.
(2) 가공 또는 사고 시의 부하에 따른 조직의 흐름(flowline), 변형 모양 등
(3) 용접 조직
(4) 열처리 조직, 열영향 조직 또는 이상 조직, 열처리의 적절함과 적절치 못함, 침탄 또는 탈탄 상황, 흑연 석출 상황 등
(5) 개략적인 조성 또는 결정립도
(6) 균열
(7) 유황의 분포

이상의 사항 중 (7)의 검사는 (1)~(6)과 관련이 있고, 2.6 유황 프린트(sulfur print) 검사법에서 다시 설명하도록 한다. 매크로 조직 검사법 관계의 규격은 다음과 같다.

한국 산업 규격	KS
D 0210	강의 매크로 조직 시험 방법
D 0215	침탄 경화된 강의 유효 경화층 깊이 측정 및 검증 방법
D 0027	강의 화염 경화 및 고주파 경화 경화층 깊이 측정 방법
D 0226	강의 설퍼 프린트 시험 방법

2.2 검사 방법과 순서

매크로 조직을 검사하기 위해서는 검사 대상물을 그대로 혹은 절단하여 시료를 채취하고 피검면을 제작한다. 대상물의 한 면 전체가 피검면이 되는 경우가 많다. 검사 대상물에서 시험편을 잘라낸 뒤 피검면을 제작하여 관찰 검사하는 방법의 순서는 다음과 같다.

(1) 검사 대상물을 관찰하여 피검면을 결정한 뒤, 검사 대상물 자체나 절단한 것을 채취하여 시료로 한다.

(2) 필요에 따라 피검면을 성형 또는 연마 과정을 거쳐 공정한 뒤 세정 및 건조한다. 광학현미경 조직 검사용 시료를 제작할 때에는 이 공정을 꼭 거치도록 한다.

(3) 피검면을 매크로 에칭(macro etching)하여 매크로 조직을 나타나게 한 뒤 세정 및 건조한다.

(4) 피검면을 육안이나 저배율의 확대경 혹은 수십 배율 정도의 실체현미경 등으로 관찰하고 검사한다.

(5) 필요에 따라 매크로 조직을 사진으로 촬영한다.

2.3 시료 제작

시료의 피검면은 매크로 조직 검사의 성격에 따라서 크기가 상당히 커질 수 있으므로 가능한 범위로 절단하여 시료를 제작한다. 또한, 매크로 조직 검사용 시료의 제작 방법과 광학현미경 조직 검사용 시료의 제작 방법에는 공통되는 사항이 많으므로 될 수 있는 대로 중복되는 설명은 생략한다. 그러므로 이 항에서 설명하지 않는 사항(예를 들어, 시료 제작 시의 사용 기계, 사용 재료의 상세 사항 등)에 대해서는 3.3 일반 검사법에 사용하는 시료의 제작을 참조하기 바란다.

2.3.1 시료의 절단과 채취

(1) 채취면을 그대로 피검면으로 하는 경우
파괴된 부재(部材) 등에서는 파단면을 그대로 매크로 조직의 피검면으로 할 때가 있다. 또한, 부재의 표면이나 열처리면 그리고 용접면 등을 그대로 피검면으로 할 때도 있다. 이때, 시료는 에칭할 침지(浸漬) 용기의 크기를 고려하여 피검면이 파손되지 않도록 가능한 한 작은 크기로 절단한다. 절단할 때에는 수동 금속 절단 톱, 기계 활톱, 일반 고속 절단기, 정밀 고속 절단기 등을 재료의 단단한 정도, 크기, 형상 등에 맞추어 구분하여 사용하도록 한다. 담금질한 부재의 크기가 커서 이와 같은 도구나 기계를 사용할 수 없는 경우에는 방전 가공 절단 용단하는 방법도 있다. 또한, 매우 단단한 재료라도 크기가 작은 경우에는 그라인더 날에 날카로운 노치를 끼워 한쪽을 바이스로 고정한 뒤 반대쪽을 쇠망치로 두들겨 떼어낼 수가 있다.

(2) 절단면을 피검면으로 하는 경우
피검면은 원칙적으로 재료의 가공 방향과 수직이나 평행하도록 절단해야 한다. 피검면 자체는 평평하게 절단하여야 하지만, 다른 부분은 반드시 평평하게 절단할 필요는 없다. 피검면은 시료의 공정이 능률적으로 진행될 수 있도록 될 수 있는 대로 평면이 되도록 절단한다. 일반 고속 절단기나 정밀 고속 절단기를 사용하는 것이 바람직하다. 이러한 공구를 사용하면 고속으로 회전하는 연마 숫돌로 평활(平滑)하게 절단할 수 있으므로 공정을 마친 뒤에는 조연마(粗研摩) 과정을 생략할 수 있다. 또한, 연마 숫돌을 사용하면 어떠한 재료라도 절단할 수 있는 장점이 있다. 고속 절단기와 같은 공구가 없을 때에는 기계 활톱이나 금속 절단 톱을 사용한다. 단, 활톱은 강관(鋼管)이나 원형봉 또는 각재(角材) 등에는 사용하기 적합하지만, 변형된 재료나 매우 단단한 재료에는 사용이 적합하지 않다. 수동 금속 절단 톱은 공정 작업에 효율적이지도 않을 뿐만 아니라 절단면이 거칠어지는 단점이 있다. 그리고 절단할 때에는 열이 발생하므로 열영향을 받지 않으려면 절단 작업 중에 계속해서 냉각수를 뿌리거나 백교유(白絞油), 절삭유, 기계유 등을 감마제로 사용해야 한다.

2.3.2 피검면의 공정

피검면의 공정은 작용력이 강한 에칭액으로 거친 조직을 검사할 때보다 작용력이 약한 에칭액으로 미세한 조직을 검사할 때에 조금 더 주의를 기울여야 한다.

(1) 채취면을 그대로 피검면으로 하는 경우
파단면, 부재표면, 열처리면, 열영향면, 용접면 등의 채취면을 그대로 피검면으로 하여 매크로 조직을 검사할 때에는 공정 작업 과정을 거치지 않고 스케일(scale, 산화물 조각 등) 등이 붙은 채로 검사할 수 있지만(에칭 시 자연적으로 제거된다), 피검면에 부착된 유지류는 미리 제거해야 한다. 벤졸, 휘발유, 가솔린, 세제 등으로 기름 성분을 제거한다. 또한, 세정 방법은 I 철강 파단면 관찰법 4.2 파단면의 청정 및 보존을 참고하기 바란다.

(2) 채취면을 공정하여 피검면으로 하는 경우
공정 방법의 순서와 주의 사항은 다음과 같다.

가. 우선 줄, 그라인더, 디스크 샌더(Disk sander)로 피검면이 평평한 모양이 될 수 있도록 정형(整形) 작업을 한다. 이때 타지 않도록 착색에 주의하고 기계유, 백교유, 절삭유, 물 등을 바르는 편이 바람직하다. 담금질 강화층 등의 열처리 조직이나 용

접 열영향부 등의 크기와 깊이를 알고자 할 때에는 평면에서 작업한다. 가능한 한 가공 방향에 수직이나 평행이 되도록 한다. 정형이 끝나면 유지분을 닦아내어 제거하고 흐르는 물에 씻어 건조한다. 공정 후 즉시 연마 작업이 필요할 때에는 건조 과정을 생략해도 된다.

나. 평면이 되도록 공정하려면 상당한 숙련도가 요구되지만, 크기가 작은 시료일 때에는 줄을 책상 위로 놓고 왼손으로 누른 뒤, 시료를 오른손으로 잡고 움직이면 비교적 양호한 평면을 얻을 수 있다. 또한, 세밀한 연마 작업 전에 조연마(粗研摩) 작업을 할 때에는 에머리지(Emery paper) 80, 100, 120번을 사용한다. 연마지를 놓는 대는 평평해야 하므로 두꺼운 판유리이나 정반(定盤, Surface plate)을 사용하도록 한다.

다. 연마지를 이용하여 순차적으로 연마 작업을 한다. 연마 시에는 180~600번의 연마지를 사용하는데 피검면의 거친 정도를 관찰하고 피검면의 조도(粗度)에 가까운 입도(粒度)로 연마를 시작하여 점차 부드러운 연마지로 바꿔서 작업하도록 한다. 익숙해지면 한 단계 정도의 과정을 생략해도 된다. 예를 들면 180, 280 또는 400번의 3단계로도 작업을 마칠 수 있게 된다. 또한, 작용력이 강한 에칭액을 사용하거나 에칭 시간을 길게 유지할 때에는 세밀한 연마 과정이 필요 없다. 특히 염산이 들어간 에칭액을 사용할 때에는 세밀한 연마가 필요하지 않다. 너무 거칠어서 조직이 잘 나타나지 않을 때에는 요산 0.5%를 첨가한 초산으로 에칭하면 매끄러운 면을 얻을 수 있다.

라. 연마(건식) 방법은 다음과 같다. 두꺼운 판유리이나 정반(定盤)과 같이 평평한 대 위에 연마지를 놓고 한 손으로 누른 뒤, 또 다른 한 손으로 시료를 잡아 가볍게 누르며 연마지 한쪽 끝에서 반대쪽으로 움직이며 한 방향으로 연마한다. 몸 쪽 방향으로 움직일 때에는 힘을 뺀다. 또한, 시료를 연마지에 누를 때 과도하게 힘을 가하면 연마열로 온도가 올라가므로 힘을 적당히 빼도록 한다. 지나치게 빠른 속도로 작업하면 연마지가 찢어질 수 있으므로 주의한다. 휘발유나 벤진을 뿌린 후 연마 작업을 하면 발열을 막을 수 있다. 대개 50회 정도 연마하는 것이 표준이다. 또한, 연마지가 파손되지 않도록 하려면 조연마를 할 때 피검면의 모서리를 약간 둥글게 작업해 두면 좋다. 한 방향으로 연마조흔이 나타나면 연마 작업이 끝난 것이므로, 일단 시료와 손을 흐르는 물에 깨끗이 씻어 연마분 등을 완전히 제거하여 다음 작업을 대비하여 거친 연마 입자가 남지 않도록 한다. 사용이 끝난 연마지는 표면에 부착한 가루나 입자 등을 털어내어 다른 입도의 연마지와 섞이지 않도록 구별하여 보관한다.

마. 입도가 미세한 연마지로 작업할 때에는, 시료를 90° 회전시켜 이전 작업으로 남은 연마 조흔이 새로운 조흔으로 소멸 제거될 때까지 연마하는 것이 바람직하지만, 매크로 조직 검사용 시료를 400번 이상의 연마지로 연마할 때에는 이 과정을 생략해도 된다. 조흔이 사라지는 것은 빛을 비추는 방법을 바꿔서 보면 육안으로도 알 수 있지만, 2~3배 정도의 확대경을 사용하면 더욱 확실하게 확인할 수 있다.

바. 위의 과정을 거쳐 연마가 끝나면 일단 피검면의 공정이 완료된 것이지만, 가볍게 탁마(Polishing, 정밀 연마) 작업을 하면 좀 더 좋은 결과를 얻을 수 있다. 탁마는

피검면에 남은 미세한 조흔을 제거하여 경면(鏡面) 공정을 하는 작업이다. 대개 버핑(Buffing) 연마라고 하는 기계적인 방법과 전해(電解) 탁마에 의한 방법이 있다. 버핑 연마 방법은 물에 산화크롬(Chromium oxide) 등 미세한 가루를 혼합한 탁마액을 탁마포 위에 떨어뜨리며 시료를 그 위에서 문지른다. 대개는 회전 원판식의 탁마기를 사용하고 원판에 탁마포를 고정하고 그 위로 탁마액을 떨어뜨리며 원판을 회전시키고, 그 위에 시료를 가까이 대어 탁마시킨다. 탁마 작업을 할 때에는 강한 힘이 가해지지 않도록 손에 힘을 빼고, 원판 중심과 주변 사이를 천천히 왕복한다. 광학현미경 조직 검사용 시료를 제작할 때에는 주의를 기울여 작업해야 한다. 작업이 끝나면 시료를 흐르는 물에 깨끗이 씻고 탈지면으로 닦아 알코올에 담그거나 알코올을 떨어뜨려 수분을 제거하고 열풍으로 건조한다. 단, 이어서 에칭 작업을 할 때에는 건조하지 않아도 된다.

사. 이외에도 피검면의 형상, 크기, 평면도 등에 따라서는 피검면을 고정한 뒤 연마지로 수작업을 하는 경우도 있다. 이 경우에는 평면 형태의 피검면을 얻기 어렵다. 탁마가 필요할 때에는 전해 탁마 방법이 바람직하다.

(3) 절단면을 피검면으로 하는 경우

고속 절단기로 절단한 면은 절단 시의 버(Burr, 금속 등을 가공할 때 생기는 얇은 지느러미 모양의 잉여 부분이다. 전단가공에서 생기는 버는 롤오버 버)를 줄이나 그라인더 또는 디스크 샌더로 제거하고, 피검면의 모서리를 미세한 연마지로 가볍게 문질러 약간 둥글게 만들어 둔다. 이때 조연마(粗研摩) 과정은 생략하고 바로 세밀한 연마 작업 과정을 진행한다. 고속 절단에 사용한 연마 입자의 입도에 따라 제1단계 연마 입도는 약간 다르지만, 180~320번 정도로 시작하면 된다. 연마나 건조 방법은 앞에서 설명한 부분을 참고하기 바란다. 또한, 이때에도 유지분의 제거에 주의를 기울인다. 탁마는 앞항의 경우와 마찬가지로 반드시 필요한 작업은 아니지만, 세밀한 조직을 관찰하고자 할 때에는 간단하게 진행하는 것도 좋다.

2.3.3 파단면의 매크로 에칭

(1) 매크로 에칭액과 매크로 에칭 방법

검사 사항과 매크로 에칭액, 매크로 에칭 방법을 [표 3.2]에 정리했다.

(2) 주의 사항

매크로 에칭 시의 일반적 주의 사항은 다음과 같다.

가. 매크로 에칭액 및 매크로 에칭 시 발생하는 가스에는 유독 물질이 많으므로 피부에 직접 닿거나 들이마시지 않도록 주의한다.

나. 매크로 에칭액은 마이크로 에칭액보다 에칭 작용이 뛰어나지만, 효과가 급속하게 저하되므로 에칭할 때마다 신액(新液)을 사용해야 하고, 많은 양의 에칭액을 준비해야 한다.

표 3.2 매크로 에칭액 등

번호	검사 사항	매크로 에칭액	에칭 방법
1	재료의 조직 수지상(樹枝狀) 결정, 강괴 무늬(ingot pattern), 편석, 다공질, 홈, 기포, 개재물, 파이프, 헤어 크랙(hair crack), 단조 크랙(forging crack), 표면 결함, 섬유상(纖維狀) 조직, 유선 등	염산 50mℓ 물 50mℓ (KS D 0210)	신액(新液)을 사용하여 내산 용기 속에 피검면을 상향 또는 수직으로 하여 침지시킨다. 75～80℃로 1～60분 가열한다. 또한, 침지 전에 시료를 온수 속에 넣어 예열 과정을 거치면 좋다.
2	재료의 조직 1번과 동일	염산 38mℓ 황산 12mℓ 물 50mℓ	70～80℃에서 15～45분, 피검면을 위로 향하게 하여 침지시킨다.
3	재료의 조직 1번과 동일	초산 25mℓ 물 75mℓ	크기가 커서 가열하기 어려운 재료에 적당하다. 실온에서 침지시킨다.
4	과대 성장한 결정립의 조직	과황산암모늄 10g 물 90mℓ	신액을 흡수시킨 탈지면으로 피검면을 1～2분 문지른다. 에칭액에 침지시킨 상태에서 가볍게 문지르는 방법도 좋다.
5	수지상(樹枝狀) 결정	염화동암모늄 12g 염산 5mℓ 물 100mℓ	상온에서 30～60분 침지시킨 뒤에 피검면을 조금 연마한다.
6	용접조직	초산 0.5～1mℓ 물 100mℓ	240번 에머리지로 연마하여 물에 씻은 뒤 30～60초 간 침지시킨다.
7	침탄, 탈탄 또는 경화 각 조직 청정도, 침탄층, 탈탄층, 담금질 경화 심도(hardening penetration), 경화층 등	제1액 초산 5mℓ 에틸알코올 95mℓ 제2액 염산 10mℓ 물 90mℓ	실온에서 제1액에 5분 침지시킨 뒤 즉시 물로 씻어내고, 제2액에 1초 침지시킨다.
8	냉간 가공에 의한 변형 모양 연강(軟鋼)에 적합	염화제2동 90g 염산 120mℓ 물 100mℓ 혹은 염화제2동 45g 염산 180mℓ 물 100mℓ	시료를 침지시키기 전에 200～250℃에서 5～30분 가열해 둔다. 실온에서 침지시키고 에칭액을 흡수시킨 천으로 피검면을 문지른다. 변형 모양이 나타나면 알코올 또는 50% 염산 속에서 씻어 동의 석출을 막는다. 또한, 석출한 동은 수시로 와이어 브러시로 문질러 떼어낸다.

다. 매크로 에칭액의 용기는 내열 유리, 자기, 내식 금속제 용기를 사용하지만, 상온에서 사용할 때에는 플라스틱제 용기도 관계없다. 가열에는 전열기, 핫플레이트, 투입전열 가열기(Electric immersion heater)를 사용한다. 막대 온도계로 온도를 측정한다. 시료를 에칭액에 침지시킬 때 다른 종류의 금속에 닿지 않도록 주의한다. 핀셋을 이용할 때에는 도자기 집게나 대나무 핀셋을 사용하도록 한다.

라 시료의 크기가 클 경우, 에칭액의 양이 부족하거나 용기가 작을 때에는 에칭액을 흡수시킨 탈지면으로 문지른다. 단, 이 방법은 상온에서 작업할 때에만 가능하다. 또한, 미리 피검면에 물을 뿌려두면 부분적인 오염을 막을 수 있다.

마. 에칭 전에 시료를 미리 에칭액과 같은 온도의 물에 담가 가열해두면 좋은 결과를 얻을 수 있다.

바. 에칭 중에는 정해진 온도를 유지한다. 온도는 에칭 속도에 영향을 준다. 에칭 중에는 오버 에칭(Over etching)이 되지 않도록 피검면의 모양 변화에 주의를 기울인다. 에칭 중에 산화 생성물 등의 부착이 많이 일어날 때에는 종종 꺼내어 부드러운 브러시로 문지른다.

사. 에칭이 끝나면 대나무 핀셋 등으로 시료를 꺼내어 피검면에 부착된 에칭 생성물을 흐르는 물에 부드러운 브러시로 문질러 재빨리 제거한다. 암모니아수, 탄산소다 수용액, 석회석 수용액 등 약 알칼리 용액에 침지한 뒤 중화하고, 다시 온수나 흐르는 물로 씻어 즉시 열풍으로 건조한다.

아. 열풍건조는 가급적 신속하게 진행하여야 녹이 슬거나 에칭액이나 세정수가 스며 나오는 것을 막을 수 있다. 그러므로 세정 직후에 알코올 속에 넣어 흔들거나 알코올을 떨어뜨린 뒤 열풍건조기로 재빨리 건조하여 수분을 제거한다. 풀무와 전용 열풍건조기를 병용하면 가장 좋지만, 없을 때에는 대형 헤어드라이어를 이용해도 된다.

자. 열풍건조 과정을 거친 시료는 즉시 검사하는 것이 원칙이지만, 검사까지 시간적인 여유가 있을 때에는 건조기(Desiccator)에 넣어두거나 비닐액, 보호 래커, 녹 방지 기름을 피검면에 도포하여 보관하고 검사 전에 제거한다. 이 사항은 파단면의 보존 및 검사의 경우와 동일하다. 또한, 장기간 보존하여 에칭면이 오염된 시료는 50% 인산에 설탕을 섞은 액, 5% 인산 알코올액, 구연산 암모늄액으로 닦아내면 어느 정도 오염을 제거할 수 있다.

2.4 시료의 관찰과 검사

시료의 피검면을 육안이나 저배율의 확대경, 혹은 수십 배율 정도까지 실체현미경, 확대 투영기 등으로 관찰 검사한다. 매크로 에칭으로 조직이 보이는 이유는 시료의 조직이 불균일하기 때문이다. 시료와 매크로 에칭액의 반응 정도에 따라 개재물, 불순물, 편석 등의 불균일한 부분이나 결함 부분은 선택적으로 강하게 혹은 약하게 용융되고, 또한 기포나 구멍 혹은 균열 등의 부분이 확대되어 관찰할 수 있게 된다. 검사 결과를 판단할 때에는 불균일 부분이나 결함 부분과 에칭으로 확대된 결과를 혼동하지 않도록 주의하여야 한다. 또한, 에칭한 후의 저탄소강은 하얗게 착색되고, 고탄소강이나 합금강은 검게 착색된 것을 관찰할 수 있다.

2.5 시료의 사진 촬영 및 등사

매크로 조직을 관찰 및 검사한 뒤 사진이나 등사(謄寫)로 기록하려면 다음과 같은 요령이 필요하다.

2.5.1 사진 촬영

시료를 사진 촬영할 때에는 35mm 일안 리플렉스 카메라(Single-lens reflex camera)나 시트 필름(Sheet film)을 사용하는 사복식 카메라(蛇腹式 카메라, Bellows camera)를 사용한다. 카메라의 종류에 관계없이 반드시 근접 촬영을 한다. 원칙적으로 피검면(촬영면)은 렌즈의 광축과 수직으로 하고, 스케일과 시료 기호 등을 메모하며 촬영한다. 조임은 적게 하고 노출은 짧게 하거나 피검면을 약간 비스듬하게 놓으면 반사가 없는 사진을 얻을 수 있다.

2.5.2 등사

등사는 사진 촬영이 불가능할 때 다음과 같은 차례로 진행한다. 등사판 인쇄용의 도구를 사용한다. 인쇄 잉크를 고무 롤러에 꼼꼼하게 묻힌 뒤 피검면 위에 굴려서 잉크를 균일하게 바르고 그 위에 두꺼운 흰색 종이를 덮는다. 그리고 판지를 겹쳐 위쪽에서 일정한 압력을 가해서 종이를 피검면에 밀착시킨다. 밀착된 종이가 미끄러지지 않도록 주의해서 떼어낸다.

2.6 유황 프린트 검사법

제강 시, 강괴의 응고 과정 중 편석된 유해한 유황은 압연, 단조(鍛造) 등의 가공으로 제거할 수 없다. 유황 프린트 검사법은 강재의 단면(피검면)에 황산을 도포한 사진 인화지를 밀착시킨 유황 프린트(설퍼 프린트, Sulfur print)를 제작하여 유황의 분포 상황을 검사하는 것으로 압연, 단조 등에 의한 조직의 흐름을 관찰한다.

2.6.1 시료 제작

(1) 재료의 절단과 시료의 채취

재료의 절단과 시료의 채취는 2.3.1 재료의 절단과 시료의 채취 (2) 절단면을 피검면으로 하는 경우와 동일하지만, 피검면을 평면으로 공정해야 하므로 조금 더 주의를 기울여 평평하게 절단한다. 또한, 조직의 흐름을 함께 검사할 때에는 가공축에 평행이 되도록 절단한다.

(2) 피검면의 공정

피검면의 공정은 2.3.2 피검면의 공정 (3) 절단면을 피검면으로 하는 경우와 동일하지만, 조금 더 주의해서 연마하여야 하므로 600번까지 작업을 한다. 탁마 작업은 하지 않아도 되지만, 크기가 작은 시료라면 탁마 작업을 진행하는 편이 좋다. 또한, 피검면의 유지분은 제거해 둔다.

2.6.2 유황 프린트의 제작

다음과 같은 요령으로 유황 프린트를 제작한다.

(1) 유황 프린트 시험용 인화지는 KS M 3906을 사용한다.

(2) 검사면에 적당한 치수로 재단한 인화지를 1～5% 농도의 황산 용액 속에 담가 충분히 용액을 침투시킨 후(약 5분간), 꺼내어 종이 사이에 끼우든가 또는 탈지면으로 수분을 닦아 낸다. 이때는 암실에서 작업하지 않아도 되며 직사광선에 노출되는 상황만 피하면 된다. 또한, 황산의 농도가 높을수록 프린트 착색도가 증가하지만, 프린트 자체는 선명도가 떨어진다. 황산의 농도가 너무 높으면 인화지의 젤라틴막이 파손된다. 유황이 많은 때에는 농도를 낮게 하는 편이 좋다.

(3) 수분을 닦은 인화지를 곧 검사면 전면에 걸쳐 충분히 밀착시켜 인화지가 미끄러지지 않게 탈지면으로 눌러 기포를 제거한다. 인화지가 강에 함유되어 있는 황과 반응하여 적당한 농도로 착색하는데 충분한 시간이 경과한 후, 인화지를 검사면에서 떼어 낸다. 이때 인화지의 밀착시간은 1～3분 정도로 한다. 또한, 이러한 조작은 인화지 종류에 따라서 암실 외에서도 할 수 있지만, 동일한 조건을 유지하며 프린트를 하려면 될 수 있는 대로 암실 내에서 하는 편이 좋다. 암실 내에서는 브로마이트 인화지용 안전광을 사용하면 좋다. 시간이 경과하여(약 1.5～3분) 인화지가 강재 중의 유황과 반응하면 황색이나 갈색으로 착색된다. 그러면 인화지를 피면검에서 떼어낸다. 이 이상 시간을 두어도 착색도가 높아지지 않는다.

(4) 검사면에서 떼어낸 인화지는 수세 후 사진용 티오황산나트륨(결정)의 15～40% 수용액 중에 상온에서 5～10분간 담가 정착시킨 후, 30분 이상 흐르는 물에서 수세한다.

(5) 정착 수세한 후 건조시킨 인화지에서 황의 분포 상태를 조사한다.

(6) 동일 검사면에 대하여 다시 시험할 경우, 그 검사면은 전에 한 시험의 영향이 없도록 절삭한다. 정착과 씻는 과정을 거친 인화지를 자연 건조 시킨다.

2.6.3 유황 프린트의 검사

강재 중의 유황은 인화지의 은과 반응하여 황산은이 되고, 인화지 상에 황색이나 갈색 모양으로 나타난다. 이 검사와 판정은 [표 3.3]을 참조한다. 또한, 강재 중의 유황은 황화망간 형태로 존재하고, 강재의 압연, 단조 등의 가공을 할 때 소성 유동하여 조직의 흐름을 형성한다. 이것을 관찰해서 가공 상태가 적합한지를 검사한다.

표 3.3 유황 프린트의 검사 (KS D 0226)

분류	기호	비고
정편석(正偏析)	SN	일반 강에서 보통 볼 수 있는 편석으로서, 황이 강의 외주부(外周部)로부터 중심부로 향하여 증가하여 분포되고, 외주부보다 중심부의 방향에 짙은 농도로 착색되어 나타는 것을 말한다. 림드강의 림드 부분은 특히 착색도가 낮다.
역(逆) 편석	SI	황이 강의 외주부로부터 중심부로 향하여 감소하며 분포되고, 외주부보다 중심부의 방향으로 착색도가 낮게 된 것을 말한다.
중심부 편석	SC	황이 강의 중심부에 집중되어 분포되며, 특히 농도가 짙은 착색부가 나타난 것을 말한다.
점상(點狀) 편석	SD	황의 편석부가 짙은 농도로 착색된 점상으로 나타난 것을 말한다.
선상(線狀) 편석	SL	황의 편석부가 짙은 농도로 착색된 선상으로 나타난 것을 말한다.
주상(柱狀) 편석	SCO	형강 등에서 볼 수 있는 편석으로, 중심부 편석이 주상으로 나타난 것을 말한다.

또한, 1개의 피검면에는 유황 프린트 검사를 1회 밖에 할 수 없으므로, 동일한 피검면을 다시 검사할 필요가 있을 때에는 앞서 진행한 검사의 영향을 받지 않도록 피검면을 깎아 내거나 다시 연마 작업을 한다. 어쩔 수 없이 동일 피검면으로 2~3회 유황 프린트 검사를 하게 되는 경우에는 밀착 시간을 늘여야하지만, 양호한 결과를 기대하기는 어렵다.

2.6.4 유황 프린트의 복제

유황 프린트는 동일 피검면에 1장만 얻을 수 있으므로 복제가 필요할 때에는 사진으로 복사해서 세피아(Sepia) 공정을 한다. 예를 들어, 적혈염(Red prussiate of potash)과 브롬화칼륨(Potassium bromide)을 1 대 1 수용액으로 표백시킨 뒤, 황화나트륨 수용액으로 착색시키고 물로 씻어 건조한다.

03 광학현미경 조직 검사법

3.1 검사 사항

광학현미경 조직의 검사로 관찰하는 사항은 다음과 같다.

(1) 표준 조직
(2) 압연, 단조, 폭발, 충돌 등의 가공 혹은 부하가 가해진 조직
(3) 용접 조직
(4) 열처리 조직, 열영향 조직, 이상 조직
(5) 편석, 비금속 개재물, 불순물, 이물
(6) 결정립도
(7) 파단 부분 및 균열 부분의 조직
(8) 플레이팅(Plating)층, 코팅층

3.2 검사 방법과 순서

광학현미경 조직을 검사하려면 검사 대상물에서 시료를 채취하여 피검면을 제작하고 금속현미경 등으로 관찰하는 방법이 일반적이다. 이 방법을 '일반 검사법'이라고 한다. 이외에도 사건·사고 현장의 기계 구조물에서 시료를 채취하지 않고 직접 기계 구조물의 표면에 피검면을 제작하여 휴대용 금속현미경으로 현장에서 관찰하는 비파괴 직접 검사법이 있고, 이렇게 제작한 피검면에서 레플리카를 제작하여 관찰하는 비파괴 간접 검사법이 있다.

일반 검사법의 순서는 다음과 같다.

(1) 검사 대상물에서 검사 부분을 선정하여 절단 채취한다.
(2) 채취한 시료를 정형해서 조연마(粗研摩)하고 세정한 뒤 건조한다.
(3) 필요에 따라 수지(樹脂) 등을 침투시킨다.
(4) 피검면을 중간 연마하고 세정한 뒤 건조한다.
(5) 피검면을 탁마하여 경면(鏡面)시키고 세정한 뒤 건조한다.
(6) 피검면을 에칭(부식)하여 조직을 현출시키고 세정한 뒤 건조한다(검사 시료의 제작 완료).
(7) 금속현미경 등으로 관찰한다.
(8) 필요에 따라 현미경 사진을 촬영한다.

3.3 일반 검사법에 사용하는 시료의 제작

3.3.1 재료의 절단과 시료의 채취

(1) 채취 위치와 크기

우선 검사 대상물에서 시료의 채취 위치를 선정한다. 광학현미경의 시야가 좁고 시료의 크기도 한정되어 있으므로 채취 위치의 선정이 중요하다. 피검 대상물의 크기가 작을 때에는 그대로 시료로 사용하지만, 크기가 클 때에는 정확한 검사 결과를 얻기 위하여 채취 위치를 신중하게 결정해야 한다. 채취 위치 선정의 원칙은 다음과 같다.

가. 표준 조직, 열처리 조직, 열영향 조직 등 일반적인 조직을 조사할 때에는 표면, 가장자리, 내부, 중앙부를 선택한다. 압연, 단조 등 가공 조직은 가공 방향에 평행하도록 그 중심선을 가로지르는 종단면 부분, 또는 필요에 따라 횡단면 부분을 채취한다.

나. 이상 조직이나 편석을 검사할 때에는 해당 부분을 선택한다. 이상 조직은 특히 표면이나 그 주위에 있는 경우가 많다.

다. 파단 부분이나 균열 부분을 검사할 때에는 파단 및 균열을 포함하는 부분을 선택한다. 균열이 발생한 부분이나 선단(Tip) 부분을 채취한다.

라. 비금속 개재물, 불순물, 이물을 검사할 때에는 압연, 단조 등 가공 방향에 평행하게 그 중심선을 가로지르는 부분을 선택한다.

시료의 크기는 10～20mm로 각지거나 둥근 형태, 길이 10～15mm, 즉 엄지와 검지로 집을 수 있을 정도가 적당하다. 길이는 짧은 편이 좋다. 절단한 재료 자체를 시료로 사용해도 되지만, 일단 크게 절단한 뒤 정확한 채취 위치를 결정해서 시료를 잘라내어도 된다. 또한, 크기가 작거나 형태가 좋지 않은 것, 그리고 미소(微小)파편, 박편(薄片), 선재(線材) 등은 각종 합성수지에 마운팅(Mounting)하여 적당한 크기와 형태로 제작한다.

(2) 절단

시료의 크기, 형상, 단단한 정도에 따라 다음과 같은 방법으로 절단한다. 절단면(피검면)이 소성변형이나 열영향을 받지 않도록 주의하여야 한다.

가. 금속 절단 톱을 이용한 절단 : 연질 재료, 풀림(Annealing) 재료, 불림(Normalizing) 재료, 뜨임(Tempering) 재료 등은 대체로 로크웰 C경도로 45 정도 이하인 것이 적당하다. 크기가 작은 대상물은 수동 금속 절단 톱을 사용하고 크기가 큰 것은 기계 활톱을 사용한다.

수동 금속 절단 톱에는 프레임 고정형, 편개자재형(片開自在形, 한쪽을 자유롭게 열 수 있는 형), 양개자재형인 3가지 종류가 있다. 고정형은 공칭 치수가 200mm, 250mm, 300mm인 손작업 쇠톱에 전용으로 사용한다. 자재형(自在形)은 두 공구 모두 모든 치수의 쇠톱에 사용할 수 있다. 손작업 쇠톱의 재료는 JIS의 SK 3(탄소공구강 강재 3종) 혹은 SKS 7(합금 공업강 강재 S7종) 등이다. 톱날 잇수(歯數)는 여러 종류가 있으며 절단 재료와 크기에 맞춰서 사용한다[표 3.4 참조]. 기계 활톱에 끼우는 기계 쇠톱은 공칭 치수 300mm에서 600mm까지 9종류가 있다. 재료는 KS의 SKS 7 M(합금 공구강 강재 S7종) 혹은 SKH 9(고속도 공구강 강재) 등이 있다. 기계 쇠톱의 잇수도 여러 종류가 있으며, 절단 재료와 크기에 맞춰서 사용한다[표 3.5 참조]. 특히 기계 활톱으로 절단 시 열영향을 받지 않으려면 항상 냉각수, 백교유, 절삭유 등의 감마제를 뿌려주어야 한다. 수동 금속 절단 톱과 기계 활톱을 사용할 때에는 가능한 한 속도를 늦추어 절단하는 편이 좋다.

나. 절단 연마 숫돌을 사용하는 고속 절단 : 경질 재료, 경화 재료, 담금질 재료 등에 적합하다. 연마 숫돌을 사용하면 연질 재료라도 절단할 수 있다. 고속 절단기에는 일반용과 정밀 고속 절단기가 있다. 고속 절단기는 크기가 큰 대상물이나 예비 절단에 사용하고, 정밀 고속 절단기는 크기가 작은 대상물이나 시료의 마지막 절단 작업에 사용한다. 두 기계 모두 고속 회전하는 연마 숫돌을 재료에 갖다 대어 절단하는 방법이다. 연마 숫돌은 합성수지나 고무 결합제 속에 산화알루미늄, 탄화규소, 다이아몬드 등 미세한 가루를 연마 입자로 분산시킨 것으로, 절단 작업 중 마모된 연마 입자가 계속 떨어져 나오지만, 내부에서 새로운 연마 입자가 나와서 날 끝을 예리하게 유지한다. 연질의 연마 숫돌은 결합제가 강하게 작용하지 못하여 마모가 크지만, 경질의 연마 숫돌은 그 반대이다. 원칙적으로 단단한 재질의 절단에는 연질의 연마 숫돌을 사용하고, 연한 재질의 절단에는 경질의 연마 숫돌을 사용한다. 탄소강이나 주철 등을 절단할 때에는 산화알루미늄을 연마 입자로 사용하는 편이 좋다. 연마 입자로써 다이아몬드 미세 분말을 사용할 때에는 밀도가 낮은 미세 분말은 일반 철강 재료의 절단에 사용하고, 밀도가 높은 미세 분말은 유리나 세라믹과 같이 매우 단단하지만 깨지기 쉬운 재료의 절단에 적합하다. 철강은 연마 숫돌의 연마 입자의 입도가 100~400번, 결합도가 L(연), N(중), P(경)인 것이 적합하다. 또한, 연마 숫돌의 원주 속도는 2000~3000m/min이다. 고속 절단기에는 연마 숫돌의 고속 회전장치, 연마 숫돌의 시료 압부(押付) 절단장치, 냉각장치, 시료 고정장치, 안전커버 등으로 구성된다.

절단 시의 주의 사항은 다음과 같다.

(가) 시료를 확실하게 고정한다.

(나) 처음에는 연마 숫돌을 천천히 시료에 갖다 대고, 이후 일정한 속도로 작업한다. 갖다 대는 속도가 지나치게 빠르면 연마 숫돌이 쉽게 마모되고, 지나치게 느리면 부분적으로 과열되어 파손이 된다.

(다) 절단 중에는 냉각액을 충분히 뿌려 과열되는 것을 막는다.

또한, 절단면이 평평하게 되지 않는 이유는 연마 숫돌의 입도가 지나치게 거칠거나 결합제가 과도하게 작용했을 때, 혹은 절삭 속도가 지나치게 빠르기 때문이다. 연마 숫돌은 회전 중에 종종 파손되는 경우가 있으며, 그 이유는 절삭 깊이가 지나치게 깊거나 연마 숫돌을 잘못 설치했을 때, 혹은 시료의 조정이 바르게 되지 않았기 때문이다.

다. 쇠망치로 두들겨 꺾기 : 주철 등 취성(脆性) 재료에 적합하다. 미리 금속 절단 톱으로 칼집을 넣어 둔 다음 재료의 한쪽을 고정해서 반대쪽을 쇠망치로 두들겨서 떼어낸다.

라. 기타 절단 : 크기가 큰 재료나 단단한 재료는 방전 가공 절단이나 용단(溶斷)도 있지만, 이러한 방법은 예비 절단에 적합하다. 절단할 때에는 시료로 선택한 부분에 열영향을 미치지 않도록 해당 부분에서 조금 떨어진 부분에서 절단한다.

표 3.4 손작업 쇠톱의 잇수(齒數)와 절단재료의 예 (KS B ISO 2336-1)

톱날 잇수 25.4mm당	절단 재료	
	종류	두께 혹은 지름(mm)
14	저탄소강	25 이상
	합금강, 강철	25 이상
	궤조강(軌條鋼)	
18	탄소강 일반	6~25
	합금강, 강철	6~25
24	강관	두께 4 이상
	합금강	6~25
	경량 형강(輕量形鋼)	
32	박강판(薄鋼板), 박육강관(薄肉鋼管)	
	소경(小徑, 얇은) 합금강봉(合金鋼棒)	6 이하

표 3.5 기계 쇠톱의 잇수(齒數)와 절단재료의 예 (KS B ISO 2336-2)

기계 쇠톱의 재료	톱날 잇수 25.4mm 당	절단 재료	1분당 왕복 이동 수
KS SKS 7 합금 공구강 강재 S7 종	4, 6	합금강	75~90
	6~9	저탄소강	125~135
		고탄소강, 풀림(annealing) 공구강	75~90
		풀림 안 된 공구강, 스테인리스강	50~70
KS SKH 9 고속도 공구강 강재	4, 6	구조용 합금강, 형강(形鋼)	60~90
	4~9	두꺼운 강관(두께 7mm 이상)	120
	6~9	주철, 구조용 탄소강	90~135
		가단주철	90~120
		고속도강, 니켈강, 궤조강(軌條鋼)	60~90
		스테인리스강	60
	8~14	배관용 탄소강 강관(두께 2.0~6.7mm)	120~135
	14	얇은 벽 파이프(thin walled pipe)	120

3.3.2 정형과 조연마

중간 연마의 전처리로서 절단 후의 형태를 가다듬고 피검면을 조연마(粗研摩)한다. 줄, 그라인더, 디스크 샌더로 정형 작업을 한다. 손잡이 쇠톱이나 기계 활톱으로 절단했을 때에는 절단면이 거치므로 줄이나 연마지(에머리지 80, 100, 120번 정도)로 피검면이 가능한 한 평면이 되도록 조연마 한다. 조연마 방법은 02 매크로 조직 검사법 2.3 시료 제작 2.3.2 피검면의 공정을 참조하기 바란다. 조연마를 할 때에는 피검면에 기계유 등 감마제를 바르면 타거나 눈이 막히는 것을 방지하므로 냉간 가공의 영향도 받지 않을 수 있다. 조연마를 마치면 흐르는 물에 씻어 건조하여 시료에 부착된 줄밥, 연마분, 연마 입자 등을 제거한다. 또한, 연마 숫돌로 연마한 고속 절단면을 피검면으로 할 때에는 일반적으로 조연마 작업 과정을 생략한다.

3.3.3 시료의 마운팅과 단면의 보호

절단 및 채취한 시료는 일반적으로 그대로 연마 작업을 진행한다. 하지만 크기가 작은 파편, 박편, 선재(線材)처럼 그대로 작업하기 어려운 시료나 자동 연마기에 적합한 형상과 치수로 제작하여야 한다. 시료를 작업하기 쉬운 형태로 가공하는 연마 전처리는 시료를 합성수지나 마운팅용 저융합금으로 마운팅(Mounting)하는 과정이다. 이때, 합성수지나 저융합금의 모서리를 조금 깎아두면 연마할 때 연마지나 연마포가 파손되지 않는다. 또한, 일반적으로 사용되는 합성수지로 마운팅한 시료는 연마 후 피검면의 단면(端面)에 처짐(Shear droop)이 발생하는 경우가 있으므로 단면 보호용 수지를 사용하거나 피검면의 주위를 플레이팅(Plating)한 뒤 마운팅한다. 그리고 다른 단단한 강편을 붙여서 마운팅 처리하면 도움이 된다. 이외에도 선재(線材)나 박편 조직 혹은 시료의 표면조직을 관찰하고 싶을 때에는, 가위 등 공구로 조여 단면(端面)이나 표면층의 처짐을 방지하는 전처리를 한다.

(1) 합성수지와 저융합금

시판되는 합성수지의 종류를 [표 3.6]에 정리했다. 열경화성 수지는 가열에 의해 연화(軟貨)하거나 용해하지 않는다. 열가소성 수지는 가열하면 연화하지만, 실온에서는 경화한다. 합성수지를 이용한 마운팅 방법은 2가지가 있다.

가. 가열 프레스법 : 분말 상태의 재료를 가열 프레스로 고온고압 하에서 프레스 성형하여 경화시키는 방법이다. 재료나 지나치게 무르거나, 가열(150℃ 정도)하면 조직 변화를 일으키기 쉬운 시료에는 적합하지 않지만, 철강 시료에는 적합한 방법이다. 단, 전용 가열 프레스기가 필요하다.

나. 주입법 : 원료를 틀 내에 주입하고 촉매를 사용하여 상온상압 하에서 경화시키는 방법이다. 재료에 관계없이 사용할 수 있다. 특히 크기가 큰 시료를 마운팅할 때에는 반드시 주입법으로 작업해야 한다.

저융합금(가융합금)에는 우드 합금(Wood's alloy, 융점 65.5℃, 조성 창연(비스무트) 50%, 납 25%, 주석 12.5%, 카드뮴 12.5%), 리포위츠 합금(Lipowitz alloy, 융점 70℃,

조성 창연 50%, 납 27%, 주석 13%, 카드뮴 10%) 등이 있다. 합성수지로 마운팅하는 것이 일반적이지만 반복 작업이 불가능하고 일단 마운팅한 시료는 다시 꺼내기 어려우므로 시료를 다시 사용해야 하는 경우에는 저융합금을 사용하면 좋다.

(2) 마운팅과 단면(端面)의 보호 방법

가. 수지 가열 프레스법 : 가열 프레스는 성형에 사용하는 원통형 몰드(Mold)와 압봉(Push rod), 금형 가열냉각장치, 가압용 유압기, 유압 펌프, 압력계, 압력 제어 밸브(Pressure control valve), 드로우(Draw) 장치로 구성된다. 가열 프레스는 열경화성 혹은 열가소성인 수지와 사용 방법이 거의 동일하다. 사용 방법의 예는 다음과 같다.

(가) 우선 몰드에 외부 덮개를 덮고 압력 제어 밸브를 조이고서 몰드 내의 압봉을 외부 덮개와 가볍게 접촉할 때까지 올린 뒤 전열기로 가열한다.

(나) 몰드가 일정 온도까지 가열되어 전열기의 표시등이 꺼지는 것을 확인한 뒤, 압력 제어 밸브를 열어 압봉을 조금 내려서 외부 덮개를 연다.

(다) 피검면이 아래로 향하게 한 시료를 압봉 위에 놓고, 분말 수지를 스푼과 깔때기를 사용해서 외부 덮개가 시료에 직접 닿지 않도록 주의하며 충분한 양을 넣는다. 수지에 따라서는 이 상태로 1분 정도 방치하여 수지에서 가스를 빼내지만, 가스가 나오지 않는 수지는 이 과정을 생략해도 된다.

(라) 수지 위에 내부 덮개를 덮고, 다시 외부 덮개를 닫는다. 유압 펌프로 압봉을 올려 지정된 압력까지 가압한다. 수동 펌프식인 경우에는 상당한 힘이 필요하다.

(마) 이 상태로 지정 압력과 지정 시간(수지의 종류에 따라 다르다)을 유지한다.

(바) 시간이 경과하면 압력 제어 밸브를 열어 압봉을 내린 뒤 외부 덮개를 연다. 다시 압력 제어 밸브를 닫고 유압 펌프로 압봉을 올려서 성형된 시료를 끄집어낸다. 시료는 뜨거우므로 핀셋 등으로 꺼낸다.

[주의사항]

(가) 열가소성 수지를 사용할 경우에는 성형된 시료를 꺼낼 때 몰드를 냉각시켜야만 한다(예를 들어 75℃ 이하).

(나) 사용할 때마다 몰드 안쪽 면에 실리콘그리스, 바셀린 등 이형제(離型劑)를 엷게 바르는 편이 좋다.

(다) 성형 전 시료 치수는 몰드의 안지름보다 10mm 이상 작게 만들어야 하며 날카로운 부분은 제거해둔다. 그렇지 않으면 성형한 뒤 균열이 발생하는 경우가 있다.

나. 수지에 의한 상온 주입법 : 상온 주입법은 주입용 몰드 이외에 특별한 장치가 필요없다. 주입용 수지에는 열경화성 수지와 열가소성 수지가 있으며 상온 주입법의 방법은 다음과 같다.

(가) 우선 일정한 양의 수지를 증발 접시 등 용기에 넣고 촉매 등 경화제를 정해진 비율로 첨가해서 교반(攪拌)한다.

(나) 시료 표면(피검면 뿐만 아니라 전면)의 유지류를 완전히 제거한다. 그리고 판유리면에는 실리콘그리스나 바셀린과 같은 이형제를 발라 둔다. 판유리 위에 놓은 몰드 내에 피검면을 아래로 하여 넣는다.

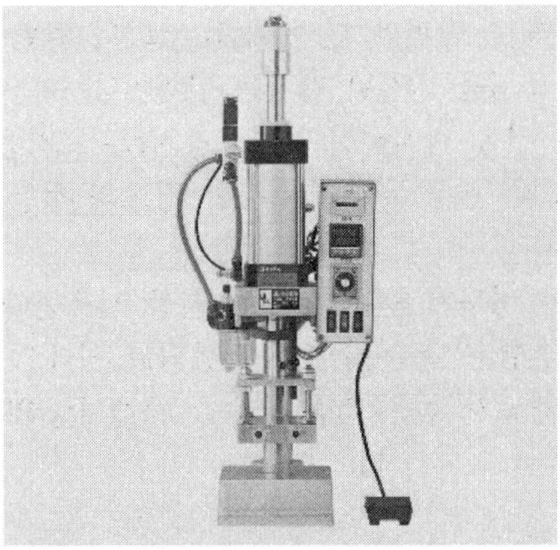

그림 3.20 가열 프레스

표 3.6 합성수지의 종류 등

종류		형태	색	경화법	비고
열경화성	폴리에스테르수지	액체	투명, 연갈색	주입법(촉매첨가)	경화 시간 15~40분
	에폭시수지	액체	투명, 연갈색	주입법(촉매 첨가)	경화 시간 2~12시간
	페놀수지	분말	불투명, 흑색, 적색, 녹색 등	가열 프레스법	
	디아릴(diaryl)수지	분말	불투명, 청색 등	가열 프레스법	유리조직 혹은 석면 포함
열가소성	아크릴수지	분말	투명 및 불투명, 무색, 흑색 등	가열 프레스법 혹은 주입법(촉매 첨가)	전도성을 띠는 것도 있다.

(다) 조합한 수지를 몰드에 넣은 뒤 셀로판지를 덮어 둔다.

(라) 약 15~60분 정도 내에 중합이 끝나 경화되면 몰드를 판유리에서 놓고 시료를 꺼낸다. 또한, 중합할 때는 발열하게 되는데 수지 내부에서는 100℃까지 온도가 올라가는 경우가 있다.

[주의사항]

(가) 몰드는 유리, 금속, 나일론제 등 시판되는 제품이 있다. 유리나 금속 몰드를 사용할 때에는 내부에 이형제를 발라야 한다.

(나) 시판되는 제품 대신에 금속관을 적당히 잘라서 한쪽 끝을 평평하게 연마하여 몰드로 사용하여도 관계없다.

(다) 투명한 폴리에스테르 수지나 에폭시 수지는 내부를 관찰하기에 적합하다.

다. 저융합금에 의한 마운팅 : 수지에 의한 상온 주입법과 같은 방법이다. 금속 몰드를 준비하고, 몰드 내에 시료를 넣고 용융한 합금을 주입한다. 단, 에칭할 때 국부전지 작용으로 합금의 일부가 부식되는 때가 있다. 이런 경우에는 탁마(Polishing) 후 용융시켜 부식된 부분을 제거하고 시료만 에칭시켜야 한다.

라. 단면의 보호법 : 선재나 박편의 단면(端面), 그 외 탈탄층, 표면 경화층, 표면 균열, 표면형상 등 표면 조직을 관찰할 때에는 단면이나 표면층이 연마로 인한 처짐(Shear droop)이 나타나는 것을 방지하려면 다음과 같은 조작을 한다.

(가) 박판은 시료보다 조금 두껍고 비슷한 경도의 철판을 엇갈리게 쌓아 볼트와 너트로 고정한다.

(나) 마운팅 처리된 경도가 높은 특수 수지를 사용한다. 예를 들면, 알루미나의 입자와 수지가 혼합된 특수 수지가 시판되고 있다.

(다) 시료 주변에 경도가 높은 전용 금속을 플레이팅(Plating)한다.

3.3.4 시료의 중간 연마

절단하여 채취한 시료를 그대로 혹은 마운팅하여 단면(端面) 보호, 정형, 조연마와 같은 전처리를 한다. 전처리 후 중간 연마 작업을 한다. 중간 연마는 시료를 완전히 평면으로 만들고 이후 탁마(Polishing)가 효율적으로 진행될 수 있을 정도로 작업한다.

(1) 건식 중간 연마

건식 중간 연마 방법은 매크로 조직 검사의 피검면 건식 방법과 거의 동일하다. 조금 더 세밀하게 연마하는 방향으로 연마 작업이 진행될 때에는, 반드시 연마 방향을 90° 회전시켜 이전 작업 시 남은 연마조흔이 새로운 조흔으로 완벽하게 소멸될 때까지 연마해야 한다. 이 과정을 거치지 않으면 다음 연마 작업이 순조롭게 이루어지지 않는다. 또한, 연마지는 거친 쪽에서 서서히 부드러운 쪽으로, 예를 들어 240, 280, 320, 400, 500, 600번 연마지로 차례대로 작업을 진행한다. 중간 입도로 연마하는 과정을 생략하면 앞서 생긴 조흔이 제거되지 않는 경우가 있다. 또한, 대개 500번까지 꼼꼼하게 작업하면 충분하고 600번은 그다지 효과가 없다. 연마할 때 피검면에 생기는 조흔은 긁힌 자국 같은 것으로, 조흔 부근은 소성 유동하여 가공 변질층이 된다. 가공 변질층을 검사 조직으로 착각하지 않도록 주의하여야 한다. 가공 변질층을 제거하려면 중간 연마 중간에 두세 차례 정도 에칭 작업을 거치면 된다. 중간 연마를 마친 시료는 세정 및 건조하여 부착된 가루, 연마 입자, 먼지 등을 완전히 제거한다.

(2) 습식 중간 연마

습식 중간 연마는 냉각용 혹은 윤활용으로 연마할 때 항상 물을 사용하는 방법으로 전용 설비가 필요하지만, 연마로 인한 발열이나 눈막힘이 없고 연마 소요 시간이 길지 않다. 연마 요령은 건식 연마와 동일하다.

(3) 기계 중간 연마

지금까지 한 설명은 수동식 연마 작업이지만, 기계를 이용하는 건식 연마나 습식 연마 방법도 있다. [그림 3.21]은 습식 연마기의 한 예이고, 시료 홀더에 고정한 시료를 전동식 회전 원판 위에 끼운 연마지에 적절하게 힘을 주어 연마한다. 예로 든 습식 연마기는 탁마 작업도 겸용으로 할 수 있는 기계이다.

그림 3.21 습식 연마기

(4) 연마지 혹은 연마재

연마지에 사용되는 연마재(연마 입자)는 대개 에머리 혹은 탄화규소 분말이다. 에머리는 커런덤(Corundum, Al_2O_3)과 자철광(磁鐵鑛)이 섞인 흑회색 결정으로 연마 시 연삭력은 강하지 않지만, 연마 조흔이 깊지 않으므로 제거하기 쉽다. 연마재의 입도는 KS L 6522 연마재의 입도에 따라 [표 3.7]과 같이 규정되어 있다.

표 3.7 연마재의 입도(KS L 6522)

구분	입도의 종류
조립(coarse)	P12, P16, P20, P24, P30, P36, P40, P60, P80, P100, P150, P180, P220
미분(fine)	P240, P280, P320, P360, P400, P500, P600(31～26), P800, P1000, P1200, P1500, P2000, P2500

연마지는 도포된 연마재(연마 입자), 연마지 뒷면, 접착제에 따라 여러 가지 종류가 있다. 건식 연마에는 대개 에머리계, 습식 연마에는 주로 탄화규소계의 내수성이 있는 연마지를 사용한다. 또한, 연마지는 연마재의 입도에 따라 연마지 입도가 정해진다. 뒷면은 보통 종이로 된 것과 점착제가 도포된 것이 있다. 표준 치수는 230mm×280mm이고, 기계 연마기 전용의 특수한 치수로 제작되는 연마지도 있다. 에머리계 연마지의 입도 표시는 제조업체에 따라 다르고, 그 중 일부를 예로 [표 3.8]에 제시했다. 연마 작업을 할 때에는 제조업체를 결정한 뒤 동일한 연마지를 사용하는 편이 좋다. 또한, 한국의 내수용 연마지 입도 표시는 KS에 규정된 연마재의 입도를 그대로 사용한다.

표 3.8 에머리계 연마지의 입도 표시 차이 예

에머리계 연마지의 입도	(번)	80	100	120	150	180	240
	(μ)	290	210	170	140	120	80
제조업체 표시 예	(번) A사 계	5	4	3	2	1G	1M
	(번) B사 계			3		2	1M

280	320	400	500	600	700
67	57	40	34	28	24
1F	0	2/0, 00, 02, 0/2	3/0, 000, 03, 0/3	4/0, 0000, 04, 0/4	5/0, 05, 0/5
1F	1	0		02	03

800	1000	1200	1500	2000	3000
20	16	13	10	7.9	5.0
6/0, 06, 0/6	ES1000, 0/7	ES1200, 0/8	ES1500, 0/9	ES2000, 0/10	ES3000, 0/11
04		06	07	08	010

(5) 전해 연마

전해 연마는 시료를 양극(anode)으로 전해하여 피검면의 돌출부를 용출시킴으로써 표면을 평활(平滑)화하는 방법이다. 연마지를 이용한 연마와 달리 가공 변질층이나 조흔이 생성되지 않는 장점이 있다. 하지만 전기 화학적 전위차가 큰 두 재료에서는 부분적으로 연마의 차이가 발생하여 부조상(浮彫狀)이 볼록하게 나타나거나 개재물 부분이 탈락하거나 확대하여 소공이 발생할 때도 있다. 또한, 균열 부분이 있는 시료에서는 균열의 단면(端面)이 붕괴하거나 처짐(Shear droop)이 발생하는 단점이 있다. 전해 연마로 중간 연마 작업을 할 때에는 조연마 단계에서 피검면을 평평하게 하는 전처리를 하지 않으면 피검면에 물결 주름(Weld ripple)이 나타난다. 일반적으로 중간 연마는 연마지를 이용한 기계적 방법이 바람직하고, 전해 연마는 다음 단계인 탁마나 에칭 단계의 작업에 적합하다.

3.3.5 시료의 탁마

중간 연마를 마친 시료는 탁마(Polishing) 작업을 한다. 탁마는 피검면에 남은 미세한 조흔을 제거하고 피검면을 경면같이 마무리하는 작업이다. 광학현미경 조직 검사용 시료일 때에는 특히 신중하게 작업해야 한다. 탁마하기 전의 피검면을 관찰하여, 만약 깊은 조흔이 남아 있다면 다시 중간 연마 작업을 하여야 한다. 재작업은 청결한 장소에서 진행되어야 하며 중간 연마를 할 때 부착된 연마 입자, 가루, 먼지 등을 완전하게 제거해 둔다. 탁마에는 기계적 방법인 버프 폴리싱(Buff polishing)과 전해 탁마에 의한 방법이 있고, 각각 장단점이 있다.

(1) 버프 폴리싱

버프 폴리싱(Buff polishing)은 다음과 같은 경우에 적합하다.

가. 피검면을 평면으로 작업하고 싶을 때

나. 비금속 개재물, 미세한 석출물 등을 검출하고 싶을 때

다. 피검면을 에칭하지 않고 관찰하고 싶을 때

버프 폴리싱의 방법은 다음과 같다.

가. 탁마재로 알루미나 혹은 산화크롬의 미세 분말을 증류수 혹은 수돗물 100mℓ당 15g 비율로 교반하여 탁마액을 만들어 비커나 적하용 용기에 넣는다. 탁마액의 농도가 높을수록 탁마 시간은 짧아지지만, 공정 상태는 농도가 낮은 편이 양호하다. 그러므로 탁마 작업의 초기 단계에는 앞서 제시한 농도대로 사용하고 마지막 단계에는 농도를 엷게 한다. 또한, 탁마액은 침전물이 생기기 쉬우므로 사용할 때마다 잘 저어서 교반한다.

나. 회전 원판식 탁마기를 준비하여 원판에 탁마포를 끼운다. 탁마포에는 3종류가 있고 목적에 맞게 사용한다. 대개 일반용으로 충분하다.

(가) 경질 탁마포 : 보풀이 없고 견고하며 얇은 합성섬유제 천이다. 탁마 속도가 빠르고 작업 후의 평면도도 좋지만, 가공 변질층이 많아지므로 예비 탁마에 적합하다.

(나) 연질 탁마포 : 보풀이 많이 선 부드럽고 두꺼운 합성섬유제 천이다. 탁마 속도가 느리고 작입 후의 평면도도 나쁘지만, 가공 변질층이 적어지므로 마무리 탁마에 적합하다.

(다) 일반 탁마포 : 보풀이나 딱딱한 정도 두께 등이 중간 정도인 양모제이다. 탁마 작업을 1회만 하고자 할 때 적합하다.

탁마기에 탁마포를 고정할 때에는 천을 증류수나 수돗물에 적셔 회전 원판 위에 올린다. 링으로 누른 뒤 천을 잡아당겨 고정하거나 천의 표면에 접착제가 발라져 있을 때에는 그대로 원판 위에 붙인다. 탁마포를 고정하기 전에 원판면을 청결히 하여 이물질이 묻거나 파손되지 않도록 한다.

다. 탁마기에 끼운 탁마포 위에 탁마액을 적당량 떨어뜨린다. 미세 분말 탁마재에 소량의 증류수나 수돗물을 넣어 페이스트(paste)로 만든 것을 탁마포에 손으로 균일하게 발라도 된다.

라. 회전하는 탁마포 위에 시료의 피검면을 적당히 힘을 주어 누른다. 원판 중심과 주변 사이를 천천히 왕복하며 탁마한다. 탁마액은 물론이고 증류수나 수돗물을 충분히 준비하여 탁마포에 수분이 부족하지 않도록 한다. 탁마 시간은 대개 2~3분이 표준이고 작업자의 경험에 따라 다르다. 또한, 먼저 시료의 모서리를 모접기 작업을 해둔다.

마. 한 방향으로만 탁마 작업을 하면 피검면에 있던 개재물 등 딱딱한 물질이 작업 방향으로 눌려, 그 주위 탁마면이 탁마 방향으로 선상(線狀)으로 마모되어 코멧 테일(Comet tail)이 나타난다. 코멧 테일의 발생을 방지하려면 시료를 원판의 회전과 반대 방향으로 천천히 회전시킨다. 단, 회주철 중의 편상 흑연 등은 한 방향으로 탁마하는 편이 좋다.

바. 중간 연마 작업을 할 때의 조흔이나 가공 변질층이 많은 경우에는 중간 연마 작업을 다시 하는 편이 좋다. 설비가 있다면 예비 탁마와 마무리 탁마 작업을 하여 중간 연마를 다시 거치지 않아도 된다.

(가) 예비 탁마 : 경질 탁마포 사용. 탁마재는 3~8μ 정도로 거친 것. 원판 회전수는 600~1,200rpm. 시료는 강한 힘으로 눌러서 작업한다.

(나) 마무리 탁마 : 연질 탁마포 사용. 탁마재는 0.3μ 이하의 세밀한 것. 원판 회전수는 적어도 300rpm 정도. 시료는 가벼운 힘으로 눌러서 작업한다.

사. 탁마 작업을 마치면 시료를 흐르는 물에 깨끗이 씻어 피검면이 파손되지 않도록 주의하며 탈지면으로 닦는다. 에탄올이나 메틸알코올을 이용하여 수분을 제거하고 건조한다. 피검면에 균열이나 틈새 등이 있을 때에는 흐르는 물에 깨끗이 씻은 뒤 60℃ 정도의 온수에 담그면 작업 후 균열 부분에서 탁마액이 빠져나오는 것을 막을 수 있다. 건조는 발풀무, 송풍기, 열풍건조기 등을 이용하여 강한 바람으로 탁마면의 수막을 급속하게 제거한다. 바람이 약하면 건조 중에 녹이 슬거나 간섭색 나타나는 산화피막이 생성되기도 한다. 이러한 때에는 건조 작업을 다시 진행한다. 간편하게 헤어드라이어를 사용해도 좋지만, 풍속이 약한 단점이 있다.

아. 탁마와 건조가 끝나면 100배 정도의 금속현미경으로 탁마면을 관찰하고 조흔이나 코멧 테일 등 상처가 없는지 확인한다.

자. 만약 상처가 남아 있다면 다시 탁마 작업을 한다. 상처의 정도가 심하다면 중간 연마 단계부터 재작업을 해야 한다.

차. 탁마를 마친 시료는 탁마면에 직접 손을 않도록 하고 상처가 나지 않도록 주의한다.

(2) 다이아몬드 미세 분말을 이용한 버프 폴리싱

다이아몬드 미세 분말은 고가이지만, 탁마 효과가 좋고 가공 변형질이 적다. 예비 탁마 단계에서 사용하면 바람직하다. 미세 분말 페이스트를 이용한 버프 폴리싱(Buff polishing)은 일반적으로 사용하는 버프 폴리싱용 회전 원판식 탁마기로 작업하고, 탁마기 전용 원판과 탁마포를 사용해야 한다. 탁마 요령은 원판 위에 소량의 다이아몬드 페이스트를 올리고 윤활재로 균일하게 편 뒤, 회전수 300rpm 이하로 원판을 회전시키며 버프 폴리싱과 같은 방법으로 탁마한다. 탁마 작업 중에 적절하게 페이스트와 윤활재를 첨가한다. 절대로 물을 사용해서는 안 된다. 10시간가량 사용한 탁마포는 원판에서 떼어내어 농도 5% 염소에 12시간 정도 담근다. 그리고 흐르는 물에 충분히 씻어 먼지가 없는 장소에서 건조한 뒤 재사용이 가능하다.

(3) 탁마재

철강 재료의 탁마에는 알루미나, 산화크롬, 다이아몬드 등 미세 분말을 탁마재로 사용하며 벵갈라는 현재 잘 사용하지 않는다.

가. 알루미나(Al_2O_3) : 백색의 미세 분말이다. 알파 알루미나는 크기가 0.3~15μ이고 예비 탁마나 일반 탁마에 적합하다. 감마 알루미나는 크기가 작고(0.06μ 정도) 마무리 탁마에 적합하다.

나. 산화크롬(Cr_2O_3) : 녹색의 미세 분말이며 일반 탁마에 적합하다. 폐수 처리 등의 문제로 최근에는 사용하지 않는다.

다. 다이아몬드 : 시판되는 다이아몬드 미세 분말의 입도는 0.25~45μ 정도이다. 3~9μ 정도가 많이 사용된다. 한 종류로 작업을 하고 싶을 때에는 6μ 정도를 예비 탁마 단계에서 작업해도 되지만, 될 수 있는 대로 9μ과 3μ 정도 2종류를 사용하면 좋다. 페이스트에는 수용성과 유용성이 있다. 또한, 마무리 탁마에는 0.25μ 정도가 적합하다.

(4) 전해 탁마

전해 탁마는 다음과 같은 경우에 적합하다.

가. 피검면이 평면이 아닐 때
나. 크기가 큰 시료의 일부를 관찰하고자 할 때
다. 동질의 시료를 여러 개 만들고 싶을 때
라. 버프 폴리싱(buff polishing) 작업으로 상처가 나기 쉬운 연질 시료일 때
마. 가공 변질층의 발생을 피하고 싶을 때

전해 탁마의 방법은 전류 밀도를 낮추는 조건 이외에는 전해 연마와 동일하다. 두꺼운 유리 비커 속에 전해액을 넣고 전지의 음극을 악어입 클립으로 전해조 내의 극판에 연결한다. 전지의 양극에 접속한 클립으로 시료를 연결하고 전해액에 담근다. 극간 거리는 2cm 정도를 유지하고 가볍게 시료를 움직인다. 철강 재료의 전해액과 전해 조건에 관한 예는 [표 3.9]와 같다. 또한, 과염소산은 급속하게 혼합하면 폭발할 위험이 있으므로 물로 냉각해가며 서서히 혼합한다.

표 3.9 전해액과 전해조건

전해액 조성	전류 A/dm^2	온도 (℃)	시간	음극 극판
무수초산 765mℓ+65% 과염소산 185mℓ+물 50mℓ, 알루미늄 0.5%를 녹이는 것이 좋다	5	상온	5분	Al
인산(비중 1.6) 50mℓ+젤라틴 2g+옥살산(oxalic acid) 2g	100	상온	10초	Fe
45% 과염소산 200mℓ+에탄올 775mℓ+에테르 25mℓ	400	상온	10초	Fe

3.3.6 시료의 에칭(부식)

시료 내의 비금속 개재물, 미소공동, 흑연, 균열의 형상, 깊이 등을 관찰할 때에는 탁마 작업을 마친 뒤 현미경으로 검사하지만[그림 3.22], 금속 조직을 관찰하고자 할 때에는 연마 작업 뒤 에칭(부식) 작업을 한다. 에칭은 연마나 탁마 작업으로 생성된 가공 변질층을 제거하고 탁마면을 부식시켜 현미경으로 조직을 관찰할 수 있도록 하는 작업이다.

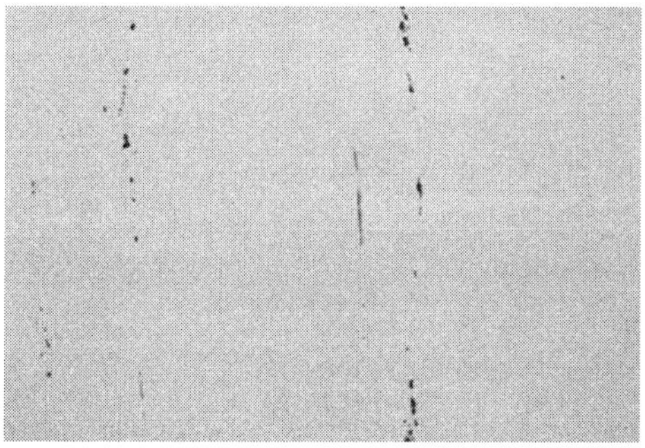

그림 3.22 비금속 개재물

에칭의 메커니즘은 조직의 불균일, 즉 비금속 개재물, 불순물, 편석, 미소 공동, 기포, 균열의 여부, 결정학적 불균일, 가공에 의한 불균일 등의 원인으로 에칭액이나 전해에 의해 탁마면의 부식도에 차이가 나타나는 것이다. 에칭이 깊게 되면 입면(粒面) 부식이 일어나고, 에칭이 얕게 되면 결정입계에만 경계부식이 일어난다[그림 3.23]. 사진을 촬영할 때에는 에칭을 얕게 하는 편이 좋다.

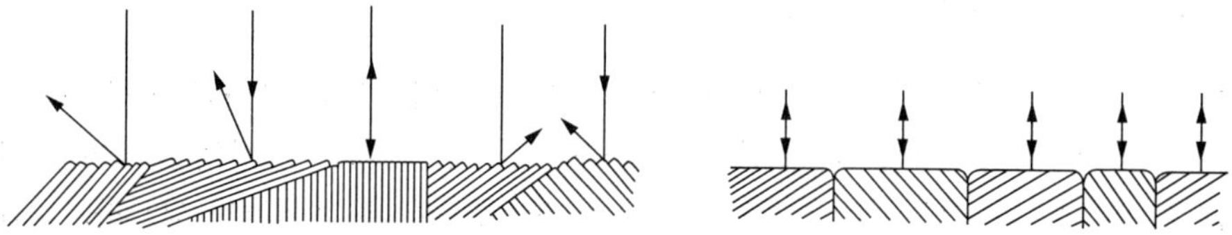

(a) 입면 부식 (b) 경계 부식

그림 3.23 입면 부식과 경계 부식

(1) 화학적 에칭

대개 에칭이라고 하면 화학적 에칭을 가리킨다. 화학적 에칭 방법은 다음과 같다.

가. 에칭액을 적당량 샬레에 담는다.

나. 피검면을 아래로 한 시료를 대나무 등 비금속 집게나 손으로 잡고 에칭액에 넣는다. 이때 손가락이 에칭액에 닿지 않도록 주의한다.

다. 피검면이 샬레 바닥에 닿지 않도록 주의한다[그림 3.24].

라. 에칭액에 담긴 시료를 천천히 움직여서 기포의 부착을 방지한다.

마. 일정 시간이 지나면 시료를 꺼내어 즉시 흐르는 물에 깨끗이 씻어 에칭액을 제거한다. 에탄올이나 메탄올을 도포하여 수분을 제거하고 뜨거운 바람으로 재빨리 건조한다. 요령은 탁마 작업을 마친 경우와 동일하다. 또한, 균열이 있는 시료나 합성수지를 사용한 시료는 물로 씻은 뒤 균열 등 틈새에서 에칭액이 흘러나와 부식 얼룩(Stain)이 생길 수 있으므로 충분히 씻어야 하며 세정한 다음에 따뜻한 물에 담가두어도 좋다.

바. 에칭 작업에 소요되는 시간은 일반적으로 저탄소강은 길고 고탄소강이나 합금강은 짧다(초 단위). 에칭액에 담가 놓으면 탁마면이 흐려지므로 시간을 조절해야 한다. 또한, 입면 부식 작업을 하고자 할 때에는 담가두는 시간을 길게 하고 경계 부식 작업을 하고자 할 때에는 시간을 짧게 한다. 에칭 작업에 소요되는 시간을 미리 예측할 수 있으면 좋지만, 만약 알 수 없을 때에는 단시간에 에칭하고 현미경으로 관찰하고 부족하다면 다시 에칭 작업을 한다. 깊게 에칭이 되었을 때에는 탁마나 중가 연마부터 다시 작업해야 하므로 주의를 기울여야 한다.

사. 에칭액이나 에칭 작업으로 발생한 가스에는 유해한 물질이 많으므로 피부에 직접 닿지 않도록 하고 들이마시지 않도록 주의한다.

아. 에칭액에 담그는 대신 에칭액을 충분히 흡수시킨 탈지면을 대나무 집게로 탁마면을 부드럽게 문지르는 방법이 있다. 에칭액이 부족하면 추가로 흡수시켜 다시 작업한다. 탁마면을 미리 물에 적셔두면 부분적으로 에칭이 부족하거나 에칭 얼룩이 발

생하는 것을 막을 수 있다. 하지만 이 방법은 미세한 조직을 관찰하기에는 적합하지 않다.

(2) 에칭액

[표 3.10]은 철강 재료용 에칭액의 예이다. 가장 일반적인 에칭액은 피크르산이나 나이탈이다. 피크르산에 농초산을 조금 첨가한 에칭액을 사용하면 페라이트 입계를 명확하게 관찰할 수 있다.

(3) 전해 에칭

전해 연마나 전해 탁마와 동일한 방법으로 작업하지만, 전류 밀도를 낮게 한다.

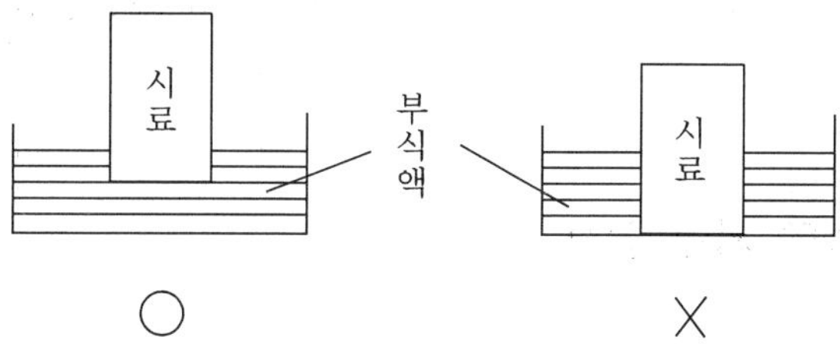

그림 3.24 시료 담그는 방법

표 3.10 광학현미경 조직 검사용 에칭액

명칭	성분	특성
피크르산 알코올 용액 (피크럴(picral))	피크르산 5g 에틸 혹은 메틸알코올 100mℓ	일반적으로 탄소강 및 저합금강에 적합하고 초산알코올보다 부식성이 약하다.
초산 알코올 용액 (나이탈(nital))	농초산(濃硝酸) 1～5mℓ 에틸 혹은 메틸알코올 100mℓ	피크럴처럼 탄소강, 저합금강 혹은 열처리재에 폭넓게 사용된다. 고속도강에도 사용한다.
피크르산 소다수 용액	피크르산 5g 수산화나트륨 25g 물 100mℓ	5～20분간 가열한다. 혹은 실온에서 전해 에칭에 사용한다(전해할 때, 6V, 40초 정도). Fe_3C는 흑색이나 갈색으로 착색되지만, 고 Cr의 탄화물은 착색이 잘되지 않는다. W강의 Fe_3W_2, Fe_4W_2C는 Fe_3C보다 빨리 착색된다.
염산, 피크르산 혼합액	염산 5mℓ 피크르산 1g 에틸 혹은 메틸알코올 100mℓ	담금질강을 저온에서 뜨임 처리한 것에 사용하며 오스테나이트입계가 확실하게 나타난다. Cr 강, NiCr 강 등의 저합금강에 적합하다.
염화제2철의 염산용액	염화제2철 10g 염산 30mℓ 알코올 혹은 물 120mℓ	13Cr, 18Cr, 18-8의 각 스테인리스강, 고속도강, 다이스강 등에 적합하다. 이외에도 초산알코올로 부식하기 어려운 강이나 18-8스테인리스강은 이 액으로 전해 에칭하면 좋은 결과를 얻을 수 있다.

적혈염의 알칼리 용액 (무라카미 시약)	적혈염 10g 수산화칼륨 10g (또는 수산화나트륨 7g) 물 100mℓ	새로 제조한 액이 좋다(단, 제조 후 하루 정도 그대로 둔다). 햇빛에 분해되기 쉬우므로 어두운색의 병이나 어두운 곳에 보관한다. 실온이나 가열 후 사용한다. 실온에서 고속도강의 탄화물은 10~15초, Fe_3W_2는 몇 분 만에 착색된다. 피크르산소다보다 부식성이 강하다.
왕수	농염산 30mℓ 농초산 10mℓ (+글리세린 30mℓ)	스테인인스강 일반에 사용한다. 부식성이 강하고 빠른 속도로 부식된다. 글리세린을 첨가하면 부식성이 조금 약해진다. 조제한 뒤 하루 정도 두면 좋다.
수산 수용액	수산 10g 물 100mℓ	오스테나이트 스테인리스강의 전해 부식에 적합하다(6V, 30~6초)

3.4 일반 검사법에 의한 검사

3.4.1 금속현미경

(1) 종류

지금까지 설명한 방법으로 제작한 시료의 피검면을 관찰 및 검사하기 위해서는 주로 금속현미경을 사용한다. 금속현미경은 반사조명형으로 시료의 피검면을 아래로 하는 도립형(倒立型) [그림 3.25]와 피검면을 위로 향하게 하는 직립형(直立型)이 있으며 각각 장단점이 있다.

가. 도립형 금속현미경

(가) 피검면을 아래로 향하게 하여 직접 재물대(載物臺)에 놓으므로 직립형처럼 피검면이 광축과 수직이 되도록 시료의 형태를 바꾸어야 할 필요가 없다.

(나) 피검면의 관찰 위치를 알기 어렵다.

(다) 재물대의 관찰공(觀察孔)보다 작은 시료는 놓을 수 없거나 놓기 어렵다.

(라) 무거운 시료는 재물대가 휘어져 핀트가 맞지 않을 수 있다.

(마) 피검면과 재물대 표면이 닿으므로 피검면에 먼지가 묻거나 상처가 생길 수 있다.

나. 직립형 금속현미경

(가) 피검면의 관찰 위치를 알기 쉽다.

(나) 시료 크기의 허용 범위가 넓다.

(다) 피검면이 광축에 수직이 되도록 시료의 형태를 바꾸어야 한다.

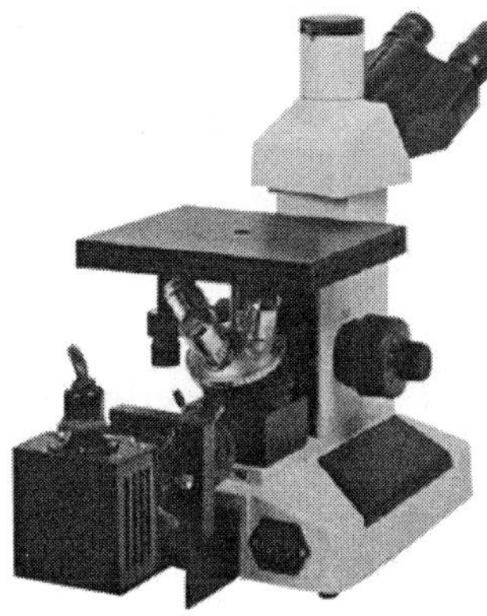

그림 3.25 도립형 금속현미경

(2) 배율

금속현미경으로 관찰하거나 사진 촬영을 할 때에 사용하는 배율, 즉 종합 배율 N은 대물렌즈의 단독 배율 No와 접안렌즈의 단독 배율 Ne의 곱으로 나타낸다. 동일한 N이라도 분해능은 대물렌즈에 따라 정해지므로 관찰이나 사진 촬영을 할 때에는 접안렌즈의 배율은 정해두는 편이 좋다. N은 대개 50～1,000배 정도가 사용된다.

(3) 대물렌즈

금속현미경의 대물렌즈에는 색수차 가운데 2가지 색으로 보정한 아크로마트렌즈와 3가지 색으로 색수차 보정한 아포크로마트렌즈가 있다. 아크로마트는 현미경에 주로 쓰이는 렌즈이고, 고성능인 아포크로마트렌즈는 연구용으로 사용되는 경우가 많다. 또한, 고배율로 관찰하고자 할 때에는 피검면과 대물렌즈 사이에 공기보다 굴절률이 높은 시더 오일(Cedar Oil) 등 렌즈용 오일을 넣는 유침계(油浸系, 100배 정도)와 오일을 넣지 않는 건조계(乾燥系, 40배 정도 이하)가 있다. 대물렌즈는 단독배율로 5, 10, 20, 40, 100배인 5종류 정도가 있다. 금속현미경용 대물렌즈에는 대개 M 기호가 붙는다.

(4) 접안렌즈

금속현미경의 접안렌즈에는 평철(平凸)렌즈 2장으로 구성되고 가장 잘 알려진 호이겐스렌즈와 비교적 고성능이며 대물 아크로바트렌즈 및 아포크로바트렌즈와 공용으로 사용하기 위해 만들어진 보징(Compensation)렌즈, 이외에도 광각렌즈, 쌍안렌즈 등이 있다. 관찰이나 사진 촬영을 할 때에는 대개 8배나 10배의 보정렌즈를 사용해도 충분하지만, 그 외 5배 호이겐스렌즈, 15배 보정렌즈 등을 갖추어두는 편이 좋다. 접안렌즈에 붙는 기호는 제조업체마다 차이가 있지만, 호이겐스렌즈는 H, 보정렌즈는 K, 광시야렌즈는 W, 사진촬영용은 Ph, 사진촬영용 포트마스크 포함은 D 등이 있고 기호가 없는 렌즈도 있다. 또한, 사진 촬영에는 보정렌즈나 광시야렌즈, 또는 그 외 사진 촬영용 렌즈를 사용해야만 하고 호이겐스렌즈는 적합하지 않다.

3.4.2 금속현미경을 이용한 관찰

금속현미경으로 시료의 피검면을 관찰할 때에는 제조업체나 종류에 따라 조금씩 다르지만, 방법은 대개 다음과 같다.

(1) 접안렌즈의 배율을 확인한다.

(2) 대물렌즈는 대개 여러 개의 렌즈가 리볼버(Revolving nosepiece)에 부착되어 있으므로 일정한 방향으로 돌려 광축 위에 오도록 한다.

(3) 광원을 점등해서 밝기를 조정한다. 광원에는 텅스텐램프, 할로겐램프, 크세논램프(모두 고휘도(高輝度)광원) 등이 사용된다. 아래에서는 텅스텐램프를 사용할 경우에 관해 설명한다.

(4) 광원을 광축에 맞추기 위해 시야 조리개와 구경 조리개를 모두 열고 광원 조리개를 조인다. 필터는 분리해 둔다.

(5) 필터의 핀트글라스(Focusing screen)에 광원의 필라멘트 상이 선명하게 맺힐 수 있도록 조임 나사를 풀어 소켓을 조절한다. 이때, 필라멘트가 핀트글라스 중심에 오도록 한다. 구경 조리개를 조이면 필라멘트가 중심에 있는지 확인할 수 있다.

(6) 광원 조리개를 모두 연다. 광원 조리개는 필라멘트를 조절할 때에만 움직이고 항상 닫아 둔다.

(7) 광로는 관찰용 광로(光路)로 세팅한다. 레버를 누르면 사진 촬영용 광로에서 관찰용 광로로 전환할 수 있다.

(8) 재물대에 시료를 올리고 조동핸들을 천천히 돌려 초점을 맞춘다.

(9) 시야 조리개를 조여 상이 시야 중심에 오도록 평형평면 유리렌즈로 조절한다. 조절한 뒤 다시 시야 조리개를 천천히 열어 시야 주위에 그림자가 나오지 않도록 한다. 조리개를 지나치게 열면 상이 겹칠 수 있으므로 주의한다.

(10) 구경 조리개는 사용하는 대물렌즈의 배율에 맞춘다. 배율 표지는 대개 조리개에 표시되어 있다. 지나치게 조리개를 열면 해상도는 높지만 콘트라스트가 낮아지고, 반대로 지나치게 조이면 콘트라스트는 높지만, 해상도가 낮고 어둡고 불투명하게 촬영이 된다.

(11) 관찰할 때에는 처음에 저배율로 가능한 한 광범위한 조직을 조사하고, 그중에서 관찰해야 할 특정 부분을 결정하여 리볼버를 돌려 고배율 대물렌즈로 바꾸면 거의 초점이 맞으므로 이후 미조정이 쉬워진다.

(12) 이외에 관찰 시의 주의 사항이다.

가. 시료의 위치를 바꿀 때에는 재물대 위에 둔 채로 이동시켜서는 안 된다. 반드시 꺼

내었다가 다시 재물대 위에 놓아야 한다.

나. 녹색 필터를 사용하면 눈이 쉽게 피로해진다.

다. 유침계 대물렌즈로 관찰할 때에는 1단계 낮은 배율의 대물렌즈로 시야를 정한 뒤, 조동핸들을 돌려 재물대와 렌즈 사이에 간격을 충분히 둔다. 유침(油侵)렌즈 끝에 오일을 소량 바른다. 리볼버를 돌려 재물대를 대물렌즈 쪽으로 움직인다. 접안렌즈를 보며 미동핸들을 조금 움직이면 시야가 점차 밝아진다. 가장 밝아졌을 때 상이 나타난다. 관찰 뒤에는 렌즈와 피검면의 오일을 거즈로 가볍게 닦아내고 렌즈는 자일렌으로 닦고 피검면은 에테르로 닦아 둔다.

3.4.3 금속현미경 사진의 촬영

피검면의 관찰이 끝나면 사진 촬영 작업을 한다. 에칭한 시료라면 가능한 한 신속하게 사진 촬영 작업을 하여야 한다.

(1) 촬영 위치와 배율을 결정한다.

(2) 정해진 배율의 사진용 접안렌즈를 끼운다.

(3) 광로는 사진촬영용 광로로 전환한다.

(4) 사진용 핀트글라스 혹은 접안렌즈로 초점을 맞춘다. 콘트라스트에 주의하여 조절한다.

(5) 황색이나 녹색 필터를 끼운다.

(6) 사진 촬영 장치를 장착한다. 금속현미경은 카메라 박스나 필름 홀더를 교환하여 컷 필름, 35mm 필름, 롤 필름, 폴라로이드 필름 등을 사용할 수 있는 종류가 있다.

(7) 조리개는 촬영 배율이 50～100배 정도일 경우에는 F5.6 이하, 400배 이상일 경우에는 F4 이하로 한다.

(8) 촬영 시에는 램프의 밝기, 필름의 선택 및 노출을 적절하게 결정한다. 노출계는 참고로만 하되, 잘못된 결과가 나올 수 있으므로 과신해서는 안 된다. 에이원(ASA12), 미니코피(ASA25), 네오펜 F(ASA32) 등 필름을 사용하여 램프를 약간 어둡게 해서 노출을 길게 하면, 콘트라스트가 강한 경소(硬調)로 완성된다. 고감도 네오펜 SS(ASA100)를 사용하면 플랫한 사진이 되지만 실패할 위험이 적다. 또한, 촬영은 흑백 필름이 적합하고 컬러 필름은 특별한 경우 이외에는 사용하지 않는다.

(9) 노출 중의 진동, 흔들림, 외부 조명에 주의한다.

(10) 촬영한 사진의 배율을 정확하게 측정하려면 금속제 마이크로 스케일(전체 눈금이 1mm이며 0.01mm마다 눈금선이 그어진 것)을 이용한다. 피검면의 사진을 촬영한 뒤 마이크로 스케일의 눈금을 촬영해 둔다. 여러 종류의 대물렌즈를 사용했을 때에는 촬영할 때마다 마이크로 스케일의 눈금도 찍어 둔다. 네거필름에 찍힌 스케일의 눈금을

측정하면 네거필름 상의 배율을 알 수 있다. 필름을 확대 인화했을 때에는, 우선 이 마이크로 스케일 눈금을 촬영한 네거필름을 확대기에 넣고 투영상을 자로 측정한다. 예를 들면, 0.01mm의 스케일의 1눈금이 2mm 길이로 투영된 위치에 확대기를 고정하면 확대 사진의 배율은 200배가 된다.

(11) 촬영한 네거필름에 시료의 명칭, 기호, 배율, 촬영 조건과 같은 데이터와 촬영 연월일 등을 기록해 둔다.

3.5 비파괴 직접 검사법에 사용하는 시료(피검면)의 제작과 검사

광학현미경 조직의 비파괴 직접 검사법은 다음과 같은 경우에 유용하다.

(1) 사건·사고 발생 시 기계 구조물을 파손하지 않고 조직과 결함 등을 조사해야 할 때

(2) 검사 대상물이 크거나 무거워 이동이 어려울 때

(3) 그 외에 비파괴적으로 검사해야 할 때

피검면의 조연마, 중간 연마, 탁마, 에칭 및 금속현미경 관찰의 순서대로 검사하며, 검사 방법은 일반 검사법과 동일하다. 비파괴적 방법이므로 시료를 절단하고 채취하는 과정은 생략한다. 또한, 피검면의 조연마는 휴대용 그라인더, 줄, 거친 연마지로 작업하지만, 중간 연마, 탁마, 에칭은 모두 전해를 이용하는 편이 바람직하고 휴대용 장치가 시판되고 있다. 피검면의 관찰은 현장용 금속현미경이 편리하고 종합 배율은 그다지 높지 않다(600배 정도까지).

3.6 비파괴 간접 검사법에 사용하는 시료(피검면)의 제작과 검사

광학현미경 조직의 비파괴 간접 검사법은 비파괴 직접 검사법과 동일하며 기계 구조물의 표면에 피검면을 결정한 뒤 레플리카를 제작하고, 현미경으로 레플리카를 관찰하는 방법이다. 실험실에서 관찰 및 검사를 하고자 할 경우 유용한 방법이다.

레플리카의 제작은 다음과 같다.

(1) 섬프법

섬프법(SUMP method)은 스즈키식 만능 현미경 인화법(Suzuki's Universal micro Printing method)의 머리글자이다. 철강의 광학현미경 조직을 관찰할 때에는 0.11mm 두께의 셀룰로이드 박판에 섬프액(아세트산아밀과 같은 용제)을 바르고 셀룰로이드가 연화하여

얇은 피막을 형성하면, 깨끗이 세정하여 건조해 둔 피검면에 셀룰로이드 막을 붙여 몇 분 정도 손가락으로 가볍게 누른 뒤 건조되면 벗겨 내어 투과형 현미경으로 관찰한다. 단, 명암이 실재와 반대인 네거티브 상이 나타난다. 레플리카는 유리판 사이에 끼워서 70℃ 정도로 가열하면 휘어서 변형되는 것을 막을 수 있다.

(2) 아세틸셀룰로스법

아세틸셀룰로스법에 관해서는 I 철강 파단면 관찰법의 06 미시적 파단면의 간접 관찰법 6.2 레플리카 제작 방법을 참조하기 바란다.

3.7 시료의 제작 용구 관계의 규격

광학현미경 조직 검사법 자체에는 규격이 없다. 시료의 제작 용구 관계의 규격을 [표 3.11]에 정리했다.

표 3.11 시료 제작 용구 관계의 규격

한국 산업 규격	KS
절단 관계	
B ISO 2336-1	쇠톱날 - 제1부 : 손작업 쇠톱날의 치수
B ISO 2336-2	쇠톱날 - 제2부 : 기계 쇠톱날의 치수
연삭 관계	
B 3151	줄
L 6522	연마포지 - 연마재 입도
L 6511	연마재, 연삭숫돌 및 연마포지의 용어와 기호
L 6501	비트리파이드 연삭 숫돌
L 6212	레지노이드 연삭숫돌
L 6505	레지노이드 오프셋 연삭숫돌
L 6504	레지노이드 절단숫돌
L 6518	연삭숫돌의 최고 사용 원주속도
연마 관계	
L 6002	연마포(폐지)
L 6003	연마지(폐지)
L 6004	내수 연마지(폐지)

IV 철강 재료 시험법

01 들어가며

기계 구조물의 파괴는 외부 응력 또는 내부 응력과 파괴 부분의 강도 및 결함과의 평형 관계가 무너지면서 일어나므로, 부재나 파괴 부분의 강도 및 결함을 시험하고 조사할 필요가 있다. 넓은 의미의 재료 시험은 재료의 강도 시험, 즉 기계적 성질 시험 이외에 강종 감별, 화학 성분 분석, 파단면 관찰, 금속 조직 검사, 결함 조사(비파괴 검사) 등을 포함하는 넓은 분야를 가리키지만, 좁은 의미에서는 재료의 기계적 성질 시험을 가리킨다. 여기에서는 기계적 성질 시험 및 결함의 비파괴 시험 중 주요한 사항에 관하여 설명하고자 한다.

02 기계적 성질 시험법

기계적 성질 시험은 정적 시험과 동적 시험 및 기타로 크게 나뉜다. 정적 시험은 하중을 점점 증가시키며 가하여 시험법으로 인장 시험, 압축 시험, 굽힘 시험, 비틀림 시험, 정적 경도 시험 등이 있다. 동적 시험은 충격 하중이나 반복 하중 등 동적 하중을 가하는 시험법으로 충격 시험, 충격 인장 시험, 충격 경도 시험, 피로 시험 등이 있다. 기타 시험은 크리프 시험, 응력 완화 시험(stress relaxation test) 등이 있다.

기계적 성질 시험에 공통되는 규격은 다음과 같다.

한국 산업 규격	KS
D 0001	강재의 검사 통칙

2.1 인장 시험법

인장 시험은 통상 상온 환경에서 진행하는 인장 시험을 가리킨다. 인장 시험으로 시험편의 항복점(降伏點), 내력(耐力), 인장 강도, 파단 연신율(Breaking elongation), 수축률 등을 측정하는 방법이다. 인장 시험에 관한 규격은 다음과 같다.

한국 산업 규격	KS
B 0801	금속재료 인장 시험편
B 0802	금속재료 인장 시험 방법
B 5521	인장 시험기

2.1.1 시험편

(1) 시험편의 가공

피검물에서 KS B 0801에 규정된 형상 또는 치수인 표준 시험편을 제작한다. 시험편 제작은 시험편의 형상에 알맞은 절단기, 선반, 형삭반, 프라이스반(Milling machine, 밀링머신) 등의 공작 기계로 절삭 가공 및 공정 작업을 해야 하므로, 때에 따라서는 외주를 맡기기도 한다. 시험편 그립 부(grip section)의 형상은 인장 시험기의 그리퍼(Gripper)에 맞추어 공정한다. 그립 부의 단면은 일반적으로 평형부의 단면보다 크게 제작한다. 단면이 원형인 봉상(棒狀) 시험편은 그립 부의 지름이 평형부 지름의 1.5배 이상으로 하고, 두께가 일정한 판상(板狀) 시험편은 그립 부의 폭을 평형부 폭의 1.5배 이상으로 한다. 봉강(棒鋼)이나 강선(鋼線)은 평형부와 동일하게 하여도 관계없다.

(2) 시험편의 준비

가. 표점(標点) 및 표점 거리 : 피검물을 가공하여 제작한 시험편의 평형부에 연신율 측정의 기준이 되는 표점을 스크라이버(Scriber, 금 긋기 바늘)나 펀치로 표시한다. 단, 매우 단단하거나 표면을 파손해서는 안 되는 시험편은 표면에 금 긋기 도료를 바르고 도막(塗膜) 부분에 스크라이버로 표시한다. 그 뒤 적어도 규정 치수의 0.1% 수치까지 표점 거리를 캘리퍼스로 측정한다. 표점은 규격 표점 거리에 해당하는 두 점만으로도 충분하지만, 표점 사이를 5mm나 10mm 간격으로 나누어 보조 표점을 표시해 두면 결과를 분석할 때 편리하다.

나. 평형부의 원단면적 : 시험편 평형부의 단면적을 표점 거리의 양단부(兩端部)와 중앙(3곳)에서 측정하고, 그 평균값을 평형부의 원(原)단면적으로 한다. 마이크로미터와 캘리퍼스로 적어도 규정 치수의 0.5% 수치까지 측정한다. 원형 단면적을 구하는데 필요한 지름은 서로 직교하는 2방향에 대해 측정한 값의 평균값으로 한다.

2.1.2 시험 방법

시험기는 인장 시험기를 사용한다. 인장 시험기는 압축 시험기 및 굽힘 시험기를 겸하는 만능 시험기가 많다.

(1) 시험편의 고정

시험편을 시험기에 끼울 때, 시험편에 맞는 그리퍼를 사용하여 시험편의 그립 부를 고정하고 시험편에는 인장축 방향의 하중만 가해지도록 주의하여 굽힘이나 비틀림 하중이 가해지지 않도록 한다. 또한, 그리퍼로 시험편을 단단히 고정하지 않으면 시험 중에 시험편이 미끄러지거나 빠지는 경우가 있으므로 주의한다.

(2) 부하

시험편에 가하는 부하는 서서히 그리고 가급적 균일하게 걸리도록 하여야 한다. 단, 항복점이나 내력을 측정할 때에는 측정된 항복점이나 내력의 1/2 정도까지 적당히 빠른 속도로 하중을 가해도 되지만, 그 이후의 평균증가율은 1～3kg/mm^2/s로 한다. 또한, 인장 강도를 측정할 때에는 추정한 인장 강도의 1/2 정도까지는 적당히 빠른 속도로 하중을 가해도 되지만, 그 이후 시험편 평형부의 연신율 증가율이 20～80%/min이 되는 속도가 되도록 한다. 인장 속도의 조절은 시험기의 하중 지침의 이동 속도와 크로스헤드(Crosshead)의 이동 속도 등을 관찰하면서 진행한다. 로드 베이서를 이용하면 하중의 증가 비율을 일정하게 유지할 수 있다.

(3) 측정

가. 항복점 : 상항복점 σ_{SU}(kg/mm^2)는 시험기 하중 지침의 진행이 일시 정지하거나 역행하기 시작할 때의 최대 하중 P_{SU}(kg)를 측정하고 다음 식을 이용하여 구한다.

$$\sigma_{SU} = \frac{P_{SU}}{A_0} \text{ (kg/mm}^2\text{)}$$

여기서, A_0 : 시험편 평형부의 원단면적(mm^2)

하항복점 σ_{SL}(kg/mm^2)은 시험기의 하중지침이 일시 정지하거나 역행한 다음 일시 정지하는 하중 P_{SL}(kg)을 측정하고 다음 식을 이용하여 구한다.

$$\sigma_{SL} = \frac{P_{SL}}{A_0} \text{ (kg/mm}^2\text{)}$$

실제로 하항복점을 정확하게 측정하기는 어렵고, 상항복점만 측정하는 경우가 많다.

나. 내력 : 소성변형이 서서히 증가하여 항복점이 명확하게 나타나지 않는 시험편일 때에는 항복점 대신에 내력 σ_ϵ(kg/mm^2)를 측정한다. 이 방법은 시험기에 부속된 연신계를 이용하여 기록한 하중 - 연신 선도[그림 4.1]의 연신 축 상의 영구 연신율 ϵ(%)에 해당하는 점부터 시험 초기의 직선 부분에 그은 평행선과 선도의 교점에 나타나는 하중P_ϵ(kg)을 구하여 다음 식에 대입한다.

$$\sigma_\epsilon = \frac{P_\epsilon}{A_0} \text{ (kg/mm}^2\text{)}$$

또한, 이 식 이외에도 내력을 구하는 방법을 JIS에서 규정하고 있으므로 참조하기 바란다.

다. 인장 강도 : 인장 강도 σ_β(kg/mm^2)는 시험편이 절단할 때까지 견딘 최대 인장 하중 P_{max}(kg)를 측정하고 다음 식으로 구한다.

$$\sigma_\beta = \frac{P_{max}}{A_0} \text{ (kg/mm}^2\text{)}$$

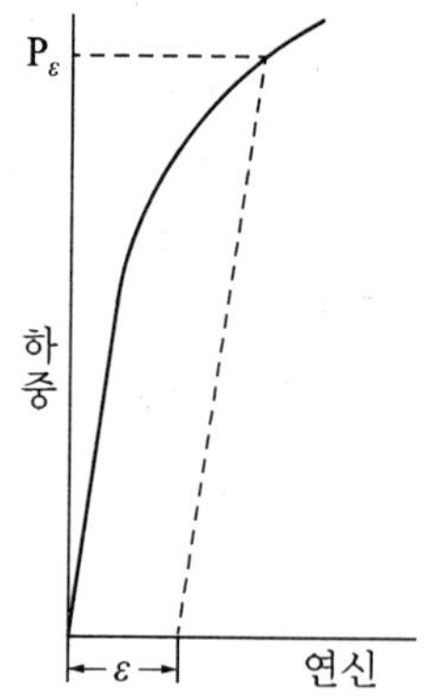

그림 4.1 하중 - 연신 선도

라. 파단 연신율 : 파단 연신율 δ(%)는 시험편 양 파단편의 중심선이 일직선상에 오도록 주의하며 파단면을 겹쳐 표점 간의 거리 ℓ(mm)을 측정하고 다음 식으로 구한다.

$$\delta = \frac{\ell - \ell_0}{\ell_0} \times 100(\%)$$

여기서, ℓ_0 : 표점 거리(mm)

마. 수축률 : 수축률 φ(%)는 시험편이 원형 단면인 경우에 측정한다. 시험편의 파단면을 주의하여 겹치고 파단부가 수축되어 가장 잘록한 부분의 지름을 측정하여 최소 파단면적 A(mm^2)를 산출하고 다음 식에 대입한다.

$$\varphi = \frac{A_0 - A}{A_0} \times 100(\%)$$

또한, A를 산출하기 위한 지름은 서로 수직인 2방향에 대해 측정한 값의 평균값이다.

2.2 경도 시험법

경도는 정의하기 어려운 개념이지만, 대략 설명하자면 압자(Penetrator)나 해머로 재료에 변형을 가할 때 재료에 나타나는 저항의 척도이다. 실제로 다양한 경도 시험법에 따라 정의하며, 예를 들어 브리넬 경도 시험법으로 측정된 경도는 브리넬 경도(Brinell hardness)라고 한다. 경도는 다른 기계적 성질과 밀접한 관계가 있으므로 경도 측정은 경도를 알기 위한 것이라기보다는 경도를 근거로 다른 기계적 성질, 특히 인장 강도를 추정하기 위하여 시험하는 경우가 많다. 즉, 인장 시험을 대신하는 비파괴적 시험으로 활용할 수 있다.

(1) 압흔 경도
브리넬(Brinell hardness), 비커스(Vickers hardness), 로크웰(Rockwell hardness), 마이어(Mever hardness), 모노트론(Monotron hardness), 누프(Knoop hardness) 등

(2) 동적 경도
쇼어(Shore hardness)

(3) 긁기 경도
모스(Moh's hardness), 마텐스(Martens hardness)

여기에서는 비교적 많이 사용되는 브리넬, 비커스, 로크웰, 로크웰 슈퍼피셜(Rockwell superficial hardness), 쇼어 경도 시험법에 관하여 설명하고자 한다. 이외에 현장에서 사용하는 줄 경도 시험 기구도 있다.

경도 시험에 관한 규격은 [표 4.1]과 같다.

표 4.1 경도 시험에 관한 규격

한국 산업 규격	KS
B 0805	브리넬 경도 시험 방법
B 0811	금속 재료의 비커스 경도 시험 방법
B 0806	로크웰 경도 시험 방법
B 0807	쇼어 경도 시험 방법
B 5524	브리넬 경도 시험기
B 5525	비커스 경도 시험기(시험 장치 검정)
B 5526	금속재료의 로크웰 경도 시험기 - 제2부 : 시험기의 검증과 교정
B 5527	쇼어 경도 시험기
B 5532	로크웰 T경도 시험기(폐지)
B 5530	금속재료의 로크웰 경도시험 - 제3부 : 기준시험편 교정

B 7731	쇼어 경도 기준편
B 5534	로크웰 T경도 기준편(폐지)

또한, 모스 경도는 금속이 아닌 광물의 경도를 나타내는 표시이다. 최대 결점은 경도수가 경도차에 비례하지 않는 점이다. 이전에는 금속용으로도 활용되었지만, 현재는 거의 사용되지 않는다.

2.2.1 브리넬 경도 시험법

(1) 브리넬 경도

브리넬 경도(Brinell hardness)는 H_B로 표시하고, 지름 D(mm)인 강구압자(鋼球壓子)를 이용하여 시험면에 구분(球分)의 압입(indentation) 자국을 만들었을 때의 하중 P(kg)를 영구 압입 자국의 지름 d(mm)로 구한 압입 자국의 표면적으로 나눈 값(kg/mm^2)이고, 다음 식으로 구한다.

$$H_B = \frac{2P}{\pi D(D - \sqrt{D^2 - d^2})} \ (\text{kg/mm}^2)$$

단, H_B의 수치에는 통상 단위를 붙이지 않는다.

(2) 시료

시료의 시험면은 하중 방향에 수직이 되도록 하며 원칙적으로 평면으로 마무리한다. 시험면의 공정은 압입 자국의 지름을 0.01mm까지 측정할 때에는 미세한 연마지로 평활하게 공정 작업을 하여야 하지만, 0.05mm까지 측정하여도 될 때에는 줄로 마무리하여도 관계없다. 시료의 크기는 시험 결과에 영향을 주지 않도록 주의하여야 한다. 두께는 압입 자국 깊이의 10배 이상, 폭은 압입 자국 지름의 5배 이상으로 한다. 시험 단면(端面)에서 압입 자국의 중심까지 거리는 압입 자국 지름의 2.5배 이상으로 한다. 또한, 여러 개의 압입 자국을 측정할 때에는 압입 자국의 중심 간 거리가 압입 자국 지름의 4배 이상이 되도록 하여야 한다. 그리고 압입 자국으로 인한 변화가 시료의 뒷면에 나타나서는 안 된다.

(3) 시험법

브리넬 경도 시험기를 이용하여 시험한다. 예를 들어, 유압식 시험기로 시험할 때에는 우선 시료의 경연(硬軟)에 따라 [표 4.2]의 예시 중 강구의 지름과 하중을 적절하게 조합하여 강구압자(鋼球壓子)를 장착한다. 그 후 시료대에 놓은 시료를 상승시켜 압자에 접촉시킨다. 유압으로 정해진 하중을 가하여 시험면에 압입 자국을 만든다. 다음으로 유압을 제거하여 하중을 완전히 0으로 되돌린 뒤, 시료대에서 시료를 꺼내 계측현미경으로 압입 자국의 지름을 측정한다. 경도 산출표(표 4.3)를 기준으로 브리넬 경도를 구한다.

표 4.2 강구의 지름과 하중의 조합

강구(鋼球)의 지름(mm)	하중(kg)	기호
5	750	H_B(5/750)
10	500	H_B(10/500)
10	1000	H_B(10/1000)
10	3000	H_B(10/3000)

비고 H_B(10/3000)은 H_B로 생략하여 표기할 수 있다.

이때 압입 자국의 지름은 서로 수직인 두 방향에 대해 측정하여 평균치를 구한다. 압입 자국의 지름은 원칙적으로 0.01mm 단위까지이지만, 때에 따라서는 0.05mm까지 읽어도 관계없다. 브리넬 경도 시험에서는 시료의 압입 자국 변형이 크고, 시료의 평균적인 경도를 얻을 수 있다.

(4) 경도의 표시

H_B 수치는 시료 조건, 즉 강구압자의 지름과 하중을 표시하므로 [표 4.3]에 정리한 기호를 사용한다. 예를 들면, 다음과 같이 표시할 수 있다.

$$H_B(10/500)\ 90$$

또한, 하중 유지 시간도 함께 표시하여야 할 때에는

$$H_B(10/500/30)\ 90$$

과 같이 표시한다.

2.2.2 비커스 경도 시험법

(1) 비커스 경도

비커스 경도(Vickes hardness)는 H_V로 표시하며 대면각(對面角)이 136°인 다이아몬드 사각 추압자를 사용하여 시험면에 피라미드형 압입 자국을 만들었을 때의 시험 하중 P(kg)를 영구 압입 자국의 대각선 길이로 구한 표면적으로 나눈 값이다. 다음 식으로 구할 수 있다.

$$H_V = \frac{2P\sin\frac{\alpha}{2}}{d^2}\ (\text{kg/mm}^2)$$

여기서, d : 압입 자국의 대각선 길이의 평균(mm), α : 대면각(°)

단, H_V 수치에는 통상 단위를 붙이지 않는다. 그리고 α=136°이므로 위의 식은 다음과 같이 산출된다.

$$H_V = 1.854\frac{P}{d^2}\ (\text{kg/mm}^2)$$

시험 하중 P는 보통 비커스 경도 시험기에서 1∼50kg이다. 미소 경도 시험기(마이크로 비커스 경도 시험기)에서는 0.001∼1kg 범위에서 시험하지만, 그 외에 제한이 없을 때에는 범위를 크게 정하는 편이 좋다.

표 4.3 브리넬 경도표

압입 자국의 지름에 대한 각 하중의 브리넬 경도

압입 자국 지름 mm	H_B (10/500)	H_B (10/3000)	압입 자국 지름 mm	H_B (10/500)	H_B (10/3000)	압입 자국 지름 mm	H_B (10/500)	H_B (10/3000)	압입 자국 지름 mm	H_B (10/500)	H_B (10/3000)
2.00···	158	945	2.25···	124	745	2.50···	100	601	2.75···	82.6	495
2.01···	156	936	2.26···	123	738	2.51···	99.4	597	2.76···	81.9	492
2.02···	154	926	2.27···	122	732	2.52···	98.6	592	2.77···	81.3	488
2.03···	153	917	2.28···	121	725	2.53···	97.8	587	2.78···	80.8	485
2.04···	151	908	2.29···	120	719	2.54···	97.1	582	2.79···	80.2	481
2.05···	150	899	2.30···	119	712	2.55···	96.3	578	2.80···	79.6	477
2.06···	148	890	2.31···	118	706	2.56···	95.5	573	2.81···	79.0	474
2.07···	147	882	2.32···	117	700	2.57···	94.8	569	2.82···	78.4	471
2.08···	146	873	2.33···	116	694	2.58···	94.0	564	2.83···	77.9	467
2.09···	144	865	2.34···	115	688	2.59···	93.3	560	2.84···	77.3	464
2.10···	143	856	2.35···	114	682	2.60···	92.6	555	2.85···	76.8	461
2.11···	141	848	2.36···	113	676	2.61···	91.8	551	2.86···	76.2	457
2.12···	140	840	2.37···	112	670	2.62···	91.1	547	2.87···	75.7	454
2.13···	139	832	2.38···	111	665	2.63···	90.4	543	2.88···	75.1	451
2.14···	137	824	2.39···	110	659	2.64···	89.7	538	2.89···	74.6	448
2.15···	136	817	2.40···	109	653	2.65···	89.0	534	2.90···	74.1	444
2.16···	135	809	2.41···	108	648	2.66···	88.4	530	2.91···	73.6	441
2.17···	134	802	2.42···	107	643	2.67···	87.7	526	2.92···	73.0	438
2.18···	132	794	2.43···	106	637	2.68···	87.0	522	2.93···	72.5	435
2.19···	131	787	2.44···	105	632	2.69···	86.4	518	2.94···	72.0	432
2.20···	130	780	2.45···	104	627	2.70···	85.7	514	2.95···	71.5	429
2.21···	129	772	2.46···	104	621	2.71···	85.1	510	2.96···	71.0	426
2.22···	128	765	2.47···	103	616	2.72···	84.4	507	2.97···	70.5	423
2.23···	126	758	2.48···	102	611	2.73···	83.8	503	2.98···	70.1	420
2.24···	125	752	2.49···	101	606	2.74···	83.2	499	2.99···	69.6	417

압입 자국 지름 mm	H_B (10/500)	H_B (10/3000)	압입 자국 지름 mm	H_B (10/500)	H_B (10/3000)	압입 자국 지름 mm	H_B (10/500)	H_B (10/3000)	압입 자국 지름 mm	H_B (10/500)	H_B (10/3000)
3.00···	69.1	415	3.40···	53.4	321	3.80···	42.4	255	4.20···	34.4	207
3.01···	68.6	412	3.41···	53.1	319	3.81···	42.2	253	4.21···	34.2	205
3.02···	68.2	409	3.42···	52.8	317	3.82···	42.0	252	4.22···	34.1	204
3.03···	67.7	406	3.43···	52.5	315	3.83···	41.7	250	4.23···	33.9	203
3.04···	67.3	404	3.44···	52.2	313	3.84···	41.5	249	4.24···	33.7	202
3.05···	66.8	401	3.45···	51.8	311	3.85···	41.3	248	4.25···	33.6	201
3.06···	66.4	398	3.46···	51.5	309	3.86···	41.1	246	4.26···	33.4	200
3.07···	65.9	395	3.47···	51.2	307	3.87···	40.9	245	4.27···	33.2	199
3.08···	65.5	393	3.48···	50.9	306	3.88···	40.6	244	4.28···	33.1	198
3.09···	65.0	390	3.49···	50.6	304	3.89···	40.4	242	4.29···	32.9	198
3.10···	64.6	388	3.50···	50.3	302	3.90···	40.2	241	4.30···	32.8	197
3.11···	64.2	385	3.51···	50.0	300	3.91···	40.0	240	4.31···	32.6	196
3.12···	63.8	383	3.52···	49.7	298	3.92···	39.8	239	4.32···	32.4	195
3.13···	63.3	380	3.53···	49.4	297	3.93···	39.6	237	4.33···	32.3	194
3.14···	62.9	378	3.54···	49.2	295	3.94···	39.4	236	4.34···	32.1	193
3.15···	62.5	375	3.55···	48.9	293	3.95···	39.1	235	4.35···	32.0	192
3.16···	62.1	373	3.56···	48.6	292	3.96···	38.9	234	4.36···	31.8	191
3.17···	61.7	370	3.57···	48.3	290	3.97···	38.7	232	4.37···	31.7	190
3.18···	61.3	368	3.58···	48.0	288	3.98···	38.5	231	4.38···	31.5	189
3.19···	60.9	366	3.59···	47.7	286	3.99···	38.3	230	4.39···	31.4	188
3.20···	60.5	363	3.60···	47.5	285	4.00···	38.1	229	4.40···	31.2	187
3.21···	60.1	361	3.61···	47.2	283	4.01···	37.9	228	4.41···	31.1	186
3.22···	59.8	359	3.62···	46.9	282	4.02···	37.7	226	4.42···	30.9	185
3.23···	59.4	356	3.63···	46.7	280	4.03···	37.5	225	4.43···	30.8	185
3.24···	59.0	354	3.64···	46.4	278	4.04···	37.3	224	4.44···	30.6	184
3.25···	58.6	352	3.65···	46.1	277	4.05···	37.1	223	4.45···	30.5	183
3.26···	58.3	350	3.66···	45.9	275	4.06···	37.0	222	4.46···	30.3	182
3.27···	57.9	347	3.67···	45.6	274	4.07···	36.8	221	4.47···	30.2	181
3.28···	57.5	345	3.68···	45.4	272	4.08···	36.6	219	4.48···	30.0	180
3.29···	57.2	343	3.69···	45.1	271	4.09···	36.4	218	4.49···	29.9	179
3.30···	56.8	341	3.70···	44.9	269	4.10···	36.2	217	4.50···	29.8	179
3.31···	56.5	339	3.71···	44.6	268	4.11···	36.0	216	4.51···	29.6	178
3.32···	56.1	337	3.72···	44.4	266	4.12···	35.8	215	4.52···	29.5	177
3.33···	55.8	335	3.73···	44.1	265	4.13···	35.7	214	4.53···	29.3	176
3.34···	55.4	333	3.74···	43.9	263	4.14···	35.5	213	4.54···	29.2	175
3.35···	55.1	331	3.75···	43.6	262	4.15···	35.3	212	4.55···	29.1	174
3.36···	54.8	329	3.76···	43.4	260	4.16···	35.1	211	4.56···	28.9	174
3.37···	54.4	326	3.77···	43.1	259	4.17···	34.9	210	4.57···	28.8	173
3.38···	54.1	325	3.78···	42.9	257	4.18···	34.8	209	4.58···	28.7	172
3.39···	53.8	323	3.79···	42.7	256	4.19···	34.6	208	4.59···	28.5	171

압입 자국 지름 mm	H_B (10/500)	H_B (10/3000)	압입 자국 지름 mm	H_B (10/500)	H_B (10/3000)	압입 자국 지름 mm	H_B (10/500)	H_B (10/3000)	압입 자국 지름 mm	H_B (10/500)	H_B (10/3000)
4.60···	28.4	170	5.00···	23.8	143	5.40···	20.1	121	5.80···	17.2	103
4.61···	28.3	170	5.01···	23.7	142	5.41···	20.0	120	5.81···	17.1	103
4.62···	28.1	169	5.02···	23.6	141	5.42···	19.9	120	5.82···	17.0	102
4.63···	28.0	168	5.03···	23.5	141	5.43···	19.9	119	5.83···	17.0	102
4.64···	27.9	167	5.04···	23.4	140	5.44···	19.8	119	5.84···	16.9	101
4.65···	27.8	167	5.05···	23.3	140	5.45···	19.7	118	5.85···	16.8	101
4.66···	27.6	166	5.06···	23.2	139	5.46···	19.6	118	5.86···	16.8	101
4.67···	27.5	165	5.07···	23.1	138	5.47···	19.5	117	5.87···	16.7	100
4.68···	27.4	164	5.08···	23.0	138	5.48···	19.5	117	5.88···	16.7	99.9
4.69···	27.3	164	5.09···	22.9	137	5.49···	19.4	116	5.89···	16.6	99.5
4.70···	27.1	163	5.10···	22.8	137	5.50···	19.3	116	5.90···	16.5	99.2
4.71···	27.0	162	5.11···	22.7	136	5.51···	19.2	115	5.91···	16.5	98.8
4.72···	26.9	161	5.12···	22.6	135	5.52···	19.2	115	5.92···	16.4	98.4
4.73···	26.8	161	5.13···	22.5	135	5.53···	19.1	114	5.93···	16.3	98.0
4.74···	26.6	160	5.14···	22.4	134	5.54···	19.0	114	5.94···	16.3	97.7
4.75···	26.5	159	5.15···	22.3	134	5.55···	18.9	114	5.95···	16.2	97.3
4.76···	26.4	158	5.16···	22.2	133	5.56···	18.9	113	5.96···	16.2	96.9
4.77···	26.3	158	5.17···	22.1	133	5.57···	18.8	113	5.97···	16.1	96.6
4.78···	26.2	157	5.18···	22.0	132	5.58···	18.7	112	5.98···	16.0	96.2
4.79···	26.1	156	5.19···	21.9	132	5.59···	18.6	112	5.99···	16.0	95.9
4.80···	25.9	156	5.20···	21.8	131	5.60···	18.6	111	6.00···	15.9	95.5
4.81···	25.8	155	5.21···	21.7	130	5.61···	18.5	111	6.01···	15.9	95.1
4.82···	25.7	154	5.22···	21.6	130	5.62···	18.4	110	6.02···	15.8	94.8
4.83···	25.6	154	5.23···	21.6	129	5.63···	18.3	110	6.03···	15.7	94.4
4.84···	25.5	153	5.24···	21.5	129	5.64···	18.3	110	6.04···	15.7	94.1
4.85···	25.4	152	5.25···	21.4	128	5.65···	18.2	109	6.05···	15.6	93.7
4.86···	25.3	152	5.26···	21.3	128	5.66···	18.1	109	6.06···	15.6	93.4
4.87···	25.1	151	5.27···	21.2	127	5.67···	18.1	108	6.07···	15.5	93.0
4.88···	25.0	150	5.28···	21.1	127	5.68···	18.0	108	6.08···	15.4	92.7
4.89···	24.9	150	5.29···	21.0	126	5.69···	17.9	107	6.09···	15.4	92.3
4.90···	24.8	149	5.30···	20.9	126	5.70···	17.8	107	6.10···	15.3	92.0
4.91···	24.7	148	5.31···	20.9	125	5.71···	17.8	107	6.11···	15.3	91.7
4.92···	24.6	148	5.32···	20.8	125	5.72···	17.7	106	6.12···	15.2	91.3
4.93···	24.5	147	5.33···	20.7	124	5.73···	17.6	106	6.13···	15.2	91.0
4.94···	24.4	146	5.34···	20.6	124	5.74···	17.6	105	6.14···	15.1	90.6
4.95···	24.3	146	5.35···	20.5	123	5.75···	17.5	105	6.15···	15.1	90.3
4.96···	24.2	145	5.36···	20.4	123	5.76···	17.4	105	6.16···	15.0	90.0
4.97···	24.1	144	5.37···	20.3	122	5.77···	17.4	104	6.17···	14.9	89.6
4.98···	24.0	144	5.38···	20.3	122	5.78···	17.3	104	6.18···	14.9	89.3
4.99···	23.9	143	5.39···	20.2	121	5.79···	17.2	103	6.19···	14.8	89.0

압입 자국 지름 mm	H_B (10/500)	H_B (10/3000)	압입 자국 지름 mm	H_B (10/500)	H_B (10/3000)	압입 자국 지름 mm	H_B (10/500)	H_B (10/3000)	압입 자국 지름 mm	H_B (10/500)	H_B (10/3000)
6.20···	14.8	88.7	6.40···	13.7	82.5	6.60···	12.8	76.8	6.80···	11.9	71.6
6.21···	14.7	88.3	6.41···	13.7	82.2	6.61···	12.8	76.5	6.81···	11.9	71.3
6.22···	14.7	88.0	6.42···	13.6	81.9	6.62···	12.7	76.2	6.82···	11.8	71.1
6.23···	14.6	87.7	6.43···	13.6	81.6	6.63···	12.7	76.0	6.83···	11.8	70.8
6.24···	14.6	87.4	6.44···	13.5	81.3	6.64···	12.6	75.7	6.84···	11.8	70.6
6.25···	14.5	87.1	6.45···	13.5	81.0	6.65···	12.6	75.4	6.85···	11.7	70.4
6.26···	14.5	86.7	6.46···	13.4	80.7	6.66···	12.5	75.2	6.86···	11.7	70.1
6.27···	14.4	86.4	6.47···	13.4	80.4	6.67···	12.5	74.9	6.87···	11.6	69.9
6.28···	14.4	86.1	6.48···	13.4	80.1	6.68···	12.4	74.7	6.88···	11.6	69.6
6.29···	14.3	85.8	6.49···	13.3	79.8	6.69···	12.4	74.4	6.89···	11.6	69.4
6.30···	14.2	85.5	6.50···	13.3	79.6	6.70···	12.4	74.1	6.90···	11.5	69.2
6.31···	14.2	85.2	6.51···	13.2	79.3	6.71···	12.3	73.9	6.91···	11.5	68.9
6.32···	14.1	84.9	6.52···	13.2	79.0	6.72···	12.3	73.6	6.92···	11.4	68.7
6.33···	14.1	84.6	6.53···	13.1	78.7	6.73···	12.2	73.4	6.93···	11.4	68.4
6.34···	14.0	84.3	6.54···	13.1	78.4	6.74···	12.2	73.1	6.94···	11.4	68.2
6.35···	14.0	84.0	6.55···	13.0	78.2	6.75···	12.1	72.8	6.95···	11.3	68.0
6.36···	13.9	83.7	6.56···	13.0	77.9	6.76···	12.1	72.6	6.96···	11.3	67.7
6.37···	13.9	83.4	6.57···	12.9	77.6	6.77···	12.1	72.3	6.97···	11.3	67.5
6.38···	13.8	83.1	6.58···	12.9	77.3	6.78···	12.0	72.1	6.98···	11.2	67.3
6.39···	13.8	82.8	6.59···	12.8	77.1	6.79···	12.0	71.8	6.99···	11.2	67.0

비고 이 표는 ASTM(E10-54T)을 기준으로 한 값으로 참고로 제시했다.
이 표는 다음 식에서 산출된 값이다. 따라서 표의 최고치 경도를 나타내는 재료에서 브리넬 시험이 이루어진다고는 할 수 없다.

$$H_B = \frac{2P}{\pi D(D - \sqrt{D^2 - d^2}}$$

여기서, H_B : 브리넬 경도 kg/mm^2　　P : 하중=500, 1000, 과같이
D : 강구의 지름 10mm　　d : 압입 자국의 지름 mm

(2) 시료

시료의 시험면은 하중 방향에 수직이면서 원칙적으로 평면이 되도록 마무리한다. 시험면은 압입 자국이 작을수록 주의를 기울여 공정해야 한다. 일반적으로 광학현미경 조직 검사용 시료의 피검면과 마찬가지로 탁마 작업까지 진행하여 경면으로 공정한다. 미소 경도 시험법으로 미소 경도를 측정할 때에는 광학현미경 조직 검사용 시료를 사용하는 경우가 많다. 공정 시 표면층의 변화를 일으키지 않도록 하려면 전해 연마 처리를 한다. 시료의 크기는 시험 결과에 영향을 주지 않도록 적절하게 결정한다. 예를 들면, 두께는 압입 자국의 대각선 길이의 1.5배 이상, 여러 개의 압입 자국을 측정할 때에는 압입 자국 중심 간의 거리가 압입 자국 대각선의 4배 이상이 되도록 하여야 한

다. 또한, 압입 자국으로 인한 변화가 시료의 표면에 나타나지 않도록 주의한다. 두께가 얇은 시료나 가는 선재(線材)를 시험할 때에는 시료를 몇 겹 겹쳐 쌓아서 밀착시키거나 견고한 시료대를 사용한다. 가능하면 미소 경도 시험기의 전용 고정 재물대를 사용하는 것이 바람직하다.

(3) 시험법

비커스 경도 시험기 또는 미소 경도 시험기(마이크로 비커스 경도 시험기)를 사용한다. 두 가지 시험법은 거의 동일하다. KS에는 미소 경도 시험기를 사용하는 시험법에 관한 특별한 규격이 없으므로 비커스 경도 시험기를 사용하는 시험법을 기준으로 삼는다. 먼저 시험 하중을 결정하고 추를 세팅한다. 다음으로 시료를 시료대에 올려(미소 경도 시험기는 재물대에 고정한다) 계측 현미경으로 측정할 위치를 정한다. 압자의 바로 아래쪽에 시료가 올 수 있도록 시료대나 재물대를 올려서 압자에 시료를 접촉시킨다. 시험 하중을 가하여 30초간 유지한다. 시료대나 재물대를 내려서 하중을 완전히 0으로 되돌리고, 계측 현미경으로 압입 자국의 대각선 길이를 측정한다. 그 뒤 경도 산출표를 이용하여 비커스 경도를 구한다. 이때 압입 자국의 대각선 길이는 두 대각선을 측정한 평균값으로 한다. 또한, 시험면이 구면(球面)이나 원통면(圓筒面)일 때에는 측정한 압입 자국의 대각선 길이를 보정 계수표를 참고하여 보정한다. 비커스 경도 시험기, 특히 미소 경도 시험기로 시험할 때에는 압입 자국이 미소(微小)하여 미시적 영역의 경도를 얻을 수 있다. 그러므로 조직의 표면층, 열영향부, 소성 변형부 등의 경도 분포를 검사할 수 있다.

(4) 경도 기준편

KS에는 비커스 경도 기준편의 규격이 없지만, 쇼어 경도와 비커스 경도 간의 경도 기준 환산 곡선으로 관련성을 표시하고 있으므로 쇼어 경도 기준편을 사용한다.

(5) 경도의 표시

H_V의 수치 표시는 시험 하중을 표시하여야 할 때, 예를 들어 30kg의 시험 하중으로 H_V 250일 때에는

$$H_V(30)\,250$$

로 표시하고, 0.3kg 하중으로 H_V 500일 때에는,

$$H_V(0.3)\,500$$

으로 표시한다.

2.2.3 로크웰 경도 시험법

(1) 로크웰 경도

로크웰 경도(Rockwell hardness)는 [표 4.4]와 같이 사용하는 압자 및 기준 하중과 시

험 하중의 조합에 따라 여러 종류의 스케일로 나뉜다. 철강에 사용하는 경도는 주로 B스케일이나 C스케일이다. 여기서는 이 2종류의 경도 측정법에 대해서 설명한다. B스케일 및 C스케일 로크웰 경도는 로크웰 B경도 및 로크웰 C경도라고 한다. 각각 H_RB 및 H_RC로 표시한다. H_RB는 지름이 1.588mm인 강구압자를 사용한다. 먼저 기준 하중 10kg을 가한 뒤 시험 하중인 100kg까지 하중을 증가시킨다. 다시 기준 하중인 10kg으로 되돌아온다. 전후 2회에 걸쳐 기준 하중이 가해질 때 압입 자국의 깊이 차 h(mm)를 다음 식에 대입하여 로크웰 경도를 구한다.

$$H_RB = 130 - 150\,h(\text{mm})$$

단, H_RB 수치에는 통상 단위를 붙이지 않는다.

H_RC는 꼭지각 120°, 선단(先端, tip) 반경 0.2mm인 다이아몬드 압자를 사용하여, 먼저 10kg인 기준 하중을 가한 뒤 시험 하중 150kg까지 하중을 증가시킨다. 다시 기준 하중인 10kg으로 되돌아온다. 전후 2회에 걸쳐 기준 하중이 가해질 때 압입 자국의 깊이 차 h(mm)를 다음 식에 대입하여 로크웰 경도를 구한다.

$$H_RC = 100 - 550\,h(\text{mm})$$

단, H_RC 수치에는 통상 단위를 붙이지 않는다.

(2) 시료

로크웰 경도는 압입 자국의 깊이로 산출하는 것이므로, 시료의 시험면이 하중 방향에 수직이면서 원칙적으로 평면이 되도록 공정한다. 시험면은 매끄럽고 청결하게 유지한다. 시료의 두께는 가급적 두꺼워야 하며 압입 자국에 의한 변화가 뒷면에 나타나서는 안 된다. 여러 개의 압입 자국 사이의 중심 간 거리는 압입 자국 지름의 4배 이상이 되어야 하고, 시료의 테두리에서 압입 자국까지의 거리는 압입 자국 지름의 2배 이상이 되어야 한다.

(3) 시험법

시험에는 로크웰 경도 시험기를 사용한다.

우선 시료의 목표 경도를 정하여 B스케일과 C스케일 중에서 선택한다. 선택한 스케일의 입자와 시험 하중의 추를 올려놓는다. 한두 차례 예비시험을 하고 각 부분의 접촉 상태를 안정시킨 다음 본 시험을 진행한다. 시료대에 시료를 올릴 때에는 시험면이 하중 방향에 수직이 되도록 하고, 하중으로 휘거나 움직이지 않도록 시료대 등에 지지할 방법을 마련해 둔다. 시험 순서는 시험면에 압자를 누르며 하중을 점차 늘려 기준 하중까지 하중을 증가시킨다. 지시계의 바늘에 눈금판의 세트점을 맞춘다. 이때 바늘은 지시계의 바로 위쪽을 향해 위치시키고 바늘의 기울기는 좌우로 5눈금 이내가 되도록 한다. 5눈금을 넘을 때에는 시험면의 측정 위치를 바꾸어 다시 시험한다. 다음으로 시험 하중까지 하중을 증가시킨다. 30초간 그 상태를 유지하고 지시계의 바늘이 정지할 때까지 기다린다. 압입 자국의 변형이 신속하게 완료되었을 때에는 30초보다 짧은 시간이라도 상관없다. 시험 하중 유지 시간이 경과하면 시험 하중을 천천히 감소시켜 다시 기준 하중으로 되돌아간 상태에서 지시계 바늘이 가리키는 눈금을 소수점 이하 한 자리까지 읽는다. 이 수치가 로크웰 경도이고 정수 한 자리까지 끝맺음한다. 단, 로크웰 C경도 50 이상일 때에는 소수점 이하 한 자리를 2사 3입하여 0.5단위로 끝맺음한다. 또한, 시험면이 곡률일 때에는 [표 4.5]를 참고하여 보정한다.

표 4.4 로크웰 스케일의 종류와 용도 예

스케일	압자(壓子)	기준하중 (kg)	시험하중 (kg)	경도 산출법 h : 압입 자국 차(mm)	용도 예
C D A	다이아몬드용 추압자 (錐壓子) 꼭지각 120° 선단(tip) 반경 0.2mm	10	150 100 60	$H_R = 100 - 500h$	B100 이상, C70 이하 C보다 약간 가벼운 하중용 주로 철강 초경합금, 박강판
G B F	1/16(1.588mm) in. 지름 강구압자	10	150 100 60	$H_R = 130 - 500h$	B보다 단단한 재료 B0～100 경도의 재료 베어링 메탈, 연황동, 동, 박판
K E H	1/8(3.175mm) in. 지름 강구압자	10	150 100 60	$H_R = 130 - 500h$	극연(極軟)재료, 극박(極薄) 재료
P M L	1/4(6.350mm) in. 지름 강구압자	10	150 100 60	$H_R = 130 - 500h$	플라스틱, 흑연, 극박재료
V S R	1/2(12.7mm) in. 지름 강구압자	10	150 100 60	$H_R = 130 - 500h$	상동
45N 30N 15N	다이아몬드용 추압자 꼭지각 120° 선단반경 0.2mm	3	45 30 15	$H_R = 100 - 1000h$	표면 강화강, 견고한 박판
45T 30T 15T	1/16 in. 지름 강구압자	3	45 30 15	$H_R = 100 - 1000h$	강, 황강, 청강의 박판
45W 30W 15W	1/8 in. 지름 강구압자	3	45 30 15	$H_R = 100 - 1000h$	
45X 30X 15X	1/4 in. 지름 강구압자	3	45 30 15	$H_R = 100 - 1000h$	
45Y 30Y 15Y	1/2 in. 지름 강구압자	3	45 30 15	$H_R = 100 - 1000h$	

(4) 경도 기준편

로크웰 경도 기준편이 있다. KS에서 H_RC 67~20 혹은 H_RB 100~30의 범위에 있는 경도 기준에 관해 규정하고 있다.

(5) 경도의 표시

로크웰 경도 표시는 예를 들면 다음과 같다.

로크웰 C경도 59.3이면

$$H_RC\ 59.5$$

로크웰 B경도 30.2이면

$$H_RB\ 30$$

표 4.5 곡률이 있을 경우의 보정치

C스케일

H_RC	원통 시료 지름(mm)								
	6	10	13	16	19	22	25	32	38
20				2.5	2.0	1.5	1.5	1.0	1.0
25			3.0	2.5	2.0	1.5	1.0	1.0	1.0
30			2.5	2.0	1.5	1.5	1.0	1.0	0.5
35		3.0	2.0	1.5	1.5	1.0	1.0	0.5	0.5
40		2.5	2.0	1.5	1.0	1.0	1.0	0.5	0.5
45	3.0	2.0	1.5	1.0	1.0	1.0	0.5	0.5	0.5
50	2.5	2.0	1.5	1.0	1.0	0.5	0.5	0.5	0.5
55	2.0	1.5	1.0	1.0	0.5	0.5	0.5	0.5	0
60	1.5	1.0	1.0	0.5	0.5	0.5	0.5	0	0
65	1.5	1.0	1.0	0.5	0.5	0.5	0.5	0	0
70	1.0	1.0	0.5	0.5	0.5	0.5	0.5	0	0
75	1.0	0.5	0.5	0.5	0.5	0.5	0	0	0

B스케일

H_RB	원통 시료 지름(mm)						
	6	10	13	16	19	22	25
0					4.5	3.5	3.0
10				5.0	4.0	3.5	3.0
20				4.5	4.0	3.5	3.0
30			5.0	4.5	3.5	3.0	2.5
40			4.5	4.0	3.0	2.5	2.5
50			4.0	3.5	3.0	2.5	2.0
60		5.0	3.5	3.0	2.5	2.0	2.0
70		4.0	3.0	2.5	2.0	2.0	1.5
80	5.0	3.5	2.5	2.0	1.5	1.5	1.5
90	4.0	3.0	2.0	1.5	1.5	1.5	1.0
100	3.5	2.5	1.5	1.5	1.0	1.0	0.5

2.2.4 로크웰 슈퍼피셜 경도 시험법

(1) 로크웰 슈퍼피셜 경도

로크웰 슈퍼피셜 경도(Rockwell superficial hardness)의 정의는 로크웰 경도와 동일하지만, 계산식이 다르며 다음 식에 대입하여 구한다.

$$H_R = 100 - 1000\,h(\text{mm})$$

여기서, h : 압입 자국 깊이의 차(mm)

단, H_R 수치는 통상 단위를 붙이지 않는다.

로크웰 슈퍼피셜 경도 시험법은 강의 표면 강화층이나 박판의 경도를 측정하기 위하여 고안된 시험법으로 [표 4.4]와 같이 기준 하중은 3kg, 시험 하중은 15kg, 30kg, 45kg으로 로크웰 경도와 동일한 압자를 사용한다. 로크웰 슈퍼피셜 경도의 스케일에는 N, T, W, X, Y 등 5종류가 있다. N스케일은 로크웰 경도의 C, A, D스케일용 재료에 적합하며, T스케일은 B, F, G스케일용 재료에 적합하다. W, X, Y스케일은 연재료(軟材料)에 적합하다. JIS에는 로크웰 T 경도 시험법이 규정되어 있다. 아래에서는 로크웰 T경도 시험법에 관하여 설명하도록 한다.

(2) 시료

시료의 시험면은 하중 방향에 수직이면서 원칙적으로 평면이 되도록 마무리한다. 시험면은 매끄럽고 깨끗하게 유지한다. 시료의 두께는 가급적 두꺼워야 하며 압입 자국에 의한 변화가 뒷면에 나타나서는 안 된다. 여러 개의 압입 자국 사이의 중심 간 거리는 압입 자국 지름의 4배 이상이 되어야 하고, 시료의 테두리에서 압입 자국까지의 거리는 압입 자국 지름의 2배 이상이 되어야 한다. 시료의 두께가 얇을 때에는 스폿 앤빌 등을 사용한다.

(3) 시험법

시험에는 로크웰 슈퍼피셜 경도 시험기를 사용한다. 로크웰 경도 시험기로 시험할 때와 순서는 동일하다. 또한, 기준 하중을 가한 뒤, 시험 하중까지 증가시키는 시간은 원칙적으로 4～8초로 한다. 온도는 5～35℃ 범위에서 시험을 진행하고, 필요하다면 시험 온도를 기록해 둔다.

(4) 경도 기준편

로크웰 T경도 기준편이 있다.

(5) 경도의 표시

측정한 로크웰 T경도의 수치는 정수 단위로 끝맺음한다. 예를 들면, H_R 기호 다음에 시험 하중과 스케일을 함께 적어 다음과 같이 표시한다.

$$H_R\ 15\ \text{T}\ 77,\quad H_R\ 30\ \text{T}\ 55,\quad H_R\ 45\ \text{T}\ 50$$

2.2.5 쇼어 경도 시험법

(1) 쇼어 경도

쇼어 경도(Shore hardnee)는 H_S로 표시한다. 일정한 모양과 무게의 다이아몬드 해머를 일정한 높이에서 시료면에 수직으로 낙하시킬 때 다이아몬드 해머가 튕겨져 올라온 높이로 경도를 산출한다. 경도 눈금은 등분 눈금으로 되어 있다. H_S는 다음의 개략식으로 구할 수 있다.

$$H_S = \frac{10000h}{65h_0}$$

여기서, h_0 : 해머 낙하 높이

h : 해머가 튕겨져 올라온 높이

(2) 시료

시료의 피검면은 원칙적으로 평면이어야 한다. 곡면을 측정할 때에는 곡면 조건을 함께 적고 해머가 곡률 중심을 향해서 낙하할 수 있도록 한다. 시험면은 청결하게 유지하고, 단단한 시료라면 연마지를 이용하여 연마하여 매끄럽게 마무리해 둔다. 시료의 중량은 무거운 편이 좋고 0.1kg 이상이어야 한다. 시료의 크기도 큰 편이 좋으며, 두께도 최소 5mm, 적어도 10mm 이상이 바람직하다. 단면(端面) 효과가 있으므로 가능한 한 단면과 떨어진 곳에서 측정한다.

(3) 시험법

시험에는 쇼어 경도 시험기를 사용한다. C형(목측형(目測型))과 D형(지시형(指示型)) 두 종류가 있고 해머의 중량과 낙하 높이는 각각 다르다. 측정물의 크기가 지나치게 클 때에는 계측통(計測筒)만 따로 분리하여 측정하거나 적절한 지지대에 끼워서 측정한다. 이때는 어떠한 방법으로 측정하였는지 결과에 참고 사항으로 기재해 둔다. 시험 순서는 시료대에 시료를 올리고 시험면 위에 계측통을 수직 방향으로 누른다. 미는 힘은 시료의 경도에 따라 다르지만, H_S30 정도인 시료는 14kg 이상, H_S50 정도인 시료는 18kg 이상이 되어야 한다. 그리고 시료가 단단하거나 두꺼울수록 미는 힘의 크기도 커야 한다. C형 시험기는 수동 에어 밸브로 계측통 안에 있는 유리관 내의 해머를 정해진 높이까지 끌어올려 고정한다. 다시 에어 밸브를 열어 해머를 수직 방향으로 낙하시켜 시험면에 충돌시킨다. 반동으로 튀어 올라 최고 위치에 다다른 순간의 눈금을 읽는다. D형 시험기는 해머의 반발 최고 위치가 자동으로 고정되므로 눈금판의 쇼어 경도를 읽는다. 원칙적으로 경도는 5회 연속으로 측정한 값의 평균을 측정치로 한다. 경도 수치는 원칙적으로 0.5 단위로 읽는다.

(4) 경도 기준편

쇼어 경도 기준편이 있다. JIS에서는 대개 H_S7～95 범위의 경도 기준을 규정하고 있다.

(5) 경도의 표시
쇼어 경도 표시의 예는 다음과 같다.

$$H_S\ 25.5$$

C형 시험기와 D형 시험기 중 어떤 것을 사용하는지 명기해야 할 때에는 기호 C 혹은 D를 함께 표기한다. 예를 들어, 다음과 같이 표시할 수 있다.

$$H_S C\ 25.5$$

평균치를 구할 때, 예를 들어 측정한 값의 최대차가 0.5 이상일 경우에는 경도 수치(평균값) 다음에 최대치와 최소치를 함께 적는다. 예를 들어, 다음과 같이 표시할 수 있다.

$$H_S C\ 70.5\ (66.5 \sim 73.5)$$

2.2.6 참고 사항

(1) 경도와 인장 강도의 관계
강의 각종 경도와 인장 강도 사이는 거의 직선적 관계이다.
비커스 경도 H_V 200~H_V 700 범위에서는 다음과 같은 관계가 성립한다.

$$H_V = 3\sigma_R$$

여기서, σ_R : 인장 강도(kg/mm^2)

(2) 각종 경도의 환산표
[표 4.6]~[표 4.8]은 각종 경도의 근사값 환산표이다.
경도의 근사값 환산표는 균일한 조직이라면 탄소강 및 합금강에 적용할 수 있다. 하지만 합금강 중, 예를 들면 고망간강, 18-8 니켈크롬강 등에 대해서는 그다지 정확하다고 할 수 없다. 또한, 표면 강화층, 탈탄층, 플레이팅층 등에는 적용해서는 안 된다. 그리고 표의 로크웰 특수 경도는 로크웰 슈퍼피셜 경도를 가리킨다.

2.3 기타 기계적 성질 시험법

2.3.1 압축 시험법

압축 시험은 철강의 경우라면 강관의 편평(偏平) 시험을 하고, 구름 베어링(rolling bearing)의 전동체 형태인 볼이나 롤러의 경우라면 압쇄 시험을 진행한다. 이 두 시험법은 각각 KS에 규정되어 있다. 압축 시험에 관한 규격은 없지만, 시험기는 다음과 같은 규격이 있다.

한국 산업 규격	KS
B 5533	압축 시험기

2.3.2 굽힘 시험법

굽힘 시험에는 주철 등 연성 재료의 기계적 성질을 조사하는 항절 시험과 재료의 연성이나 가공성을 조사하는 좁은 의미의 굽힘 시험이 있다.

(1) 항절 시험
주철 등 연성 재료는 인장 시험 이외에 시험편에 굽힘 하중을 가하여 파단할 때까지의 하중 - 휨 관계를 측정하는 항절 시험을 한다. 규격은 다음과 같다.

한국 산업 규격	KS
B 0808	금속 재료 항절 시험편
D ISO3325	소결 금속 재료(초경합금 제외) - 항절력 시험(폐지)
D ISO3327	초경합금 - 항절력의 측정(폐지)

(2) 굽힘 시험
규격은 다음과 같다.

한국 산업 규격	KS
B 0803	금속 재료 굽힘 시험편(폐지)
B 0803	금속 재료 굽힘 시험

2.3.3 비틀림 시험법

비틀림 시험기를 이용하여 시험편에 비틀림 하중을 가한 후 전단 항복 응력(τ_S) 또는 비틀림 강도(σ_β) 등을 측정한다. 가해진 비틀림 모멘트 T와 시험편의 비틀림 각 ϕ의 $T-\phi$ 선도는 인장 시험의 하중 - 연신 선도와 같은 형태를 얻을 수 있다. 지름이 D인 중실(中實, solid, 속이 꽉 찬 상태) 원형봉 시험편을 예로 들면, 비틀림 시험으로 얻은 $T-\phi$ 선도에서 항복(降伏)을 개시하는 비틀림 모멘트 T_S 또는 비틀림에 견디는 최대 비틀림 모멘트 T_B를 구하면 τ_S 혹은 τ_β는 각각

$$\tau_S = \frac{16\,T_S}{\pi D^3}\ (\text{kg/mm}^2)$$

$$\tau_\beta = \frac{16\,T_B}{\pi D^3}\ (\mathrm{kg/mm^2})$$

으로 구할 수 있다.

정해진 규격은 없다.

표 4.6 강의 비커스 경도 근사치 환산표

비커스 경도	브리넬 경도 10mm구·하중 3000kg			로크웰 경도[(2)]				로크웰 특수 경도			쇼어 경도	인장강도 kg/mm² 근사치[(1)]	비커스 경도 하중 50kg
	표준구	Hult-gren구	텅스텐카바이드구	A스케일	B스케일	C스케일	D스케일	15-N스케일	30-N스케일	45-N스케일			
940	–	–	–	85.6	–	68.0	76.9	93.2	84.4	75.4	97	–	940
920	–	–	–	85.3	–	67.5	76.5	93.0	84.0	74.8	96	–	920
900	–	–	–	85.0	–	67.0	76.1	92.9	83.6	74.2	95	–	900
880	–	–	767	84.7	–	66.4	75.7	92.7	83.1	73.6	93	–	880
860	–	–	757	84.4	–	65.9	75.3	92.5	82.7	73.1	92	–	860
840	–	–	745	84.1	–	65.3	74.8	92.3	82.2	72.2	91	–	840
820	–	–	733	83.8	–	64.7	74.3	92.1	81.7	71.8	90	–	820
800	–	–	722	83.4	–	64.0	73.8	91.8	81.1	71.0	88	–	800
780	–	–	710	83.0	–	63.3	73.3	91.5	80.4	70.2	87	–	780
760	–	–	698	82.6	–	62.5	72.6	91.2	79.7	69.4	86	–	760
740	–	–	684	82.2	–	61.8	72.1	91.0	79.1	68.6	84	–	740
720	–	–	670	81.8	–	61.0	71.5	90.7	78.4	67.7	83	–	720
700	–	615	656	81.3	–	60.1	70.8	90.3	77.6	66.7	81	–	700
690	–	610	647	81.1	–	59.7	70.5	90.1	77.2	66.2	–	–	690
680	–	603	638	80.8	–	59.2	70.1	89.8	76.8	65.7	80	–	680
670	–	597	630	80.6	–	58.8	69.8	89.7	76.4	65.3	–	–	670
660	–	590	620	80.3	–	58.3	69.4	89.5	75.9	64.7	79	–	660
650	–	585	611	80.0	–	57.8	69.0	89.2	75.5	64.1	–	–	650
640	–	578	601	79.8	–	57.3	68.7	89.0	75.1	63.5	77	–	640
630	–	571	591	79.5	–	56.8	68.3	88.8	74.6	63.0	–	–	630
620	–	564	582	79.2	–	56.3	67.9	88.5	74.2	62.4	75	–	620
610	–	557	573	78.9	–	55.7	67.5	88.2	73.6	61.7	–	–	610
600	–	550	564	78.6	–	55.2	67.0	88.0	73.2	61.2	74	–	600
590	–	542	554	78.4	–	51.7	66.7	87.8	72.7	60.5	–	210	590
580	–	535	545	78.0	–	51.1	66.2	87.5	72.1	59.9	72	206	580
570	–	527	535	77.8	–	53.6	65.8	87.2	71.7	59.3	–	202	570
560	–	519	525	77.4	–	53.0	65.4	86.9	71.2	58.6	71	199	560
550	505	512	517	77.0	–	52.3	64.8	86.6	70.5	57.8	–	195	550
540	496	503	507	76.7	–	51.7	64.4	86.3	70.0	57.0	69	190	540
530	488	495	497	76.4	–	51.1	63.9	86.0	69.5	56.2	–	186	530

520	480	487	488	76.1	–	50.5	63.5	85.7	69.0	55.6	67	183	520
510	473	479	479	75.7	–	49.8	62.9	85.4	68.3	54.7	–	179	510
500	465	471	471	75.3	–	49.1	62.2	85.0	67.7	53.9	66	174	500
490	456	460	460	74.9	–	48.4	61.6	84.7	67.1	53.1	–	169	490
480	448	452	452	74.5	–	47.7	61.3	84.3	66.4	52.2	64	165	480
470	441	442	442	74.1	–	46.9	60.7	83.9	65.7	51.3	–	160	470
460	433	433	433	73.6	–	46.1	60.1	83.6	64.9	50.4	62	156	460
450	425	425	425	73.3	–	45.3	59.4	83.2	64.3	49.4	–	153	450
440	415	415	415	72.8	–	44.5	58.8	82.8	63.5	48.4	59	149	440
430	405	405	405	72.3	–	43.6	58.2	82.3	62.7	47.4	–	144	430
420	397	397	397	71.8	–	42.7	57.5	81.8	61.9	46.4	57	140	420
410	388	388	388	71.4	–	41.8	56.8	81.4	61.1	45.3	–	136	410
400	379	379	379	70.8	–	40.8	56.0	81.0	60.2	44.1	55	131	400
390	369	369	369	70.3	–	39.8	55.2	80.3	59.3	42.9	–	127	390
380	360	360	360	69.8	(110.0)	38.8	54.4	79.8	58.4	41.7	52	123	380
370	350	350	350	69.2	–	37.7	53.6	79.2	57.4	40.4	–	120	370
360	341	341	341	68.7	(109.0)	36.6	52.8	78.6	56.4	39.1	50	115	360
350	331	331	331	68.1	–	35.5	51.9	78.0	55.4	37.8	–	112	350
340	322	322	322	67.6	(108.0)	34.4	51.1	77.4	54.4	36.5	47	109	340
330	313	313	313	67.0	–	33.3	50.2	76.8	53.6	35.2	–	105	330
320	303	303	303	66.4	(107.0)	32.2	49.4	76.2	52.3	33.9	45	103	320
310	294	294	294	65.8	–	31.0	48.4	75.6	51.3	32.5	–	100	310
300	284	284	284	65.2	(105.5)	29.8	47.5	74.9	50.2	31.1	42	97	300
295	280	280	280	64.8	–	29.2	47.1	74.6	49.7	30.4	–	96	295
290	275	275	275	64.5	(104.5)	28.5	46.5	74.2	49.0	29.5	41	94	290
285	270	270	270	64.2	–	27.8	46.0	73.8	48.4	28.7	–	92	285
280	265	265	265	63.8	(103.5)	27.1	45.3	73.4	47.8	27.9	40	91	280
275	261	261	261	63.5	–	26.4	44.9	73.0	47.2	27.1	–	89	275
270	256	256	256	63.1	(102.0)	25.6	44.3	72.6	46.4	26.2	38	87	270
265	252	252	252	62.7	–	24.8	43.7	72.1	45.7	25.2	–	86	265
260	247	247	247	62.4	(101.0)	24.0	43.1	71.6	45.0	24.3	37	84	260
255	243	243	243	62.0	–	23.1	42.2	71.1	44.2	23.2	–	82	255
250	238	238	238	61.6	99.5	22.2	41.7	70.6	43.4	22.2	36	81	250
245	233	233	233	61.2	–	21.3	41.1	70.1	42.5	21.1	–	79	245
240	228	228	228	60.7	98.1	20.3	40.3	69.6	41.7	19.9	34	78	240
230	219	219	219	–	96.7	(18.0)	–	–	–	–	33	75	230
220	209	209	209	–	95.0	(15.7)	–	–	–	–	32	71	220
210	200	200	200	–	93.4	(13.4)	–	–	–	–	30	68	210
200	190	190	190	–	91.5	(11.0)	–	–	–	–	29	65	200
190	181	181	181	–	89.5	(8.5)	–	–	–	–	28	62	190

180	171	171	171	–	87.1	(6.0)	–	–	–	–	26	59	180
170	162	162	162	–	85.0	(3.0)	–	–	–	–	25	56	170
160	152	152	152	–	81.7	(0.0)	–	–	–	–	24	53	160
150	143	143	143	–	78.7	–	–	–	–	–	22	50	150
140	133	133	133	–	75.0	–	–	–	–	–	21	46	140
130	124	124	124	–	71.2	–	–	–	–	–	20	44	130
120	114	114	114	–	66.7	–	–	–	–	–	–	40	120
110	105	105	105	–	62.3	–	–	–	–	–	–	–	110
100	95	95	95	–	56.2	–	–	–	–	–	–	–	100
95	90	90	90	–	52.0	–	–	–	–	–	–	–	95
90	86	86	86	–	48.0	–	–	–	–	–	–	–	90
85	81	81	81	–	41.0	–	–	–	–	–	–	–	85

표 4.7 강의 브리넬 경도 근사치 환산표

브리넬 압입 자국 지름 mm	브리넬 경도 10mm구·하중 3000kg			비커스 경도	로크웰 경도[2]				로크웰 특수 경도			쇼어 경도	인장 강도 kg/mm² 근사치[1]	브리넬 압입 자국 지름 mm
	표준구	Hult-gren구	텅스텐카바이드구		A스케일	B스케일	C스케일	D스케일	15-N 스케일	30-N 스케일	45-N 스케일			
–	–	–	–	940	85.6	–	68.0	76.9	93.2	84.4	84.4	97	–	–
–	–	–	–	920	85.3	–	67.5	76.5	93.0	84.0	84.0	96	–	–
–	–	–	–	900	85.0	–	67.0	76.1	92.9	83.6	83.6	95	–	–
–	–	–	767	880	84.7	–	66.4	75.7	92.7	83.1	83.1	93	–	–
–	–	–	757	860	84.4	–	65.9	75.3	92.5	82.7	82.7	92	–	–
2.25	–	–	745	840	84.1	–	65.3	74.8	92.3	82.2	82.2	91	–	2.25
–	–	–	733	820	83.8	–	64.7	74.3	92.1	81.7	81.7	90	–	–
–	–	–	722	800	83.4	–	64.0	73.8	91.8	81.1	81.1	88	–	–
2.30	–	–	712	–	–	–	–	–	–	–	–	–	–	2.30
–	–	–	710	780	83.0	–	63.3	73.3	91.5	80.4	80.4	87	–	–
–	–	–	698	760	82.6		62.5	72.6	91.2	79.7	79.7	86	–	–
–	–	–	684	740	82.2	–	61.8	72.1	91.0	79.1	79.1	–	–	–
2.35	–	–	682	731	82.2	–	61.7	72.0	91.0	79.0	79.0	84	–	2.35
–	–	–	670	720	81.8	–	61.0	71.5	90.7	78.4	78.4	83	–	–
–	–	–	656	700	81.3	–	60.1	70.8	90.3	77.6	77.6	–	–	–
2.40	–	–	653	697	81.2	–	60.0	70.7	90.2	77.5	77.5	81	–	2.40
–	–	–	647	690	81.1	–	59.7	70.5	90.1	77.2	77.2	–	–	–
–	–	–	638	680	80.8	–	59.2	70.1	89.8	76.8	76.8	80	–	–
–	–	–	630	670	80.6	–	58.8	69.8	89.7	76.4	76.4	–	–	–
2.45	–	–	627	667	80.5	–	58.7	69.7	89.6	76.3	76.3	79	–	2.45
2.50 [	–	–	–	677	80.7	–	59.1	70.0	89.8	76.8	76.8	–	–	] 2.50
	–	–	601	640	79.8	–	57.3	68.7	89.0	75.1	75.1	77	–	

2.55	–	–	–	640	79.8	–	57.3	68.7	89.0	75.1	75.1	–	–	2.55
	–	–	678	615	79.1	–	56.0	67.7	88.4	73.9	73.9	75	–	
2.60	–	–	–	607	78.8	–	55.6	67.4	88.1	73.5	73.5	–	–	2.60
	–	–	555	591	78.4	–	54.7	66.7	87.8	72.7	72.7	73	210	
2.65	–	–	–	579	78.0	–	54.0	66.1	87.5	72.0	72.0	–	205	2.65
	–	–	534	569	77.8	–	53.5	65.8	87.2	71.6	71.6	71	202	
2.70	–	–	–	553	77.1	–	52.5	65.0	86.7	70.7	70.7	–	195	2.70
	–	–	514	547	76.9	–	52.1	64.7	86.5	70.3	70.3	70	193	
	495	–	–	539	76.7	–	51.6	64.3	86.3	69.9	69.9	–	189	
2.75	–	495	–	530	76.4	–	51.1	63.9	86.0	69.5	69.5	–	186	2.75
	–	–	495	528	76.3	–	51.0	63.8	85.9	69.4	69.4	68	186	
	477	–	–	516	75.9	–	50.3	63.2	85.6	68.7	68.7	–	181	
2.80	–	477	–	508	75.6	–	49.6	62.7	85.3	68.2	68.2	–	177	2.80
	–	–	477	508	75.6	–	49.6	62.7	85.3	68.2	68.2	66	177	
	461	–	–	495	75.1	–	48.8	61.9	84.9	67.4	67.4	–	172	
2.85	–	461	–	491	74.9	–	48.5	61.7	84.7	67.2	67.2	–	170	2.85
	–	–	461	491	74.9	–	48.5	61.7	84.7	67.2	67.2	65	170	
	444	–	–	474	74.3	–	47.2	61.0	84.1	66.0	66.0	–	162	
2.90	–	444	–	472	74.2	–	47.1	60.8	84.0	65.8	65.8	–	162	2.90
	–	–	444	472	74.2	–	47.1	60.8	84.0	65.8	65.8	63	162	
2.95	429	429	429	455	73.4	–	45.7	59.7	83.4	64.6	49.9	61	154	2.95
3.00	415	415	415	440	72.8	–	44.5	58.8	82.8	63.5	48.4	59	149.	3.00
3.05	401	401	401	425	72.0	–	43.1	57.8	82.0	62.3	46.9	58	142	3.05
3.10	388	388	388	410	71.4	–	41.8	56.8	81.4	61.1	45.3	56	136	3.10
3.15	375	375	375	396	70.6	–	40.4	55.7	80.6	59.9	43.6	54	129	3.15
3.20	363	363	363	383	70.0	–	39.1	54.6	80.0	58.7	42.0	52	124	3.20
3.25	352	352	352	372	69.3	(110.0)	37.9	53.8	79.3	57.6	40.5	51	120	3.25
3.30	341	341	341	360	68.7	(109.0)	36.6	52.8	78.6	56.4	39.1	50	115	3.30
3.35	331	331	331	350	68.1	(108.5)	35.5	51.9	78.0	55.4	37.8	48	112	3.35
3.40	321	321	321	339	67.5	(108.0)	34.3	51.0	77.3	54.3	36.4	47	108	3.40
3.45	311	311	311	328	66.9	(107.5)	33.1	50.0	76.7	53.3	34.4	46	105	3.45
3.50	302	302	302	319	66.3	(107.0)	32.1	49.3	76.1	52.2	33.8	45	103	3.50
3.55	293	293	293	309	65.7	(106.0)	30.9	48.3	75.5	51.2	32.4	43	99	3.55
3.60	285	285	285	301	65.3	(105.5)	29.9	47.6	75.0	50.3	31.2	–	97	3.60
3.65	277	277	277	292	64.6	(104.5)	28.8	46.7	74.4	49.3	29.9	41	94	3.65
3.70	269	269	269	284	64.1	(104.0)	27.6	45.9	73.7	48.3	28.5	40	91	3.70
3.75	262	262	262	276	63.6	(103.0)	26.6	45.0	73.1	47.3	27.3	39	89	3.75
3.80	255	255	255	269	63.0	(102.0)	25.4	44.2	72.5	46.2	26.0	38	86	3.80
3.85	248	248	248	261	62.5	(101.0)	24.2	43.2	71.7	45.1	24.5	37	84	3.85
3.90	241	241	241	253	61.8	100.0	22.8	42.0	70.9	43.9	22.8	36	82	3.90

3.95	235	235	235	247	61.4	99.0	21.7	41.4	70.3	42.9	21.5	35	80	3.95
4.00	229	229	229	241	60.8	98.2	20.5	40.5	69.7	41.9	20.1	34	78	4.00
4.05	223	223	223	234	–	97.3	(18.8)	–	–	–	–	–	–	4.05
4.10	217	217	217	228	–	96.4	(17.5)	–	–	–	–	33	74	4.10
4.15	212	212	212	222	–	95.5	(16.0)	–	–	–	–	–	72	4.15
4.20	207	207	207	218	–	94.6	(15.2)	–	–	–	–	32	70	4.20
4.25	201	201	201	212	–	93.8	(13.8)	–	–	–	–	31	69	4.25
4.30	197	197	197	207	–	92.8	(12.7)	–	–	–	–	30	67	4.30
4.35	192	192	192	202	–	91.9	(11.5)	–	–	–	–	29	65	4.35
4.40	187	187	187	196	–	90.7	(10.0)	–	–	–	–	–	63	4.40
4.45	183	183	183	192	–	90.0	(9.0)	–	–	–	–	28	63	4.45
4.50	179	179	179	188	–	89.0	(8.0)	–	–	–	–	27	61	4.50
4.55	174	174	174	182	–	87.8	(6.4)	–	–	–	–	–	60	4.55
4.60	170	170	170	178	–	86.8	(5.4)	–	–	–	–	26	58	4.60
4.65	167	167	167	175	–	86.0	(4.4)	–	–	–	–	–	57	4.65
4.70	163	163	163	171	–	85.0	(3.3)	–	–	–	–	25	56	4.70
4.80	156	156	156	163	–	82.9	(0.9)	–	–	–	–	–	53	4.80
4.90	149	149	149	156	–	80.8	–	–	–	–	–	23	51	4.90
5.00	143	143	143	150	–	78.7	–	–	–	–	–	22	50	5.00
5.10	137	137	137	143	–	76.4	–	–	–	–	–	21	47	5.10
5.20	131	131	131	137	–	74.0	–	–	–	–	–	–	46	5.20
5.30	126	126	126	132	–	72.0	–	–	–	–	–	20	44	5.30
5.40	121	121	121	127	–	69.8	–	–	–	–	–	19	42	5.40
5.50	116	116	116	122	–	67.6	–	–	–	–	–	18	41	5.50
5.60	111	111	111	117	–	65.7	–	–	–	–	–	15	39	5.60

표 4.8 강의 로크웰 경도 근사치 환산표

로크웰 C 스케일 경도	비커스 경도	브리넬 경도 10mm구·하중 3000kg			로크웰 경도[2]			로크웰 특수 경도			쇼어 경도	인장강도 kg/mm² 근사치[1]	로크웰 C 스케일 경도[3]
		표준구	Hult-gren구	텅스텐카바이드구	A스케일	B스케일	D스케일	15-N 스케일	30-N 스케일	45-N 스케일			
68	940	–	–	–	85.6	–	76.9	93.2	84.4	75.4	97	–	68
67	900	–	–	–	85.0	–	76.1	92.9	83.6	74.2	95	–	67
66	865	–	–	–	84.5	–	75.4	92.5	82.8	73.3	92	–	66
65	832	–	–	739	83.9	–	74.5	92.2	81.9	72.0	91	–	65
64	800	–	–	722	83.4	–	73.8	91.8	81.1	71.0	88	–	64
63	772	–	–	705	82.8	–	73.0	91.4	80.1	69.9	87	–	63
62	746	–	–	688	82.3	–	72.2	91.1	79.3	68.8	85	–	62
61	720	–	–	670	81.8	–	71.5	90.7	78.4	67.7	83	–	61
60	697	–	613	654	81.2	–	70.7	90.2	77.5	66.6	81	–	60
59	674	–	599	634	80.7	–	69.9	89.8	76.6	65.5	80	–	59

58	653	–	587	615	80.1	–	69.2	89.3	75.7	64.3	78	–	58
57	633	–	575	595	79.6	–	68.5	88.9	74.8	63.2	76	–	57
56	613	–	561	577	79.0	–	67.7	88.3	73.9	62.0	75	–	56
55	595	–	546	560	78.5	–	66.9	87.9	73.0	60.9	74	212	55
54	577	–	534	543	78.0	–	66.1	87.4	72.0	59.8	72	205	54
53	560	–	519	525	77.4	–	65.4	86.9	71.2	58.6	71	199	53
52	544	500	508	512	76.8	–	64.5	86.4	70.2	57.4	69	192	52
51	528	487	494	496	76.2	–	63.8	85.9	69.4	56.1	68	186	51
50	513	475	481	481	75.9	–	63.1	85.5	68.5	55.0	67	179	50
49	498	464	469	469	75.2	–	62.1	85.0	67.6	53.8	66	172	49
48	484	451	455	455	74.7	–	61.4	84.5	66.7	52.5	64	167	48
47	471	442	443	443	74.1	–	60.8	83.9	65.8	51.4	63	161	47
46	456	432	432	432	73.6	–	60.0	83.5	64.8	50.3	62	156	46
45	446	421	421	421	73.1	–	59.2	83.0	64.0	49.0	60	151	45
44	434	409	409	409	72.5	–	58.5	82.5	63.1	47.8	58	146	44
43	423	400	400	400	72.0	–	57.7	82.0	62.2	46.7	57	141	43
42	412	390	390	390	71.5	–	56.9	81.5	61.3	45.5	56	136	42
41	402	381	381	381	70.9	–	56.2	80.9	60.4	44.3	55	132	41
40	392	371	371	371	70.4	–	55.4	80.4	59.5	43.1	54	127	40
39	382	362	362	362	69.9	–	54.6	79.9	58.6	41.9	52	124	39
38	372	353	353	353	69.4	–	53.8	79.4	57.7	40.8	51	120	38
37	363	344	344	344	68.9	–	53.1	78.8	56.8	39.6	50	118	37
36	354	336	336	336	68.4	(109.0)	52.3	78.3	55.9	38.4	49	114	36
35	345	327	327	327	67.9	(108.5)	51.5	77.7	55.0	37.2	48	110	35
34	336	319	319	319	67.4	(108.0)	50.8	77.2	54.2	36.1	47	108	34
33	327	311	311	311	66.8	(107.5)	50.0	76.6	53.3	34.9	46	105	33
32	318	301	301	301	66.3	(107.0)	49.2	76.1	52.1	33.7	44	102	32
31	310	294	294	294	65.8	(106.0)	48.4	75.6	51.3	32.5	43	100	31
30	302	286	286	286	65.3	(105.5)	47.7	75.0	50.4	31.3	42	97	30
29	294	279	279	279	64.7	(104.5)	47.0	74.5	49.5	30.1	41	95	29
28	286	271	271	271	64.3	(104.0)	46.1	73.9	48.6	28.9	41	93	28
27	279	264	264	264	63.8	(103.0)	45.2	73.3	47.7	27.8	40	90	27
26	272	258	258	258	63.3	(102.5)	44.6	72.8	46.8	26.7	38	88	26
25	266	253	253	253	62.8	(101.5)	43.8	72.2	45.9	25.5	38	86	25
24	260	247	247	247	62.4	(101.0)	43.1	71.6	45.0	24.3	37	84	24
23	254	243	243	243	62.0	100.0	42.1	71.0	44.0	23.1	36	82	23
22	248	237	237	237	61.5	99.0	41.6	70.5	43.2	22.0	35	80	22
21	243	231	231	231	61.0	98.5	40.9	69.9	42.3	20.7	35	79	21
20	238	226	226	226	60.5	97.8	40.1	69.4	41.5	19.6	34	77	20
(18)	230	219	219	219	–	96.7	–	–	–	–	33	75	(18)

(16)	222	212	212	212	–	95.5	–	–	–	–	32	72	(16)
(14)	213	203	203	203	–	93.9	–	–	–	–	31	69	(14)
(12)	204	194	194	194	–	92.3	–	–	–	–	29	66	(12)
(10)	196	187	187	187	–	90.7	–	–	–	–	28	63	(10)
(8)	188	179	179	179	–	89.5	–	–	–	–	27	61	(8)
(6)	180	171	171	171	–	87.1	–	–	–	–	26	59	(6)
(4)	173	165	165	165	–	85.5	–	–	–	–	25	56	(4)
(2)	166	158	158	158	–	83.5	–	–	–	–	24	54	(2)
(0)	160	152	152	152	–	81.7	–	–	–	–	24	53	(0)

2.3.4 충격 시험법

충격 시험에서는 금속 재료의 충격 시험값을 규정한다. 샤르피 충격 시험(Charpy impaot test)과 아이조드 충격 시험(Izod impact test)이 있다.

(1) 샤르피 충격 시험

샤르피 충격 시험(Charpy impaot test)은 피검물에서 KS B 0809에 규정된 형상과 치수로 충격 시험편(3～5호)을 제작한다. 이 시험편을 폭 40mm인 두 지지대로 받쳐 시험편의 노치부를 지지대 사이의 중앙에 놓는다. 노치부의 배면을 해머로 충격을 가하여 파단시킨다. 파단에 소요된 에너지(샤르피 흡수 에너지, kgm)를 노치부 최초의 단면적(cm^2)으로 나눈 값이 이 시험편의 샤르피 충격값이다.

(2) 아이조드 충격 시험

아이조드 충격 시험(Izod impact test)은 피검물에서 KS B 0809에 규정된 형상과 치수로 충격 시험편(1호 혹은 2호)을 제작한다. 이 시험편의 한쪽 끝을 노치부에 고정하고 양 끝을 노치부로부터 22mm 떨어진 위치에서 노치부와 동일한 면을 해머로 충격을 가하면 파단된다. 파단에 소요된 에너지가 이 시험편의 아이조드 충격값이다.

한국 산업 규격	KS
B 0809	금속 재료 충격 시험편
B 0810	금속 재료 충격 시험 방법

2.3.5 피로 시험법

피로 시험에는 일정한 형상과 치수인 표준 시험편을 일정한 방법으로 시험하는 표준 시험과 실제 부품으로 시험하는 실물 시험이 있다. 실물 시험의 규격은 다음과 같다.

한국 산업 규격	KS
B ISO1143	금속 재료의 회전바 굽힘 피로시험
B ISO12106	금속 재료의 피로 시험 - 축 방향 변형제어 방법
B ISO12107	금속 재료의 피로 시험 - 데이터의 통계적 분석방법
B ISO12108	금속 재료의 피로 시험 - 피로균열성장 방법

2.3.6 크리프 시험법

크리프 시험에는 크리프 변형을 구하는 좁은 의미의 크리프 시험과 크리프 변형이 진행하여 파단될 때까지의 시간, 즉 크리프 파단 시간을 측정하는 크리프 파단 시험이 있다. 규격은 다음과 같다.

한국 산업 규격	KS
B 0814	금속 재료의 인장 크리프 시험 방법
B 0815	금속 재료의 인장 크리프 파단 시험 방법

03 비파괴 시험법

재료나 용접부의 내부 결함 또는 미세하여 발견하기 어려운 표면 결함에 관하여, 재료의 파손 없이 외부에서 결함의 유무를 검사하는 방법이 비파괴 시험법이다.

비파괴 검사는 통상 다음 6가지로 나뉜다.

(1) 방사선 투과 시험
(2) 초음파 탐상 시험
(3) 지분 탐상 시험
(4) 침투 탐상 시험
(5) 전기적 탐상 시험
(6) 음향 방출 시험(Acoustic Emission Test)

여기에서는 (1)~(4)에 관한 개요를 설명하도록 한다. 상세한 내용은 KS를 참조하기 바란다.

3.1 방사선 투과 시험법

방사선 침투 시험은 재료 내부의 결함을 이차원 투과상으로 검출한다. 체적 결함에는 민감하고, 면적 결함에는 방사선의 투과 방향에 영향을 받는다.

(1) X선 장치
얇은 강판에는 100KVP 이하인 관전압(管電壓)을 사용 범위로 하는 X선 장치를 사용한다. 용접 구조물 검사에는 현장 작업에 적합한 휴대용 소형 경량 장치를 사용한다.

(2) γ선 장치
γ선 장치는 소형 경량 장치이지만, X선 장치보다 높은 투과력의 고에너지 방사선을 방사한다. 주로 사용되는 선원(線源)은 코발트 60 또는 이리듐 192 등이 있다.
강의 방사선 투과 시험에 관한 규격은 다음과 같다.

한국 산업 규격	KS
B 0845	강용접 이음부의 방사선 투과 시험 방법
D 0237	스테인리스강 용접부의 방사선 투과검사 방법

3.2 초음파 탐상 시험법

초음파 탐상 시험법에는 0.4～10MHz인 연속파 또는 펄스파를 사용한다. 초음파 탐상 시험법을 응용한 시험기로 초음파 두께 측정기가 있으며 판이나 관 등의 두께를 측정하는 이외에도 부식 측정, 접착층이나 결함 검사 등에 사용한다. 두께 측정 시 정밀도는 0.1mm 전후이다. 초음파 탐상 시험에 관한 규격은 [표 4.9]와 같다.

표 4.9 초음파 탐상 시험에 관한 규격

한국 산업 규격	KS
B 0817	금속 재료의 펄스 반사법에 따른 초음파탐상검사 방법 통칙
B 0827	초음파 탐상용 G형 감도 표준 시험편(STB-G)(폐지)
B 0828	강판 초음파 탐상용 N1형 감도 표준 시험편(STB-N1)(폐지)
B 0829	초음파 탐상용 A1형 표준시험편(STB-1)(폐지)
B 0830	초음파 경사각 탐상용 A2 형 감도 표준 시험편(STB-A2)(폐지)

3.3 자분 탐상 시험법

자분(磁粉) 탐상(探傷) 시험법은 철강 등의 강자성체에 자성을 띠게 하여 자분이 부착된 표면이나 표면 주위에 생긴 결함을 관찰하는 시험이다. 관련 규격은 다음과 같다.

한국 산업 규격	KS
D 0213	강자성 재료의 자분 탐상검사 방법 및 자분 모양의 분류

3.4 침투 탐상 시험법

침투 탐상 시험은 표면의 미세한 균열이나 구멍 등 흠집을 간편하고 고감도로 검출하는 방법으로, 자분 탐상 시험법을 이용할 수 없는 비자성 재료도 시험할 수 있다. 침투 탐상 시험법의 원리는 흠이 있는 부분에 침투액을 습윤 작용으로 침투시킨 다음 표면의 침투액을 닦아내고, 현상액을 발라서 결함부에 남아있는 침투액을 표면에 나타나게 하는 것이다. 형광 침투 탐상 시험과 염색 침투 탐상 시험이 있다. 염색 침투 탐상 시험은 컬러 체크나 레드 체크라고 부르기도 한다. 시험 순서는 거의 동일하다.

3.4.1 침투액 및 현상제

형광 침투 탐상 시험과 염색 침투 탐상 시험에 쓰이는 침투액은 6종류가 있다.

(1) 수세성(水洗性) 형광 침투액
(2) 후유화성(後乳化性) 형광 침투액 : 물로 씻어내어도 제거되지 않으므로 침투 후유화제를 사용한 다음 물로 씻어내는 방식이다.
(3) 용제 제거성 형광 침투액 : 물로 씻어내어도 제거되지 않으므로 침투 뒤 용제로 제거하는 방식이다.
(4) 수세성 염색 침투액
(5) 후유화성 염색 침투액
(6) 용제 제거성 염색 침투액

그리고 현상액은 3가지 종류가 있다.

(1) 건식 현상액 : 알루미나, 마그네시아 등의 백색 미세 분말
(2) 습식 현상액 : 건식 현상액을 물에 현탁 시킨 액
(3) 속(速)건식 현상액 : 건식 현상액을 휘발성 용제에 현탁 시킨 액

3.4.2 시험 순서

침투액 또는 현상액에 따른 시험 순서는 [표 4.10]과 같다.
시험 방법은 다음과 같다.

(1) 전처리
우선 시험물에서 유지, 도료, 녹, 스케일, 오염 또는 그 외의 이물질을 제거하려면 비누액이나 세정유 또는 용제를 이용한 세정, 증기 세정, 도막(塗膜) 박리제를 이용한 도막의 제거, 알칼리 세정, 산세정 등의 처리를 해야 한다. 청정 작업 다음에는 시험물을 충분히 건조한다.

(2) 침투
브러싱, 용사(spraying), 액 속에 침지하는 방법으로 시험물의 표면에 침투액을 밀착시킨다. 침지 시 표준 시간은 침투액의 종류, 시험물의 재질, 예상되는 흠의 종류와 크기 등을 고려해서 결정하지만, 상온에서는 일반적으로 5～20분이다. 단, 브러싱이나 용사로 침투액을 밀착시킬 때에는 시간을 길게 유지하고, 때때로 재작업을 한다.

(3) 유화 및 세정
후유화(後乳化)성 침투액을 사용할 때에는 세정 전에 유화 처리를 한다. 유화 처리 방법은 유화제 속에 침지시키거나 유화제를 바르는 것이며 원칙적으로 2분 이내로 처리한다. 침투 처리를 모두 마친 다음에 세정 작업을 하지만, 표면에 부착한 여분의 침투액을 제거하는 것이 목적이므로 흠 속에 침투된 액까지 제거하는 과도한 세정을 해서는 안 된다. 세정은 침투액의 종류에 따라 물로 씻어 내거나 용제를 함유한 천으로 닦아낸다. 형광 침투액을 사용할 때에는 세정 중에 때때로 자외선을 비춰 보고 세정 되는 정도를 확인한다.

(4) 현상과 건조
현상제가 습식 혹은 건식인지에 따라 현상과 건조의 순서가 반대가 된다([표 4.10]을 참조하기 바란다).

가. 습식 현상 : 시험물을 현상액에 침지시키거나 액을 스프레이로 용사하고 즉시 건조시킨다. 열풍이나 적외선 램프(원칙적으로 90℃ 이하에서 5～10분 유지)로 건조시킨다.

나. 건식 현상 : 세정을 마친 시험물을 즉시 건조한다(방법은 습식 현상과 같다). 건식 현상제(미세 분말)를 사용할 때에는 현상제 속에 시험물을 넣거나 현상제를 시험물을 뿌린다. 비수성 현상제(Nonaqueous developer)를 사용할 때에는 현상제를 스프레이로 용사하거나 브러시로 발라준다. 현상 시간은 일반적으로 침투에 필요한 시간의 절반 정도이다.

표 4.10 침투 탐상 시료의 순서

시험	침투액				현상제			순서										
	형광 침투 혹은 오염 침투예	수세성 침투액	후유화성 침투액	용제제거성 침투액	습식 현상제	건식 현상제	속건식 현상제	전처리	침투	유화	세정		건조	현상			건조	관찰
											수세정	용제세정		습식현상	건식현상	속건식현상		
형광 선침 투탐 상시 험	형광선 침투액	○			○			○	○		○			○			○	○
		○				○		○	○		○		○		○			○
		○					○	○	○		○		○			○		○
		○						○	○		○		○					○
			○		○			○	○	○	○			○			○	○
			○			○		○	○	○	○		○		○			○
			○				○	○	○	○	○		○			○		○
				○	○			○	○			○		○			○	○
				○		○		○	○			○			○			○
				○			○	○	○			○				○		○
				○				○	○			○						○
염색 침투 침상 시험	염색 침투액	○			○			○	○		○			○			○	○
		○					○	○	○		○		○			○		○
			○		○			○	○	○	○			○			○	○
			○				○	○	○	○	○		○			○		○
				○	○			○	○			○		○			○	○
				○			○	○	○			○				○		○

(5) 관찰

(1)~(4)의 처리를 마친 뒤 즉시 관찰한다. 형광 침투 탐상 시험에서는 자외선 조사(照射) 장치를 이용하여 어두운 곳에서 관찰한다. 흠의 지시 모양은 시간이 경과할수록 선명도가 크게 떨어지므로, 관찰 시간은 10분 이내로 한다. 침투 탐상 시험 관계의 규격은 다음과 같다.

한국 산업 규격	KS
B 0816	침투 탐상 시험 방법 및 침투 지시 모양의 분류
B 0819	침투 탐상 시험 방법 및 결함 지시 모양의 등급 분류(폐지)

첨부 자료

이 자료의 그림과 표의 기호는 본문 중의 기호와는 관계가 없다.

KS B 0801
(2007)

금속 재료 인장 시험편

Test pieces for Tensile test for metallic materials

1. 적용 범위 : 이 규격은 금속 재료의 인장 시험에 사용하는 인장 시험편(이하 시험편이라 한다)에 대하여 규정한다.

2. 용어의 의미 : 이 규격에서 사용하는 주된 용어의 의미는 다음과 같다.
   (1) 평행부란 시험편의 중앙부에서 동일 단면을 갖는 부분을 말한다.
   (2) 표점 거리란 평행부에 찍어 놓은 2개의 표점 사이의 거리로서, 연신율 측정에 기준이 되는 길이를 말한다.
   (3) 물림부란 시험편의 끝부분으로서 시험기의 물림장치에 물려지는 부분을 말한다.
   (4) 어깨부의 반지름이란 평행부의 응력을 균일하게 분산시키기 위하여 평행부와 물림부 사이에 만든 원호 부분의 반지름을 말한다.

3. 시험편의 종류 : 형상이나 치수에 따라 1～14호 시험편으로 구분하고, 표준 시 치수는 다음과 같다.
   (1) 1호 시험편 : 1호 시험편은 주로 강판, 평강(平鋼), 형강(形鋼)의 인장 시험에 사용한다(그림 1).

표점 거리	L＝200mm
평행부 길이	P＝약 220mm
견부(肩部) 반경	R＝25mm 이상
두께는 원래대로 둔다.	

단위 mm

시험편의 구별	폭 W
1 A	40
1 B	25

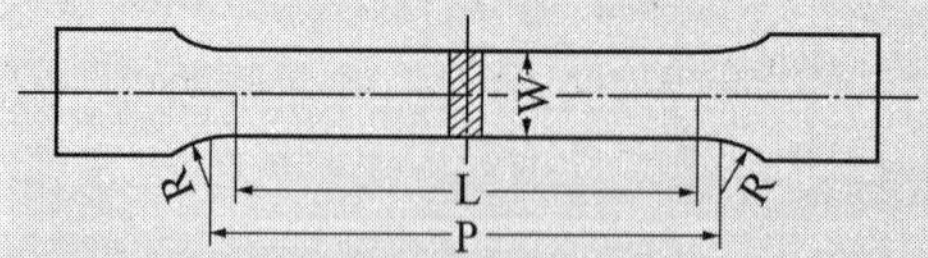

그림 1

   (2) 2호 시험편 : 2호 시험편은 재료의 공칭 지름(혹은 대변 거리)이 25mm 미만인 봉강(棒鋼)의 인장 시험에 사용한다.
   표점 거리 L은 지름(혹은 대변 거리) D의 8배로 하고, 그립 부가 두꺼울 때에는 평행부 길이 P가 D의 약 9배가 되도록 한다.
   또한, 2호 시험편의 평행부는 기계 공정으로 제작할 수 있다(그림 2).

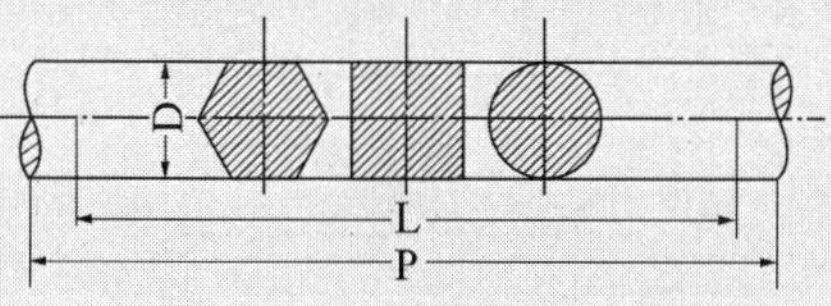

그림 2

(3) 3호 시험편 : 3호 시험편은 재료의 공칭 지름(혹은 대변 거리)이 25mm를 넘는 봉강의 인장 시험에 사용한다.
표점 거리 L은 지름(혹은 대변 거리) D의 4배가 되도록 하고, 그립 부가 두꺼울 때에는 평행부의 길이 P는 D의 약 4.5배로 한다.
또한, 이 시험편의 평행부는 기계 공정으로 지름이 25mm 이상이 되도록 제작할 수 있다(그림 3).

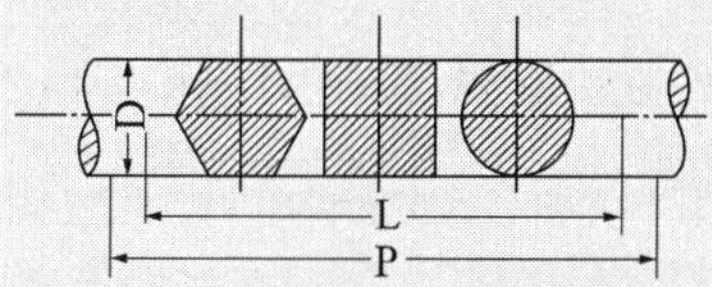

그림 3

(4) 4호 시험편 : 4호 시험편은 주로 주강품(鑄鋼品), 단강품(鍛鋼品), 압연강재, 가단주철품, 구상흑연주철품에 사용한다. 또한, 비철금속(혹은 비철금속합금)의 봉(棒)이나 주물의 인장 시험에도 사용한다(그림 4).

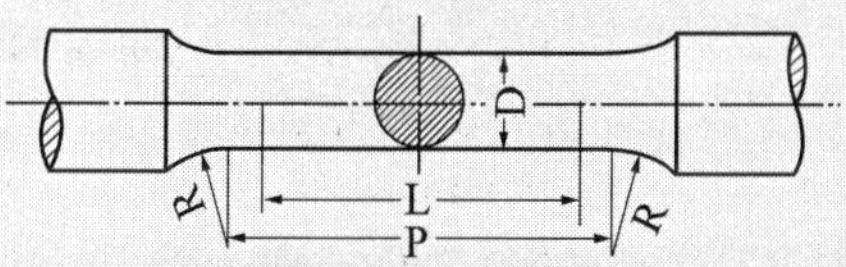

그림 4

표점 거리	L = 50mm
평행부의 길이	P = 약 60mm
지름	D = 14mm
견부(肩部)의 반경	R = 15mm 이상

4호 시험편의 평행품의 단면은 원형으로 마무리해야 한다. 단, 가단주철품일 때에는 공정 작업을 서쳐서는 안 된다. 또한, 재료의 상태에 따라 위쪽에 제시한 수치를 적용할 수 없을 때에는 다음 식에 따라 평행부의 지름과 표점 거리를 정한다. 이때 표점 거리는 정수치가 되도록 한다.

$L = 4\sqrt{A}$ (A는 시험편 평행부의 단면적) = 3.54D

(5) 5호 시험편 : 5호 시험편은 주로 관 종류, 강판, 비철금속(혹은 비철금속합금)판 등의 인장 시험에 사용한다.
단, 박철판은 견부의 반경 R = 20～30mm, 그립 부의 폭 B = 30mm 이상이 되도록 한다(그림 5).

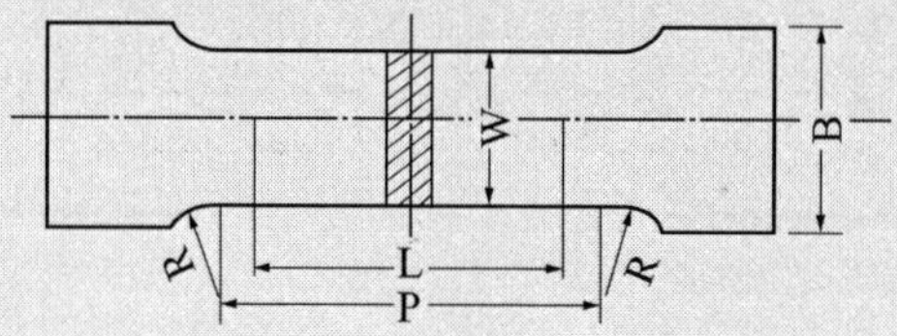

그림 5

표점 거리	L = 50mm
평행부의 길이	P = 약 60mm
폭	W = 25mm
견부(肩部)의 반경	R = 15mm 이상

두께는 원래대로 둔다.

(6) 6호 시험편 : 6호 시험편은 주로 두께가 6mm 이하인 판재나 형재(形材)의 인장 시험에 사용한다(그림 6).

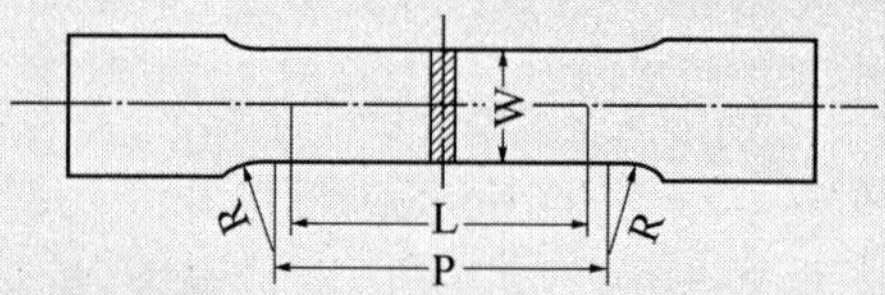

그림 6

표점 거리	$L = 8\sqrt{A}$ (A는 시험편 평행부의 단면적)
평행부의 길이	P = L + 약 10mm
폭	W = 15mm
견부(肩部)의 반경	R = 15mm 이상

두께는 원래대로 둔다.

(7) 7호 시험편 : 7호 시험편은 주로 인장 간도가 큰 평강(平鋼), 강판(鋼板), 각강(角鋼)의 인장 시험에 사용한다(그림 7).

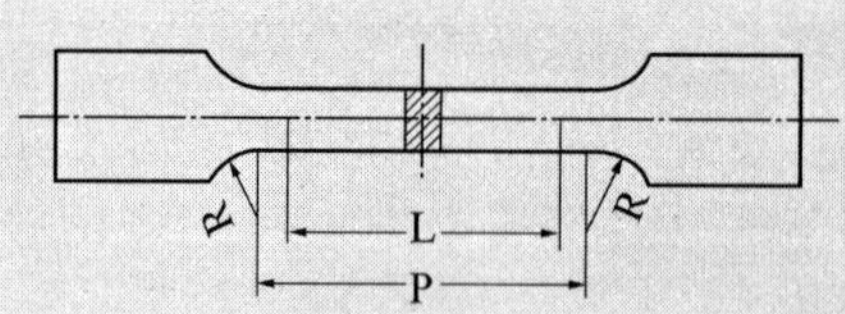

그림 7

표점 거리	$L = 4\sqrt{A}$ (A는 시험편 평행부의 단면적)
평행부의 길이	P = 약1.2L
견부(肩部)의 반경	R = 15mm 이상

두께는 원래대로 두고, 폭은 두께보다 수치를 크게 하는 것이 원칙이다.

(8) 8호 시험편 : 8호 시험편은 주로 일반 주철품의 인장 시험에 사용한다. 공시재(供試材)를 표의 치수로 가공해서 평행부의 지름을 D로 공정한다(그림 8).

단위 mm

시험편의 구별	공시재의 주조 치수(지름)	평행부의 길이 P	지름 D	견부의 반경 R
8 A	약 13	약 8	8	16 이상
8 B	약 20	약 12.5	12.5	25 이상
8 C	약 30	약 20	20	40 이상
8 D	약 45	약 32	32	64 이상

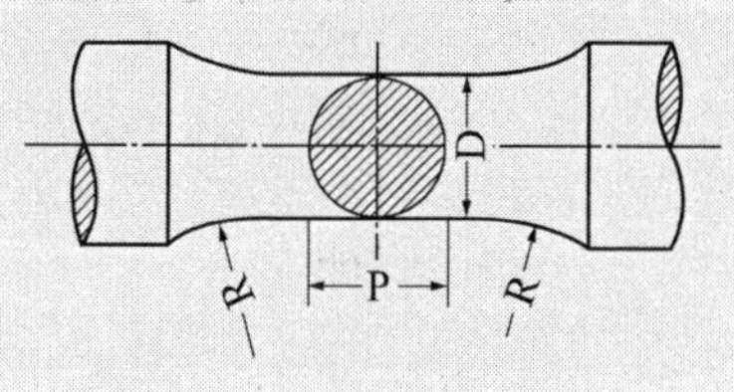

그림 8

(9) 9호 시험편 : 9호 시험편은 주로 강선(鋼線) 및 비철금속(혹은 비철금속합금) 선(線)의 인장시험에 사용한다(그림 9).

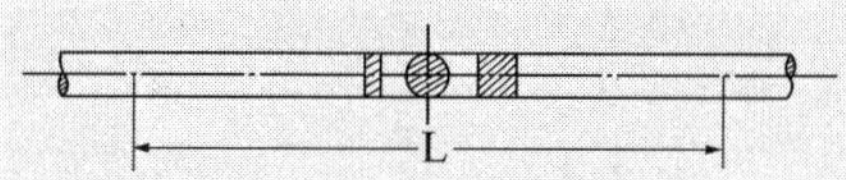

그림 9

단위 mm

시험편의 구별	표점 거리 L
9 A	100
9 B	200

(10) 10호 시험편 : 10호 시험편은 주로 용착 금속, 단강품(鍛鋼品), 주강품(鑄鋼品), 압연 강재의 인장 시험에 사용한다(그림 10).

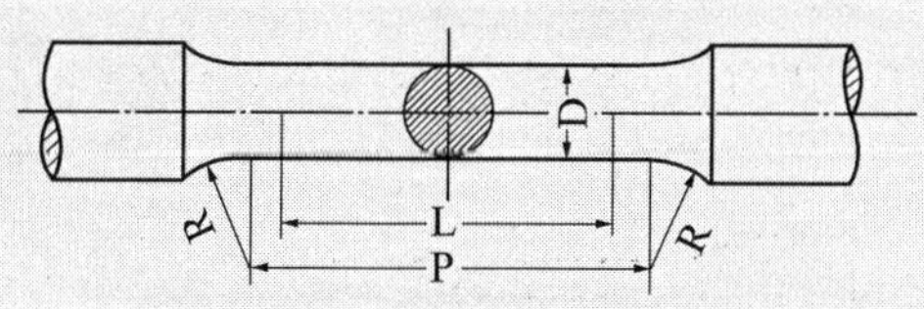

그림 10

표점 거리	L = 50mm
평행부의 길이	P = 약 60mm
지름	D = 12.5mm
견부(肩部)의 반경	R = 15mm 이상

용착 금속일 경우, 이 평행부는 모두 용착 금속이어야 한다.

(11) 11호 시험편 : 11호 시험편은 관(管) 형태의 시료를 그대로 이용할 경우에 관 종류의 인장 시험에 사용한다(그림 11).

11호 시험편의 단면(斷面)은 원재료에서 잘라낸 대로 사용하며 양단(兩端) 채취부에 맨드릴(mandrel)을 끼우거나 망치로 두드려서 평평하게 만든다.

또한, 시험편을 평평하게 만들 때에는 평행부 길이가 100mm 이상 되어야 한다.

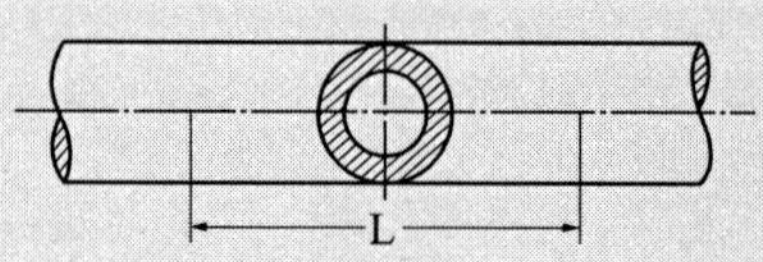

그림 11

표점 거리	L＝50mm

(12) 12호 시험편 : 12호 시험편은 주로 관(管) 형태의 시료를 그대로 이용하지 않는 경우에 관 종류의 인장 시험에 사용한다(그림 12).

단위 mm

시험편의 구별	폭 W
12 A	19
12 B	25
12 C	38

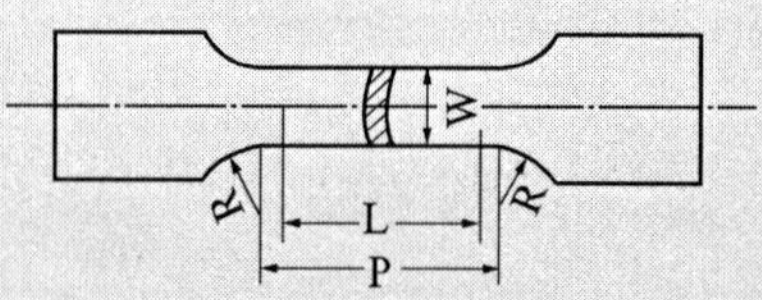

그림 12

표점 거리	L＝50mm
평행부의 길이	P＝약 60
견부(肩部)의 반경	R＝15mm 이상

(13) 13GH 시험편 : 13호 시험편은 주로 판재의 인장 시험에 사용한다.

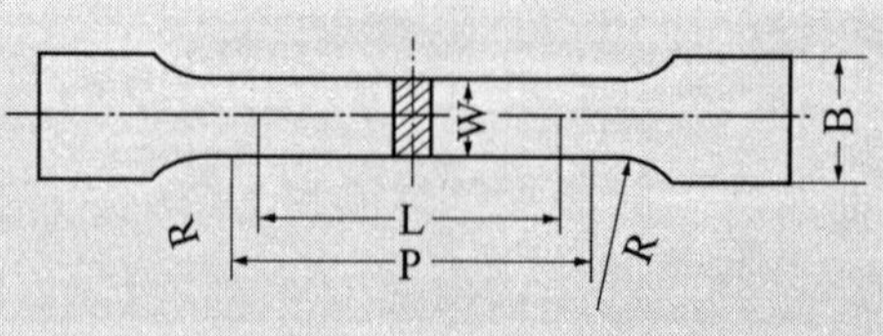

그림 13

단위 mm

시험편의 구별	폭 W'	표점 거리 L	평행부의 길이 P	견부의 반경 R	그립 부의 폭 B
13 A	20	80	약 120	20～30	–
13 B	12.5	50	약 60	20～30	20 이상

두께는 원래대로 둔다.

(14) 14호 시험편

(a) 14A호 시험편 : 14A호 시험편은 주로 강재의 인장 시험에 사용한다.

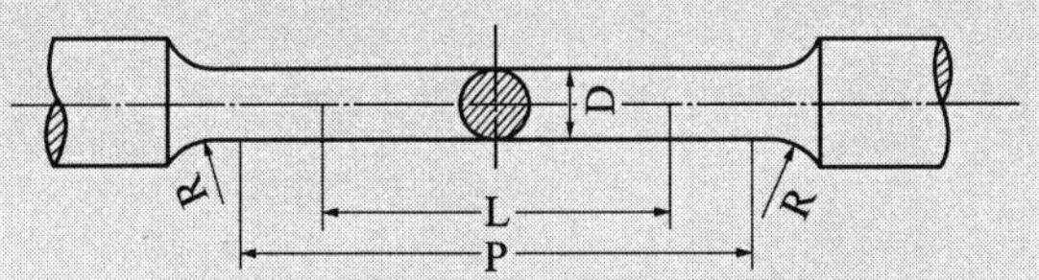

그림 14

표점 거리	L＝5D
평행부의 길이	P＝(5.5～7)D, 가급적 7D
지름	D＝재료 규격 지정에 따른다.
견부(肩部)의 반경	R＝15mm 이상

(b) 14B호 시험편 : 14B호 시험편은 주로 강재의 인장 시험 혹은 관(管) 형태의 시료를 그대로 이용하지 않을 경우에 관 종류의 인장 시험에 사용한다.

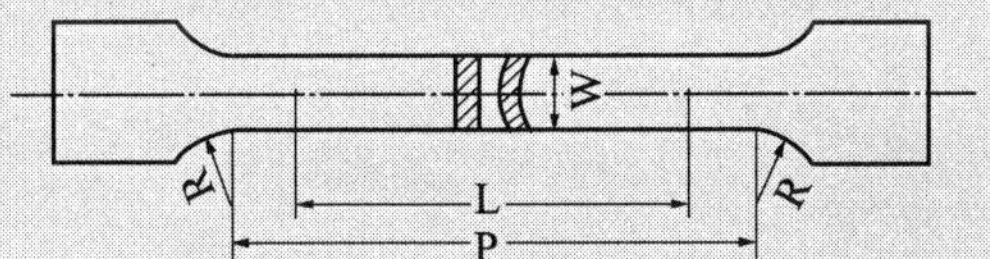

그림 15

표점 거리	$L = 5.65\sqrt{A}$ (A는 시험편 평행부의 단면적)
평행부의 길이	$P = L + \left(\frac{W}{2} \sim 2W\right)$, 가극적 L＋2W
폭	W＝재료 규격 지정에 따른다. 단, W는 두께의 4배 이하로 한다.
견부(肩部)의 반경	R＝15mm 이상

두께는 원래대로 둔다.

(c) 14C호 시험편 : 14C호 시험편은 주로 관(管) 형태의 시료를 그대로 이용할 경우에 관 종류의 인장 시험에 사용한다.

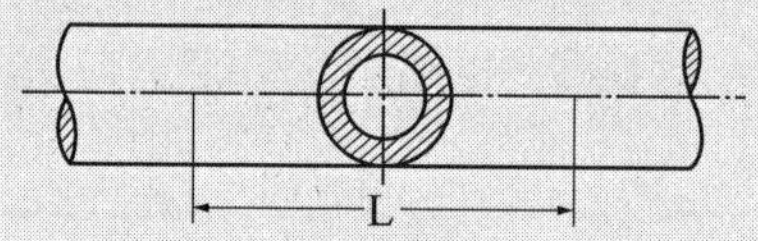

그림 16

표점 거리 $L = 5.65\sqrt{A}$ (A는 시험편인 관(管)의 단면적)

4. 시험편 평행부의 공칭 치수에 대한 허용차 : 기계 가공한 평행부의 실제 치수는 공칭 치수에 대해 오른쪽 허용차 이내로 제작 오차가 허용된다.

단위 mm

치수 범위	허용차
4 초과 16 이하	± 0.5
16 초과 63 이하	± 0.7

5. 시험편 평행부 치수의 편차 : 기계 공정을 평행부의 편차(최대치와 최소치의 차)는 표 1과 표 2와 같다.

6. 필요하다면 시험편 평행부에는 치수 편차의 수치 범위 내에서 중심부를 향해 테이퍼(taper)를 붙여도 된다.

표 1 원형 단면

단위 mm

기계 공정으로 생성된 지름	편 차
3 초과 6 이하	0.03
6 초과 16 이하	0.04
16 초과	0.05

표 2 장방형 단면

단위 mm

기계 공정으로 생성된 두께 및 폭	편 차
3 초과 6 이하	0.06
6 초과 16 이하	0.08
16 초과	0.10

V 와이어 로프 검사법

01 와이어 로프

와이어 로프는 유연성, 내마모성, 내피로성과 같은 특성이 있어 많은 분야에서 활용된다. 그러나 이러한 특성이 지닌 장점을 과신하여 보존이나 취급을 소홀히 하면 사고가 발생하기도 한다.

1.1 와이어 로프의 종류

와이어 로프는 통상 1가닥의 심강(心鋼, 섬유 혹은 스트랜드 코어(Independent wire strand core), 독립 와이어 로프 코어(Independent wire rope core), 삼각심(三角心)) 주위에 스트랜드(strand, 통상 6가닥)를 적절한 피치(Pitch)로 합쳐 꼰 것이다. 스트랜드는 몇 가닥에서 수십 가닥의 소선을 한 층 혹은 여러 층 겹쳐서 꼰 것이다. 그리고 소선의 가닥 수와 구성에 따라 고유한 명칭이 있다. 와이어 로프는 용도에 따라 꼬임 방식이 다르며 크게 랭 꼬임(Lang lay)과 보통 꼬임(Regular lay)으로 나뉜다. 스트랜드와 로프의 꼬임 방향이 같은 랭 꼬임은 소선 간 혹은 외부와 접촉면이 넓고 내마모성이 뛰어나므로 광산이나 로프웨이 등에 사용되는 예가 많다. 하지만 킹크(kink)가 발생하기 쉬운 단점이 있다. 보통 꼬임은 스트랜드와 로프의 꼬임 방향이 반대이다. 로프의 바깥쪽으로 노출된 소선은 로프 축에 평행하지만, 내부에서는 소선이 서로 점접촉(點接觸) 상태에 있다. 이러한 특징 때문에 킹크가 거의 발생하지 않아 취급이 용이하다. 선박, 엘리베이터, 육상 일반 기계 등 폭넓게 사용된다. 꼬임 방식은 꼬임 방향에 따라 Z(좌) 꼬임과 S(우) 꼬임으로 나뉜다. 와이어 로프의 호칭은 명칭, 구성 기호, 도금 여부, 꼬임 방식, 소선에 따른 구분, 로프 지름에 따라 정해진다. 예를 들어, 와이어 로프 6×24, 비도금, 보통 Z 꼬임, A종 16mm 등으로 표시한다.

와이어 로프의 규격은 다음과 같다.

한국 산업 규격	KS	한국 산업 규격	KS
D 3514	와이어 로프	D 7010	항공기용 와이어 로프

1.2 와이어 로프의 강도

와이어 로프의 소선은 KS D 3559(경강 선재)에 규정된 HSWR52～82(단, E종 용 소선, 삼각심용 둥근선, 필러선(filler wire)은 HSWR37～47도 관계없다) 선재를 사용한다. 이 선재를 열처리하여 소르바이트 조직으로 만들고, 규정된 두께까지 다이스로 냉간 인발 가공하여(소선이 가늘수록 인발 횟수가 많아진다) 인장 강도와 인성(靭性)이 뛰어난 길이 방향(Longer direction) 섬유조직을 제조한다. 소선의 인장 강도를 KS에서는 다음과 같이 규정하고 있다.

E종 : 1320 N/mm^2, G종 : 1470 N/mm^2, A종 : 1620 N/mm^2, B종 : 1770 N/mm^2

이외에도 최근에는 인장 강도 200kg/mm^2 정도의 소선도 사용되고 있다.

로프 소선의 절단 하중을 구하여 더한 값을 집합 절단 하중이라고 한다. 하지만 실제로 로프의 절단 하중은 집합 절단 하중 값보다 항상 작다. 이 감소율을 '꼬임 감소율'이라고 하며 로프의 구성, 피치, 도금 여부 등에 따라 8～25% 정도가 된다. 또한, 소선의 표준 인장 강도와 로프의 계산 단면적의 곱을 계산 절단 하중이라고 한다. 그리고 이 값에 (1－표준 꼬임 감소율)을 나눈 값을 규격(보정) 절단 하중이라고 하며 출하 시 시험표에 기재한다. 그 외 로프를 출하하기 전 로프의 절단 시험을 하여, 절단 하중이 규격보다 크면 합격 판정을 받는다. 이때의 절단 하중을 실제 절단 하중이라고 하며 출하 시 시험표에 기재한다.

1.3 와이어 로프의 용도

와이어 로프는 주로 다음과 같은 용도로 사용된다.

- 기중기용
- 케이블카용(로프웨이, 화물 케이블카, 리프트)
- 광산용(입갱(立坑), 사갱(斜坑))
- 케이블 벨트 컨베이어용
- 엘리베이터용

- 임업용
- 건설기계용(데릭(derrick), 셔블 카(shovel car), 스크레이퍼(scraper), 드래그 스크레이퍼(drag scraper), 드래그 라인(drag line), 케이블 크레인(cable crane), 탑형 굴착기(tower excavators))

각각 로프 구성의 특징에 따라 동삭용(動索用) 혹은 정삭용(靜索用)으로 사용된다.

02 와이어 로프의 파단 형태

2.1 와이어 로프의 열화 원인

와이어 로프는 유연성이 뛰어나 구부려서 사용할 때가 많으며 사용 중 열화하여 파단 사고가 발생하는 경우가 있다. 와이어 로프의 열화는 단선, 마모, 부식, 반복 굽힘으로 인한 피로, 변형 등이 원인이다. 파단 사고는 열화 원인의 여러 요소가 중첩되어 일어나는 경우가 많으며, 취급 부주의로 인한 과하중 등도 사고의 한 요인이 된다. 와이어 로프의 파단 사고를 예방하려면 조기에 열화 상태를 명확히 판단하야 한다. 하지만 와이어 로프의 교환 시기를 판단하기 어렵고, 법규에도 일부 관련 규정이 있지만 결정적인 기준이 되지 못한다. 신품을 기준으로 강도가 80%까지 감소하면 폐기하는 것이 일반적이다. 그러나 열화 정도를 척도로 와이어 로프의 강도가 신품 기준의 80%까지 감소하였는지를 판단하기는 쉽지 않다. [표 5.1]은 폐기 기준에 관한 법규의 일부분이며, 그 외 규칙 및 규격에도 와이어 로프 취급법에 관한 규정이 있다.

- 크레인 등 안전 규칙
- 크레인 구조 규격
- 이동식 크레인 구조 규격
- 데릭 구조 규격
- 엘리베이터 구조 규격
- 간이 리프트 구조 규격
- 건설용 리프트 구조 규격
- 케이블카 규칙
- 금속 광산 보안 규칙

표 5.1 폐기 기준에 관한 규격

산업안전보건기준에 관한 규칙 제63조	다음 각 목의 어느 하나에 해당하는 와이어 로프를 달비계에 사용해서는 아니 된다. 1. 이음매가 있는 것. 2. 와이어 로프의 한 꼬임[(스트랜드(Strand)를 말한다. 이하 같다)]에서 끊어진 소선(素線)[필러(Pillar)선은 제외한다]의 수가 10퍼센트 이상(비자전로프의 경우에는 끊어진 소선의 수가 와이어 로프 호칭지름의 6배 길이 이내에서 4개 이상이거나 호칭지름 30배 길이 이내에서 5개 이상) 인 것. 3. 지름의 감소가 공칭지름의 7퍼센트를 초과하는 것.
석유광산안전규칙 제42조	탄성이 감소하거나 부식 · 마모 · 단선 또는 만곡이 생긴 것을 사용해서는 안 된다.

2.2 단선

로프의 수명을 판정할 때 육안으로 관찰한 소선의 단선 수가 판정 기준이 되는 때가 있다. 단선 수는 사고 발생 시의 강도를 알 수 있는 단서가 되기도 한다. 단선이 발생하는 원인은 장력, 충격, 과하중, 비틀림, 가공경화(건조, 접촉압 과대), 단금(Hammering), 부분적 마르텐사이트화(스파크, 용접, 마찰 등), 수소 취화(특히 광산), 부식, 제조 시의 소재 용접(긴 로프 소선을 제작할 때에는 소재를 용접하고 난 후 인발 가공에 들어간다) 등이 있다. 소선의 단선 발생 양상에는 '속출형'과 '단속형'이 있다. 속출형은 일반적으로 응력에 여유가 없을 때 나타나고, 단속형은 여유가 있을 때 나타나는 경우가 많다. 속출형이 사고로 이어질 가능성이 높다.

와이어 로프에 단선이 발생했을 때 단선의 영향이 미치는 범위를 살펴보면, 굽힘이 가해지지 않은 정적 인발인 경우에는 하나의 꼬임 길이 이상 떨어져 있을 때에는 영향이 없다. 그러나 동일 스트랜드 내에서는 단선된 소선 주위의 소선에 부담이 가해지므로 단선이 급속히 발생한다.

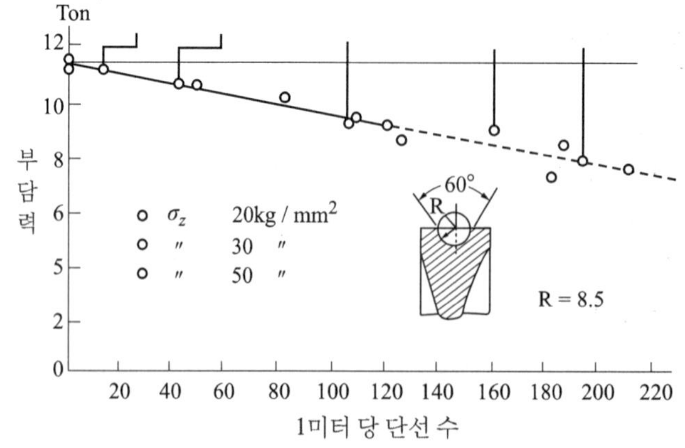

그림 5.2 단선 수와 부담력(6×19, 보통 꼬임, 14mm)

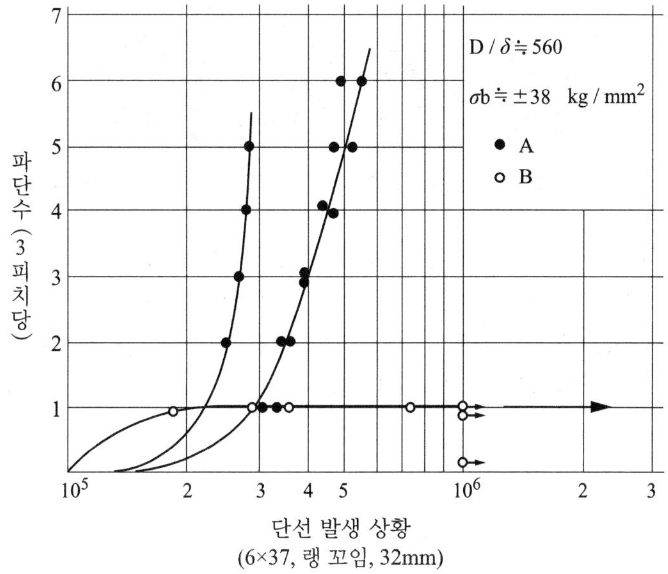

그림 5.1 단선 발생 상황(6×37, 랭 꼬임, 32mm)

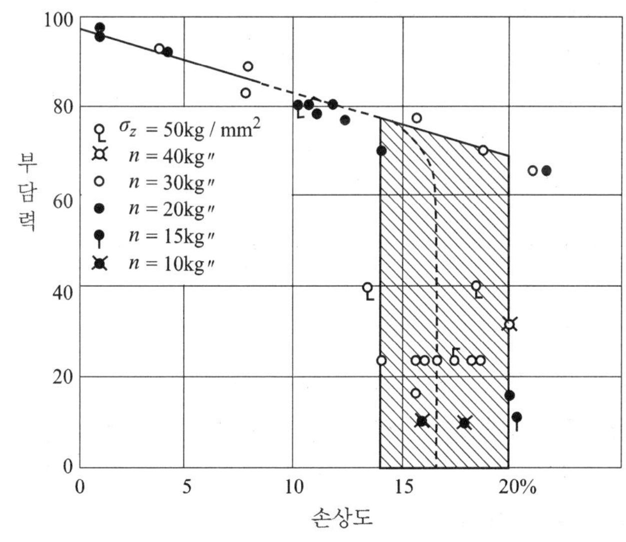

그림 5.3 파손도와 부담력

[그림 5.1]은 6×37 랭 꼬임 32mm 로프의 반복 굽힘 횟수와 단선 발생 상황을 나타낸 것이다. [그림 5.2], [그림 5.3]은 6×19 보통 꼬임 14mm 로프의 단선 수와 부담력 저하를 보인 것이며, 특히 [그림 5.3]을 보면 파손도가 14% 이상이 되면 부담력이 극히 불안정해지는 것을 알 수 있다. 보통 꼬임 로프는 구조상 단선이 발생하여도 표면에 나타나는 경우가 드물고, 내부 단선도 표면에 나타나지 않으므로 발견하기 쉽지 않다. 이에 비해 랭 꼬임은 단선이 표면에 나타나므로 발견하기 쉽지만, 로프 전체에 변형이 나타나 열화의 원인이 된다.

그림 5.4 보통 꼬임 로프 표면의 단선(6×24, 보통 Z 꼬임, 14mm)

[그림 5.4]는 6×24 보통 Z 꼬임 14mm 로프 표면에 집중적으로 발생한 단선의 예로, 단선 원인은 마모 혹은 부식이다. 이처럼 부분적으로 단선된 시료는 마모, 외상, 가공경화, 부분적인 마르텐사이트화, 부식, 금속 조직 이상 등을 검사해야 한다. 검사 자료의 사고 시 강도의 근사값을 로프 지름이나 단선 수로 구하는 식은 다음과 같다.

$$B' = B \times \frac{n'}{n} \times \frac{d'^2}{d} \quad (1)$$

여기서, B' : 사고 시 추정 인장 파단력(kg)

B : 신품 시 인장 파단력(kg)

n' : 사고 시 남은 소선 수([그림 5.4]와 같이 피로 파단면이 있거나 나이프 모양으로 마모된 것은 파단된 것으로 간주한다)

n : 신품 소선 수(예 6×24＝144가닥)

d' : 사고 시 로프 지름(파단부 주위 변형되지 않은 부분에서 측정)

d : 신품 로프 지름(실제 절단 하중표 혹은 KS D 3514(와이어 로프) 부표(付表)에 기재된 수치를 따른다)

그 외 단선된 로프의 파단 하중 감소율 산출법은 다음과 같다.

$$B = a \times n_B \times K_B \quad (2)$$

여기서, B : 단선으로 인한 로프 파단하중의 감소율(%)

a : 단선된 1가닥으로 인한 소선 최대 단면적 합계의 감소율(%)

n_B : 단선 가닥 수

K_B : 단선 분포 계수

$$K_B = \frac{\text{로프 파단하중 감소율}}{\text{단선으로 인한 소선 최소 단면적 합계}}$$

2.3 마모

마모의 종류에는 외부 마모와 내부 마모가 있으며, 그 양상은 마멸 마모(Abrasion wear)와 변형 마모로 나뉜다. 마멸 마모(Abrasion wear)는 마모된 부분이 소실되어 강도가 저하된다. 변형 마모는 외압이 클 때 발생하며 횡단면은 외견상 단면적이 감소한

듯이 보이지만, 유효 단면적이 크게 감소하지 않았으므로 강도가 그다지 저하되지 않는다. 보통 꼬임 로프의 외부 마모는 내측에서 가장 외측으로 빠져 나온 소선의 지름이 1/3 정도까지 마모되면, 인접한 소선도 마모되기 시작하여 나이프 상(Cultrate)이 나타나며 마지막에는 완전히 단선된다. 마모만으로 단선되지 않더라도 얇아진 소선은 굽힘이나 충격으로 쉽게 단선된다. 외견상 보이는 로프의 표면은 로프 전체 표면적의 1/3 정도이며 대부분은 내부에 존재하므로 보이지 않는다. 내부에서는 소선 상호 간(소선 상호, 스트랜드 상호, 상층선과 하층선, 상층 스트랜드와 코어 로프)의 마찰로 내부 마모가 일어나며 인접한 스트랜드 사이에 압흔이 나타난다. 원형의 내층선은 사각형과 유사한 형태로 변형된다. 소선이 서로 선접촉이나 면접촉 상태인 랭 꼬임이나 플랫 형은 비교적 균일하게 마모된다. [그림 5.5]는 랭 꼬임 로프의 소선이 서로 마찰로 발생한 마모와 마모 부분에 생성된 횡방향 및 종방향의 피로 균열의 예이다.

그림 5.5 마멸 마모와 피로 파단

와이어 로프에 오일을 도포하면 부식을 방지할 뿐만 아니라 마모를 감소시켜 단선의 발생을 방지한다. [그림 5.6]은 반복 굽힘에서 오일 도포와 단선의 관계를 나타낸 것이다. 마모가 단선의 원인이 되므로 오일 도포가 단선 발생 예방에 효과적임을 확인할 수 있다.

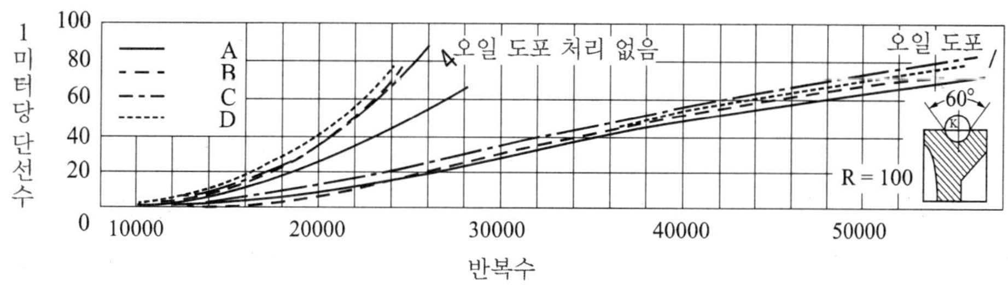

그림 5.6 유지류 도포와 단선의 관계

2.4 부식

와이어 로프의 부식에는 평활 부식, 요철 부식, 점 부식 등이 있다. 소선 지름이 작을수록 부식의 영향을 받기 쉽다. 와이어 로프의 섬유심은 오일을 흡수하여 유지하는 역할을 하지만, 유지 보존 상태가 좋지 않으면 사용 중 유분이 배출되고 수분을 흡수하여 부식의 원인이 된다. [그림 5.7]은 요철 모양의 내부 부식 예이다. 이러한 내부 부식은 발견하기가 쉽지 않으므로 부식 피로의 영향을 받고 단선되어 위험한 상태가 된다. 부식과 단선의 관계에 관한 실험을 진행해 보면, 부식이 동시에 진행되는 경우는 최초 단선이 수명의 50~60%에 해당하는 굽힘 횟수에서 발생하지만, 부식이 없는 경우는 수명의 70~80%의 굽힘 횟수에서 최초 단선이 발생한다. 즉, 부식이 발생한 경우는 최초 단선 후 수명이 짧아짐을 알 수 있다. 또한, 부식의 잔존 강도를 조사하는 방법은 현재 확립되어 있지 않아 파단 시험한 시료의 부식 상황과 검사 시료의 부식 상황을 대비하여 추정한다.

그림 5.7 내부 부식

2.5 피로

와이어 로프의 파단 사고는 반복 굽힘 피로와 보수 관리 등이 원인인 부식 피로 때문에 발생하는 경우가 많다. 인명과 직결된 공중 케이블카 등은 굽힘 피로에 관한 연구가 상당히 진척되어 있어 드럼과 시브 지름은 소선 지름의 1,000배($D/\delta=1000$) 이상일 때 이상적이고, 적어도 500배 이상이 바람직하다는 보고가 있다. 단, 선박용이나 윈치는 설비 관계로 300배 이상이 되어야 한다. [그림 5.8]은 KS D 3514에 해당하는 6×24 보통 Z 꼬임 로프의 굽힘 피로 특성 곡선이다. [그림 5.8]에서 확인할 수 있는 바와 같이 소선 지름이 작을수록 굽힘 응력이 낮다. 굽힘 피로 특성 곡선을 살펴보면, $D/\delta=$

1000일 때 굽힘 응력 $\sigma_b = 20 kg/mm^2$, $D/\delta = 500$일 때 $\sigma_b = 40 kg/mm^2$ 정도가 된다(D(mm) : 도르래 지름, δ(mm) : 소선 지름). 그리고 소선의 인장 강도와 피로 강도의 관계를 살펴보면, 고장력 소선이 반드시 큰 피로 한도를 나타내지 않는다는 사실을 알 수 있다. 또한, 소선의 탄소 함유량을 일정하게 하고, 인장 강도를 높인 뒤 소선의 굽힘 피로 시험을 하면 인장 강도를 높여도 수명은 늘어나지 않는 결과가 나타난다. 즉, 소선이 고장력이라고 하더라도 피로에 강하지는 않다.

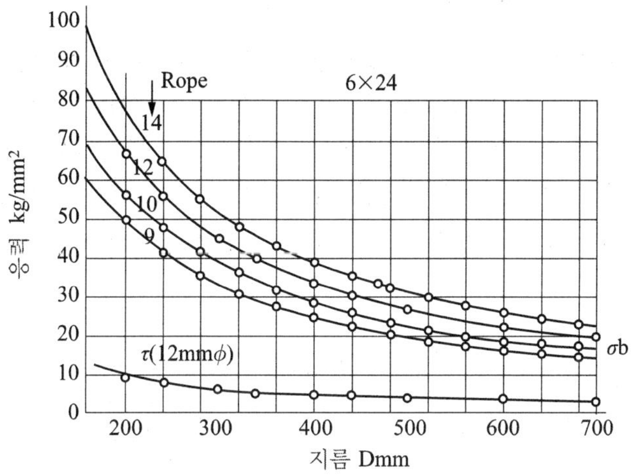

그림 5.8 굽힘 피로 특성 곡선(6×24)

2.6 형태 변형

로프의 형태 변형은 강도 저하 원인의 하나이고, 토목 공사 중 사고가 발생하는 로프에 많이 나타나는 현상이다.

[형태 변형]

(1) 원형 이상(붕괴, 스트랜드 함몰)
(2) 직선형 이상(굽힘, 부풀림, 킹크, 휨)
(3) 조임 이상(불거짐, 들뜸, 스트랜드 측선, 심선(心線), 아래 꼬임선, 심망(心網)의 돌출)
(4) 지름 이상(심망(와이어 로프의 중심에 넣은 심. 섬유심, 강심 등) 절단, 심망 집중)
(5) 꼬임 변화(피치의 신축, 피치의 부동(不同))

[변형 원인]

(1) 취급 부주의
(2) 홈의 형태와 로프 지름이 명백히 다른 경우
(3) 스플라이스의 문제

(4) 편측 마모
(5) 로프 제작상의 문제

[로프 변형에 따른 교체 시기]
(1) 로프 단면 형태가 타원형이 되어 짧은 지름과 긴 지름의 비율이 70%가 되었을 때
(2) 섬유심이 노출되었을 때
(3) 킹크나 매듭이 생겼을 때
(4) 로프에 들뜸 현상(birdcaging)이 발생했을 때

실제로 이러한 로프를 사용하여 사고가 발생하는 예가 많다. 토목공사 현장에서는 취급 부주의로 킹크(스트랜드 킹크, 로프 킹크가 있고, 실험 결과에 의하면 파단하중 저하율이 80%가 되는 경우도 있다)가 발생하거나, 로프가 도르래에서 이탈 인장되어 훑인 경우, 중량물에 끼인 경우, 프로텍터 없는 굽힘이나 그 부분이 훑인 경우, 전기나 가스 용접 불꽃, 전기 쇼트 혹은 고열의 영향을 받은 경우에 변형이 일어난다.

2.7 충격

와이어 로프는 사용 시 자유 길이가 길고 연신율이 좋으므로 충격에 강하다고 알려져 왔다. 하지만 충격 인장 시험 결과를 살펴보면 로프의 강도와 연신율이 정적 인장의 경우와 큰 차이가 없다. 또한, 인장 속도가 빨라질수록 충격 인장 강도가 증가하는 경향을 보인다. 그리고 단선이 많아지면 정적 인장의 경우에 비해 강도의 감소율이 감소하는 경향이 있다. 실제로 로프는 마모, 부식, 단선 등이 많이 발생하며, 마모로 단면적이 20% 정도 감소하면 급격이 파단력이 감소한다. 마찬가지로 굽힘 피로가 진행되면 파단력이 감소한다. 충격 시 와이어 로프의 종탄성계수는 $2.0 \sim 2.1 \times 10^4$ kg/mm^2 정도이고, 충격 인장 시 종탄성계수는 1.5×10^4 kg/mm^2 정도이다.

03 로프 단말 가공(부속품 포함)

리프트에 사용하는 이음매가 없는 로프는 물론 권상기용 로프도 어딘가에 연결하거나 고정하여야 사용할 수 있다. 이러한 이음매 및 고정 부분이 사고의 원인이 된다.

3.1 로프 단말 고정법

3.1.1 합금 고정

합금 고정법은 로프 단말을 완전히 고정하는 방법으로 정확히 가공하면 효율이 높고 가장 확실한 가공 방법이다. 와이어 로프의 인장 시험을 비롯하여 로프웨이, 케이블카, 그 외 기계류에 사용된다. 로프 한쪽 끝의 소선을 풀어 산세정 후 합금(백색 합금이나 아연 등)으로 고정한다. 효율은 100%이지만, 산세정한 뒤 산이 남아 있는 경우에는 부식하여 파단될 때가 있다. 또한, 주조 온도는 합금 종류에 따라 다르며 통상 270～300℃(아연은 400℃)이다. 가는 소선을 고온의 합금으로 마운팅(Mounting)하면 소선 조직이 마르텐사이트화하여 합금과 로프의 경계선에서 파단된다. 로프 길이는 로프 지름의 6배 이상 되어야 한다.

3.1.2 클립(Clip) 고정

클립(와이어 클립) 고정법은 가장 널리 활용되는 고정법이다. 로프 한쪽 끝을 구부려 U자형 볼트에 끼이고 너트로 조이는 간단히 작업으로 가공이 끝난다. 조임 상태를 검사하기 쉬운 장점이 있지만, 클립의 파손, 로프의 파손, 로프의 슬립 등 단점도 있다. 하지만 적절하게 조이면 효율이 80%에 이른다. 로프 지름에 대한 표준 클립 수는 지름이 6～10mm일 때 2개, 12～16mm일 때 3개, 18～28mm일 때 5개, 40～44mm일 때 6개 정도가 적당하다. 그리고 소선의 공칭 인장 강도가 높은 로프는 클립 수를 표준 개수보다 1～2개 정도 추가한다. 이때 클립 간 거리는 로프 지름의 6배 이상이 되어야 하고, 로프가 긴 쪽에 클립의 너트가 오도록 해야 한다. 로프에 하중이 가해진 상태에서 조이도록 한다. 클립 고정은 심블 부착 여부에 따라 강도가 달라지며, 심블을 부착하지 않을 때 강도가 좀 더 낮다. 클립 등 삭금구(索金具)의 규격은 다음과 같다.

한국 산업 규격	KS
B 1333	섀클(shackle)
D ISO2262	강선 로프용 일반 심블 - 규격(폐지)
B 1335	훅(hooks)
B 1334	와이어 클립

3.1.3 압축 고정

슬링(Sling)은 예전에 아이 스플라이스(Eye splice)를 주로 이용했으나 최근에는 처음부터 목적에 알맞은 길이와 형태로 로프를 고정하는 압축 고정법을 이용하고 있다. 압축 고정 방법은 로프를 소켓이나 슬리브, 그 외 금구(金具)에 끼워 넣은 뒤 강한 압력을 가해서 주위 금구를 냉간 혹은 열간으로 변형시켜 고정하는 방법이다. 효율은 로프의 파단력 정도까지 보존할 수 있지만, 금구가 깨어지거나 로프와 금구 간의 경계가 파손되는 결점이 있다.

3.1.4 그 외 고정법

그 외 웨지를 이용한 고정법으로 삽입 원뿔형 웨징, 웨지 클립, 클램프 심블 등이 있다.

3.2 로프 접속법

3.2.1 아이 스플라이스

토목공사 현장, 건설공사 현장에서 사용하는 슬링의 단말 가공법으로, 사고의 자료로도 많이 활용된다. 아이 스플라이스는 수작업으로 이뤄지므로 작업자의 기술 차이에 따라 효율성에도 차이가 나타난다. 숙련자가 시공한 로프의 효율은 로프 지름이 8mm일 때 95%, 9～20mm일 때 90%, 22～26%mm일 때 85%, 28～30mm일 때 80%, 40～50mm일 때 75%, 50mm 이상일 때 70%로 알려져 있다. 또한, 소선의 공칭 인장 강도가 높은 로프는 가공이 어렵다. 가공에는 감아넣기와 엮어넣기 두 가지 방법이 있다. 감아넣기는 가공이 간단하여 광범위하게 이용되지만, 로프가 1가닥일 때에는 꼬임이 풀어지는 방향으로 회전하여 사용 중에 빠질 우려가 있다. 이러한 때에는 엮어넣기 방법을 사용한다. 아이 스플라이스에서 로프 본체에 밀어 넣는 단말부 스트랜드의 길이는 대개 보통 꼬임 로프라면 로프 지름의 30～40배, 랭 꼬임 로프라면 로프 지름의 40～50배 정도가 필요하다.

3.2.2 롱 스플라이스

로프웨이처럼 이음매가 없는 로프는 롱 스플라이스(Long splice) 가공을 한다. 롱 스플라이스 단말 가공은 숙련자가 작업할 경우 연결부가 외견상 드러나지 않도록 공정할 수 있다. 롱 스플라이스 연결 길이는 보통 꼬임 로프라면 로프 지름의 500～600배, 랭 꼬임 로프라면 로프 지름의 1000～1100배 정도로 하는 것이 바람직하고 효율은 95% 정도가 된다. 연결 시 연결부가 두터워지지 않도록 섬유심이나 심 로프를 제거하지만, 단단한 부분이 생성되는 것은 피할 수 없다. 스키 리프트 운반기의 악삭(握索) 장치가 로프의 단단한 부분에 걸려 악삭 불량으로 미끄러지는 사고가 발생하는 예가 있으므로 주의해야 한다.

3.2.3 압축 멈춤에 의한 이음 스플라이스

항공기용 로프를 연결할 때에는 합금에 의한 압축 고정 방법을 이용하는 경우가 있다.

3.3 로프 단말 가공 이음 효과

로프 단말 가공 이음 효과는 다음과 같다.

합금 고정법	100%
클립 고정법	80%
코터 핀(cotter pins) 고정법	70～80%
압축 고정법	100%
M형 코스 고정법	95～100%
심블 부착 아이 스플라이스법	70～90%
단순 묶음 고정법	50%

04 와이어 로프의 파단 및 파단면

와이어 로프는 다양한 분야에서 폭넓게 사용되므로 각종 사고와 관계가 있다. 2.1 열화의 원인을 중심으로 실례를 들어 살펴보고자 한다.

4.1 폐기 와이어 로프의 파단 실험

검사를 하는 목적에는 파단된 와이어 로프를 통해 파단 전의 상태를 추정하는 것도 포함되어 있다. 그러므로 파단 전 상태의 와이어 로프로 파단 실험을 하고, 파단 전후의 관계를 파악할 필요가 있다. 여기서는 폐기 로프를 파단시켜 파단력과 내부 상태 등을 검사하는 예를 소개한다.

(예 1) 케이블카용 와이어 로프
6×F(Δ+12+12) 랭 Z 꼬임 42mm

가. 와이어 로프의 개요

운전 횟수　　43441회

시브 지름　　4200mm 3회 감기

소선의 화학 성분 %

	C	Mn	Si	P	S
외층선	0.67	0.54	0.21	0.020	0.014
내층선	0.71	0.39	0.23	0.012	0.013

소선의 인장 강도　　$171kg/mm^2$

실제 파단력　　110t

폐기 이유　　급속히 연신하기 시작하여 1호 차에서 460～480m에 걸쳐 5가닥/m의 단선이 스트랜드 1가닥에 집중되었기 때문이다.

시험편 번호　　No.1　1호 차에서 5m

No.2　2호 차에서 5～10m

No.3　1호 차에서 460～475m

(No.1, No.2는 굽힘을 받지 않지만, No.3은 굽힘을 받는다.)

나. 상황

No.1, 2의 내부에는 보호 오일이 도포되어 있어 마모가 적지만, No.3은 보호 오일이 적어 소선이 적갈색으로 부식된 상태이다. [그림 5.9]는 소선 지름의 변화를 나타낸 그래프로 부식에 의해 부분적으로 지름이 감소한 예이다.

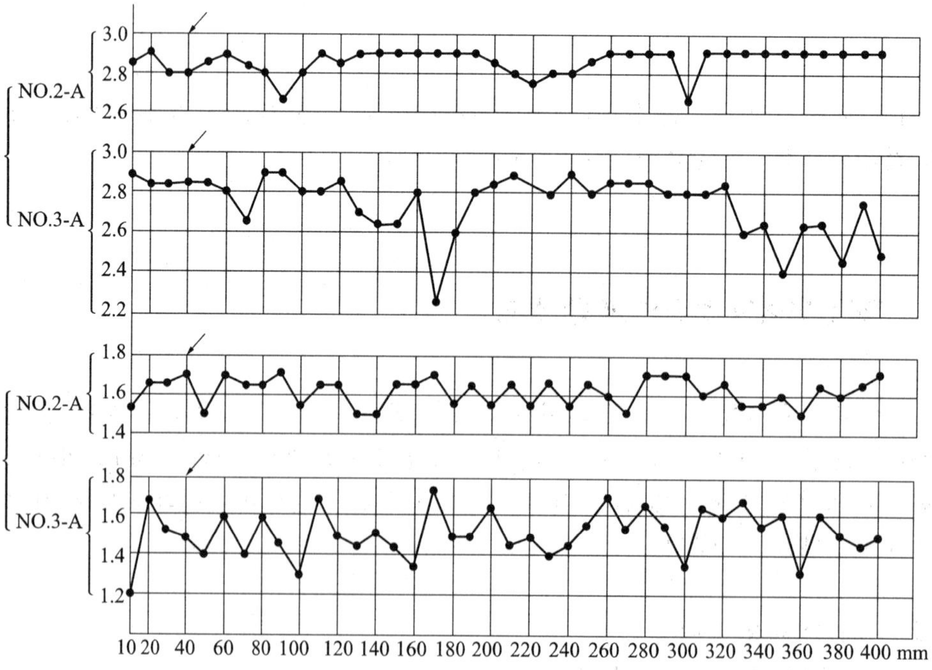

그림 5.9 소선 지름 변화

위의 두 그림은 외층 소선, 아래 두 그림은 내층 소선의 지름이다

다. 파단 시험

[그림 5.10]의 파단 시험 결과와 같이 시험편 No.1, 2는 신품의 강도를 상회하지만, No.3은 40%나 저하되었다. 작업량에 관한 기준 곡선 No.1-2를 기준으로 충격 흡수 정도를 추정해 보면, 파단력의 저하가 없는 No.1-1은 작업량이 50% 저하되고, 파단력이 절반으로 떨어진 No.3-1은 작업량이 90%나 저하된다. 그러므로 사고 원인을 조사할 때에는 파단력만 고려해서는 안 된다.

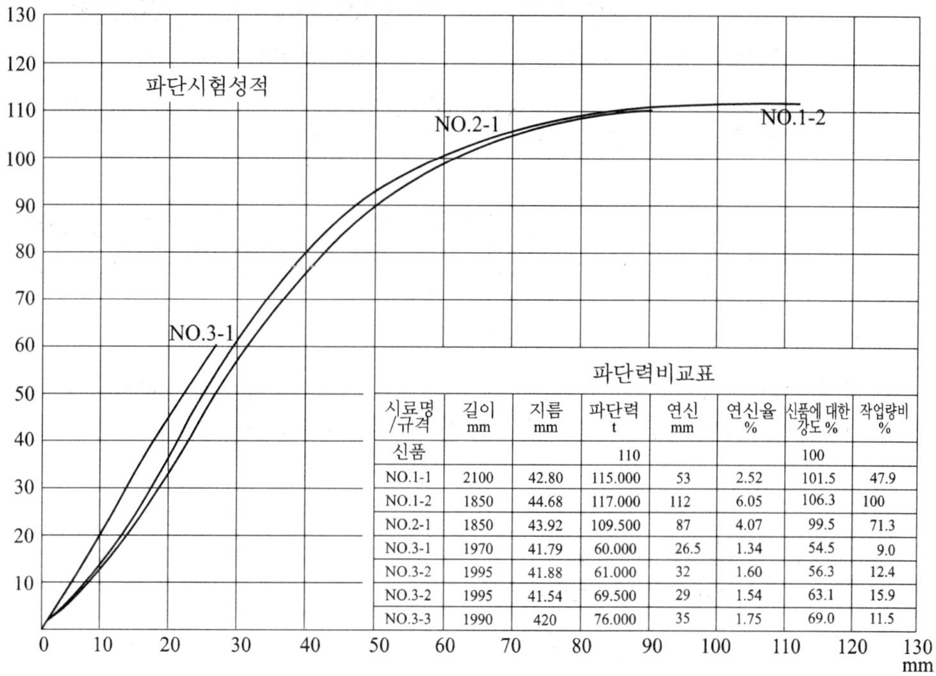

파단력비교표

시료명/규격	길이 mm	지름 mm	파단력 t	연신 mm	연신율 %	신품에 대한 강도 %	작업량비 %
신품			110			100	
NO.1-1	2100	42.80	115.000	53	2.52	101.5	47.9
NO.1-2	1850	44.68	117.000	112	6.05	106.3	100
NO.2-1	1850	43.92	109.500	87	4.07	99.5	71.3
NO.3-1	1970	41.79	60.000	26.5	1.34	54.5	9.0
NO.3-2	1995	41.88	61.000	32	1.60	56.3	12.4
NO.3-2	1995	41.54	69.500	29	1.54	63.1	15.9
NO.3-3	1990	420	76.000	35	1.75	69.0	11.5

그림 5.10 파단 시험 결과

라. 파단면

[그림 5.11]은 인장 파단 시험 후의 소선 파단면의 상태이다. 우측에 보이는 원호상(圓弧狀) 결손 부분은 압흔으로, 이 부분에서 피로 파단면이 발생하였다. 중앙에 보이는 띠는 피로로 인한 종단 균열이다. 좌측에는 연신하여 파단 수축한 인장 파단면이 보인다. 파단 시험 후, 모든 소선의 파단면을 검사하여 피로 파단면과 인장 파단면이 있는 소선 수를 각각 파악한다. 피로 파단면이 있는 소선은 파단 시험 전에 파단된 것으로 보고 파단력을 계산하면 파단 시험 강도(잔류 강도)와 일치한다. 이것은 검사 시 파단부의 소선 파단면을 관찰하여 2.2와 같이 사고 시의 파단력을 추정하는 근거가 된다.

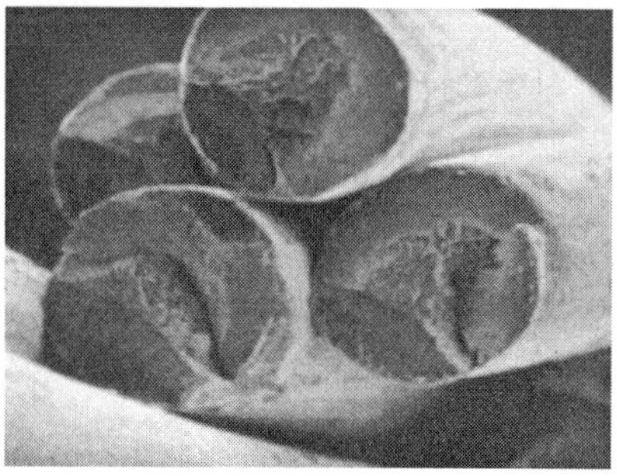

피로 파단면(연신이 없음)

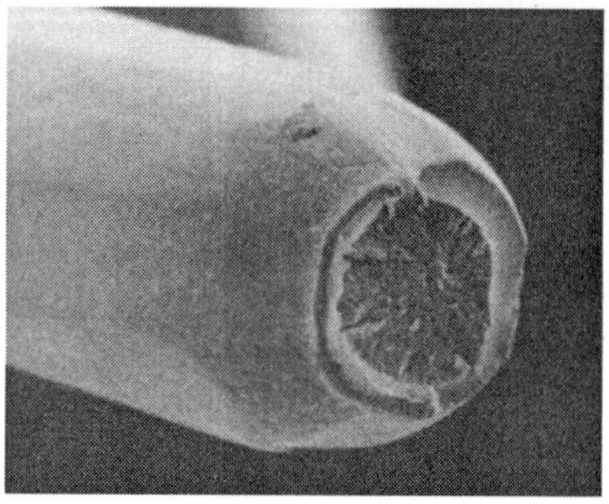

인장 파단면(연신이 있음)

그림 5.11 파단면

마. 마모

[그림 5.12]는 외층 소선 2가닥에 대해 외경(外徑)을 측정하여 전측정점 80점을 백분율로 나타낸 것이다. No.3는 No.2와 비교하면 마모와 부식으로 지름이 감소했음을 알 수 있다.

바. 경도

[그림 5.13]은 외층 소선 횡단면의 경도를 미소 경도 시험기를 이용하여 측정한 결과이다. 반복 굽힘을 받은 No.3이 경도가 높은 것을 확인할 수 있다.

외층소선		
단면적 감소 %	동일 단면적 측정점 %	
	No.2-2	No.3-2'
6	40	16
9	25	25
12	24	26
15	6	6
19	2.5	4
22	2.5	9
15		2.5
29		2.5
32		2.5
35		2.5
49		1
		1

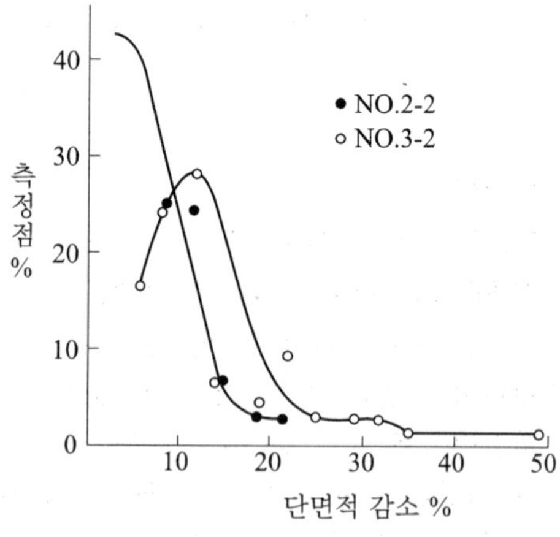

그림 5.12 외층 소선의 단면적 감소

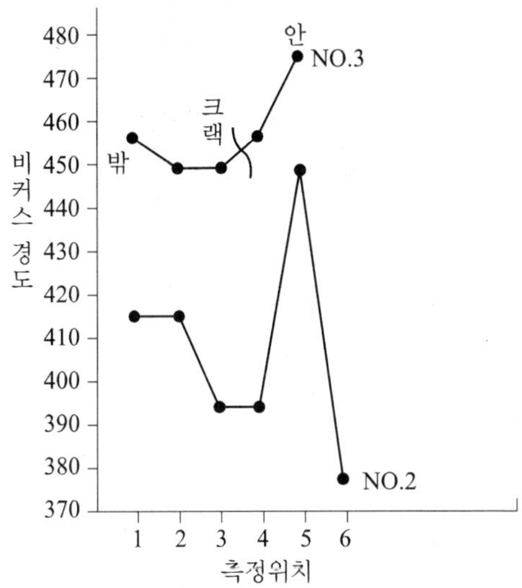

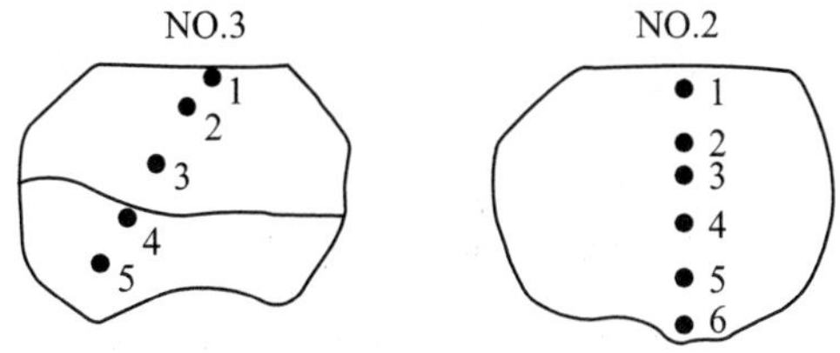

측정위치	경도	Hv
1	457	416
2	450	416
3	450	394
4	457	394
5	477	450
6		378

그림 5.13 외층 소선의 경도 측정 결과

(예 2) 로프웨이용 와이어 로프

7×7+6+Fi(19+9) 랭 Z 꼬임 16mm

가. 와이어 로프의 개요

운전 횟수	68816회
시브 지름	예삭 1800mm
	평형삭 600mm와 카운터 웨이트 시브 1600mm의 S자형 굽힘
실제 파단력	21.8t
폐기 이유	4년간 사용했기 때문
시험편 번호	예삭 No.1～4
	평형삭 No.5～8

나. 상황

외관상 단선은 평형삭에서 많이 관찰되지만, 로프 지름의 감소는 예삭에서 보인다. 평형삭에 단선이 많은 이유는 S자형 굽힘을 반복해서 받기 때문이다. 그러므로 검사 시 도르래 위치와 굽힘 방식 등을 조사해야 한다. [그림 5.14]는 단선 분포를 나타낸 것으로 한쪽에 집중된 단선 모양을 확인할 수 있다.

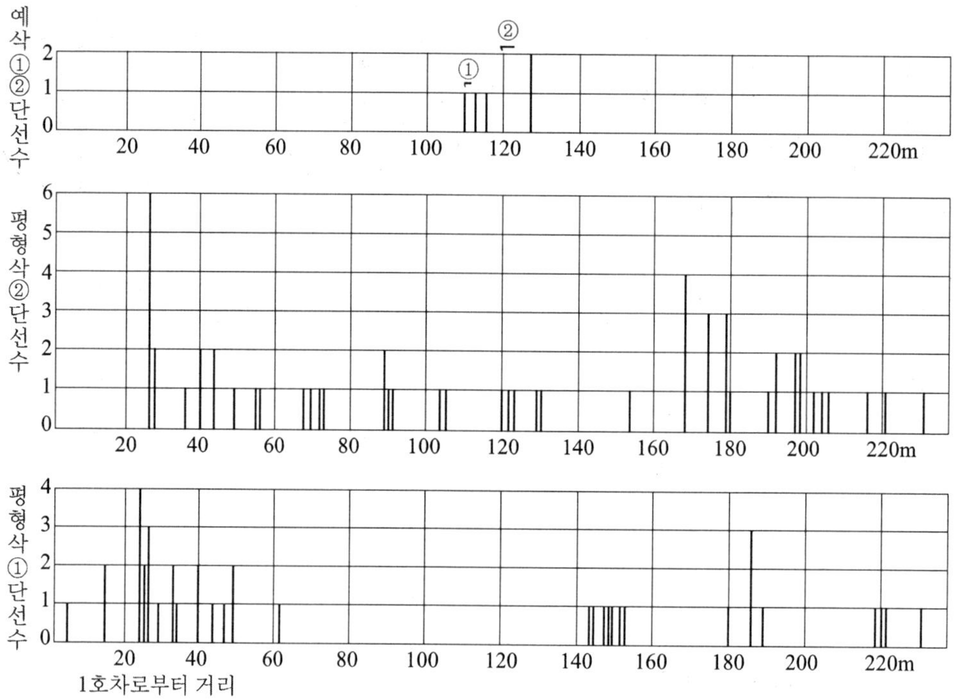

그림 5.14 예삭 ①② 및 평형삭 ①②의 외층 소선 단선 분포도

다. 파단 시험

[그림 5.15]는 인장 파단 시험 결과를 나타낸 것이다. 굽힘을 받은 예삭 시험편 No.2-2는 파단력이 50% 저하하였으며, 작업량이 90% 저하하였다.

라. 주의 사항

와이어 로프 파단 사고 검사 시 파단력 시험을 하며 파단부 주위에서 시험편을 채취하여야 한다. 이 검사 예와 같이 채취 장소에 따라 크게 차이가 나는 경우가 있으므로 주의하여야 한다. 이 외에도 기중기에 사용되는 6×29 필러형 비도금 보통 Z 꼬임 2종 16mm 와이어 로프의 검사 예에서는 부분적 단선이 외층선에 다수 발견되었고 내층부도 거의 단선되어 있다. 단선은 고정 단말 근처에서 많이 발생하며 다른 부분의 주름이 단말 쪽으로 몰린 것이 원인으로 보인다. 와이어 로프에는 부분적 열화가 나타나므로 시료 채취 시 주의하여야 한다.

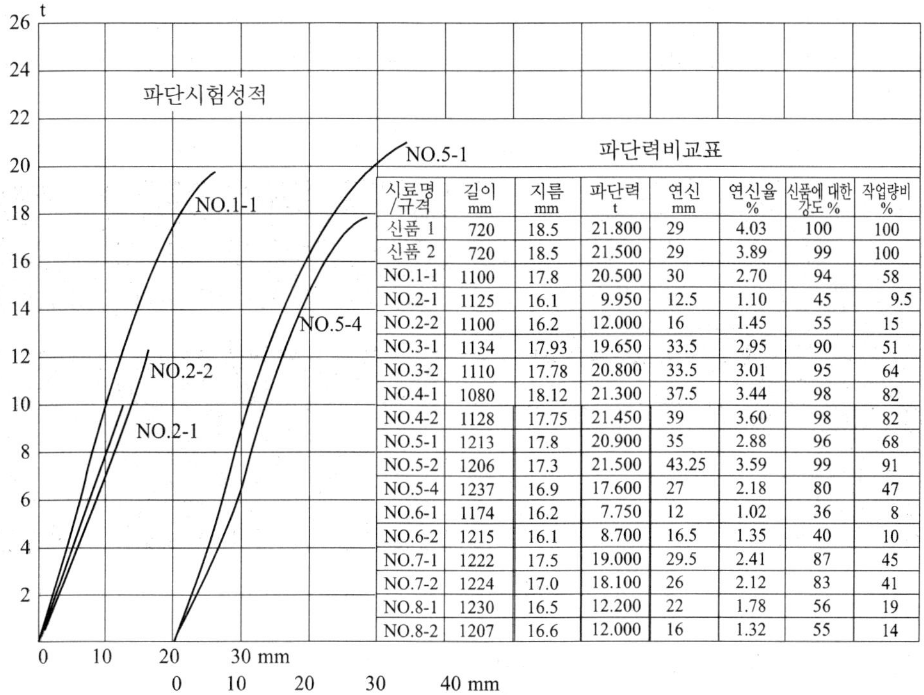

파단력비교표

시료명/규격	길이 mm	지름 mm	파단력 t	연신 mm	연신율 %	신품에 대한 강도 %	작업량비 %
신품 1	720	18.5	21.800	29	4.03	100	100
신품 2	720	18.5	21.500	29	3.89	99	100
NO.1-1	1100	17.8	20.500	30	2.70	94	58
NO.2-1	1125	16.1	9.950	12.5	1.10	45	9.5
NO.2-2	1100	16.2	12.000	16	1.45	55	15
NO.3-1	1134	17.93	19.650	33.5	2.95	90	51
NO.3-2	1110	17.78	20.800	33.5	3.01	95	64
NO.4-1	1080	18.12	21.300	37.5	3.44	98	82
NO.4-2	1128	17.75	21.450	39	3.60	98	82
NO.5-1	1213	17.8	20.900	35	2.88	96	68
NO.5-2	1206	17.3	21.500	43.25	3.59	99	91
NO.5-4	1237	16.9	17.600	27	2.18	80	47
NO.6-1	1174	16.2	7.750	12	1.02	36	8
NO.6-2	1215	16.1	8.700	16.5	1.35	40	10
NO.7-1	1222	17.5	19.000	29.5	2.41	87	45
NO.7-2	1224	17.0	18.100	26	2.12	83	41
NO.8-1	1230	16.5	12.200	22	1.78	56	19
NO.8-2	1207	16.6	12.000	16	1.32	55	14

그림 5.15 인장 파단 시험 결과

4.2 사고 와이어 로프의 검사 예

[그림 5.16]에서 보듯 사고 와이어 로프는 1995년에 제조한 호칭 6×41, 지름 47.5mm, 아연도금 탄력 강철 와이어 로프로써 철심으로 된 7개의 중심선에 41개의 소선을 1가닥으로 하여 6가닥이 꼬여 있으며 제조사를 판별할 수 있는 적색 테이프선이 식별되고 제시된 파단하중은 217톤, 제한하중은 99톤이다. 와이어 로프 제조사는 내부 심강에 숨겨져 있는 색깔 띠로 구분한다는 특징이 있다.

그림 5.16 와이어 로프 규격 및 제조사

사고 직후 측정된 와이어 로프의 파단지점은 로프 풀리에서 약 70m으로 파단지점 주변에서 스트랜드상의 와이어 로프에서 마멸로 인한 마모 및 피로로 인한 단선 등이 식별되었다[그림 5.17].

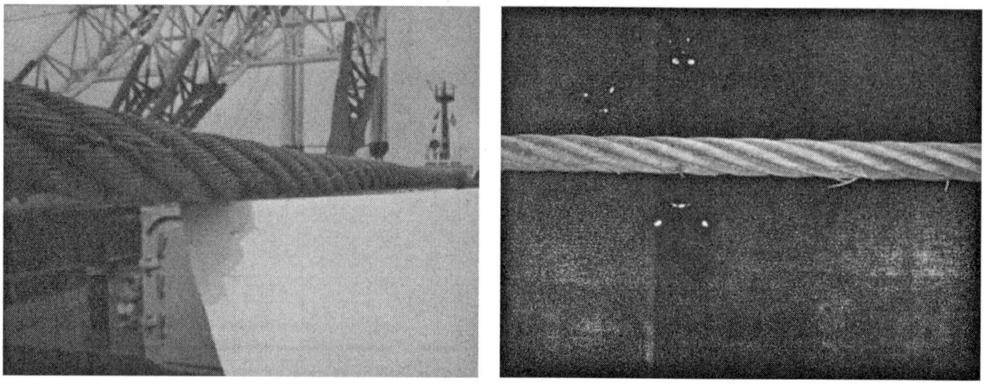

그림 5.17 파단지점 주변에서 식별되는 노후화흔

파단부 끝단의 와이어 로프는 둥그렇게 반경을 가지며 원주 형태를 유지하고 있으며 소선 각각에는 부식흔적이 식별되었고 줄 지지대의 경우 좌측부분에 선회 시 와이어 로프의 굽힘에 의해 발생된 것으로 판단되는 지지대와 와이어 로프 간의마찰 흔적이 식별되었다[그림 5.18].

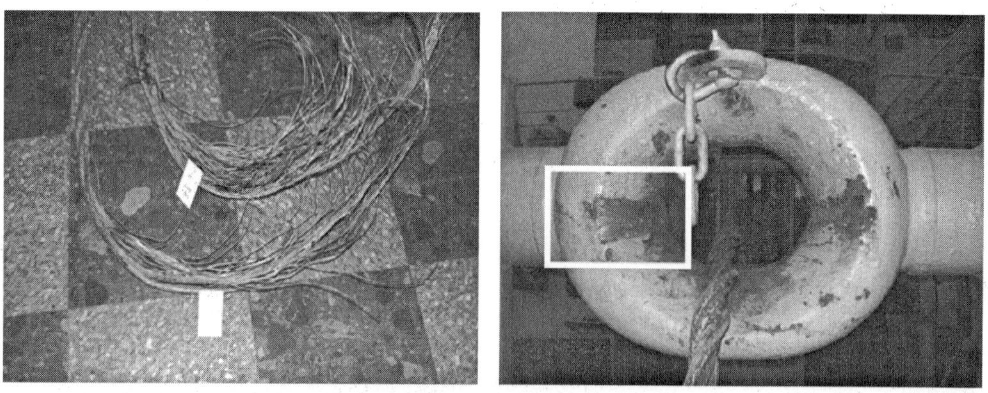

그림 5.18 파단 끝단부에서 식별되는 굽힘 파단흔

파단된 와이어 로프의 스트랜드 소선에서는 인장 파단흔, 전단파단흔, 압축 파단흔 등 다양한 형상의 파단 형태가 식별되었고 결국 와이어 로프 파단 원인은 급격한 선회로 줄 지지대 부분에서 와이어 로프와 지지대간의 간섭으로 인해 과도한 굽힘응력이 발생하여 파단된 것으로 판단되었다[그림 5.19].

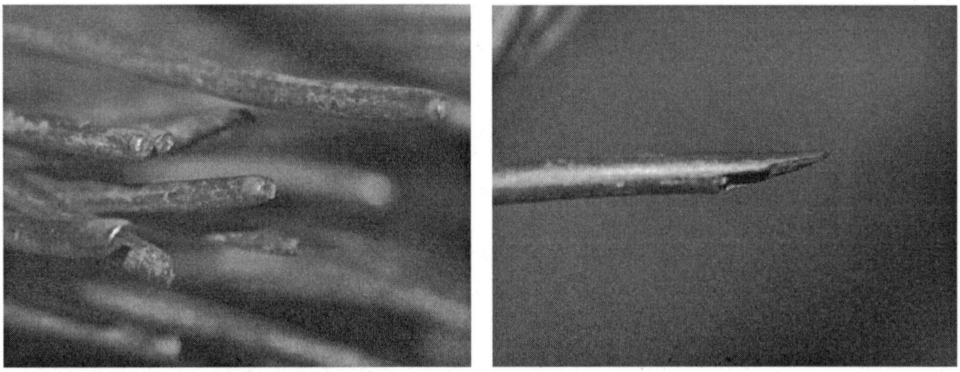

그림 5.19 파단부 소선에서 식별되는 각종 파단흔

파단원인 \ 형상	종단면	횡단면	종단면
인장	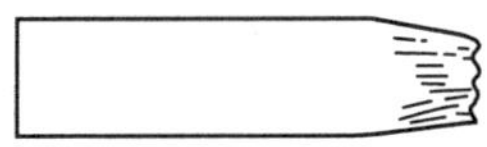		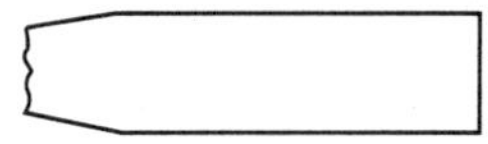
전단	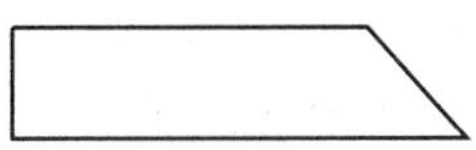		
마모	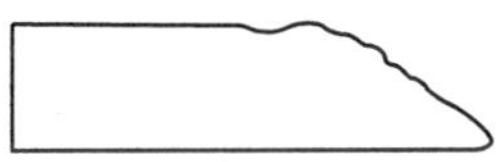		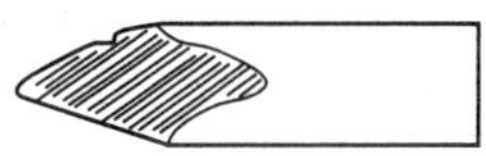
비틀림	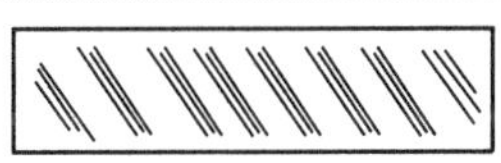		
압축	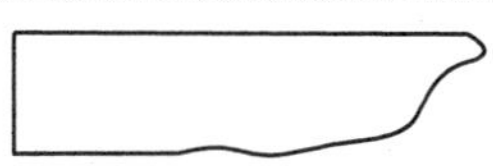		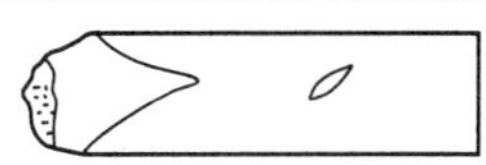
피로			
부식	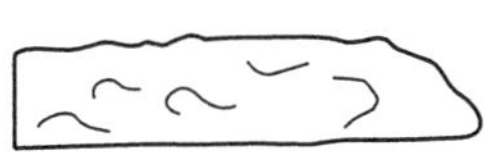		

그림 5.20 소선 파단면의 파단 원인별 특징

4.3 와이어 로프 파단 사고의 조사 사항

와이어 로프 파단 사고에서 조사해야 할 사항은 다음과 같다.

4.3.1 현장 조사 사항

(1) 와이어 로프의 사용 환경과 이력
(2) 와이어 로프의 용도(사용 목적, 로프 단말 고정법, 위치, 각도, 길이)
(3) 상대 물체와 관계(중량, 도르래 지름, 상대 물체 형상, 파단부와의 대응)
(4) 사용 시 상황(운전 속도, 정지 시 상황)

4.3.2 와이어 로프 조사 사항

(1) 종류, 구성, 규격
(2) 파단부 및 파단부 주위 외관(마모, 단선, 형태 변형, 부식 등)
(3) 소선의 파단면 및 파단 상황(피로 또는 인장 파단면이 있는 소선의 개수, 부식 등에 의한 지름 감소, 압흔 등)
(4) 파단력 검사, 재질 검사, 조직 검사(모두 파단부 주위에서 채취한 시료를 사용한다)
(5) 파단부의 강도 추정, 와이어 로프에 걸린 장력 계산, 파단 원인 추정

05 와이어 로프의 파단 원인을 추정하기 위한 강도 계산

5.1 인장으로 파단된 경우

5.1.1 인장 시험으로 구하는 방법

와이어 로프가 파단되었을 때의 강도를 추정하려면, 파단부 주위에서 채취한 시험 재료를 와이어 로프 전용 인장 시험기로 인장 시험을 하여 파단력(절단 하중)을 구하는 방법이 가장 적합하다. 하지만 와이어 로프 인장 시험기 자체가 특수할 뿐만 아니라 척(Chuck) 등 특수 설비가 필요하므로 설치 기관이 한정되어 있어 특별한 경우를 제외하고 시험에 사용하기 어려운 단점이 있다.

5.1.2 소선 상태로 구하는 방법

절단 시험을 할 수 없을 때에는 로프의 파단부 형상, 소선의 단선 수, 파단면 등을 2.2 식 (1)에 대입하여 파단력의 근사값을 구한다.

5.1.3 소선의 단면 하중으로 구하는 방법

파단부 주위에서 소선을 추출하고 인장 시험기(통상 사용하는 척(Chuck)으로도 가능하다)를 사용하여 파단하중을 측정한다. 이때, 소선의 꼬임을 풀지 않고 인장하면 비틀림이 가중되어 낮은 값이 측정되므로 주의한다. 측정한 값에 구성 소선 수(필러 형의 가는 선은 제외)를 곱하면 로프의 파단력(절단 하중)을 구할 수 있다. 단, 로프 구성의 꼬임 감소율을 고려하여야 한다. 또한, 변형 등은 값에 영향을 미치지 않으므로 주의하여야 한다.

5.2 굽힘으로 파단된 경우

로프웨이와 같은 대형 설비는 설계 단계에서부터 굽힘 응력 등을 충분히 검토하지만, 토목 및 건설이나 임업 등 작업 현장에서는 검토가 미비하기 때문에 극단적인 굽힘 응력이 발생하여 파단 사고가 일어나는 경우가 있다. 이와 같은 사고가 발생했을 때의 응력은 다음 식으로 도출한다. 모든 식은 재료의 탄성한계 내에서만 적용할 수 있다.

로프에 생성되는 응력(σ)은 인장 응력(σ_t)과 굽힘 응력(σ_b)이다.

σ_t는

$$\sigma_t = \frac{W}{A} \text{ (kg/mm}^2\text{)} \tag{3}$$

여기서, W : 하중(kg)

A : 로프 유효 단면적(mm²)

σ_b는

$$\sigma_b = E - \frac{\delta}{D} \text{ (kg/mm}^2\text{)} \tag{4}$$

여기서, E : 로프의 종탄성계수≒2.0×10^4 또는 1.0×10^4 (kg/mm²)

δ : 소선 지름(mm)

D : 굽힌 로프의 지름(mm) (파단부의 굽힌 형태가 나타나는 지점에서 측정)

또한, 종탄성계수가 2.0×10^4 또는 1.0×10^4(kg/mm²)인 이유는 일본 운수성(현재 국토교통성)에서는 소선의 탄성계수가 로프에 따라 변하지 않는다고 판단하고, 통산성에서는 로프일 경우 1.0×10^4(kg/mm^2) 정도가 된다고 판단하는 관점의 차이에 따른 것이다. 관계 규칙의 안전율 산정식에도 차이가 있으므로 주의하여야 한다.

5.3 충격으로 파단된 경우

5.3.1 충격 파단력

와이어 로프의 충격 인장 시험 결과를 보면, 인장 속도가 6.5m/sec일 때 충격 파단력은 정적 인장보다 4～5% 증가한다. 그리고 인장 속도가 6～18m/sec 범위일 때에는 6×24 로프는 4～5% 증가, 6×37 로프는 6～8% 증가한다. 충격 인장될 때의 파단 에너지는 정적 인장될 때보다 10% 증가한다.

5.3.2 충격 인장 응력

시료인 로프의 충격 인장 응력 발생 여부를 살펴보려면 화물 등 로프에 가해진 일을 모두 변형 에너지(U)로 변환하여 검사한다.

$$U = \frac{A \cdot E \cdot \delta_1^2}{2l} \tag{5}$$

여기서, U : 변형 에너지
A : 로프의 단면적
E : 로프의 탄성계수
δ_1 : 로프의 최대 연신
l : 로프의 자유 길이

등속 운동 중인 화물이 급정지하거나 급발진하면

$$\frac{A \cdot E \cdot \delta_1^2}{2l} - \frac{A \cdot E \cdot \delta_0^2}{2l} = \frac{W}{2g}v^2 + W(\delta_1 - \delta_0) \tag{6}$$

여기서, δ_0 : 정적 연신
v : 강하 속도
W : 하중

여기서, $W = A \cdot E \cdot \delta_0 / l$이라면 식 (6)은

$$\frac{AE}{2l}(\delta_1 - \delta_0)^2 = \frac{Wv^2}{2g} \tag{7}$$

이 식에서

$$\delta_1 = \delta_0 + \sqrt{\frac{W \cdot v^2 \cdot l}{A \cdot E \cdot g}} \tag{8}$$

정적 인장 응력과 동적 인장 응력의 비는

$$\frac{\delta_1}{\delta_0} = 1 + \frac{v}{\delta_0}\sqrt{\frac{W \cdot l}{A \cdot E \cdot g}} = 1 + \frac{v}{\sqrt{g\delta_0}} \tag{9}$$

충격 인장 응력(σ)은

$$\sigma = \frac{\delta_1 E}{l} \tag{10}$$

$$= \frac{\delta_1}{\delta_0} = \frac{W}{A} \tag{11}$$

식 (9)와 (11)로 충격 인장 응력을 구할 수 있다. 하지만 2.7에서 설명한 바와 같이 정적 인장과 충격 인장은 연신 차가 크므로 σ는 W와 A에 따라 값이 달라지고, 충격에 대해서도 유효 단면적이 감소할 때 영향을 받는다.

5.4 와이어 로프 관계 시설에 관한 계산

5.4.1 슬링에 걸리는 장력

[그림 5.21]과 같은 상태로 슬링 파단 사고가 발생했을 때 슬링에 걸리는 장력은,

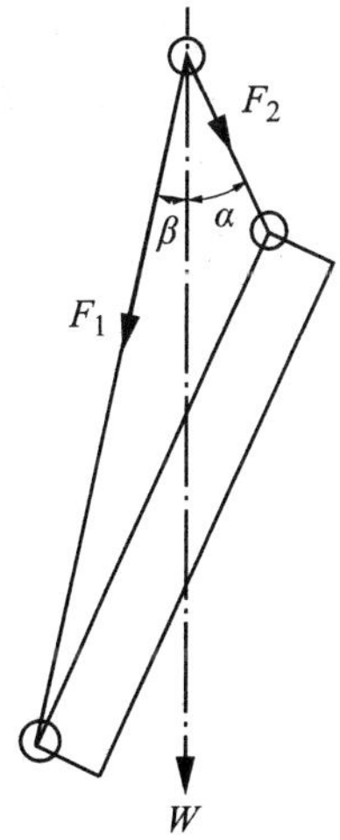

그림 5.21 슬링에 걸리는 장력

$$F_1 = \frac{Wsin\alpha}{\sin\alpha(\alpha+\beta)} \tag{12}$$

$$F_2 = \frac{Wsin\beta}{\sin\beta(\alpha+\beta)} \tag{13}$$

로 구할 수 있다.

$\alpha=\beta=30°$가 바람직하지만, 대부분 사고는 각도가 서로 달라 한쪽으로 기울거나 부유 하중의 이동으로 흝임이나 하중이 커서 인장 응력과 굽힘 응력이 가해진 때에 발생한다. 이러한 경우 로프와 부유 하중 양쪽 모두 흔적이 남으므로 상세한 관찰과 검사가 필요하다.

5.4.2 두 지점 사이를 잇는 로프에 걸리는 장력

현수교와 같이 두 지점에 매단 와이어 로프에 걸리는 장력의 계산식은 (1) 집중 하중의 경우 [그림 5.22], (2) 균등 하중의 경우 [그림 5.23]과 같다.

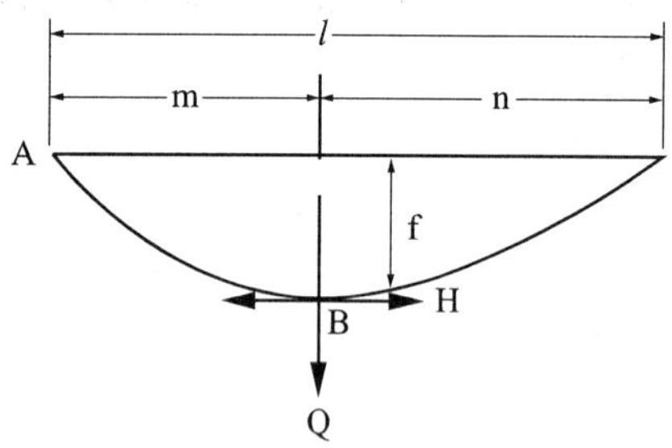

L : 메인 로프 길이 $\widehat{ABC}$(m)
l : 양 지주(支柱) AC 간 수평 거리(m)
m, n : 양 지주에서 B까지 거리(m)
w : 로프 단위 길이의 중량(kg/m)
Q : B의 수직 하중(kg)
f : 로프의 처짐(sag)(m)
H : B에서 로프의 장력(kg)

a. $H=\dfrac{1/2(wl+Q)mn}{lf}$

b. 장력 H가 최대가 되는 때는 AC 사이의 중앙에 하중이 걸리는 경우, 즉 $m=n=l/2$이 될 때이다.

$$H=\frac{1/2(wl+Q)l}{4f}=\frac{wl+Q}{2}\times\frac{l}{4f}=\frac{wl+Q}{2}\times 승수\, b$$

c. 로프웨이, 케이블 크레인 등의 로프 처짐 정도 $\dfrac{f}{l}$는 1/18～1/25로 한다.

(1) 두 수평 지점 간에 집중 하중이 작용한 경우

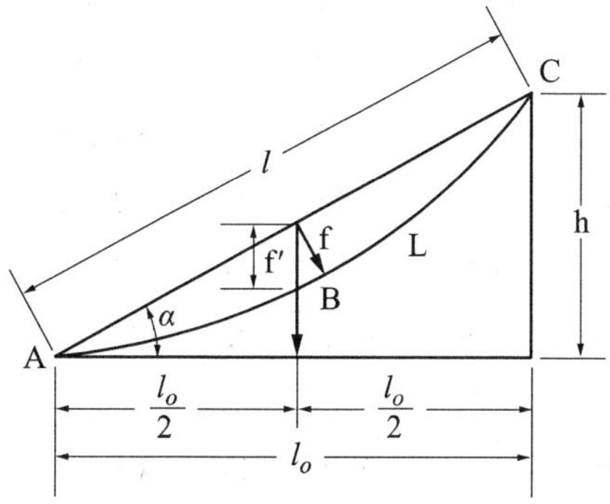

α는 통상 25°이내이므로 위의 식을 이용해도 무방하다 단, $f' = f sec\alpha$

(2) 경사가 있는 두 지점 간에 집중 하중이 작용한 경우

그림 5.22 집중 하중이 작용한 경우의 장력

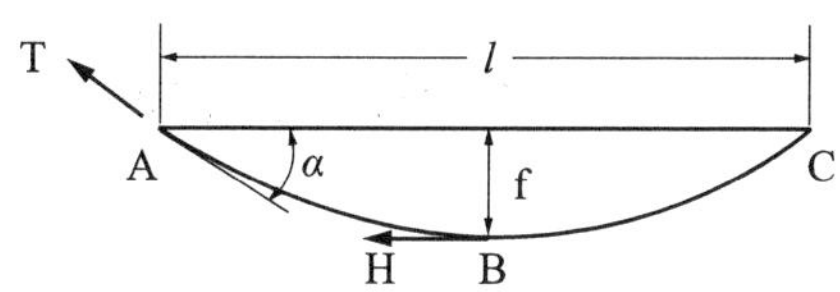

w : 로프 단위 길이에 걸리는 하중(로프 하중 포함)(kg/m)
W : wl=총 하중(kg)
T : A와 C 지점에서 메인 로프의 장력(kg)
L : 메인 로프의 총 길이(m)

a. $H=\frac{wl^2}{8f}=\frac{wl}{2}\times\frac{l}{4f}=\frac{W}{2}\times 승수 b$

b. $T=H\frac{\sqrt{l^2+16f^2}}{l}=\frac{wl}{8f}\sqrt{l^2[+]16f^2}=\frac{wl}{2}\times\frac{\sqrt{l^2[+]16f^2}}{4f}=\frac{W}{2}\times 승수 b$

c. $L=l\left\{1+\frac{8}{3}+(-\frac{f}{l})^2+\cdots\cdots\right\}$

또는 유사한 식으로 $L=l\left\{1+\frac{8}{3}S^2\cos^4\alpha\right\}$이 있다. 단, $S[=]\frac{f}{l}$

d. 현수교 메인 로프의 처짐 정도 $\frac{f}{l}$는 1/5~1/12(통상 1/8)

또한 임업용 가공선(overhead line)은 w를 로프 단위 길이당 중량으로 하고 $\frac{f}{l}$를 0.03~0.05로 한다.

각도	l=100에 대해		승수		각도	l=100에 대해		승수	
α	L	f	a	b	α	L	f	a	b
1	100.009	0.43	57.30	57.29	14	101.021	6.20	4.14	4.02
2	100.028	0.87	28.66	28.64	15	100.174	6.66	3.87	3.74
3	100.057	1.31	19.11	19.09	16	101.339	7.12	3.63	4.49

4	100.085	1.75	14.34	14.31	17	101.517	7.59	3.43	3.28
5	100.125	2.19	11.48	11.44	18	101.709	8.05	3.24	3.08
6	100.181	2.63	9.57	9.52	19	101.914	8.53	3.08	2.91
7	100.244	3.07	8.21	8.15	20	102.132	9.00	2.93	2.75
8	100.328	3.51	7.19	7.12	21	102.357	9.48	2.79	2.61
9	100.412	3.95	6.40	6.32	22	102.608	9.97	2.67	2.48
10	100.518	4.40	5.76	5.68	23	102.859	10.46	2.56	2.36
11	100.621	4.85	5.25	5.15	24	103.136	10.98	2.46	2.25
12	100.744	5.29	4.81	4.71	25	103.124	11.49	2.37	2.14
13	100.873	5.75	4.45	4.34	26	103.725	11.97	2.28	2.05

그림 5.23 균등 하중이 작용한 경우의 장력

5.4.3 경사면에 놓인 물체를 끌어올리는 로프에 걸리는 장력

케이블카나 광산과 같이 경사면에서 사용되는 로프의 장력 계산식은 [그림 5.24]와 같다.

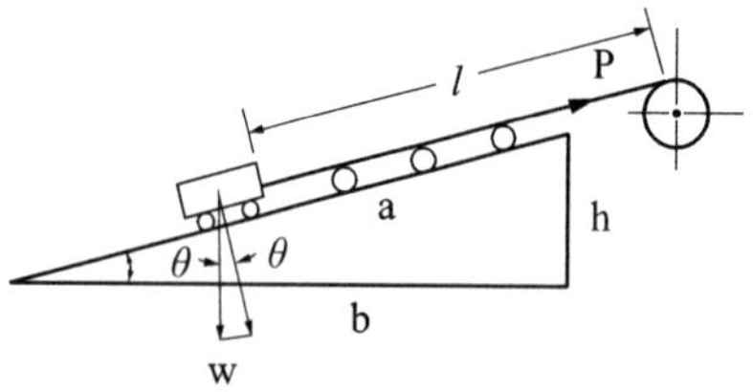

W : 차량이나 화물 중량(kg)
w : 로프 단위 길이의 중량(kg/m)
l : 로프 길이(m)
μ : 차량의 마찰계수 베어링에 따름(1/30~1/80)
μ' : 로프의 마찰계수 약 0.1

a. 최대 장력 $P=(W+wl)\times$ 승수$A+(W\times\mu+wl\times\mu')\times$ 승수B
b. P와 안전율(6~10)을 곱한 값에 해당하는 절단 하중의 로프를 선택한다.
c. 가속도에 의한 장력은 생략한다.

각도	승수 A	승수 B	각도	승수 A	승수 B
θ°	$\sin\theta=\frac{h}{a}$	$\cos\theta=\frac{b}{a}$	θ°	$\sin\theta=\frac{h}{a}$	$\cos\theta=\frac{b}{a}$
1	0.018	0.999	16	0.279	0.961
2	0.035	0.999	17	0.292	0.956
3	0.052	0.999	18	0.309	0.951
4	0.070	0.998	19	0.326	0.946
5	0.087	0.996	20	0.342	0.940

6	0.105	0.994	21	0.358	0.934
7	0.122	0.993	22	0.375	0.927
8	0.139	0.990	23	0.391	0.921
9	0.156	0.988	24	0.407	0.914
10	0.174	0.985	25	0.423	0.906
11	0.191	0.982	26	0.438	0.899
12	0.208	0.978	27	0.454	0.891
13	0.225	0.974	28	0.469	0.883
14	0.242	0.970	29	0.489	0.875
15	0.259	0.966	30	0.500	0.866

그림 5.24 경사면에 놓인 물체를 끌어당기는 로프에 걸리는 장력

5.4.4 가이 로프에 걸리는 장력

데릭 크레인(Derrick cran), 기둥, 마스트 등에 사용하는 가이 로프(Guy rope)의 장력 계산식은 [그림 5.25]와 같다. 가이 로프는 고정하는 위치는 대개 각도가 30°로 45°를 넘지 않는 편이 좋다.

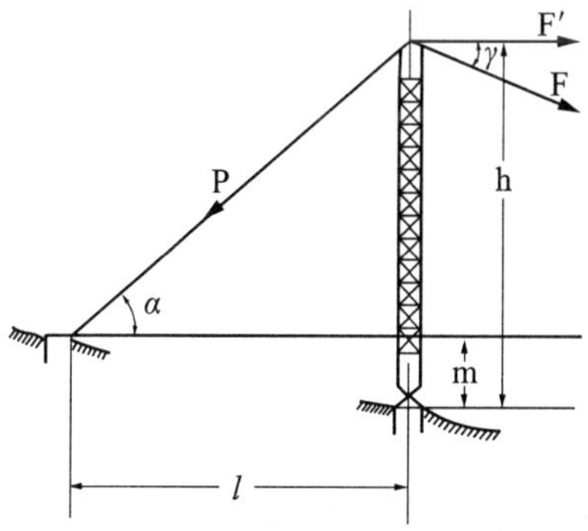

F : 구조물에 작용하는 총 외력의 합력
γ : 힘 F와 수평면이 이루는 각
h : 구조물 높이
l : 구조물과 계류점(mooring point) 사이의 수평거리
m : 구조물의 기초(基礎)와 계류점의 수직 거리

힘 F의 수평 분력 $F' = F\cos\gamma = P\cos\alpha$

$$P = \frac{F'}{\cos\alpha} = \frac{F\cos\gamma}{\cos\alpha}$$

예를 들면,

$\alpha = 30°$ 일 때 $P = 1.15F'$

$\alpha = 45°$ 일 때 $P = 1.41F'$

$\alpha = 60°$ 일 때 $P = 2.00F'$

α가 작아지면 가이 로프의 장력이 감소한다.

위의 식으로 구한 P는 힘 F와 같은 수직면 내에 있는 경우로 가이 로프를 1가닥 사용할 때에는 적합하지만, 실제로는 여러 가닥 사용하는 경우가 많다. 그러므로 가이 로프의 가닥 수에 따라 다음 표의 계수를 곱한 값을 가이 로프 1가닥의 장력으로 한다.

가이 로프의 수	계수	가이 로프의 수	계수	가이 로프의 수	계수
3	1.15	8	0.55	13	0.35
4	1.00	9	0.50	14	0.32
5	0.90	10	0.45	15	0.30
6	0.75	11	0.40		
7	0.65	12	0.37		

위의 표는 가이 로프가 균등하게 장력을 받아 같은 분포로 위치된 경우이다. 이 균등성이 정확하지 않으면 가이 로프의 장력은 계산 값의 10～20% 증가한다. 그리고 안전율 4 이상인 적당한 로프를 선택하도록 한다.

그림 5.25 가이 로프에 걸리는 장력

06 와이어 로프에 관한 안전율 법칙

와이어 로프에 관한 안전율 법칙은 다음과 같다.

6.1 산업안전보건기준에 관한 규칙

제163조 근로자가 탑승하는 운반구를 지지하는 달기와이어 로프 또는 달기 체인의 경우 : 10 이상
화물의 하중을 직접 지지하는 달기와이어 로프 또는 달기체인의 경우 : 5 이상

제55조 달기 와이어 로프 및 달기 강선의 안전계수 : 10 이상

제110조의 5 항타기(Pile driver) 혹은 항발기(Pile extractor)의 권상(Winding)용 5 이상

6.2 석유광산안전규칙

제189조 기중기의 권양용로프의 안전율은 최대정하중의 6 이상으로 하여야 한다.
화물의 하중을 직접 지지하는 달기와이어 로프 또는 달기체인의 경우 : 5 이상

제43조 권양기의 권양룡 로프의 안전율은 최대정하중의 6 이상이어야 한다. 다만, 깊이가 1천 500미터를 넘는 유정의 경우 사무소장의 승인을 얻은 때에는 그 안전율을 변경할 수 있다.

6.3 국토교통부의 규칙

제104조 와이어 로프는 다음 표에 따른 안전율을 갖추어야 한다.

와이어 로프의 종류	안전율
권상용 와이어 로프 지브의 기복용 와이어 로프 횡행용 와이어 로프	5.0
지브의 지지용 와이어 로프 보조 로프 및 고정용 와이어 로프	4.0

로프 안전율 산정법

최대 정적 하중에 대한 안전율(제1안전율) $F_1 = \frac{S_r}{W}$

최대 총 하중에 대한 안전율(제2안전율) $F_2 = \frac{Sr}{W + W_a/g + E \cdot Ad/D}$

단, 경사갱도에서 W는 다음 식에 따라 산출한다.

$$W = W_t \cdot \sin\theta + \alpha \cdot W_t \cdot \cos\theta + W_r \cdot \sin\theta' + \beta \cdot W_r \cdot \cos\theta'$$

여기서, S_r : 와이어 로프 제조업자가 제시하는 보증 절단 하중(kg)

W : 최대 정적 화중(kg)

W_t : 인차(人車)의 최대 총 중량(kg)

θ : W가 최대가 되는 위치의 경사각도

θ' : W가 최대가 되는 위치까지 로프의 평균 경사각도

α : 인차의 마찰계수

β : 로프의 마찰계수

a : 가속도(m/sec/sec)

g : 정수(定數)(9.8m/sec/sec)
E : 탄성계수(10000kg/mm^2)
d : 최대 소선 지름(mm)
D : 시브나 드럼의 최소 지름(mm)

(주) 1. 통상 α는 Plane bearing = 0.0333, roll bearing = 0.0167, ball bearing = 0.0125 로 하고, $\beta = 0.1$로 한다.
2. 최대 정적 하중(W_1)에 대한 로프 인장력(RP)의 비율은 RP/W_1> 0.8이다.
3. 최대 총 하중(W_2)에 대한 로프 인장력(RP)의 비율은 RP/W_2> 0.8이다.

로프 인장력(Rope Pull)의 계산

$$P = \frac{KW \times 6000 \times C}{V_r} \text{ (kg)} \quad \text{혹은} \quad P = \frac{[HP] \times 4500 \times C}{V_r} \text{ (kg)}$$

여기서, P : 로프 인장력(kg)
KW : 권상기나 전동기의 KW 수
HP : 권상기나 전동기의 HP 수
C : 권상기 효율 1단 기어 = 0.85 2단 기어 = 0.8
V_r : 로프 평균 속도(m/min)

로프 안전율 규칙

국토교통부령 제34호(로프웨이의 경우)

(1) 보통 로프웨이(폐쇄식 운반기로 사람 및 화물을 운송하는 경우)
a. 정지하고 있는 지삭(支索)

$$\frac{\sigma}{\sigma t + \sigma_{b1}} > 3.5 \qquad 6 > \frac{\sigma}{\sigma t} > 4$$

b. 기타 삭조(索條)

$$\frac{\sigma}{\sigma t + \sigma_{b2}} > 4 \qquad \frac{\sigma}{\sigma t} > 6$$

(2) 화물 로프웨이(화물만 운송하는 경우)

a. 정지하고 있는 지삭 및 로프 긴장용 삭조(장력을 일정하게 유지)

$$\frac{\sigma}{\sigma t + \sigma_{b1}} > 3 \qquad 6 > \frac{\sigma}{\sigma t} > 3.5 \quad \left(\begin{array}{c}\text{긴장용 삭조의 경우} \\ \dfrac{\sigma}{\sigma t} > 5\end{array}\right)$$

b. 기타 삭조

$$\frac{\sigma}{\sigma t + \sigma_{b2}} > 3.3 \qquad \text{(순환식 로프웨이는 3.0)}$$

$$\text{이때 } \frac{\sigma}{\sigma t} > 5$$

여기서, σ : 강선(鋼線) 평균 인장 강도(kg/mm^2)

σt : 최대 인장 응력 $= \dfrac{T}{A}$ (kg/mm^2)

σ_{b1} : 수직 하중에 의한 최대 굽힘 응력 $= \dfrac{P}{n}\sqrt{\dfrac{E}{TA}}$ (kg/mm^2)

σ_{b2} : 도르래에 감기면서 발생하는 최대 굽힘 응력$=E=\dfrac{\delta}{D}$(kg/mm^2)

T : 최대 인장력(kg)

A : 삭조의 유효단면(mm^2)

P : 운반기의 총 중량(운반기 중량+최대 적재 중량+운반기에 실리는 삭조 중량+운반기에 가해지는 풍압+운반기에 중량이 실리는 삭조에 가해지는 풍압)(kg)

n : 운반기의 바퀴 수

E : 20000kg/mm^2

δ : 강선의 최대 지름(mm)

D : 도르래의 지름(mm)

국토교통부령 제34호(케이블카의 경우)

$$\frac{\text{로프 파단력}}{T} > 8 \qquad \frac{\sigma}{\sigma t + \sigma_{b2}} > 4$$

첨부 자료

보무의 그림이나 표의 기호는 아래 기술하는 기호와 무관하다.

KS D 3514
(2019)

와이어 로프
Wire Rope

1. 적용 범위
이 표준은 기계, 건설, 선박, 어업, 임업, 광업, 케이블카, 엘리베이터 등에 사용하는 와이어 로프(이하, 로프라 한다)에 대하여 규정한다.

2. 종류

2.1 구성에 따른 구분

로프는 표 1과 같이 구성에 따라 1~23호로 구분된다. 로프의 구성 및 단면은 호별 및 구성 기호에 따라 표시하였다.

표 1 구성 및 단면

단위 mm

호별	1호	2호	3호	4호
구성	7가닥 6꼬임 중심 섬유	12가닥 6꼬임 중심 및 각 스트랜드 중심 섬유	19가닥 6꼬임 중심 섬유	24가닥 6꼬임 중심 및 각 스트랜드 중심 섬유
구성 기호	6×7	6×12	6×19	6×24
단면	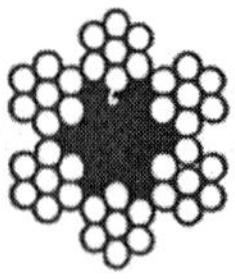	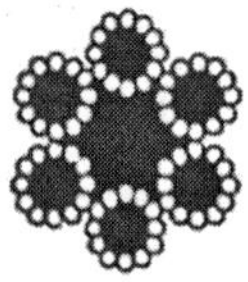		
호별	5호	6호	7호	8호
구성	30가닥 6꼬임 중심 및 각 스트랜드 중심 섬유	37가닥 6꼬임 중심 섬유	61가닥 6꼬임 중심 섬유	플랫형 둥근선 삼각심 7가닥 6꼬임 중심 섬유
구성 기호	6×30	6×37	6×61	6×F{(3×2+3)+7}
단면				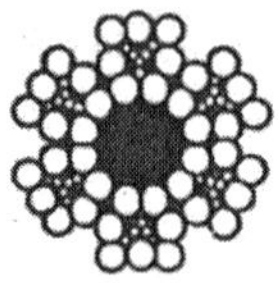
호별	9호	10호	11호	12호
구성	플랫형 둥근선 삼각심 24가닥 6꼬임 중심 섬유	실형 19가닥 6꼬임 중심 섬유	워링톤형 19가닥 6꼬임 중심 섬유	워링톤형 25가닥 6꼬임 중심 섬유
구성 기호	6×F{(3×2+3)+12 +12}	6×S(19)	6×W(19)	6×Fi(25)
단면	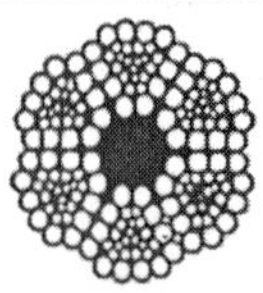	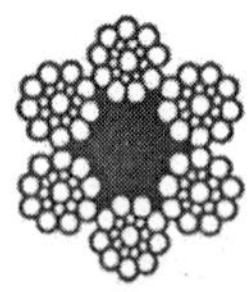		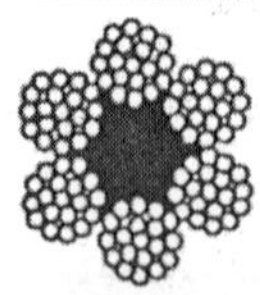
호별	13호	14호	15호	16호
구성	필러형 29가닥 6꼬임 중심 섬유	필러형 25가닥 6꼬임 중심 와이어 로프	실형 19가닥 8꼬임 중심 섬유	워링톤형 19가닥 8꼬임 중심 섬유
구성 기호	6×Fi(29)	7×7+6×Fi(25)	8×S(19)	8×W(19)

단면			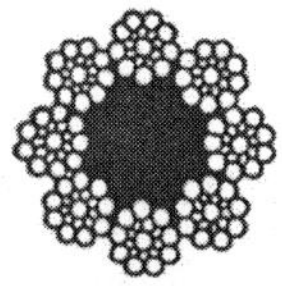	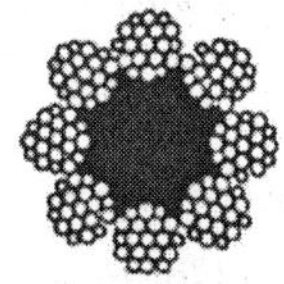
호별	**17호**	**18호**	**19호**	**20호**
구성	필러형 25가닥 8꼬임 중심 꼬임	필러형 29가닥 6꼬임 와이어 로프	워링톤 실형 26가닥 6꼬임 중심 섬유	워링톤 실형 31가닥 6꼬임 중심 섬유
구성 기호	8×Fi(25)	7×7+6×Fi(29)	6×WS(26)	6×WS(31)
단면			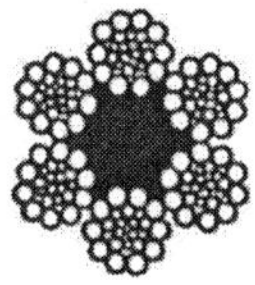	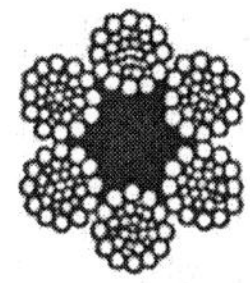
호별	**21호**	**22호**	**23호**	
구성	워링톤 실형 36가닥 6꼬임 중심 섬유	워링톤 실형 41가닥 6꼬임 중심 섬유	세미 실형 27가닥 6꼬임 중심 섬유	
구성 기호	6×WS(36)	6×WS(41)	6×SeS(37)	
단면	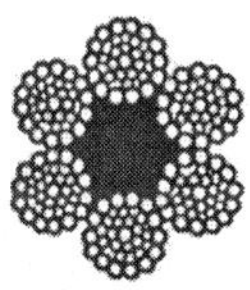	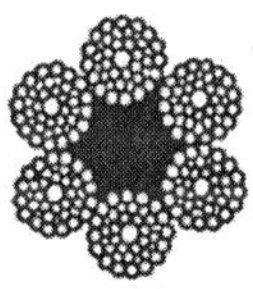		

2.2 꼬임 방식에 따른 구분

로프의 꼬임 방식은 그림 1과 같다. 보통 꼬임은 로프와 스트랜드를 반대 방향으로 꼬인 방식이고, 랭 꼬임은 동일한 방향으로 꼬인 방식이다. 로프의 꼬임 방향은 원칙적으로 Z 꼬임으로 한다.

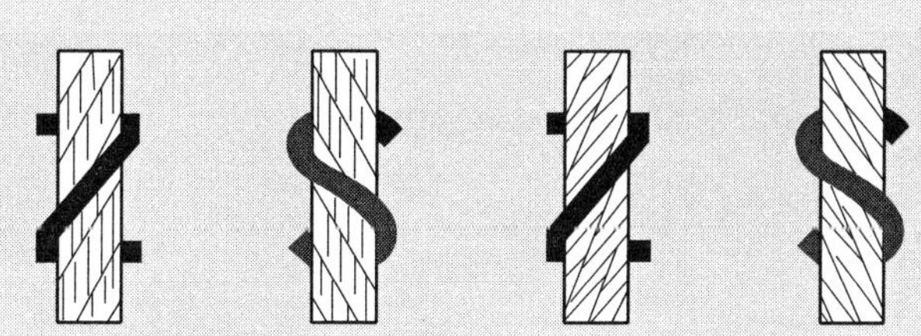

그림 1 꼬임 방식

2.3 소선에 따른 구분

로프는 표 2와 같이 소선에 따라 구분한다.

표 2 소선에 따른 구분

구분	적요
E종(1320N/mm^2 급)	비도금 및 도금(도금 후 냉간 가공한 것을 포함한다.)
G종(1470N/mm^2 급)	도금(도금 후 냉간 가공한 것을 포함한다.)
A종(1620N/mm^2 급)	비도금 및 도금(도금 후 냉간 가공한 것을 포함한다.)
B종(1770N/mm^2 급)	비도금 및 도금(도금 후 냉간 가공한 것을 포함한다.)

(비고) 표 2에서 괄호 안의 수치는 부표 1～15의 로프 절단 하중의 산출 기초가 되는 소선의 공칭 인장 강도이다.

2.4 각 구분에 따른 조합

로프의 각 구분에 따른 조합은 표 3과 같다.

3. 소선

3.1 재료

소선은 KS D 3559(경강 선재)의 규정대로 HSWR 52～82 선재를 사용한다. 단, E종 소선, 삼각심 둥근선, 필러선에는 HSWR 37～47을 사용한다.

3.2 제조 방법

(1) 소선은 열처리를 한 후, 상온에서 와이어 드로잉 가공을 한다.

(2) 도금 소선은 와이어 드로잉 가공 후 아연 도금을 하거나 아연 도금을 한 후 드로잉 가공을 한다.

표 3 각 구분에 따른 조합

꼬임 방식 / 소선 / 호별	구성기호	보통 Z 꼬임 혹은 보통 S 꼬임				랭 Z 꼬임 혹은 랭 S 꼬임		
		E종 (비도금)	G종 (도금)	A종 (비도금·도금)	B종 (비도금)	E종 (비도금)	A종 (비도금·도금)	B종 (도금)
1호	6×7	–	○	–	–	–	○	○
2호	6×12	–	○	–	–	–	–	–
3호	6×19	–	○	○	○	–	○	○
4호	6×24	–	○	○	–	–	–	–
5호	6×30	–	○	–	–	–	–	–
6호	6×37	–	○	○	○	–	–	–
7호	6×61	–	○	○	○	–	–	–
8호	6×F{(3×2+3)+7}	–	–	–	–	–	○	○
9호	6×F{(3×2+3)+12÷12}	–	–	–	–	–	○	○
10호(가)	6×S(19)	–	○	○	○	–	○	○
10호(나)	6×S(19)	○	–	–	–	–	–	–
11호(가)	6×W(19)	–	○	○	○	–	○	○

11호(나)	6×W(19)	○	–	–	–	–	–	–
12호(가)	6×Fi(25)	–	○	○	○	–	○	○
12호(나)	6×Fi(25)	○	–	–	–	–	–	–
13호	6×Fi(29)	–	○	○	○	–	○	○
14호	7×7+6×Fi(25)	–	–	○	○	–	○	○
15호	8×S(19)	○	–	○	○	○	○	○
16호	8×W(19)	○	–	○	○	○	○	○
17호	8×Fi(25)	○	–	○	○	○	○	○
18호	7×7+6×Fi(29)	–	–	○	○	–	○	○
19호	6×WS(26)	–	○	○	○	–	○	○
20호	6×WS(31)	–	○	○	○	–	○	○
21호	6×WS(36)	–	○	○	○	–	○	○
22호	6×WS(41)	–	○	○	○	–	○	○
23호	6×SeS(37)	–	○	○	○	–	○	○

(비고) 1. 10호(나), 11호(나), 12호(나), 15호, 16호, 17호는 주로 엘리베이터용으로 사용한다.
2. 8호, 9호, 15호, 16호, 17호의 A종은 비도금 밖에 없다.

3.3 기계적 성질

3.3.1 절단 하중

각 소선의 절단 하중과 평균값의 차는 스트랜드의 심선(心線), 삼각심용 둥근선, 필러선을 제외하고 평균값의 ±8% 이내이어야 한다. 단, 플랫형 로프는 −10∼+8% 이내로 한다.

3.3.2 비틀림 횟수

소선의 비틀림 시험에서 최소 비틀림 횟수는 표 4와 같다.

표 4 최소 비틀림 횟수

소선에 따른 구분 \ 소선 지름(mm)		0.26 이상 1.00 이하	1.00 초과 2.30 이하	2.30 초과 3.70 이하	3.70 초과 4.50 이하
플랫형 이외	E종	29	28	–	–
	A종	28	27	26	25
	B종	27	26	25	24
플랫형	A종	24	23	22	21
	B종	23	22	21	20
전 구성	G종	21	20	18	17

3.3.3 래핑

래핑 시험(wrapping test)에서 소선은 절단되지 않아야 한다.

3.4 아연 부착량

도금 소선의 최소 아연 부착량은 표 5와 같다.

3.5 지름의 허가 범위

소선의 지름의 허가 범위는 표 6과 같다.

3.6 외관

소선의 단면은 원형이며 표면은 흠, 이음매가 없이 매끄럽고 기타 유해한 결함이 없어야 한다. 단, 와이어 드로잉 가공 전의 용접은 관계없다.

4. 심망

중심 섬유인 로프 및 스트랜드의 심망(心綱, 와이어 로프의 중심에 넣는 심)은 합성 혹은 천연 섬유류를 사용한다. 특별히 섬유가 지정되지 않은 경우에는 로프 그리스류(이하, 그리스라 한다)를 포함시킨다. 이때 유해 산이나 강알칼리성 그리스는 피하여야 한다.

표 5 최소 아연 부착량 단위 g/m^2

소선 지름 (mm)	부착량	
	G종	E종, A종, B종
0.20 이상 0.25 이하	15	15
0.25 이상 0.40 이하	20	20
0.40 이상 0.50 이하	40	30
0.50 이상 0.63 이하	60	50
0.63 초과 0.80 이하	70	60
0.80 초과 1.00 이하	85	70
1.00 초과 1.25 이하	95	80
1.25 초과 1.40 이하	110	90
1.40 초과 1.60 이하	135	100
1.60 이상 2.00 이하	165	110
2.00 이상 2.24 이하	190	110
2.24 이상 2.50 이하	220	110
2.50 이상 3.15 이하	230	125
3.15 이상 4.50 이하	250	135

표 6 지름의 허가 범위 단위 mm

소선 지름	최대인 것과 최소인 것의 차	
	비도금 소선	도금 소선
0.20 이상 1.00 이하	0.04	0.06
1.00 초과 2.24 이하	0.06	0.09
2.24 초과 3.75 이하	0.08	0.12
3.75 초과 4.50 이하	0.10	0.14

5. 로프

5.1 제작 방법

5.1.1 꼬아 합치기

로프는 3에 규정한 소선 및 4에 규정한 심망(단, 14호와 18호 제외)을 이용하여 지름과 꼬임 길이 등이 일정하도록 꼬아 합친다. 꼬아 합치는 과정 중 불가피하게 소선을 이어야 할 때에는 용접, 납땜, 꼬아잇기(splice)를 허용한다. 단, 스트랜드 길이 10m당 1개 이상 이음매가 있어서는 안 된다.

5.1.2 그리스 도포

원칙적으로 로프에 그리스를 도포하여야 한다. 이때, 유해 산이나 강알칼리를 함유한 그리스를 사용해서는 안 된다.

5.2 기계적 성질

로프의 절단 하중은 부표 1~15의 값을 넘어서는 안 된다.

5.3 치수 및 허용차

5.3.1 치수

로프의 치수는 다음과 같다.

(1) 로프 지름 : 부표 1~15와 같이 정한다.

(2) 로프 길이 : 200m나 1000m가 원칙이다.

5.3.2 허용차

로프 지름의 허용차는 지름이 10mm 미만일 때에는 0~+10%로 하고, 지름이 10mm 이상일 때에는 0~+7%로 한다. 단, 주문자의 요구가 있을 때에는 제조업자와 협의하여 허용차를 정할 수 있다.

5.4 외관

로프 전체에 사용상 유해한 붕괴나 상처 등 결함이 있어서는 안 된다.

6. 시험

6.1 소선 시험

표 7과 같은 항목에 대해 소선 시험을 한다. 각 시험에 사용하는 공통 시험 재료는 로프를 적당한 길이로 잘라서 시험한다. 이 공통 시험 재료에서 스트랜드 1가닥(14호, 18호 중심 와이어 로프 제외)을 선택하여 심선, 삼각심 둥근선이나 필러선을 제거한 것을 시험편으로 한다. 시험편의 수는 표 8과 같다. 단, 아연 부착량 시험에서는 3가닥의 시험편을 사용한다.

표 7 소선의 시험 항목

시험 항목	적요
절단 시험	주문자가 지정하는 로프
비틀림 시험	모든 종류
래핑 시험(wrapping test)	모든 종류
아연 부착량 시험	주문자가 지정하는 로프
지름 측정	모든 종류

표 8 소선 시험편 수 단위 가닥

호별	구성 기호	시험편 수	호별	구성 기호	시험편 수
1호	6×7	6	13호	6×Fi(29)	21
2호	6×12	12	14호	7×7+6×Fi(25)	18
3호	6×19	18	15호	8×S(19)	18
4호	6×24	12	16호	8×W(19)	18
5호	6×30	15	17호	8×Fi(25)	18
6호	6×37	18	18호	7×7+6×Fi(25)	21
7호	6×61	30	19호	6×WS(26)	25
8호	6×F{(3×2+3)+7}	7	20호	6×WS(31)	30

9호	6×F{(3×2+3)+12+12}	24	21호	6×WS(36)	35
10호	6×S(19)	18	22호	6×WS(41)	40
11호	6×W(19)	18	23호	6×SeS(37)	36
12호	6×Fi(25)	18			

(1) 절단 시험

시험편 양단을 고정하고 절단될 때까지 서서히 당기고, 절단 될 때의 각 시험편의 절단 하중과 평균값의 차를 구하는 시험이다. 시험편은 길이는 지름이 1.0mm 미만일 때 약 100mm, 지름이 1.0mm 이상일 때에는 약 200mm로 한다. 고정기 주위에서 절단된 경우에는 재시험을 한다.

(2) 비틀림 시험

시험편 지름의 100배가 되는 간격으로 시험편의 양단을 단단히 고정하고 한쪽을 비틀림 회전(분당 60회)시킨다. 시험편이 절단될 때의 비틀림 횟수를 측정한다. 단, 필요에 따라 고정기 사이의 간격을 변경할 수 있다. 이때, 비틀림 횟수는 고정기 사이 간격의 증감에 비례하여 구할 수 있다. 비틀림 시험에서 시험편이 고정기 주위에서 절단된 경우에는 재시험한다.

(3) 래핑 시험

시험편과 지름이 동일한 원형선 주위에 시험편을 밀착시키며 8회 이상 감고 다시 이것을 푼 후 시험편의 절단 여부를 조사한다.

(4) 아연 부착량 시험

KS D 0201(용융 아연 도금 시험 방법)에 규정된 3.2.2의 중량법, 혹은 가스 발생법에 따라 시험한다.

(5) 시험편의 지름은 마이크로미터로 측정하고, 각 시험편의 최대 지름과 최소 지름의 차를 구한다.

6.2 로프 시험

다음 각 항에 대해 로프 시험을 한다.

(1) 절단 시험

로프 한쪽 끝을 적당한 길이로 잘라 그림 2와 같이 양단을 백금이나 아연 등으로 원뿔형으로 응고시켜 절단 시험기에 부착한다. 시험편이 절단될 때까지 서서히 잡아당긴다. 절단될 때의 절단 하중을 측정한다. 시험편의 길이는 로프 지름의 40배 이상이어야 한다. 단, 최대 길이는 2m까지 할 수 있다.

(2) 지름은 로프의 한쪽 끝에서 1.5m 이상 떨어진 곳을 두 지점 이상 임의로 정하고 그림 3과 같이 노기스로 측정하고 평균값을 구한다.

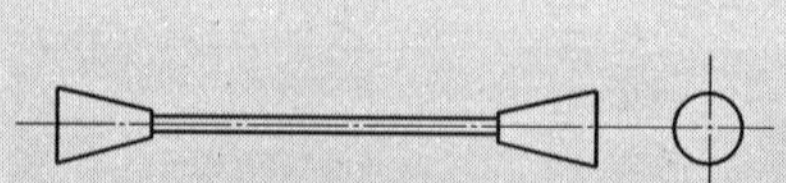

그림 2 시험편 형상

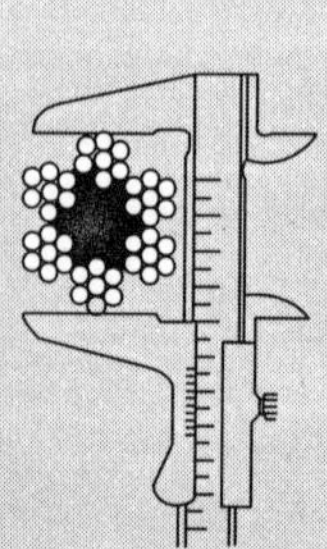

그림 3 로프 지름 측정 방법

7. 검사

로프 검사는 로프 한 줄마다 6. 시험에 따라 소선과 로프에 대해 시험하고, 3.과 6.의 규정에 적합해야 한다. 단, 외관은 눈으로 관찰한다. 또한, 소선에 관해서는 다음 항에 따라 로프의 사용 합격 여부를 판정한다.

표 9 소선 시험에서의 합격 판정 단위 가닥

호별	구성 기호	판정 기준 수		호별	구성 기호	판정 기준 수	
		제1회 시험	제2회 시험			제1회 시험	제2회 시험
1호	6×7	0	2	13호	6×Fi(29)	2	6
2호	6×12	1	3	14호	7×7+6×Fi(25)	1	4
3호	6×19	1	4	15호	8×S(19)	1	4
4호	6×24	1	3	16호	8×W(19)	1	4
5호	6×30	1	4	17호	8×Fi(25)	1	4
6호	6×37	1	4	18호	7×7+6×Fi(25)	2	6
7호	6×61	2	7	19호	6×WS(26)	2	6
8호	6×F{(3×2+3)+7}	0	2	20호	6×WS(31)	2	7
9호	6×F{(3×2+3)+12+12}	2	6	21호	6×WS(36)	3	9
10호	6×S(19)	1	4	22호	6×WS(41)	3	9
11호	6×W(19)	1	4	23호	6×SeS(37)	3	9
12호	6×Fi(25)	1	4				

(1) 절단 시험에서 각 시험편의 절단 하중의 평균값에 대해 1/2 이하로 절단되는 소선이 있을 때에는 로프를 불합격으로 판정한다.
(2) 비틀림 시험에서 표 5 중 최소 비틀림 횟수의 1/2 이하에서 절단되는 소선이 있을 때에는 로프를 불합격으로 판정한다.
(3) 아연 부착량 시험에서 규정에 적합하지 않은 소선이 2가닥 이상 될 때에는, 그 로프를 불합격으로 판정한다. 규정에 부적합한 소선이 1가닥일 때에는 다시 시험편을 규정 수대로 채취한 뒤 제2회 시험을 하여, 시험편이 모두 규정에 적합할 때에는 로프를 합격으로 판정한다.
(4) 아연 부착량 시험을 제외한 각 시험에서 시험 성적의 일부가 규정에 적합하지 않을 경우에는 표 9의 제1회 시험 기준 이내의 수라면 로프를 합격으로 판정하고, 제1회 시험 기준을 초과하는 수일 경우에는 다시 표 8과 같이 시험편을 규정 수대로 채취하여 제2회 시험을 한다. 시험 결과를 제1회 시험에 합산하여 규정에 적합하지 않은 시험편의 수가 표 9 제2회 시험의 기준 이내의 수가 산출되면 로프를 합격으로 판정하고, 기준을 초과하는 수가 산출되었다면 로프를 불합격으로 판정한다.

8. 표시

8.1 표시 항목

검사에서 합격 판정을 받은 로프에는 적절한 방법으로 다음 항목을 명시해야 한다. 단, 주문자가 허용한다면 항목 일부를 생략할 수 있다.

(1) 제작업자명 혹은 약호
(2) 제작연도
(3) 로프 구성
(4) 도금 여부
(5) 그리스 종류
(6) 로프의 꼬임 방식
(7) 소선에 따른 구분
(8) 로프의 지름 및 길이

8.2 표시의 약호

표시항목 중 (4) 도금 여부, (5) 그리스 종류, (6) 로프의 꼬임 방식의 표시는 표 10과 같은 약호를 사용한다.

표 10 표시 약호

꼬임 방식 / 그리스 종류 / 도금 여부	보통 꼬임				랭 꼬임			
	Z 꼬임		S 꼬임		Z 꼬임		S 꼬임	
	적	흑	적	흑	적	흑	적	흑
비도금	O/O	C/O	O/S	C/S	O/L	C/L	O/LS	C/LS
도금	G/O	GC/O	G/S	GC/S	G/L	GC/L	G/LS	GC/LS

9. 보고

주문자의 요구가 있을 때에는 제작업자는 시험 결과를 기재한 성적표를 제출해야 한다.

부표 1 1호 6×7 로프의 절단 하중

	절단 하중 t			(참고) 단위 중량 kg/m
꼬임 방식	보통	랭		
소선 / 로프 지름(mm)	도금	비도금·도금	비도금	
	G종	A종	B종	
3.15	0.53	0.60	0.66	0.037
4	0.85	0.97	1.06	0.059
5	1.34	1.52	1.65	0.093
6.3	2.12	2.41	2.62	0.147
8	3.42	3.88	4.23	0.237
9	4.33	4.91	5.35	0.300
10	5.34	6.06	6.61	0.371
11.2	6.70	7.60	8.29	0.465
12.5	8.34	9.47	10.3	0.579
14	10.5	11.9	13.0	0.727
16	13.7	15.5	16.9	0.950
18	17.3	19.6	21.4	1.20
20	21.4	24.2	26.4	1.48
22.4	26.8	30.4	33.2	1.86
(24)	–	(34.9)	(38.1)	(2.14)
25	33.4	37.9	41.3	2.32
(26)	–	(41.0)	(44.7)	(2.51)
28	41.9	47.5	51.8	2.91
30	48.1	54.5	59.5	3.34
31.5	53.0	60.1	65.6	3.68

(32)	–	(62.1)	(67.7)	(3.80)
33.5	59.9	68.0	74.2	4.16
(34)	–	(70.1)	(76.4)	(4.29)
35.5	67.3	76.4	–	4.67
(36)	–	(78.5)	–	(4.81)
37.5	75.1	–	–	5.21
40	85.5	–	–	5.93

(비고) 괄호에 해당하는 지름의 로프를 사용하지 않는 편이 바람직하다.

부표 2 2호 6×12 로프의 절단 하중

	절단 하중 t	(참고) 단위 중량 kg/m
꼬임 방식	보통	
소선	도금	
로프 지름(mm)	G종	
4	0.53	0.044
5	0.83	0.068
6.3	1.32	0.108
8	2.13	0.175
9	2.70	0.221
10	3.33	0.273
11.2	4.18	0.343
(12)	(4.80)	(0.393)
12.5	5.20	0.427
14	6.53	0.535
16	8.52	0.699
18	10.8	0.885
20	13.3	1.09
22.4	16.7	1.37
(24)	(19.2)	(1.57)
25	20.8	1.71
(26)	(22.5)	(1.85)
28	26.1	2.14
30	30.0	2.46
31.5	33.0	2.71
(32)	(34.1)	(2.80)
33.5	37.4	3.06
35.5	42.0	3.44
37.5	46.8	3.84
40	53.3	4.37

(비고) 괄호에 해당하는 지름의 로프를 사용하지 않는 편이 바람직하다.

부표 3 3호 6×19 로프의 절단 하중

	절단 하중 t				(참고) 단위 중량 kg/m
꼬임 방식	보통	보통·랭			
소선	도금	비도금·도금	비도금		
로프 지름(mm)	G종	A종	B종		
			보통	랭	
4	0.81	0.83	0.94	0.96	0.058
5	1.27	1.38	1.46	1.50	0.091
6.3	2.01	2.18	2.33	2.38	0.144
8	3.24	3.52	3.75	3.84	0.233
9	4.11	4.46	4.74	4.86	0.295
10	5.07	5.50	5.86	6.00	0.364
11.2	6.36	6.90	7.35	7.53	0.457
(12)	(7.30)	(7.92)	(8.43)	(8.64)	(0.524)
12.5	7.92	8.59	9.15	9.38	0.569
14	9.93	10.8	11.5	11.8	0.713
16	13.0	14.1	15.0	15.4	0.932
18	16.4	17.8	19.0	19.4	1.18
20	20.3	22.0	23.4	24.0	1.46
22.4	25.4	27.6	29.4	30.1	1.83
(24)	(29.2)	(31.7)	–	(34.6)	(2.10)
25	31.7	34.4	36.6	37.5	2.28
(26)	(34.3)	(37.2)	–	(40.6)	(2.46)
28	39.7	43.1	45.9	47.0	2.85
30	45.6	49.5	52.7	54.0	3.28
31.5	50.3	54.6	58.1	59.5	3.61
(32)	(51.9)	(56.3)	–	(61.4)	(3.73)
33.5	56.9	61.7	65.7	67.3	4.08
(34)	–	(63.0)	–	(69.4)	(4.21)
35.5	63.9	69.3	73.8	75.6	4.59
(36)	–	(71.3)	–	(77.8)	(4.72)
37.5	71.3	773	82.4	84.4	5.12
(38)	–	(79.4)	–	(86.6)	(5.26)
40	81.1	88.0	93.7	96.0	5.82
42.5	91.5	99.3	106	108	6.57
45	103	111	119	122	7.37
47.5	114	124	132	135	8.21
50	127	138	146	150	9.10

(비고) 괄호에 해당하는 지름의 로프를 사용하지 않는 편이 바람직하다.

부표 4 4호 6×24 로프의 절단 하중

꼬임 방식	절단 하중 t		(참고) 단위 중량 kg/m
	보통		
소선 / 로프 지름(mm)	도금	비도금·도금	
	G종	A종	
8	2.97	3.21	0.212
9	3.75	4.06	0.269
10	4.64	5.02	0.332
11.2	5.82	6.29	0.416
(12)	(6.68)	(7.22)	(0.478)
12.5	7.25	7.84	0.519
14	9.09	9.83	0.651
16	11.9	12.8	0.850
18	15.0	16.2	1.08
20	18.5	20.1	1.33
22.4	23.3	25.2	1.67
(24)	(26.7)		(1.91)
25	29.0	31.3	2.08
(26)	(31.4)		(2.24)
28	36.4	39.3	2.60
30	41.8	45.1	2.99
31.5	46.0	49.8	3.29
(32)	(47.5)		(3.40)
33.5	52.1	56.3	3.73
35.5	58.5	63.2	4.18
37.5	65.2	70.5	4.67
40	74.2	80.2	5.31
42.5	83.8	90.6	6.00
45	94.0	102	6.72
47.5	105	113	7.49
50	117	125	8.30
53	130	141	9.33
56	145	157	10.4
60	167	180	12.0
63	184	199	13.2

(비고) 괄호에 해당하는 지름의 로프를 사용하지 않는 편이 바람직하다.

부표 5 5호 6×30 로프의 절단 하중

꼬임 방식 / 소선 / 로프 지름(mm)	절단 하중 t 보통 도금 G종	(참고) 단위 중량 kg/m
8	2.68	0.198
9	3.39	0.251
10	4.19	0.310
11.2	5.26	0.388
12.5	6.55	0.484
14	8.21	0.607
16	10.7	0.793
18	13.6	1.00
20	16.7	1.24
22.4	21.0	1.55
25	26.2	1.94
28	32.8	2.43
30	37.6	2.79
31.5	41.6	3.07
33.5	47.0	3.47
35.5	52.8	3.90
37.5	58.9	4.35
40	67.0	4.95
42.5	75.7	5.59
45	84.8	6.27
47.5	94.5	6.99
50	104	7.74
53	118	8.70
56	131	9.71
60	150	11.1
63	166	12.3

부표 6 6호 6×37 로프의 절단 하중

	절단 하중 t			(참고) 단위 중량 kg/m
꼬임 방식	보통			
소선	도금	비도금·도금	비도금	
로프 지름(mm)	G종	A종	B종	
6.3	1.98	2.15	2.29	0.143
8	3.19	3.46	3.69	0.230
9	4.04	4.38	4.67	0.291
10	4.99	5.41	5.76	0.359

11.2	6.26	6.79	7.23	0.451
(12)	(7.19)	(7.79)	(8.29)	(0.517)
12.5	7.80	8.45	9.00	0.561
14	9.81	10.6	11.3	0.704
16	12.8	13.8	14.7	0.920
18	16.2	17.5	18.7	1.16
20	19.9	21.6	23.0	1.44
22.4	25.0	27.1	28.9	1.80
(24)	(28.7)	–	–	(2.07)
25	31.2	33.8	36.0	2.35
(26)	(33.7)	–	–	(2.43)
28	39.0	42.4	45.2	2.82
30	44.8	48.7	51.8	3.23
31.5	49.5	53.7	57.2	3.57
(32)	(51.1)	–	–	(3.68)
33.5	56.0	60.7	64.6	4.03
35.5	62.9	68.2	72.6	4.53
37.5	70.2	76.1	81.0	5.05
40	79.7	86.6	92.2	5.75
42.5	90.1	97.7	104	6.49
45	101	110	117	7.28
47.5	113	122	130	8.11
50	125	135	144	8.98
53	140	152	162	10.1
56	156	170	181	11.3
60	179	195	207	12.9
63	198	215	229	14.3

(비고) 괄호에 해당하는 지름의 로프를 사용하지 않는 편이 바람직하다.

부표 7 7호 6×61 로프의 절단 하중

	절단 하중 t			(참고) 단위 중량 kg/m
꼬임 방식	보통			
소선	도금	비도금·도금	비도금	
로프 지름(mm)	G종	A종	B종	
30	43.1	47.9	51.0	3.25
31.5	47.6	52.8	56.2	3.58
33.5	53.9	59.7	63.5	4.05
35.5	60.5	67.0	71.4	4.55

37.5	67.5	74.8	79.6	5.08
40	76.7	85.2	90.6	5.77
42.5	86.7	96.1	102	6.52
45	97.2	108	115	7.31
47.5	108	120	128	8.14
50	120	133	142	9.02
53	135	149	159	10.1
56	150	167	178	11.3
60	173	192	204	13.0
63	191	211	225	14.3

부표 8 8호 6×F{(3×2+3)+7} 로프의 절단 하중

	절단 하중 t		(참고) 단위 중량 kg/m
꼬임 방식	랭		
소선 / 로프 지름(mm)	비도금		
	A종	B종	
(24)	(36.7)	(40.1)	(2.42)
25	39.9	43.5	2.63
(26)	(43.1)	(47.0)	(2.85)
28	50.0	54.6	3.30
30	57.4	62.6	3.79
31.5	63.3	69.1	4.18
(32)	(65.3)	(71.3)	(4.31)
33.5	71.6	78.1	4.72
(34)	(73.8)	(80.5)	(4.87)
35.5	80.4	87.7	5.31
(36)	(82.7)	(90.2)	(5.46)
37.5	89.7	97.9	5.92
(38)	(92.1)	(101.0)	(6.08)

(비고) 괄호에 해당하는 지름의 로프를 사용하지 않는 편이 바람직하다.

부표 9 9호 6×F{(3×2+3)+12+12} 로프의 절단 하중

	절단 하중 t		(참고) 단위 중량 kg/m
꼬임 방식	랭		
소선 / 로프 지름(mm)	도금		
	A종	B종	
31.5	58.3	63.7	4.11
33.5	66.0	72.0	4.65
35.5	74.1	80.8	5.22
37.5	82.7	90.2	5.82

40	94.1	103	6.62
42.5	106	116	7.48
(44)	(114)	(124)	(8.02)
45	119	130	8.38
(46)	(124)	(136)	(8.76)
47.5	133	145	9.34

(비고) 괄호에 해당하는 지름의 로프를 사용하지 않는 편이 바람직하다.

부표 10 10호(가) 6×S(19), 11호(가) 6×W(19), 12호(가) 6×Fi(25), 19호 6×WS(26) 로프의 절단 하중

	절단 하중 t			(참고) 단위 중량 kg/m
꼬임 방식	보통	보통·랭		
소선	도금	비도금·도금	비도금	
로프 지름(mm)	G종	A종	B종	
4	0.79	0.88	0.94	0.062
5	1.25	1.39	1.48	0.097
6.3	1.98	2.20	2.34	0.153
10	4.99	5.55	5.91	0.386
11.2	6.26	6.96	7.41	0.484
(12)	(7.18)	(7.99)	(8.51)	(0.555)
12.5	7.79	8.67	9.23	0.603
14	9.78	10.9	11.6	0.756
16	12.8	14.2	15.1	0.988
18	16.2	18.0	19.1	1.25
20	20.0	22.2	23.6	1.54
22.4	25.0	27.8	29.6	1.94
25	31.2	34.7	36.9	2.41
28	39.1	43.5	46.3	3.02
30	44.9	50.0	53.2	3.47
31.5	49.5	55.1	58.6	3.83
33.5	56.0	62.3	66.3	4.33
35.5	62.9	69.9	74.4	4.86
37.5	70.2	78.0	83.1	5.42
40	79.8	88.8	94.5	6.17
42.5	90.1	100	107	6.97
45	101	112	120	7.81
47.5	113	125	133	8.70
50	125	139	148	9.64
53	140	156	166	10.8
56	156	174	185	12.1
60	180	200	213	13.9

(비고) 1. 6×S(19) 및 6×WS(26) 로프의 지름은 10~50mm, 6×W(19) 로프의 지름은 4~53mm, 6×Fi(25) 로프의 지름은 10~60mm로 한다.
2. 괄호에 해당하는 지름의 로프를 사용하지 않는 편이 바람직하다.

부표 11 10호(나) 6×S(19), 11호(나) 6×W(19), 12호(나) 6×Fi(25) 로프의 절단 하중

꼬임 방식 / 소선 / 로프 지름(mm)	절단 하중 t 보통 비도금 E종	(참고) 단위 중량 kg/m
8	2.92	0.233
9	3.70	0.294
10	4.57	0.364
11.2	5.73	0.456
(12)	(6.58)	(0.523)
12.5	7.14	0.568
14	8.96	0.712
16	11.7	0.931
18	14.8	1.18
20	18.3	1.45
22.4	22.9	1.82
25	28.6	2.27

(비고) 괄호에 해당하는 지름의 로프를 사용하지 않는 편이 바람직하다.

부표 12 13호 6×Fi(29), 20호 6×WS(31), 12호 6×WS(36), 22호 6×WS(41), 23호 6×SeS(37) 로프의 절단 하중

꼬임 방식	절단 하중 t 보통	보통·랭		(참고) 단위 중량 kg/m
소선	도금	비도금·도금	비도금	
로프 지름(mm)	G종	A종	B종	
8	3.30	3.63	3.86	0.253
9	4.17	4.59	4.88	0.321
10	5.15	5.67	6.03	0.396
11.2	6.46	7.11	7.56	0.496
12.5	8.05	8.85	9.42	0.618
14	10.1	11.1	11.8	0.776
16	13.2	14.5	15.4	1.01
18	16.7	18.4	19.5	1.28
20	20.6	22.7	24.1	1.58
22.4	25.9	28.4	30.2	1.99
25	32.2	35.4	37.7	2.47
28	40.4	44.4	47.3	3.10

30	46.4	51.0	54.2	3.56
31.5	51.1	56.2	59.8	3.93
33.5	57.8	63.6	67.6	4.44
35.5	64.9	71.4	76.0	4.99
37.5	72.4	79.7	84.8	5.57
40	82.4	90.7	96.4	6.33
42.5	93.1	102	109	7.15
45	104	115	122	8.01
47.5	116	118	136	8.93
50	129	142	151	9.90
53	145	159	169	11.1
56	162	178	189	12.4
60	185	204	217	14.2

(비고) 6×WS(31), 6×WS(36), 6×SeS(37) 로프의 지름은 20mm~60mm, 6×WS(41) 로프의 지름은 30mm~60mm로 한다.

부표 13 14호 7×7+6×Fi(25) 로프의 절단 하중

꼬임 방식	절단 하중 t		(참고) 단위 중량 kg/m
	보통·랭		
소선 / 로프 지름(mm)	비도금·도금	비도금	
	A종	B종	
10	6.33	6.72	0.430
11.2	7.94	8.44	0.539
12.5	9.89	10.5	0.672
14	12.4	13.2	0.843
16	16.2	17.2	1.10
18	20.5	21.8	1.39
20	25.3	26.9	1.72
22.4	31.7	33.7	2.16
25	39.5	42.0	2.69
28	49.6	52.7	3.37
30	56.9	60.5	3.87
31.5	62.8	66.7	4.27
33.5	71.0	75.5	4.83
35.5	79.7	84.8	5.42
37.5	89.0	94.6	6.05
40	101	108	6.88
42.5	114	121	7.77
45	128	136	8.71
47.5	143	152	9.70
50	158	168	10.8

53	178	189	12.1
56	198	211	13.5
60	228	242	15.5

부표 14 15호 8×S(19), 16호 8×W(19), 17호 8×Fi(25) 로프의 절단 하중

꼬임 방식 / 소선 / 로프 지름(mm)	절단 하중 t 보통·랭 비도금 E종	A종	B종	(참고) 단위 중량 kg/m
8	2.66	–	–	0.220
10	4.16	–	–	0.343
11.2	5.22	–	–	0.430
(12)	(5.99)	(7.06)	(7.50)	(0.494)
12.5	6.50	7.65	8.14	0.536
14	8.15	9.60	10.2	0.672
16	10.6	12.5	13.3	0.878
18	13.5	15.9	16.9	1.11
20	16.6	19.6	20.8	1.37
22.4	20.9	24.6	26.1	1.72
25	26.0	30.6	32.6	2.14

(비고) 괄호에 해당하는 지름의 로프를 사용하지 않는 편이 바람직하다.

부표 15 18호 7×7+6×Fi(29) 로프의 절단 하중

꼬임 방식 / 소선 / 로프 지름(mm)	절단 하중 t 보통·랭 비도금·도금 A종	비도금 B종	(참고) 단위 중량 kg/m
10	6.48	6.89	0.440
11.2	8.13	8.64	0.552
12.5	10.1	10.8	0.688
14	12.7	13.5	0.862
16	16.6	17.6	1.13
18	21.0	22.3	1.43
20	25.9	27.6	1.76
22.4	32.5	34.6	2.21
25	40.5	43.1	2.75
28	50.8	54.0	3.45
30	58.3	62.0	3.96
31.5	64.3	68.4	4.37

33.5	72.8	77.3	4.94
35.5	81.7	86.8	5.55
37.5	91.2	96.9	6.19
40	104	110	7.04
42.5	117	124	7.95
45	131	140	8.91
47.5	146	155	9.93
50	162	172	11.0
53	182	194	12.4
56	203	216	13.8
60	233	248	15.8

VI 기계 구조물 파괴 사고 조사법

01 들어가며

기계 구조물은 경제적 및 기술적 혹은 그 외 조건이나 제약을 바탕으로 만들어지고, 어떠한 경우에도 완벽하게 안전한 기계구조물은 존재하지 않는다. 파괴 사고의 원인 조사는 동일 사고 재발 방지나 과학 기술의 진보를 위하여 중요한 과정이다. 여기서는 일반적인 파괴 사고 원인 조사 방법을 정리하고, 몇 가지 사례를 통해 개요, 법칙, 관련 규격, 기준, 사고 종류, 경향, 원인 등을 살펴본다. 그리고 이 사례에 적용하는 시험 검사법에 초점을 두고 설명하고자 한다.

02 파괴 사고 원인

[그림 6.1]에 기계 구조물의 파괴 사고 원인을 정리하였다. 사고는 이 중 하나가 원인이 되어 일어나는 경우도 있고 몇 가지 원인이 중첩되어 일어나는 경우도 있다. 사상자나 대규모 물적 손해가 발생한 대형 사고는 대개 여러 가지 원인이 중첩되어 일어나는 경우가 많다. 또한, 사고 원인은 직접적인 계기가 되는 직접 원인, 직접 원인을 일으키는 간접 원인, 근본적으로 존재하는 기초 원인(심층 원인)으로 나뉜다.

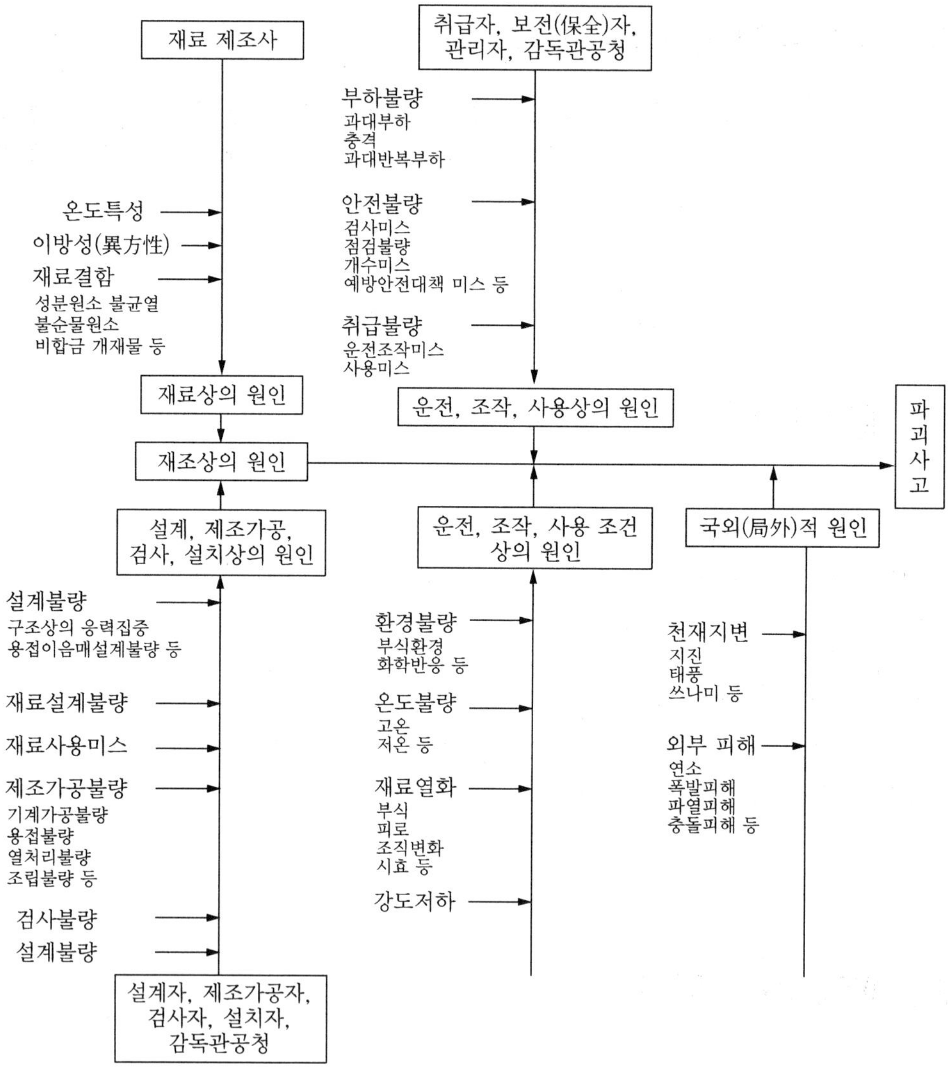

그림 6.1 파괴 사고의 원인

03 파괴 사고 조사법

다음 사항에 따라 기계 구조물의 파괴 사고를 조사하고 파괴 원인 및 사고 원인을 밝힌다.

(1) 사고 현장 조사
(2) 파괴 부분 및 재료의 시험 조사
(3) 강도 검토
(4) 관련 사항 조사
(5) 조사 및 시험 검사 결과 고찰

파괴 사고 조사 시 유의 사항

(1) 사고 현장이 오염되거나 현장 정리가 이루어지기 전에 되도록 신속하게 현장 조사를 한다.

(2) 시간이 경과하면 현장 상태가 변하는 경우도 있으므로 촬영하는 사진에는 촬영 일자와 시각을 기록해 둔다.

(3) 광범위한 현장이더라도 순서에 따라 면밀하게 조사한다. 파편 하나에도 주의를 기울이고 낙하물, 비산물 등에도 명칭, 위치, 형상, 형태를 사진으로 촬영하고 약도 등에 기록해 둔다.

(4) 사고 원인과 관계가 있을 가능성이 있는 사항에 대해서는 모두 철저히 검토하여 성급하게 결론을 내리지 않도록 한다.

(5) 되도록 많은 수의 사고 관계자에게 이야기를 듣고 조직적이고 전체적으로 검토한다.

(6) 공장에서 발생한 화재 등은 기계, 전기, 화학공학, 폭발 등 여러 전문 분야의 전문가에게 협력을 구해야 하는 경우가 많다.

그리고 조사 시에는 정보 공유 등 협조를 받으려면 사고 관계자에게 신뢰를 받는 것이 중요하다.

3.1 사고 현장 조사

사고 현장은 다음 사항에 따라 조사한다.

3.1.1 사고 개요

우선 사고 개요를 파악한다.
(1) 발생 연월일 및 시간
(2) 장소
(3) 기계 구조물 명칭
(4) 파괴부와 파괴부 형태
(5) 사고 직전의 현장 및 관계자의 상황
(6) 사고 발생 및 인지 상황, 인명 및 재산 피해 상황
(7) 사고 직후의 현장 및 관계자의 상황
(8) 사고 후의 처리
(9) 기타 참고 사항

위 사항을 파악한 뒤, 조사 방향을 결정한다.

3.1.2 기계 구조물의 자료

파괴 사고가 발생한 기계 구조물에 관해 다음 사항을 조사한다.

(1) 사양에 관한 사항
- 설계상 사양 자료 : 설계 사양서, 명칭, 형식, 법규상 해당 명칭(예를 들어, 제 1종 압력용기 등), 설계 조건(예를 들어, 압력용기의 설계 압력, 설계 온도, 크레인의 설계 공정 하중 등), 사용 조건, 주요 제원(諸元, 기계류의 치수나 무게 따위의 성능과 특성을 나타낸 수적 지표)
- 관련 장치 및 부분의 설계 자료 : 설계도, 강도 계산서, 부품 명세서, 전체 조립도, 배치도, 배관도, 구조 명세서, 구조도, 용접 명세서, 용접 시공도, 수용 건물도 등
- 관련 장치 및 부분의 구조 자료 : 밀 시트(mill sheet), 재료 시험 성적표, 비파괴시험 성적표, 제품 치수 형상 규정 보고서, 제품 검사 보고서 등

(2) 이력에 관한 사항
- 제조 연원일
- 제조자(제조 장소)
- 설치 연월일
- 설치자(설치 장소)

- 설치(낙성) 검사 연월일
- 설치(낙성) 검사자(검사 기관)
- 설치(낙성) 검사 내용, 결과, 처리
- 운전(사용) 개시 연월일
- 운전(사용) 상황, 24시간 운전(사용), 정기(定期) 운전(사용) 등 구분
- 운전(사용) 개시 후의 검사(정기 검사, 임시 검사 등) 연월일
- 상기 검사 내용, 결과, 처리 및 처리 후 경과
- 개조 및 개수, 운전(사용) 휴지 및 개시의 여무, 개조나 운전 휴지 등의 사실이 있다면 해당 연월일, 내용, 처리 및 처리 후의 경과
- 기타 참고 사항

(3) 운전(사용)에 관한 사항
- 관계자 직무 분담 자료 : 직제조직표, 직제기구도, 직무분담표, 작업분담표 등
- 운전 작업(사용) 시행 자료 : 취급설명서, 작업공정표, 작업공정도, 작업일지, 차트, 기록지 등
- 운전 작업(사용) 기준, 규칙 : 작업기준, 작업규칙, 안전규칙, 검사규칙 등

(4) 감독 및 소관 관공서의 인허가, 검사에 관한 사항
- 검사신청서, 명세서, 검사서 등

3.1.3 사고 발생 전 기계 구조물의 상황

사고 발생 전이나 사고 직전의 기계 구조물에 대하여 운전(사용) 상태, 조건(예를 들면, 압력용기 운전 중의 압력, 온도, 크레인의 들기작업 중 권상하중, 권상 상태 등), 이상의 유무, 작업원 등 관계자의 행동 등을 조사한다. [그림 6.2]는 교량 타설 공사 현장에서 붕괴 사고가 발생하기 직후에 작업원이 다리 거더(Bridge girder)의 가설 상황을 우연히 촬영한 사진으로, 사고 원인을 조사하는 데 단서가 되었다.

그림 6.2 거더 타설 작업 중 붕괴 사고 발생

3.1.4 사고 발생 상황

사고 발생 상황은 목격자의 진술을 토대로 현장의 파괴 상태 등을 파악하며 조사한다. 사고 전, 특히 사고 직전의 기계 구조물의 상태나 관계자의 행동을 참조하여 파괴, 파열, 폭발, 분출, 충돌 등 사고 시간 및 위치에 관련된 경과를 확인한다. 인명 피해가 있는 경우에는 피해 상황, 상해 부위, 정도, 착의 파손 부위, 정도, 부착물 등을 참고로 조사한다.

3.1.5 사고 발생 후 기계 구조물의 상황

사고가 발생한 기계 구조물은 크기가 대형이거나 파괴된 부분이 손이 닿지 않는 위치에 있는 경우가 대부분이고, 사고의 영향이 미치는 범위가 광범위하게 분포되어 있으므로 그대로는 관찰하기 어렵다. 따라서 통상 다음 순서에 따라 사고 후의 상태를 조사한다.

(1) 사고 전체 상황은 파악하려면 현장 상태가 변경되기 전에 우선 현장 겨냥도를 작성하고 입회인의 성명, 시간 등을 기록한 현장 사진을 촬영한다. 작성한 겨냥도나 촬영한 사진에는 반드시 연월일과 시간을 기록한다. 파괴, 파열, 폭발 등에 의한 비산물, 붕괴물 등이 광범위하게 분포되어 있을 때에는 작은 부품 등을 빠짐없이 겨냥도에 기재하기 어려우므로 사진을 활용하여 전체 위치 관계를 파악한다. 사고 범위 전체 사진과 부품에 초점을 맞춘 사진을 모두 촬영해 두도록 한다.

(2) 사고 직후의 현장 겨냥도 작성과 사진 촬영을 마치면 회수 가능한 자료나 부품 등을 이동시켜 회수한다. 이때, 회수 품명, 회수 위치를 기록한다. 기계 구조물에 따라서는 다종다양한 부품이 집약된 경우가 있으므로 순서대로 부품을 회수하고 정리해 두어야 한다. 그렇지 않으면 부품의 아래쪽이나 내부 부품을 관찰하고 조사할 수가 없는 경우도 있다. 회수 순서에 따라 겨냥도를 작성하거나 사진을 촬영하여 시간 및 위치 관계를 명확히 기록하며 작업한다.

(3) 기계 구조물 및 그 부품에 관해서는 다음 사항을 조사한다.

가. 파괴 또는 변형 양상

실험실로 회수해 갈 수 있는 자료를 제외하고, 이동하기 어려운 기계 구조물이나 부품은 현장에서 상세히 관찰하고 조사한다.

(가) 매크로 파단면을 파단 기점, 파괴 양식, 파괴 과정 순으로 관찰하고, 파괴 기점(응력 집중 부분인가, 재료 결함이 있는 부분인가)을 검사한다.

(나) 표면조도, 표면가공 상태, 부식, 마모, 결함, 부착물, 색채 등을 관찰한다.

(다) 용접부분은 용접 시공 상태와 용접 결함의 유무를 관찰한다.

(라) 이동식 시험 조사 장치, 예를 들어 초음파 두께 측정기, 쇼어 경도 시험기, 금속현미경 조직검사 장치, 비파괴시험 장치(침투탐상시험 장치, X선 투과시험 장치 등) 등이 있을 때에는 장치를 활용하여 시험 및 검사한다.

(마) 관계 치수를 계측한다.

나. 계장(計裝, 각 공정의 측정용, 조절용 계기들을 한곳에 모아 설비하는 일) 관계 또는 스위치, 밸브류 등의 작동, 개폐 상황을 관찰한다.
다. 파괴된 기계 구조물의 각 구성 부분마다 사고 전과 사고 후의 상태를 비교한다.

3.2 파괴 부분 및 재료의 시험 검사

파괴 부분은 파단면이 포함되어 있으므로 가장 중요한 증거 자료이며 시험 검사로 파괴 사고 원인을 밝힐 수 있는 중요한 정보가 있다. 또한, 재료나 파괴 부분의 재료 특성 즉, 조성(組成), 조직, 기계적 성질, 내부 결함 등도 파괴에 큰 영향을 미치므로 이에 관한 시험 검사가 필요하다. 통상 다음과 같은 시험 검사를 한다.

3.2.1 파단면 관찰

파단면 관찰은 주로 거시적 관찰을 하고 필요에 따라 미시적 관찰도 병행한다.

(1) 거시적 파단면 관찰
육안, 저배율 확대경, 실체 현미경으로 거시적 관찰을 한다. 관찰법은 I 파단면 관찰법을 참조하기 바란다.

(2) 미시적 파단면 관찰
주사형 전자현미경으로 저배율에서 고배율까지 연속해서 직접 파단면을 관찰하는 방법이 비교적 간편하다. 파단면에서 레플리카를 제작하여 투과형 전자현미경으로 관찰하면 좀 더 선명한 상(像)을 얻을 수 있다. 거시적 파단면 관찰 결과를 더욱 상세히 조사하고 싶을 때에는 미시적 파단면 관찰을 한다. 이때 관찰 위치는 거시적 관찰 시의 위치와 관계를 확인해 두어야 한다. 그렇지 않으면 관찰 위치를 알 수 없게 되므로 주의한다. 관찰법에 관해서는 이 책 I 파단면 관찰법을 참조하기 바란다.

3.2.2 형상 및 수치 등의 관찰과 계측

(1) 형상, 치수, 변형, 부식, 판후(板厚) 감소 여부 등을 조사하려면, 관계 부분의 형상이나 치수를 관찰하고 계측하여 설계도 및 구조도 등과 비교 대조한다. 또한, 단면이 급변한 부분이나 노치(notch)의 유무 및 형상 등을 관찰한다.

(2) 외관 표면조도, 표면가공 상태, 부식, 마모, 결함, 부착물, 색채 등을 관찰한다.

3.2.3 조성 검사

기계 구조물에 사용되는 철강은 일반적으로 KS 등에 규정된 강종을 사용하는 경우가 많다. 그러므로 각 철강의 화학 성분 분석법 대신 강종 구별법으로 조성 검사를 할 수 있다. 하지만 파괴 부분과 같이 한정된 부분의 조성 검사를 해야 할 때에는 화학 성분 분석을 한다. 철강 조성 검사법에 관해서는 II 조성 검사법을 참조하기 바란다.

3.2.4 조직 검사

재료나 파괴 부분의 매크로 조직 및 광학현미경 조직을 검사한다. 검사 방법에 관해서는 III 조직 검사법을 참조하기 바란다.

3.2.5 재료 시험

재료 또는 파괴 부분의 기계적 성질을 시험 검사한다. 파괴는 비틀림 응력 등 예외를 제외하고 모두 인장 응력이 작용하여 발생하므로, 반드시 인장 시험을 하는 것이 원칙이다. 하지만 경도 시험으로 인장 시험을 대신할 수 있다. 기계적 성질의 시험 검사 방법에 관해서는 IV 철강 재료 시험법을 참조하기 바란다.

3.2.6 결함 검사

재료 자체에 원래 존재했던 결함, 즉 재료 결함을 비롯하여 용접 결함, 열처리 결함, 균열, 블리스터(blister) 등 재료나 파괴 부분의 내부 및 표층부에 대해 결함 검사를 한다. 비파괴 검사 방법에 관해서는 IV 철강 재료 시험법 03 비파괴 시험법을 참조하기 바란다.

3.3 강도 검사

기계 구조물의 파괴 사고는 사고 시점의 파괴 부분 및 재료의 강도와 외부 및 내부 응력의 평형관계가 무너져 발생하는 것이다. 그러므로 사고 시 파괴 부분에 생성된 응력의 종류와 크기를 측정하여 파괴 부분의 강도와의 관계를 검토한다. 또한, 압력용기와 배관 등은 필요에 따라 내압 시험을 한다.

3.3.1 응력 추정

파괴 부분을 시험 검사하면 파단면, 재료, 형상, 치수 등에 어떤 이상이나 응력 집중이 있는 것을 확인할 수 있다. 그리고 시험 검사 결과, 예를 들어 용기의 부식감육(腐蝕減肉), 이상 노치 및 균열의 존재, 재료 결함, 용접 및 열처리 등에 의한 가공 결함, 부식 등을 조건으로 사고 시 파괴 부분에 발생한 응력을 강도 계산으로 추정할 수 있다. 한편, 파괴 부분에 이상이 발견되지 않은 경우에는 설계 응력을 초과하는 이상 응력이 발생한 것이므로 그 원인을 조사한다. 보일러, 압력용기, 저장조, 크레인 등에 관해서는 안전에 주안점을 둔 법규, 규격, 기준 등에 따른 강도 계산 방법이 규정되어 있으므로 참고한다. 그리고 파괴된 기계 구조물의 재료의 강도 계산서를 참고하도록 한다.

3.3.2 응력 측정

잔류 응력 등 응력 측정이 필요한 경우에는 다음 방법을 따른다.

(1) 저항선 변형계법
저항선 변형계로 피검물 표면의 변형을 측정하고, 이것을 응력으로 환산한다. 변형 측정에 관해서는 사용 설명서를 참고한다.

(2) X선 응력 측정법
X선 응력 측정 장치로 피검물 표면 주위 결정의 변형을 측정하고, 이것을 응력으로 환산한다. 변형 측정에 관해서는 사용 설명서를 참고한다.

(3) 취성 도막법(塗膜法)
응력 도료를 피검물 표면에 도포하고 건조한 뒤, 응력 상태에서 생성된 피막의 균열 상태를 관찰하여 응력의 방향 및 고저 등을 판정한다. 방법에 관해서는 사용 설명서를 참고하기 바란다.

3.3.3 내압 시험

일반적으로 수압을 이용하여 검사하는 방법이 내압 시험이다. 이때, 시험 용기에 물을 채울 때 공기가 남지 않도록 주의한다.

3.4 관련 사항 조사

3.4.1 동종 기계 구조물의 조사

만약 파괴된 기계 구조물과 동일한 이력, 사양, 운전(사용)을 한 기계 구조물이 있다면, 이 구조물과 파괴된 구조물을 비교해서 조사하면 파괴 원인의 유력한 정보를 얻을 수 있다.

3.4.2 동종 사고의 조사

필요에 따라 파괴된 기계 구조물과 동종 사고에 관해서 소관 관공서의 통계 조사, 학회, 업계 단체의 사고 조사 예, 문헌 등을 수집하고 조사한다.

3.5 조사 및 시험 검사 결과의 고찰

조사 및 시험 검사의 결과를 분석하고 검토하여 파괴 사고가 발생하게 된 경과를 정리하여 직접 원인과 간접 원인을 밝히고 필요하다면 기초 원인도 추정한다.

04 보일러의 파괴 사고

4.1 보일러의 종류와 법규

4.1.1 보일러의 종류

보일러는 화기, 연소가스, 기타 고온가스 또는 전기로 용기 내의 물이나 열매(熱媒)를 가열하여 대기압을 초과하는 증기나 온수를 발생시키고, 이 증기나 온수를 다른 곳에 공급하는 장치이다. 보일러의 종류는 다음과 같다.

(1) 증기 보일러

가. 수관 보일러

- (가) 자연순환 보일러
- (나) 강제순환 보일러
- (다) 관류(貫流) 보일러

나. 원통 보일러(cylindrical boiler)

- (가) 노통(爐筒)보일러(flue boiler) : 랭커셔 보일러, 코니시 보일러
- (나) 노통 연관(煙管) 보일러 : 코니시와 수평형 다관식의 조합(여러 개의 연관을 코니시 주위에 설치한 형)
- (다) 수평형 연관 보일러 : 수평형 다관식, 기관차 보일러
- (라) 수직형 보일러

다. 특수 보일러

- (가) 간접가열 보일러

(나) 발열 보일러
(다) 특수연료 보일러
(라) 특수유체 보일러
(마) 기타 : 전기 보일러, 리보일러(reboiler)

라. 주철 보일러

(2) 온수 보일러

(3) 소형 보일러

4.1.2 보일러의 법규

보일러의 제조, 설치, 사용 등에 관해서는 보일러가 파열되는 위험성 때문에 다양한 법규, 규격, 기준에 따라 법적 및 기술적으로 규제가 있다. 규격이나 기준에는 소관 관공서에서 정한 법규에 포함되는 것과 학회 및 업계 단체가 정한 것이 있고, 보일러 사고가 발생했을 때에는 이들 규격과 기준을 근거로 하여 조사한다.

보일러 관련 법규와 적용 구분과 적용 예는 다음과 같다.

(1) 산업통상자원부 소관의 예

가. 법규

- 에너지이용 합리화법
- 액화석유가스의 안전관리 및 사업법
- 도시가스사업법
- 고압가스안전관리법

나. 적용 구분과 적용 예

(가) 증기 보일러 : 화기, 연소가스, 기타 고온가스 또는 전기로 물이나 열매를 가열하여 대기압을 초과하는 압력의 증기를 발생시킨다. 이 증기를 다른 곳으로 공급하는 장치 및 이 장치에 설치한 부속 설비(과열기 및 절탄기(節炭器)에 한함)이다. 단, 압력 1kg/cm^{2}인 것은 제외한다.

(나) 온수 보일러 : 화기, 연소가스, 고온가스, 전기 등으로 물이나 열매를 가열하여 다른 곳으로 공급하는 장치이며 온수 보일러, 다우삼 보일러 등이 있다. 수두압(水頭壓)이 10m 이하인 온수 보일러는 제외한다.

(다) 소형 보일러 : 증기 보일러

a. 압력 1kg/cm^2 이하일 때 사용하는 보일러로, 전열 면적 0.5～1m^2 또는 드럼 지름 200～300mm, 길이 400～600mm 범위인 것.

b. 전열 면적이 2～5m^2 범위인 것.

c. 소형 관류 보일러.

d. 온수 보일러로 수두압 10m 이하, 전열 면적 4～8m^2 범위인 것.

가정용 보일러가 이 예에 해당하지만, 위 조건에 맞지 않을 때에는 법규 적용에서 제외한다.

4.2 보일러 관련 규격 및 기준

[표 6.1]은 법규 이외에 국가 및 업계 단체가 규정한 보일러 관련 주요 규격 및 기준이다. 파괴된 보일러를 조사할 경우, 이 규격과 기준을 참고하여 사용 재료와 강도를 확인하도록 한다.

표 6.1 보일러 관련 규격 및 기준

한국 산업 규격	KS	재료기호
B 6223	육상용 강제 보일러의 구조	
B 6202	주철 보일러 구조	
B 6216	증기용 및 가스용 스프링 안전밸브	
B 6208	보일러용 수면계 유리	
B 6218	보일러용 반사식 수면계	
B 6220	보일러용 7.5MPa 투시식 수면계 몸체	
B 6206	보일러용 콕붙이 1MPa 관형 수면계	
B 6207	보일러용 밸브붙이 1MPa 관형 수면계	
B 6205	육상용 보일러 열 정산 방식	
B 6209	보일러 급수 및 보일러 수의 수질	
B 6224	보일러 급수 및 보일러 수의 시험 방법	
B 8225	안전밸브 분출 계수 측정 방법	
D 3538	보일러 및 압력용기용 망가니즈 몰리브데넘강 및 망가니즈 몰리브데넘 니켈강 강판	SBV
D 3563	보일러 및 열 교환기용 탄소 강관	STBH
D 3572	보일러 및 열 교환기용 합금 강관	STHA
D 3577	보일러 및 열 교환기용 스테인리스 강관	STS
D 3543	보일러 및 압력용기용 크로뮴몰리브데넘강 강판	SCMV
D 3503	일반 구조용 압연 강재	SS
D 3515	용접 구조용 압연 강재	SM

4.3 보일러 사고

4.3.1 사고의 종류

보일러 사고의 종류는 다음과 같다.

(1) 파열 및 열개

파열 및 열개(裂開)는 보일러 일부에 생성된 파구(破口, 틈 없이 가로막거나 둘러막은 것에 뚫려 생긴 구멍)로 증기가 분출하여 갑자기 내부 압력이 떨어졌을 때, 상평형(相平衡, Phase Equilibrium)이 무너지며 과잉된 잠열에 의해 포화수가 순간적으로 기화되어 급격한 체적 팽창으로 일어나는 기계적 파괴를 말한다. 단, 보일러 일부에 대기와 통하는 파구나 구멍이 생겼더라도 항상 파열과 열개(裂開)가 발생하지는 않으며, 때에 따라서는 증기나 열수만 분출하는 경우도 있다. 이것은 포화수의 열량, 파구나 구멍의 위치, 크기 등에 따라 다르다. 파열의 형태는 예를 들어, 수관에는 파단 가장자리가 날카로운 나이프 에지(Knife edge) 모양으로 나타나며 인열 및 팽출에 의해 비교적 크기가 큰 파구가 생긴다. 열개의 형태는 파단 가장자리가 나이프 에지 모양은 나타나지 않으며 두께가 두껍고, 비교적 크기가 작은 파구가 생긴다.

(2) 압궤

압궤는 압력(주로 외압)을 받고 안쪽으로 오그라들어 변형된 것이다.

(3) 팽출

팽출은 압력(주로 외압)을 받고 바깥쪽으로 부풀어 올라 변형된 것이다.

(4) 균열

(5) 누설

(6) 가스 폭발

기타 원인으로는 과열로 인한 변질 및 변형이 있다.

4.3.2 사고의 경향과 원인

(1) 수관 보일러

수관 보일러에는 파열, 열개, 누설, 가스 폭발, 변질, 변형 등이 발생한다. 원인은 다음과 같다.

가. 파열 및 열개는 수처리 불량으로 인한 스케일 퇴적, 과열, 부식, 시공상 결함, 자동제어 장치 고장, 점검, 조작 미스 등의 원인으로 발생한다.

나. 누설은 부식에 의한 식통(食通), 그을음 제거(Soot blower)의 충돌에 의한 마모, 저수위(低水位)에 의한 수관 부착부[取付部]의 늘어짐 등의 원인으로 발생한다.

다. 가스 폭발은 거의 작업 중 부주의로 발생하는 경우가 많다. 순환 보일러에 많이 발생한다.

라. 변질, 변형은 점검을 소홀히 하여 발생하는 경우가 많다.

(2) 노통 보일러

노통(爐筒) 보일러에는 가스 폭발, 압궤, 팽출 등의 사고가 발생한다. 원인은 다음과 같다.

가. 가스 폭발은 점검을 소홀히 했거나 조작 미스가 원인이다.

나. 압궤, 팽출은 저수위, 과열 등이 원인이고, 마찬가지고 점검을 소홀히 했거나 조작 미스로 인한 경우가 많다.

(3) 노통 연관 보일러

노통(爐筒) 연관(煙管) 보일러에는 누설, 팽출, 압궤 등의 사고가 발생한다. 저수위가 원인인 경우가 대부분이고, 저수위가 되는 이유는 다음과 같다.

가. 자동제어장치의 고장
나. 점검 소홀, 조작 미스
다. 급수 펌프의 고장
라. 안전밸브의 고장(없는 경우 포함)

(4) 수평 연관 보일러

수평 연관 보일러에는 누설, 가스 폭발, 팽출, 열개, 파열 등 사고가 발생한다. 원인은 다음과 같다.

가. 누설은 저수위 및 과열로 인해 발생하는 경우가 많다. 저수위 및 과열은 점검을 소홀히 하거나 조작 미스가 원인이다.
나. 팽출, 열개, 파열은 스케일의 퇴적, 버너 화염 직접 충돌 및 저수위로 인한 과열, 재료 결함 등의 원인으로 발생한다.

(5) 수직 보일러

수직 보일러는 열개 및 파열 등의 사고가 자주 발생한다. 안전밸브가 없거나 고장일 때, 용접 불량, 스케일의 퇴적이나 저수위로 인한 과열 등이 원인이다.

(6) 주철 보일러

주철 보일러는 균열 사고가 자주 발생한다. 사고 원인은 제조 조립의 결함, 재료 결함, 스케일의 퇴적이나 저수위로 인한 과열, 점검 소홀, 조작 미스 등이 있다.

(7) 온수 보일러

온수 보일러는 열개 및 파열 사고가 자주 발생한다. 침수 장치 또는 안전밸브가 없거나 안전밸브의 고장이 원인이 되는 경우가 많다.

(8) 소형 보일러 및 기타

소형 보일러 혹은 소형 보일러보다 규모가 작아 법규 적용을 받지 않는 보일러는 파열 및 열개 사고가 자주 발생한다. 사고 원인에는 안전밸브가 없거나 불량, 고장, 보일러 본체의 강도 부족, 용접 및 제조 불량 등이 있다.

4.3.3 파열과 폭발

파열과 폭발의 차이는 다음과 같다. 폭발은 화학 변화로 발생하는 압력 상승 현상이다. 내압 용기 내부에서 폭약이 폭발하거나 가스 폭발이 일어난 경우, 내압 강도가 충분하다면 용기가 파괴되지 않고 폭음도 작다. 하지만 용기 내부에서는 압력이 급격히 상승하여 폭발이 일어난다. 만약, 폭발로 급격히 상승한 압력이 용기 재료의 내압 강도를 초과하면 용기는 파괴되며, 이 현상을 용기의 파열이라고 한다. 즉, 파열은 재료 강도 및 파괴의 문제이며 폭발의 본질과는 관계가 없고 폭발 결과에 따라 발생하는 2차적 현상이다. 용기 내부에서 폭발과 같은 급격한 압력 상승이 없는 경우에도 고압가스를 보유한 압력용기에 부식 등에 의한 균열이 발생하면 용기가 파열하고, 내부의 고압가스가 분출하여 폭발과 유사한 현상이 나타난다. 하지만 단순히 용기의 내압 강도가 감소하여 내압을 견디지 못하고 용기가 파괴된 경우는 폭발과 관계없다. 또한, 균열이나 폭발로 폭음이 나는 경우 역시 공기가 교란으로 인한 음파이며 단지 2차적 현상에 지나지 않는다. 그러나 보일러의 파열 및 열개에 동반하는 과열수의 순간적 기화 확장은 보일러 폭발이라고 한다.

4.4 보일러의 파괴 사고 조사 사례

[사례] 노통 연관 보일러의 압궤 및 열개

(1) 사고 현장 조사

가. 사고 개요

중유 저장조에서 중유 탱크 보온용 증기를 발생 공급하는 노통 연관 보일러가 압궤 및 열개하여 고압 증기가 분출하였다. 이 고압 증기의 추진력으로 보일러 본체는 약 94m를 날아 주택가에 떨어져 집 몇 채를 관통 및 파괴하였으며 일반 시민 2명과 보일러 기사가 사망하였다.

나. 보일러의 재료(발췌)

(가) 사양

명칭	노통 연관 보일러
법규상 구분	증기 보일러
폭발 방식	삽입통풍 저압공기 분무식
사용 연료	중유
주요 요소	
드럼 외경	1600mm
관판(管板) 거리	3200mm
전열 면적	$37.9cm^2$
최고 사용 압력	$10kg/cm^2$
상용 압력	$7kg/cm^2$
환산 증발량	2000kg/h(경제)
제어 방식	자동 및 수동
사용 재료	
드럼	KS SM 275A 용접 구조용 압연 강재
노통	KS SS 275 일반 구조용 압연 강재
연관	KS STBH 355 보일러·열교환기용 탄소강 강관

[그림 6.3]은 동일한 종류의 보일러(동형기(同型機))이고, [그림 6.4]는 보일러 본체 조립 단면도이다.

(나) 이력

사고 발생 5년 3개월 전에 설치하였다. 고용노동부 노동기준감독서 관련된 모든 검사에 합격하였다. 사고 발생 2년 6개월 전 노워터 버닝(No-water burning)으로 연관 누설 사고가 있었고, 연관 9개를 교환하였다. 당해 성능 검사에 합격을 받았다.

(다) 운전

연간 오전 8시에서 오후 5시까지 운전하였다. 야간에는 잔압을 이용하여 가동하였다. 사고 발생 1개월 전부터 자동제어장치 중 자동 착화계통에 이상이 나타나 수동운전을 하였다. 단, 보일러 보수업자가 실시한 검사에는 이상이 발견되지 않아 원인이 밝혀지지 않았다.

그림 6.3 사고 보일러의 동형기(同型機)

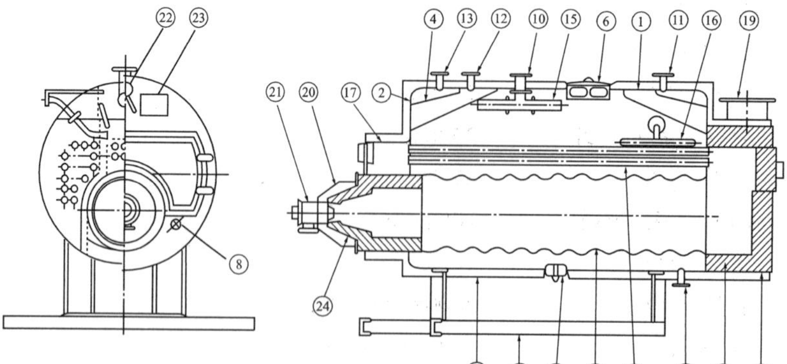

부호	명칭	부호	명칭	부호	명칭	부호	명칭
1	드럼판	8	검사공	15	증기분리기	22	보일러 압력계
2	경판(鏡板)	9	부착대	16	급수내관	23	네임 플레이트
3	노통	10	주증기 밸브부	17	전부연실(前部煙室)	24	버너 타일
4	거싯 스테이 (gusset stay)	11	안전밸브부	18	후부연실 (後部煙室)	25	후부연실 노벽(爐壁)
5	연관 및 지주관	12	보조증기밸브부	19	배기관	26	보온재
6	맨홀	13	수면계 주밸브부	20	버너 서포트		
7	청소공[穴]	14	분출밸브	21	오일 버너		

그림 6.4 노통 원형관 보일러 본체 조립 단면도

다. 사고 발생 및 사고 직전의 상황(개략)

사고 당일 보일러 기사는 오전 8시에 출근하여 보일러 운전을 시작했지만, 당일 행사에 대비하여 상사의 지시를 받고 오후 10시경 가동을 정지하였다. 단, 증기 송출은 유지하고 있었다. 오후 2시경 운전을 재개했지만, 오후 3시 5분경 보일러 노통 정면 전부관판의 용접부 부근이 열개하여 내부 증기가 순간적으로 기화 팽창하여 분출하였다. 증기 추진력으로 보일러 본체가 튀어 올랐고 보일러 기사는 반대 방향으로 튕겨 떨어졌다.

(2) 보일러 본체 시험 검사

가. 파단면, 형상, 치수 등의 관찰 및 계측

보일러 정면을 기준으로 드럼판의 왼쪽이 광범위하게 움푹 들어가 있지만, 균열이나 파괴가 관찰되지 않는다. 모리슨형 파형 노통은 보일러 드럼 내에서 거의 전체가 좌우 양쪽에서 압궤하여 달라붙었다. 보일러 정면 부근에 I형 단면 형태가 나타난다[그림 6.5]. 전부관판의 용접 부근에서 좌우 양쪽이 열 개하였다[그림 6.6]. 열개부분은 인열 파괴와 전단 파괴로 파단면에는 연성재료에 보이는 인열 모양과 전단 가장자리, 단방향의 전단[그림 6.7]이 관찰된다. 또한, 노통 중간쯤에 보일러 수가 하얗게 눌어붙은 경계선이 관찰되어 사고 시 저수위였음을 알 수 있다. 연관 47개와 지주관 10개 중 연관 9개가 전부관판에서 빠져나와 보일러 드럼 내부에 떨어졌고, 이 중 연관 3개는 후부관관에서 바깥쪽으로 돌출해 있다. 이 3개 연관은 이전에 노워터 버닝(No-water burning) 사고 뒤 교환한 것이다.

그림 6.5 노통의 압궤 상황

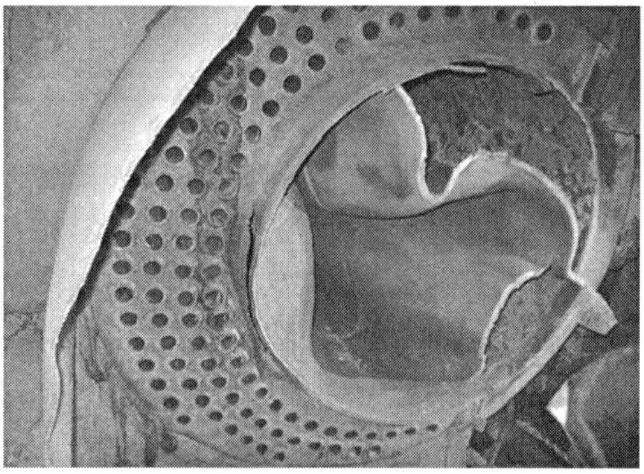

그림 6.6 노통의 열개 상황

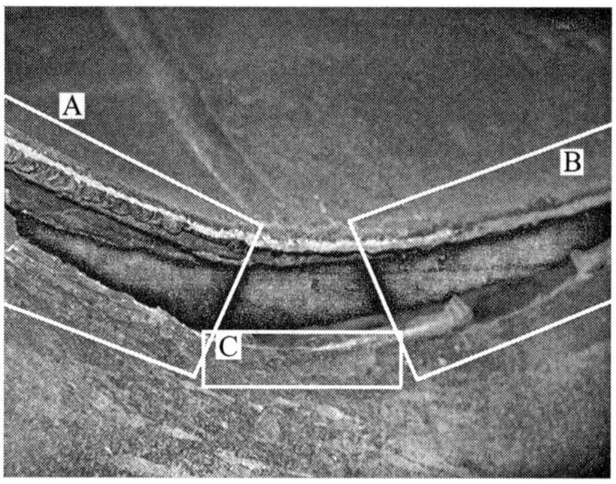

그림 6.7 단방향 전단 파괴

나. 조성 검사

밀 시트에 따르면 노통의 재료는 탄소 0.25% 이하, 망간 1.40% 이하, 인 0.050% 이하, 유황 0.050% 이하 조성인 림드강(KS SS275 일반 구조용 압연 강재)으로, 그라인더 불꽃 시험을 한 결과 SS275로 판정되었다.

다. 조직 검사

노통 중앙부의 위쪽과 중간 그리고 아래쪽에서 시료를 채취하여 광학현미경 조직 검사를 하면 과열에 의한 위드만스테텐 조직임을 알 수 있고, 특히 위쪽의 노워터 버닝 사고 부분의 조직은 페라이트 결정립의 조대화(粗大化)가 뚜렷하게 관찰되었다(그림 6.8).

라. 인장 시험

노통 중앙부의 수직과 수평 두 방향에서 KS 1A호 인장 시험편을 각각 1개씩 제작하여 인장 시험을 한 결과, 인장 강도는 두 시험편 모두 43.9kg/mm^2, 연신은 수직 방향의 시험편이 6.2%, 수평 방향의 시험편이 11.6%이다. 이 결과를 밀 시트의 인장 강도 44.1～46.0kg/mm^2, 연신율 28.0～31.0%와 비교하면, 인장 강도는 그다지 감소하지 않았지만 연신이 두드러지게 저하하여 열화(劣化)한 것을 알 수 있다.

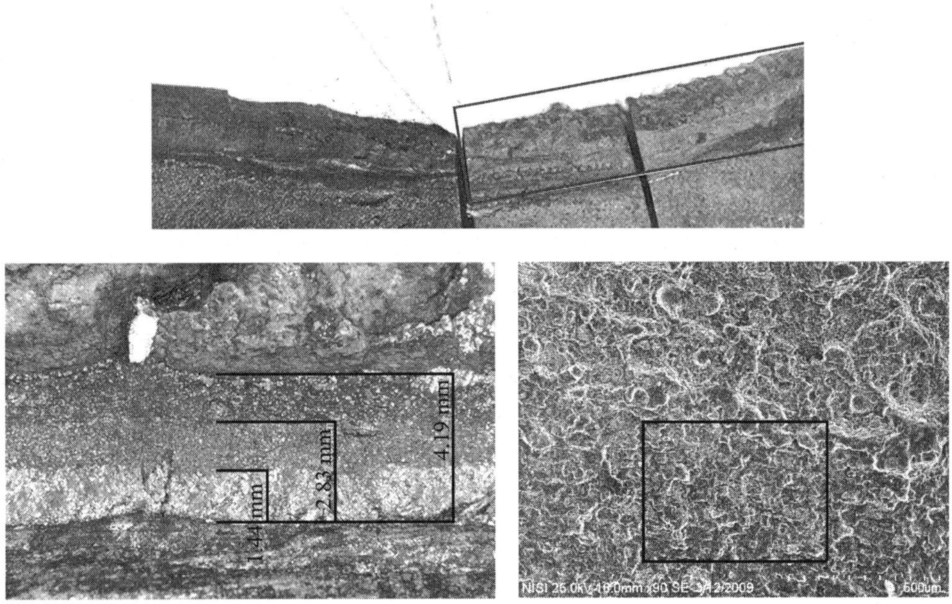

그림 6.8 파단부 미세조직

(3) 강도 검토

사고 보일러의 제조 공장에서 노통과 관판의 원재료를 사용하여 시험편을 제작한다. 노통 재료로 KS 1호 A 인장 시험편을 제작하여, 그 중앙에 사고 보일러와 동일한 용접 방법으로 관판 재료를 용접하고 용접부 주위에서 절단한다. 상온 및 고온(가스 가열) 상태에서 인장 시험을 하여 [표 6.2]와 같은 결과를 얻었다. 결과를 살펴보면, 단순 가열한 인장 강도는 500℃까지 거의 저하되지 않지만, 650℃ 이상이 되면 저하가 뚜렷하게 나타나고, 고온 가열한 뒤에도 400℃까지 냉각한 때에는 인장 강도가 상당히 회복되는 것을 알 수 있다.

표 6.2 고온 인장 시험 결과

번호	온도 조건	항복점 kg/mm^2	인장강도 kg/mm^2	연신 %
1	상온(실온 15℃)	37.1	50.9	14
2	상온(실온 18℃)	36.3	50.8	15
3	400℃에 가열	불명확	46.6	15
4	450℃에 가열	불명확	48.6	13
5	500℃에 가열	32.2	43.9	12
6	650℃에 가열	불명확	15.5	12
7	750℃에 가열	불명확	12.5	19
8	700℃까지 가열 뒤 400℃까지 수냉(水冷)	32.2	46.2	10
9	800℃에 가열 뒤 400℃까지 공냉(空冷)	불명확	44.0	16
10	900℃에 가열 뒤 600℃까지 수냉	불명확	22.0	16

(4) 관련 사항 조사

동일한 사고를 조사해 보면, 대부분 노통 연관 보일러의 압궤 파열 사고의 발생은 저수위가 원인이며, 노통의 위쪽부터 수위가 낮아지므로 노출된 끝 부분이 과열되어 강도 저하로 인해 압궤되고 끝 부분이 움푹 들어간 파괴 형태를 보인다. 이 사고의 노통은 위에서 설명한 대로 좌우에서 압궤되어 있다.

(5) 조사 및 시험 검사 결과 고찰

보일러 본체 이외의 부속 설비를 조사한 결과, 안전밸브의 기능에는 이상이 없었다. 저수위가 사고의 원인이라는 사실이 명확해졌다. 보일러 기사가 수동 운전 중 저수위 상태를 인지하고 급히 급수 조치를 한 것으로 추측된다. 이 때문에 급수관의 부착 위치(보일러를 정면에서 보아 왼쪽의 윗부분)에서 냉수가 충돌하는 부분과 이외의 부분이 온도, 강도, 노관 연신 등의 차이가 발생하였다. 반면, 노통이 과열된 상태에서 급수가 이루어져 급격한 증기가 발생하고 압력이 상승하여 이와 같은 압궤 과열 형태를 보인 것으로 판단된다.

05 압력용기의 파괴 사고

5.1 압력용기의 종류와 법규

압력용기는 내부에 대기압을 초과하는 압력의 유체를 보유하는 용기를 말한다. 석유화학 플랜트 등에 있는 탑조류(塔槽類)와 같은 바닥 고정식과 산소 봄베와 같은 이동식이 있다. 보일러는 넓은 의미에서 압력용기의 한 종류이지만, 법규상 별개로 취급한다. 압력용기의 구조, 설치, 사용에 관해서는 파열 위험성 때문에 다양한 법규와 규격, 그리고 기준에 따라 법적 혹은 기술적인 규제가 있다. 압력용기 관련 법규와 적용 구분 및 적용 예는 다음과 같다.

(1) 산업통상자원부 및 고용노동부 소관

가. 법규

- 에너지이용합리화법
- 고압가스안전관리법
- 액화석유가스의 안전관리 및 사업법
- 산업안전보건법
- 산업안전보건기준에 관한 규칙

나. 적용 구분과 적용 예

(가) 제1종 압력용기

a. 증기 또는 열매(熱媒)를 받아들이거나 혹은 스스로 증기를 발생하여, 고체 또는 액체를 가열하는 용기로 용기 내의 압력은 대기압을 초과한다.
증자기(蒸煮器), 압력용기(digester), 당화기(糖化器), 살균기, 정련기(精練器), 염색기(染色器,) 가황기[加硫器], 열교환기, 액체 가열기 등이 있다.

b. 용기 내의 화학 반응, 원자핵 반응, 기타 반응에 따라 증기가 발생하는 용기로 내부 압력은 대기압을 초과한다.
오토클레이브(autoclave), 연속식 반응기, 반응탑(反應塔), 원자로 등이 있다.

c. 용기 내 액체의 성분을 분리하기 위해 해당 액체를 가열하면 증기가 발생하는 용기로, 압력은 대기압을 초과한다.
증발기, 추출기, 증류기, 증류탑 등이 있다.

d. 기타 대기압에서 비점을 넘는 온도의 액체를 내부에 보유하는 용기
증기 어큐뮬레이터, 증발 탱크(flash tank), 탈기기(脫氣器), 온수 분배기 등이 있다.

(나) 소형 압력용기

제1종 압력용기에는 다음과 같은 것이 있다.

a. 압력 1kg/cm^2 이하에서 사용, 내부 부피 0.2m^3 이하인 것

b. 압력 1kg/cm^2 이하에서 사용, 드럼 내부 지름 500mm 이하, 길이 1000mm 이하인 것

c. 최고압력 P(kg/cm^2)와 내부 부피 V(m^3)의 곱 PV가 0.2 이하인 것
적용 예는 제1종 압력용기와 같다.

(주) 다음은 제1종 압력용기 또는 소형 압력용기에 해당하지 않는다.

a. 직접 상압 혹은 감압의 탑이나 대기 중에 개방된 장치에 연결된 것

b. 가열된 액 온도가 상압에서 비점 이하인 것

c. 가열된 액이 상압에서 비점 온도에 다다랐을 때, 가열기가 자동으로 차단되는 장치가 있는 것

d. 쿨러, 콘덴서, 가열로

e. 기타(생략)

(다) 제2종 압력용기

내부에 대기압을 초과하는 압력의 기체를 보유하는 용기(제1종 압력용기 제외)로 다음 사항에 해당하는 것이다.

a. 기체 압력 2kg/cm^2 이상, 내부 부피 0.04m^3 이상인 것

b. 기체 압력 2kg/cm^2 이상, 드럼 내부 지름 200mm 이상, 길이 1000mm 이상인 것
에어 리시버(air receiver), 가스 홀더, 증기 분배기, 건조용 롤러, 취사용 2중 증기솥(라이스 보일러) 등이 있다.
또한, 증기의 경우 압력이 10kg/cm^2 이상이어도 고압가스 용기에 해당하지 않고 제2종 압력용기로 본다(고압가스 단속법 적용 제외).

고압가스를 저장하는 압력용기가 통상산업성의 법규 적용을 받는다. 바닥 고정식은 탈프로판탑(depropanizer, 프로판 제거기), 수소첨가반응조 등이 있다. 이동식은 LPG 봄베, 산소 봄베 등 종류가 다양하다. 단, 내부 부피 $1d\ell$ 이하인 용기나 밀폐하지 않고 사용하는 용기는 제외한다. 제 1종 압력용기는 파열 위험성이 잠재하고 있으므로 구조, 설치, 변경에 대하여 인가를 받아야 하며 구조, 용접, 사용, 낙성, 성능 등 각 검사를 통과해야 할 의무가 있다. 제 2종 압력용기나 소형 압력용기는 비교적 규제가 약하다. 그 이유는 제 2종 압력용기의 파열은 내부 압축 기체가 분출될 뿐이고 소형 압력용기는 내부 부피가 작고 압력이 낮으므로 파열 규모가 크지 않기 때문이다. 그리고 제 2종 압력용기나 소형 압력용기보다 크기가 더 작은 소형, 저압력 용기는 규제 적용을 전혀 받지 않지만, 파열이 일어나는 경우 인명 사고가 일어나는 경우도 있다. 한편, 압력용기는 적용하는 법규가 많고 소관 관청도 다르므로 파열 사고가 발생한 경우 법규 적용에 주의를 기울여야 한다.

5.2 압력용기 관련 규격 및 기준

법규 외에도 국가, 학회, 업계 단체가 제정한 압력용기 관련 규격 및 기준을 [표 6.3]에 정리하였다. 파괴된 압력용기를 조사할 경우, 이 규격과 기준으로 압력용기의 구조, 사용재료, 강도 등을 확인하는데 참조할 수 있다.

표 6.3 압력용기 관련 규격 및 기준

한국 산업 규격	KS	재료기호
B 6750-1	고압가스 및 전기설비용 압력용기	
B 8243	불발화 압력용기(unfired pressure vessel) 구조	
B 6215	용해아세틸렌 실린더용 밸브	
B 6212	액화석유가스 실린더용 밸브	
B 6214	고압가스 실린더용 밸브	
B 6716	압력용기의 관판	
D 3521	압력 용기용 강판	SPPV
D 3533	고압 가스 용기용 강판 및 강대	SG
D 3540	중상온 압력 용기용 탄소강 강판	SGV
D 3538	보일러 및 압력용기용 망가니즈 몰리브데넘강 및 망가니즈 몰리브데넘 니켈강 강판	SBV
D 3539	압력용기용 조질형 망가니즈 모리브데넘강 및 망가니즈 몰리브데넘 니켈강 강판	SQV
D 3541	저온 압력 용기용 탄소강 강판	SLAI

D 3575	고압가스 용기용 이음매 없는 강관	STH
D 3563	보일러 및 열 교환기용 탄소 강관	STBH
D 3572	보일러, 열교환기용 합금 강관	STHA
D 3577	보일러, 열교환기용 스테인리스 강관	STS
D 3571	저온 열교환기용 강관(폐지)	
D 3543	보일러 및 압력용기용 크로뮴 몰리브데넘강 강판	SCMV
D 3757	열교환기용 이음매 없는 니켈 - 크로뮴 - 철합금관	NCF-TB
D 4109	압력용기용 조질형 탄소강 및 저합금강 단강품(폐지)	
D 4113	압력용기용 조질형 진공처리 탄소강 및 저합금강 단강품(폐지)	
D 4110	고온 압력용기 부품용 합금강 단강품(폐지)	
D 4115	압력 용기용 스테인리스강 단강품	STSF

5.3 압력용기 사고

압력용기는 용기 자체가 파열 및 열개되거나 부속 부품이 파열되어 내부 유체가 분출되는 사고가 발생한다. 사고 원인은 일반적으로 다음과 같다.

(1) 파열 및 열개 사고

가. 용기의 내압강도 부족

(가) 용기 재료의 편육(偏肉, thickness deviation)

(나) 내벽의 부식, 감육(減肉, wall thinning), 화학적 열화, 열적 열화

(다) 용기 재료의 기계적 열화

(라) 용접 등 제조 불량

(마) 용기 재료 내부 결함

(바) 용기의 낙하, 붕괴, 충돌

(사) 용기를 절단하거나 구멍을 내는 작업을 했을 때

[표 6.4]는 용기의 화학적 열화, 열적 열화, 기계적 열화 내용을 정리한 것이다.

표 6.4 압력용기의 열화

화학적 열화	대기부식, 담수부식, 산부식, 알칼리부식, 염류부식, 토양부식, 비수용액부식, 틈새부식(crevice corrosion), 응력 부식, 부식피로(corrosion fatigue), 유동부식, 침식(erosion), 카르보닐침식, 가성취화(苛性脆化), 황화취화(硫化脆化), 고온부식(vanadium attack), 탄소취화, 수소취화, 수소침식(hydrogen attack)
열적 열화	환경에 의한 부식, 용융물에 의한 부식(예 : 슬래그(slag) 용융염) 고유반응에 의한 부식(예 : 침탄) 재료 자체 열에 의한 변태 변질(예 : 탈탄)
기계적 열화	크리프(creep), 피로, 부식피로, 피로박리, 마모, 프레팅(fretting), 스커핑(scuffing), 점부식(pitting)

나. 용기 내부 압력의 이상 상승
(가) 과잉 충전
(나) 가열에 의한 용기 온도 상승
(다) 직사광선에 의한 용기 온도 상승
(라) 화재에 의한 용기 온도 상승
(마) 내용물의 화학 반응
다. 용기 내에서 폭발

(2) 분출 사고
가. 밸브, 배관, 노즐 등 부속품 파괴
나. 개스킷(Gasket) 등 실링재 파괴
다. 안전밸브, 파열판, 압력계, 액면계 등에서 분출

[그림 6.9]는 압력용기의 파괴 사고 원인을 유형별로 정리한 것이다. 사고는 대개 이러한 원인이 다수 겹쳐서 발생한다.

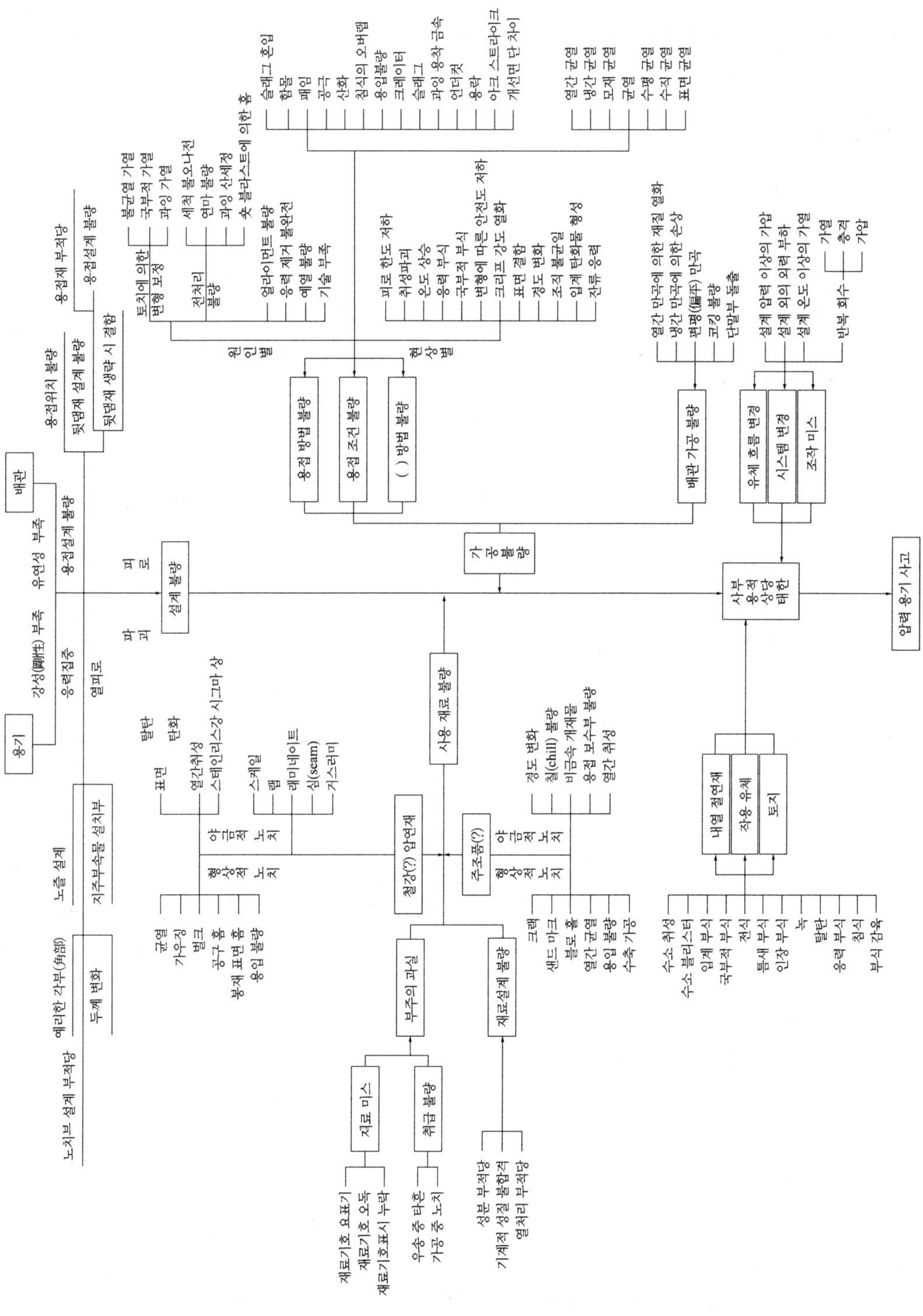

그림 6.9 압력 용기의 파괴 사고 원인(이노우에)

5.4 압력용기의 파괴 사고 조사 사례

[사례 1] 압력솥의 파열

(1) 사고 현장 조사

가. 사고 개요

펄프 제조 공장에서 칩(chip)을 압력용기에 넣은 뒤 증해(Cooking) 작업을 위해 압력용기로 증기를 공급하여 온도를 올리던 중 압력용기가 갑자기 파열하였다. 고온 칩 및 약액과 증기가 분출하여 직원 3명이 사상, 건물이 파괴되었다.

나. 압력용기의 재료(발췌)

(가) 사양

명칭	압력솥 증해염법(蒸解鹽法) 크라프트 펄프(kraft pulp) 제조용
형식	원통형 직립 고정식
법규상 구분	제1종 압력용기
주요 요소	
드럼 외경	3000mm
전체 길이	10150mm
두께	22mm
부피	$50m^3$
상용 압력	$10kg/cm^2$
작업 방식	배치식(batch) : (1) 압력솥에 칩 등 원료를 넣고 약액을 주입한다 (2) 증기를 공급하여 온도를 상승시킨다 (3) 증해 온도를 유지하고 가스를 방출한다 (4) 증해를 마친 펄프와 폐액을 배출한다 (1)~(4) 과정을 하나의 공정으로 하고, 이 공정을 반복한다.
사용 재료	
압력용기 본체	KS SS 275 일반 구조용 압연 강재
접합부	X형 맞대기 용접, 풀림(annealing)

[그림 6.10]은 압력솥 본체의 개략도이다.

(나) 이력

사고 발생 16년 전에 설치하였다. 고용노동부의 노동기준감독서와 관련된 모든 검사에 합격하였다. 단, 사고 발생 수년 전부터 연 1회 성능 검사를 시행할 때마다 '압력용기 내면(內面) 전체가 부식되었고 피팅(Pitting, 孔食)이 보이므로 사용상 주의가 필요하다.'라는 지적을 받은 조건부 합격이었다. 사고 발생 2개월 전에 다시 성능 검사가 있었으며, 역시 조건부 합격을 받았다.

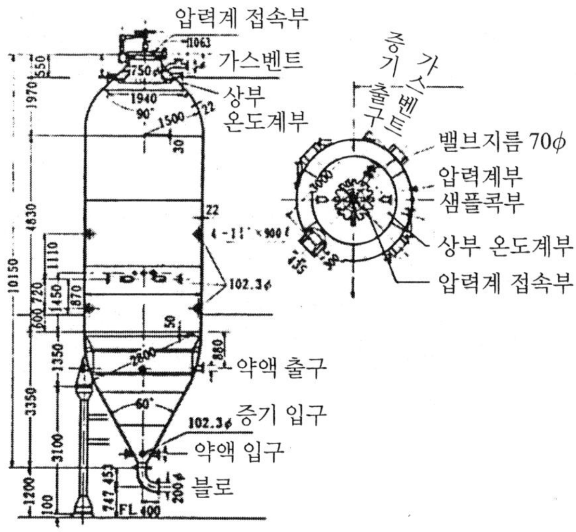

그림 6.10 압력용기 본체

(다) 운전

a. 동일 건물 내에는 사고가 발생한 장비를 포함하여 3대의 압력용기가 있다. 작업 사이클을 달리하며 3대 모두 연간 24시간 가동하였다. 연 1회 성능검사 시기에만 운전을 멈추고 점검을 받았다.

b. 한 공정에 소요되는 시간은 (1) 압력솥에 칩 등 원료를 넣고 약액을 주입하는 시간 25분 (2) 증기를 공급하여 온도를 상승시키는 시간 45～50분 (3) 증해 온도를 유지하고 가스를 방출하는 시간 45분 (4) 증해를 마친 펄프와 폐액을 배출하는 시간 20분. 즉, 총 소요 시간은 135～140분이다.

c. 칩의 재료는 모두 외래수종으로 활엽수 82.2%, 침엽수 6.6%, 유칼리 11.2%인 혼합물이다. 한 공정당 19～21t을 사용한다.

d. 약액은 공정당 수산화나트륨 79.2g/l, 황화나트륨 28.9g/l, 탄산나트륨 28.6g/l 조성의 백액(白液, 증해 원액) 26.5m^{3}와 흑액(黑液, 증해 폐액) 5.5m^3(총 32m^3)를 혼합하여 사용한다.

다. 사고 발생 시 및 사고 직후의 상황(개략)

사고가 발생한 압력용기는 수평하게 놓인 장비 3대 중 가운데 놓인 2호기였고, 사고 당일 오전 0시 45분부터 증기 공급 작업을 시작하여 오전 1시경에는 증기 유량을 증가시켰다. 오전 1시 13분경 압력용기 압력계는 4.5kg/cm^{2}로 표시되었다. 오전 1시 20분에 파열하였다. 가스 방출은 없었다. 2호기는 상부 경판의 반원형부와 원통형 드럼판 상부의 수평원주(水平圓周) 용접선(이하, 상부 용접선이라 한다)의 아래쪽을 따라, 두께가 현저하게 감소한 부분에 발생한 균열이 수평원주 방향 및 수직 방향으로 급속히 전파하여(그림 6.11, 그림 6.12) 상하로 분리되었다. 상부는 날아가 3층 바닥에 떨어졌고 하부는 드럼판 상부가 텅(혀 모양)으로 열개한 상태로 파괴되었다.

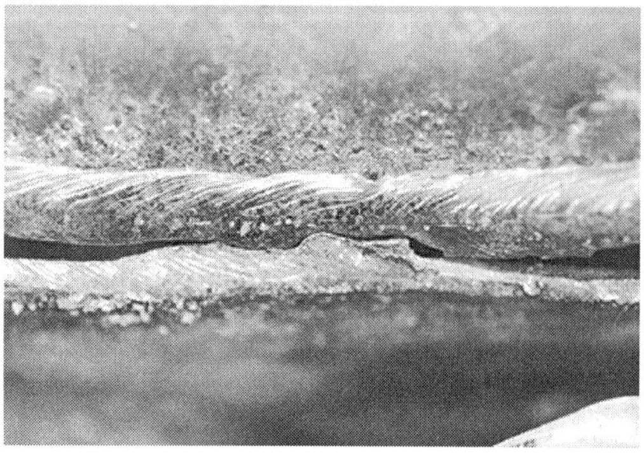

그림 6.11 균열 기점 부근

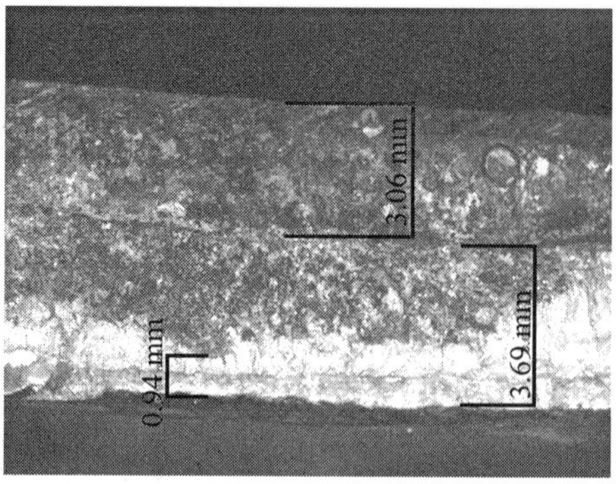

그림 6.12 파열부 용접부 상태

(2) 2호 압력용기 본체 시험 검사

가. 파단면 관찰

거시적 파단면은 파괴 기점 부근을 제외하고 모두 단방향 경사 전단이고, 부분적으로 반전(反轉) 경사가 있다. 파단부에 국부수축도 보이며 파단면에는 압연강판의 층상 모양도 관찰된다. 단, 파괴 기점 부근의 일부 파단면은 인장 방향에 거의 수직이었다. 녹과 오염을 제거한 후 SEM으로 관찰한 결과 입계 파괴임을 알 수 있었다[그림 6.13].

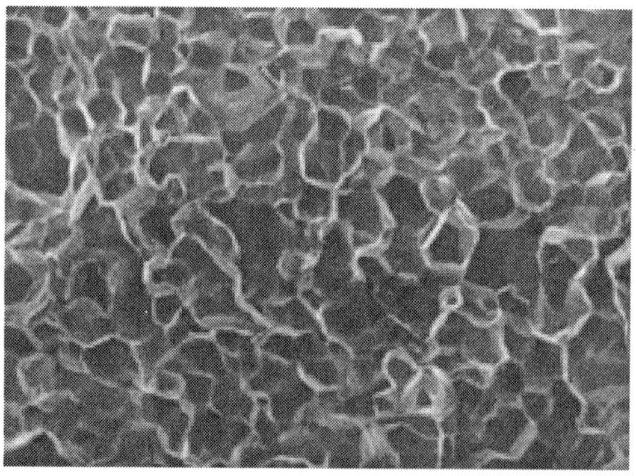

그림 6.13 파괴 기점 부근의 거시적 파단면

나. 형상 관찰과 수치 계측

(가) 두께를 측정하면 내면(內面)을 비롯하여 전체적으로 두께가 줄어 있고, [그림 6.14]와 같이 상부 용접선 아래쪽의 원주 파단부 부근이 특히 얇아진 것을 확인할 수 있었다. 그리고 드럼판 내면과 내면 용접선 상에 피팅(pitting)이 여러 개 관찰되었다.

(나) 사고 발생 연도의 성능검사를 받기 하루 전에 공장에서 자체적으로 검사용 구멍을 뚫어 두께를 측정했고, 4곳의 두께가 각각 20.1mm, 20.3mm, 18.9mm, 19.6mm이었다고 검사관에게 보고하였다. 검사관은 이 결과를 바탕으로 조건부 합격을 통보하였다. 사고 직후 두께 같은 위치에서 경찰이 재 측정한 결과

각각 18.1mm, 16.8mm, 14.2mm, 14.7mm로 2.0～4.9mm 가량 차이가 있었다.

다. 조성 검사

밀 시트에 따르면 2호 압력용기의 재료는 탄소 0.25% 이하, 규소 0.45% 이하, 망간 1.40% 이하, 인 0.050% 이하, 유황 0.050% 이하 조성인 KS SS275 일반 구조용 압연강재이며, 그라인더 불꽃 시험을 한 결과 SS275로 판정되었다.

라. 조직 검사

파괴 기점 부근에서 광학현미경 조직 검사용 시료를 제작하여 검사한 결과 이상이 발견되지 않았다.

마. 인장 시험

두께가 감소한 드럼판 상부 및 중앙부에서 각각 2곳을 선택하여 수평 및 수직 방향으로 1줄씩 총 8줄을 공시재(供試材, 샘플)로 채취하여 KS 1A호 인장 시험편을 제작하였다. 인장 시험을 한 결과 인장 강도는 40～44kg/mm^2 범위이고, 위치나 방향에 따른 차이는 거의 없었다. 또한, 밀 시트의 인장 강도 43.3～47.4kg/mm^{2}와 비교하면 다소 낮지만 크게 문제는 없다고 볼 수 있다. 연신도 거의 비슷하였다.

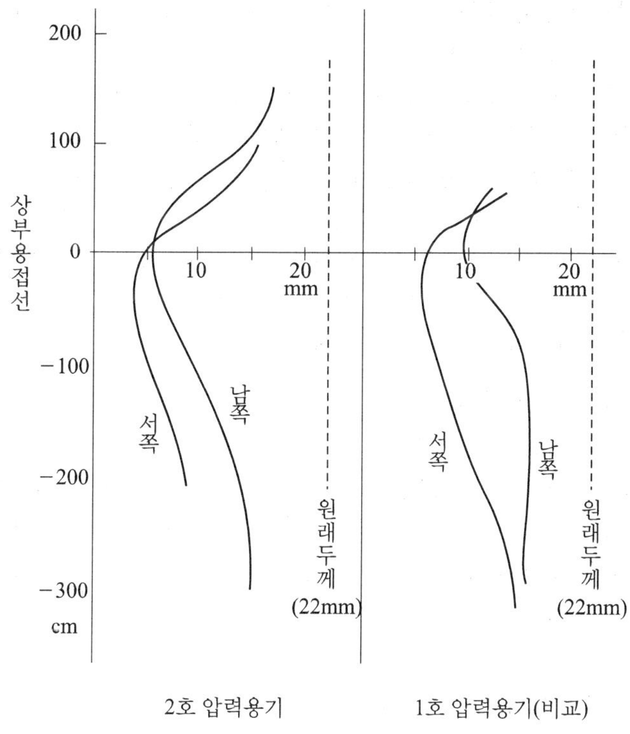

그림 6.14 상부 용접선 부근의 두께 측정 예

바. 강도 시험

미소 경도 시험기로 파단면 부근의 비커스 경도를 측정하면, 예를 들어 내면 부근에서 (0.3)201이었고 외면 부근에서 Hv(0.3)146이었으며 내부로 갈수록 높은 경향을 보였다.

(3) 2호 압력용기 본체의 강도 검토

2호 압력용기를 제조할 당시에는 두께가 22.0mm였지만, 사고 후 가장 두께가 얇은 파괴 기점 부근을 측정해 보면 3.2mm에 불과하고 상부 용접선의 아래쪽 원주 파단부 부근의 두께 역시 감소한 상태였다. 파열 시 국부수축된 것을 고려하더라도 작업을 진행할 수 있는 상황이 아니었다.

(4) 관련 사항 조사

가. 사고 직전, 업무용 보조 증기 기록지에 증기 이상 유출이 기록되어 있지만, 기록지를 검토한 결과 기록 시간에 약 11의 차이가 있었고 배관계통의 파괴 사고 후 유출된 것으로 밝혀졌다.

나. 안전밸브가 제거되어 있었고 밸브부는 폐쇄 상태였다. 사고 이전부터 동일한 상태였으며, 매년 성능 검사 시에만 안전밸브를 장착하고 검사 종료 후 즉시 제거하는 위험하고 기만적인 행위가 반복되었다. 공장 관계자는 안전밸브가 쉽게 막히므로 도움이 되지 않아 제거하였다고 진술하였다.

다. 2호 압력용기 양쪽 옆에 설치된 압력용기 2대의 두께를 초음파 두께 측정기로 측정(2호 압력용기의 두께를 측정한 곳에 대응하는 위치)한 결과 동일하게 감소한 것을 알 수 있었다(그림 6.14 참조).

라. 국내의 타 공장에서 동종 동형식 동작업방식으로 가동하는 압력용기 중 2호 압력용기와 비슷한 시기에 설치된 장비 몇 대를 대상으로 압력용기 내면의 두께 감소 상황 등을 조사하였다. 같은 공장에 압력용기를 2대 이상 설치한 경우에는 각 압력용기의 두께 감소 상황이 비슷하지만, 서로 다른 공장의 압력용기를 비교해 보면 두께가 심하게 감소한 것부터 거의 감소하지 않은 것까지 차이가 있었다. 이것은 압력용기를 가동하는 방식에는 거의 차이가 없으므로, 칩의 수종과 약액의 조성이 부식과 두께를 감소시키는 영향을 미치는 것으로 생각된다.

(5) 조사 및 시험 검사 결과의 고찰

2호 압력용기의 상부 용접선 아래쪽의 원주 파단부는 칩에 포함된 공기나 증해 시 발생한 가스가 고인 기액계면부(氣液界面部)이다. 전체적으로 부식 및 감육(減肉, 두께가 얇아짐)이 나타난 상태였지만, 특히 이 원주 파단부는 증해 시 주입한 약액이 고온의 압력용기 내면의 특정 부분에 집중되어 충돌하거나 칩에 충돌하여 튀어 올라, 부식 및 감육이 현저히 진행된 것으로 추정된다.

[사례 2] 전기 증기발생기 내 용기의 파열

(1) 사고 현장 조사

가. 사고 개요

반지하 내 작업실에서 작업자인 변광철 등이 아이롱(전기다리미)을 사용하고 있던 중 전기 증기발생기 내 압력용기가 불상의 이유로 폭발한 사건이 발생하였다.

나. LP 가스용기의 재료(발췌)

(가) 사양

명칭 전기발생기 내 압력용기

형식 정격소비전력 30 kW, 정격전압 AC 220V/380V 겸용, 최고사용 압력 5 kg/cm^2

법규상 구분 제2종 압력용기

주요 요소

드럼 외경 380mm

전체 길이 600mm

두께 4.5mm

그림 6.15 전기 증기발생기 내 용기 파열

(나) 이력

사고 발생 1년 5개월 전에 제조된 용기이다. 용기 본체에 원형의 상부경판과 하부경판이 용접이음으로 구성되어 있으며 상부경판은 폭발로 인해 용접부가 파단 되면서 용기 본체에서 완전 이탈된 상태였다.

(다) 사고 발생 및 사고 전후 상황

외곽프레임 상부에 위치한 콘트롤러는 증1호 내부 장치 작동을 위한 스위치 및 램프로 구성되어 있으며 작동 스위치는 전원 'ON', 저수위 'ON', 히타 'HIGH' 상태이고, 압력게이지는 '0'을 지시하고 있는 상태임용기 본체에는 압력스위치 장착 및 스팀 공급 배관이 설치되어 있으나 모든 배관은 폭발로 인해 그 연결 배관 및 연결 배관의 연속 장치가 손상되어 이탈된 상태이며 안전변 등은 수거되지 않은 상태였다.

(2) 용기 시험 검사

가. 파단면 관찰

파열된 용기 상부경판은 용접 비드 폭 및 비드 높이가 균일하지 못한 상태로삼각형 모양 4개의 조각을 용접하여 원판 형태를 구성하고 있으며 각 조각별로 특이 부분을 관찰한 결과, [그림 6.16]을 기준으로 2번 조각에서 파단면 A부, 4번 조각에서 파단면 B부, 1번 조각에서 파단면 C부, 3번 조각에서 파단면 D부, 1번 - 2번 조각에서 E부가 식별되었다.

나. 형상과 치수 등의 관찰 및 계측

다. 조성 검사

밀 시트에 따르면, 용기의 재료는 탄소 0.16%, 규소 흔적(trace), 망간 0.46% 조성인 KS SG 255 고압 가스 용기용 강판 및 강대(鋼帶) 1종이다.

라. 용접부 검사

파단면 B부를 관찰한 결과, 모재의 두께는 약 4.35mm, 모재에서 용접 비드 높이는 약 3mm로 추정되며, 모재부에 비드 용입 및 융착 상태는 매우 불규칙한 상태로 파열로 인해 모재부가 드러난 상태였다[그림 6.17]. 파단면 B부에서 파악된 모재의 두께 및 용접 비드 높이를 근거로 파단면 A부를 관찰한 결과, 약 2~3mm 정도 용접 비드가 모재에 용입된 상태이나 그 용입 및 융착 형태는 매우 불규칙한 상태이며 비드 최종 파단부가 약 0.15~1mm 정도로 용입부 사전 균열이 식별되었다[그림 6.18]. 파단면 B부에서 파악된 모재의 두께 및 용접 비드 높이를 근거로 파단면 C부를 관찰한 결과, 약 2~4mm 정도 용접 비드가 모재에 용입된 상태이나 그 용입 및 융착 형태는 매우 불규칙한 상태이며 비드 최종 파단부가 약 0.8~1.4mm 정도로 용입부 사전 균열이 식별되었다[그림 6.19]. 파단면 B부에서 파악된 모재의 두께 및 용접 비드 높이를 근거로 파단면 D부를 관찰한 결과, 약 2~4mm 정도 용접 비드가 모재에 용입된 상태이나 그 용입 및 융착 형태는 매우 불규칙한 상태이며 비드 최종 파단부가 약 1.5~2.3mm 정도로 용입부 사전 균열이 식별되었다[그림 6.20]. 파단면 E부는 조각 용접부와 본체 용접부가 만나는 부분으로 파단면 B부에서 파악된 모재의 두께 및 용접 비드 높이를 근거로 파단면 E부를 관찰한 결과, 약 2~4mm 정도 용접 비드가 모재에 용입된 상태이나 그 용입 및 융착형태는 매우 불규칙한 상태이며 비드 최종 파단부가 약 1.8mm 정도로 용입부 사전 균열이 식별되었다[그림 6.21].

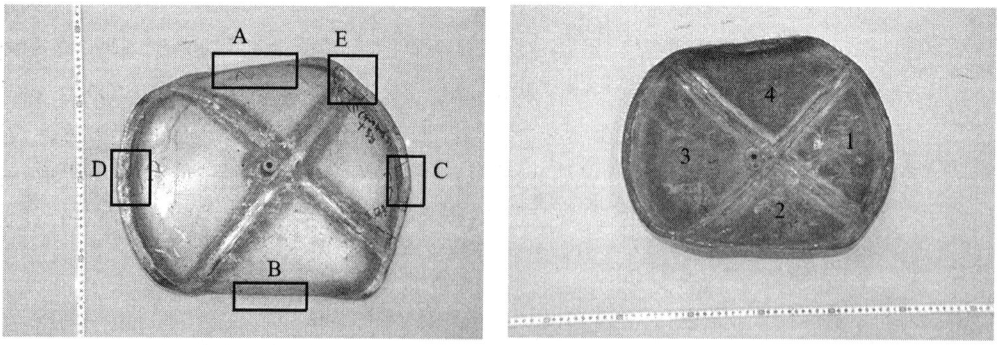

그림 6.16 조각과 파단면

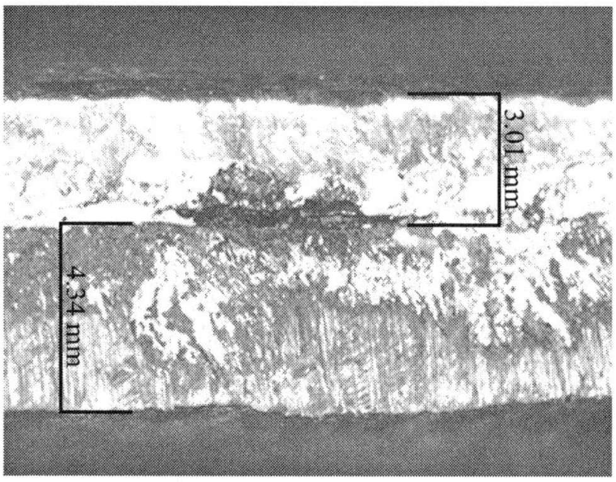

그림 6.17 파단면 B부 용접부

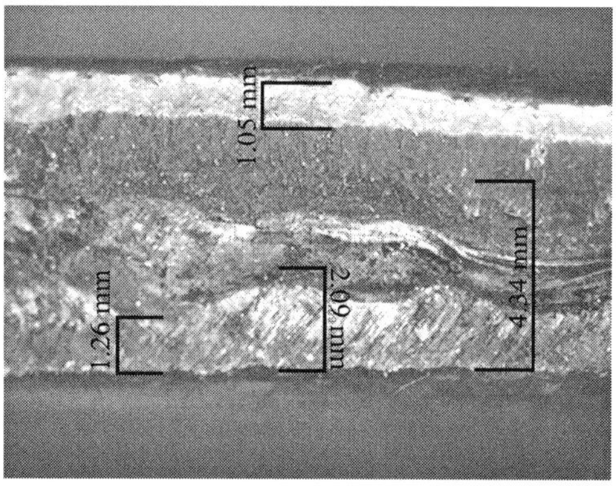

그림 6.18 파단면 A부 용접부

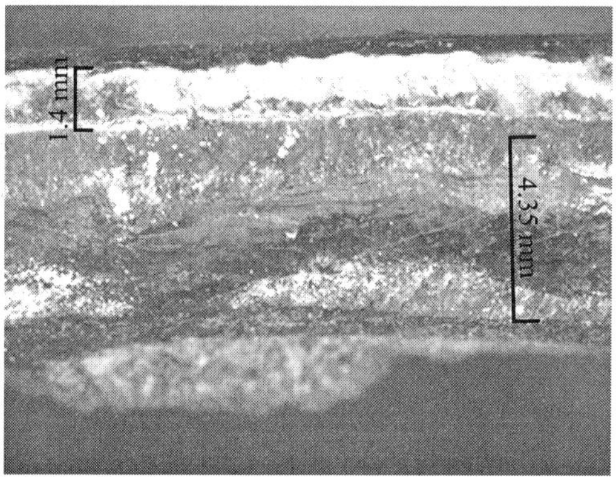

그림 6.19 파단면 C부 용접부

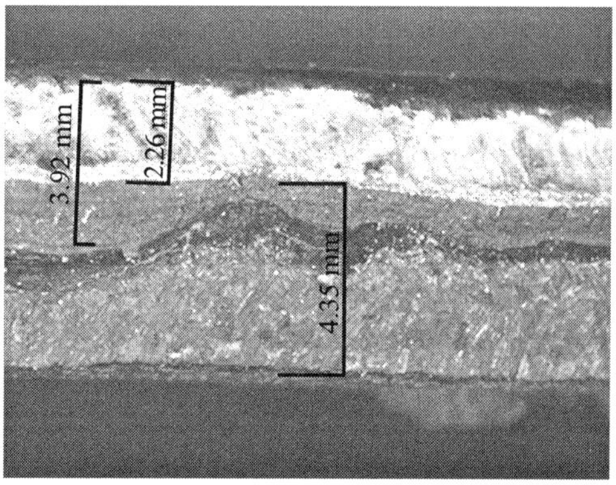

그림 6.20 파단면 D부 용접부

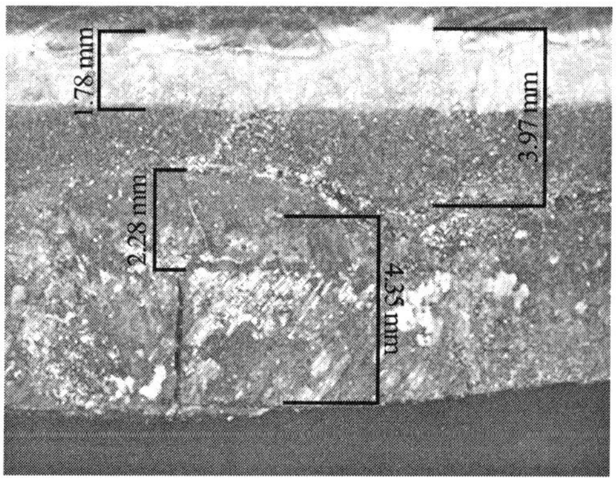

그림 6.21 파단면 E부 용접부

(3) 검사 및 시험 검사 결과의 고찰

스팀용기 상부경판 용접부의 용접 비드 폭 및 비드 높이가 균일하지 못한 상태이며 모재 사이에 용접 비드가 불균일하게 삽입되어 불완전한 융착 형태를 나타내는 것으로 보아 용접 작업 불량으로 인한 사고 관련성을 배제할 수 없었다. 파열된 용기 상부경판 파단면 관찰 결과, 용접 비드가 모재에 용입된 상태이나 그 용입 및 융착 형태가 매우 불규칙한 상태이며 비드 최소 최종 파단부가 약 0.15mm 정도로 용입부 사전 균열과 정상 대비 약 5% 정도의 두께 잔여율을 나타내는 것으로 보아 용접부 사전 균열로 인해 사고가 발생한 것으로 추정된다.

06 노(爐)의 파괴 사고

6.1 노(爐)의 종류와 사고

노(爐)는 내화물로 에워싼 가운데서 연료를 연소하여 발생한 고온연소가스로 물체를 가열하는 장치이다. [표 6.5]는 노의 종류의 정리한 것이다. 노에 관한 법규는 없지만, 보일러, 제1종 압력용기 등의 해당 부분에 관해서는 각 법규의 적용을 받는다. 노의 파괴 사고 중에 특히 문제가 되는 것은 석유정제, 석유화학, 화학공장에서 많이 사용되는 관식(管式)가열로 사고이다. 취급하는 유체에 위험 물질이 많아 관의 열개와 누설로 대형 사고가 종종 발생한다.

표 6.5 노의 종류

대분류	종류	세부
유체 가열형 노	증기관	각종 보일러
	관식 가열로	원유 및 각종 석유 유분(溜分) 가열로
		개질로(改質爐)
		분해로(에틸렌 등)
		반응로(합성 가스, 수소 등)
		각종 유체 가열로
고체 용융형 노	평로(平爐)	제강용 평로
		탱크로(유리 등)
	반사로	동, 납, 주석, 은 등 정련 반사로
	도가니로	도가니로(유리, 에나멜)
	전로(轉爐)	강제련용 전로
		동제련용 전로
고체 직접 가열형 노	압로(押爐)	연속 강재 가열로
	터널형 노	도자기 소성로
		내화물 소성로
		강재 연속 풀림로
	고리 가마형 노	벽돌 소성로
	출입형 노	판용(板用) 강편(鋼片) 가열로
	단속형(斷續型) 노	도자기 소성로
		내화물 소성로
		금속 풀림로

- 고체 간적 가열형 노
  - 레토르트형 노
    - 코크스(coke)로
    - 석탄 가스로
    - 납 증류로
  - 머플(muffle) 노
    - 염산 제조로
    - 에나멜로
  - 복사형 노
    - 복사 버너관로
    - 카본로, 라디언트 튜브
- 회전로
  - 내열식 회전형 노
    - 시멘트 소성로
    - 석탄 소성로
    - 마그네시아 소성로
    - 알루미나 소성로
  - 다열식 회전형 노
    - 탄산나트륨 공업용 소성로
  - 회전 용융형 노
    - 에나멜 용융로
    - 동 정련로
- 이동층형 노
  - 발생로
    - 가스 발생로
    - 수성가스 발생로
    - 고압가스 발생로
  - 용융로
    - 제철용 용광로
    - 제동용 용광로
    - 제납용 용광로
    - 용선로(cupola)
  - 석회로
    - 석회 소성로
    - 돌로마이트(dolomite) 소성로
    - 석고 소성로
- 유동층형 노
  - 가스 발생로
  - 유동 유황광 배소로
  - 석회 소성로
  - 마그네시아 소성로
  - 유동 촉매 석유 분해로
- 기류 반응형 노
  - 미분탄(微粉炭) 가스화로
  - 유황로
  - 중유 가스화로

6.2 노의 파괴 사고 조사 사례

[사례] 관식가열로 가열관의 열개 및 파열

(1) 사고 현장 조사

가. 사고 개요

석유화학 공장에서 크실렌 분리 이성화(異性化)장치 가열로(加熱爐) 내의 가열관 내부에 생성된 홈 부식(Grooving corrosion)이 표면까지 진행되어 관통함으로써 관내의 혼합 크실렌이 노(爐) 내에서 분출 연소하였다. 굴뚝에서 올라오는 검은 연기를 보고 이상을 감지한 작업원이 가열로의 가동을 긴급 정지하였다. 가열로의 사이트 글라스(Sight glass)를 통해 노(爐) 내의 상황을 관찰하던 중 갑자기 화염과 매연이 둔중한 소리를 내며 사이트 글라스와 기타 개구부에서 내뿜어져 나와 작업원이 화상을 입었다.

나. 가열로의 재료(발췌)

(가) 사양

명칭	제1에틸벤젠탑 가열로
형식	직립원통형 관식가열로 중유연소식
주요 요소	
노(爐) 내경	6600mm
높이	약 33000mm
가열관 외경	165.2mm
가열관 두께	8.0mm(공칭)
가열관 표준 길이	14700mm인 것 60개
가열관 사용재료	KS STBH 275 보일러 및 열교환기용 탄소강 강관
가열관 설계압력	5.64kg/cm^2
가열관 설계온도	290℃
가열관 수압시험 압력	8.50kg/cm^2

[그림 6.22]는 가열로의 외관 사진이다. 가열관은 60개로, 10개가 1조를 이뤄 1계통을 구성한다. 전체 6계통이며 1계통마다 혼합 크실렌의 출입구가 있다. 가열관 상하부는 유 벤드(U-bend)로 관끼리 연결되어 있다.

그림 6.22 가열로

(나) 이력

사고 발생 6년 7개월 전에 설치하였다. 1년에 1회 자체적으로 정기 검수(검사 수리)를 시행하였다. 사고 전년도 정기 검수 시, 가열관 일부에 고온산화가 관찰되었고 가열관 6개가 노심(爐心)측으로 기울어져 있었지만, 두께에는 이상이 없었다(초음파 두께 측정기를 이용하여 노상(爐床) 위 1000mm 지점에서 측정).

(다) 운전

정기 검사 시간 이외에는 연간 24시간 운전하였다. 연전 중 가열로 내 온도는 700~800℃, 가열관 입구 쪽 혼합 크실렌의 액온(液溫)은 190℃, 가열과 출구 쪽의 액온은 220℃, 압력은 5.15kg/cm^2 전후였다.

다. 사고 발생 및 사고 전후의 상황

사고가 발생한 다음 날에는 연 1회 정기 검수가 예정되어 있었고, 사고 직전에 정기 검사를 대비하여 가열로는 슬로 다운 상태였다. 즉, 원료인 혼합 크실렌 공급을 정지하고 가열로 중유 버너의 연소를 평소 70% 수준으로 조절하였다. 그 후 집합 굴뚝에서 검은 연기가 피어올라 이상을 감지한 작업원이 가열로의 상황을 관찰하였다. 오전 10시 20분경 운전 긴급 정지 조처를 내렸다. 노(爐) 내 가열관의 파손 부위에서 혼합 크실렌이 분출 연소하여 오전 10시 50분경 사고가 발생하였다. 파손된 것은 관번호 4(이하, 4번이라 한다) 가열관으로, 이 가열관에서 분출된 혼합 크실렌은 가스버너 불꽃과 같은 형태의 강한 화염이 되어 수평으로 뻗어 나왔으며 불꽃 끝 부분이 맞은편 가열관까지 도달해 있었다.

사고 후의 조사로 다음 상황을 알 수 있었다.

(가) 가열관 60개 중 8개(관번호 생략)의 상부가 노심 쪽으로 기울어져 있었다. 40~60번 노심 하부의 스케일은 수포 모양으로 부풀어(블리스터, blister) 쉽게 박리되었다.

(나) 4번 가열관의 노심측, 노상(爐床)에서 위로 640~690mm인 위치에 45℃ 기울어진 개구부가 있었고(길이 70mm, 최대치 5mm), 이 개구부 위쪽에도 동일한 경사(1개는 교차 방향)의 선상(線狀) 흠이 3개 있었다.

(다) 4번의 맞은편에 있는 43번 가열관 노심측, 노상에서 위로 210~410mm인 위치에 최대 폭 120mm인 팽출 파열구가 있었다[그림 6.23].

(라) 노벽, 노상, 외부 부속 설비는 열전 온도계 검출단(檢出端)의 파손 및 사이트 글라스 부근의 그을음 부착 외에는 이상이 없었다. 운전 계통 스위치, 밸브류는 모두 끄기(切)와 닫기(閉)로 운전 정지 상태였다.

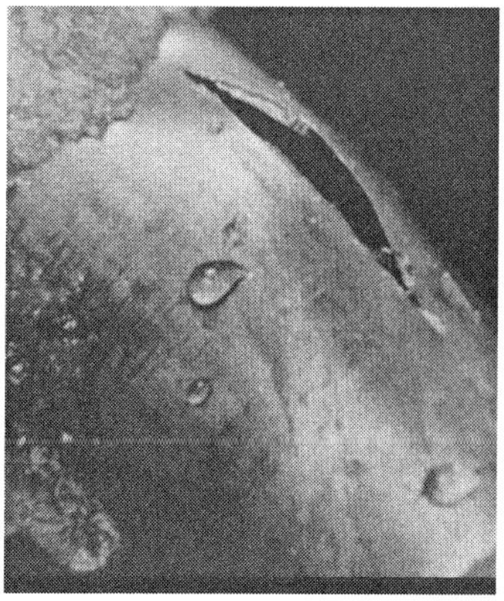

그림 6.23 가열관의 팽출 파열구

(2) 4번 가열관의 시험 검사

가. X선 투과 시험

개구부 및 선상 흠 부분을 X선 투과 시험한 결과 두꺼운 흠 5개(개구부 포함)와 흠과 수평 또는 수직인 가는 선상 흠이 여러 개 검출되었다.

나. 파단면, 형상, 치수 등의 관찰 및 계측

(가) 관의 외면 전체에 두께 0.5～0.8mm인 스케일이 부착되어 있다. 노심측이 두껍고 쉽게 박리할 수 있다. 박리 후의 표면은 울퉁불퉁하며(곰보상) 거칠었다.

(나) 관의 내면 전체에 두꺼운 부착물이 있다[그림 6.24]. 부착물은 대개 3층으로 나뉘며, 관표면에 고착된 제1층은 광택을 조금 띤 비교적 얇은 흑색 그을음 모양이고, 제2층은 주상(柱狀)결정 모양에 반짝이며 단단한 각진 입자가 촘촘히 부착된 것이며, 제3층은 흑회색 균열층이다. 부착물의 전체 두께는 노심측의 감육(減肉) 부분이 5.0～6.0mm, 노벽측의 감육되지 않은 부분이 1.8mm이고 어느 것이든 제2층이 가장 두껍다.

(다) 개구부 상부 3개의 선상 홈의 내면은 울퉁불퉁하게 균열되어 있으며 [그림 6.25], [그림 6.26]은 선상 홈의 SEM 사진이다. 새로운 파단면에는 인상흑연(flaky graphite) 양물질(樣物質)이 여기저기 흩어져 있고 개구부는 열손되어 있다.

(라) 노상에서 위쪽으로 20～2600mm 범위의 소정단면에 대해 단면형상, 외경, 두께를 측정하였다. 개구부에서 노상 위 1600mm 근처까지 노심측의 내면 감육(減肉)이 현저하여 두께가 1.3mm에 불과하였다(다른 부분은 3.0mm 전후)[그림 6.27].

다. 조성 검사

관 재료의 조성을 화학분석법으로 분석하면 노심측은 탄소 0.24%, 규소 0.31%, 망간 0.49%, 인 0.015%, 유황 0.019%, 동 0.052%, 알루미늄 0.010%이고, 관의 재료는 KS STBH 275 보일러·열교환기용 탄소강 강관 4종이다.

그림 6.24 가열관 내면의 부착물

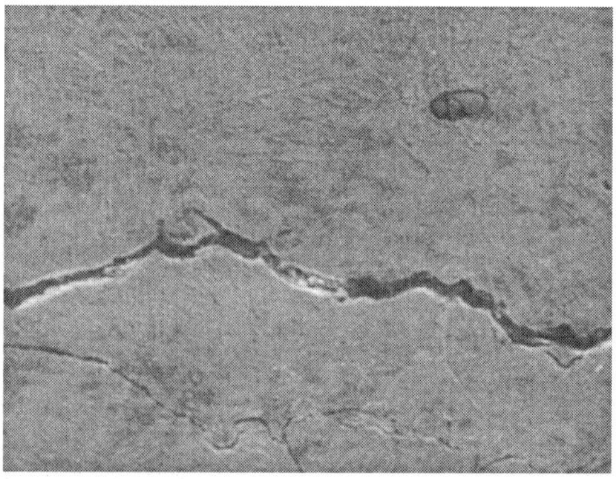

그림 6.25 선상홈의 균열부

그림 6.26 홈 표면의 미시적 형태

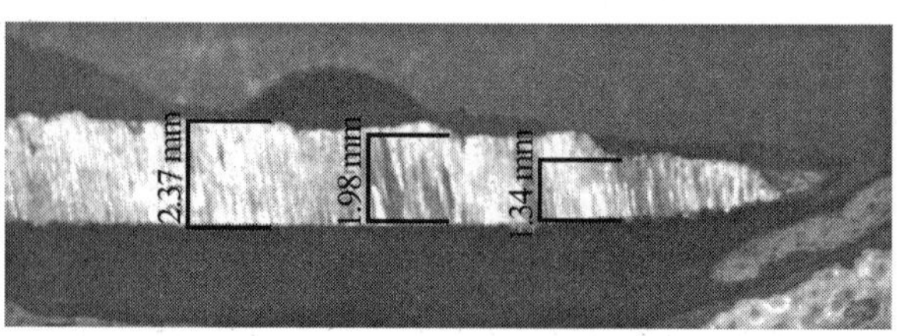

그림 6.27 내면 감육 상태

라. 조직 검사

(가) 개구부 부근 수평환상(水平環狀) 횡단면에 대해 매크로 조직 검사를 한 결과, 선상(線狀)의 이상 조직이 노심측에 다수 발견되었다.

(나) 개구부를 통과하는 수평환상 횡단면 시료의 개구부, 노심측, 노벽측, 양인접관측(兩隣接管側)에서(총 5부분) 광학현미경 조직 검사용 시료를 제작해서 검사한 결과, 개구부 표면에는 펄라이트가 밀집해 있고, 노심측에는 인상흑연이 선상(線狀)으로 나타나며 그 주변에 펄라이트가 밀집, 바탕조직은 페라이트에 인상흑연이 산재하는 이상 흑연화 조직이 관찰된다[그림 6.28]. 노벽측, 양인접관측에도 얼마간의 흑연 석출이 관찰되었다. 또한, 개구부의 위쪽 부분도 시료를 제작하여 검사하면 노상에서 위쪽으로 4100mm까지 범위의 노심측과 동일한 선상의 흑연화 조직이 관찰되고, 5600mm까지 범위에서 인상흑연화 조직이 보였다.

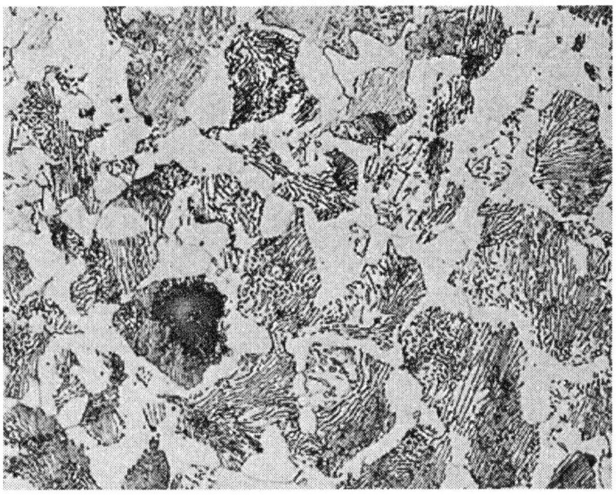

그림 6.28 광학현미경 조직 검사

마. 인장시험

관의 노심측과 노벽측에서 KS 14호 A 인장시험편을 3개씩 제작하여 인장시험을 한 결과, 노심측은 항복점 26.0～28.1kg/mm^2, 인장 강도 39.2～41.0kg/mm^2, 연신 35.7～49.0%이었고, 노벽측은 항복점 29.5～34.6kg/mm^2, 인장 강도 50.7～51.6kg/mm^2, 연신 38.1～39.5%였다. 노심측의 인장 강도가 노심벽보다 상당히 낮다.

바. 강도시험

광학현미경 조직시험용 시료를 제작하여, 미소 경도 시험기를 이용하여 비커스 경도를 측정하면 개구부 표면층 및 그 주변의 관내면층의 펄라이트 밀집부분은 Hv(0.3)210～262이고, 내부의 페라이트 부분은 Hv(0.3)110로 전후로 차이가 보인다. 노벽측 및 인접관측의 페라이트+펄라이트 조직 부분은 Hv(0.3)134～149로 안정되어 있다.

사. 관 내외 부착물의 조성검사

관 내면 부착물, 구상(溝狀, 홈 모양) 침식부 내 물질 및 관조직의 인상흑연 부분은 X선 마이크로 애널라이저, 관 외면의 스케일은 X선 회절로 조성검사를 하여 [표

6.6]과 같은 결과를 얻었다. 내면 부착물 중 제2층 주상결정 모양의 부착물은 탄소, α철 및 황산철이다.

표 6.6 검사 부분의 조성

검사부분 \ 조성		탄소 C	α철 α-Fe	황화철 FeS	철 산화물		황산철 $FeSO_4 \cdot 4H_2O$
					Fe_3O_4 혹은 Fe_2O_3	FeO	
내면 부착물	바탕철측 흑색물질(제1층)	○			○		
	주상결정모양물질(제2층)	○	○	○			
	표면측 흑회색물질(제3층)	○	○				
구상(溝狀)침식부 내		○	○				
관조직의 인상흑연 부분		○	○				
외면 부착물	바탕철측						○
	표면측				○	○	

(3) 43번 가열관의 시험검사

관의 외면 전체에 0.2～0.3mm 두께의 스케일이 부착되어 있다. 노심측은 블리스터되어 쉽게 떨어진다. 표면의 거칠기는 그다지 심하지 않다. 파열구는 최대 가로 폭이 120mm, 최대 가로 길이가 202mm이다. 파열 선단(先端)은 나이프 에지(knife edge) 모양으로 4번 가열관 방향으로 팽출 개구되었다. 파열구 아래쪽에 관이 용융하여 흘러내린 물질이 부착해 있다. 파열구 외 부분의 두께는 부위에 따른 차이가 작다. 관내면 부착물 이외의 검사 결과는 생략한다.

(4) 기타 가열관의 시험검사

4번 및 43번 이외의 관 중, 인접한 3번, 5번, 42번, 44번 관, 맞은편에 있는 34번, 13번 관, 그리고 4번과 외관이 유사한 2번 관, 2번에 인접한 1번 관, 노의 중간 정도 높이에서 활처럼 굽은 55번, 56번 관, 55번, 56번 맞은편 26번 관, 총 11개 관을 대상으로 4번과 43번 관 시험검사 위치에 대응하는 위치 및 그 외 위치에 대하여 거의 동일한 시험검사를 하였다. 다음은 결과의 일부이다.

가. 노심측 감육이 있는 관 : 2번, 34번, 42번, 44번 관
나. 노심측 조직에 흑연화가 나타난 관 : 1번, 2번, 3번, 34번, 42번, 44번 관
다. X선 투과시험으로 노심측에 사선상(斜線狀)이 관찰된 관 : 2번, 34번, 42번, 44번 관
라. 시험 대상 관의 노벽측에는 노심측에 보이는 현상은 관찰되지 않았다.

[그림 6.29]는 34번 관의 매크로 조직 및 광학현미경 조직으로, 선상(線狀)으로 집합 연속된 흑연 부분이 관 내면에서부터 구상(溝狀)으로 침식된 상황을 나타낸 것이다.

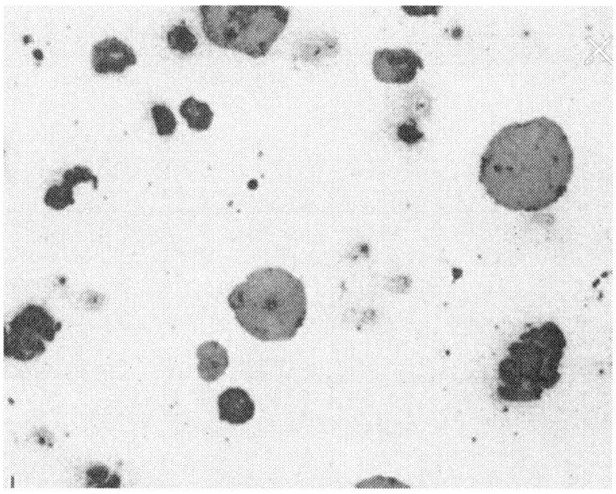

그림 6.29 흑연 부분의 구상(溝狀) 침식

(5) 조사 및 시험검사 결과 고찰

가. 4번 관의 열개

4번 관의 열개부 및 그 부근에는 강의 흑연화 현상과 메탈 더스팅 부식(Metal dusting corrosion) 현상이 발생하여 열개 원인이 되었다.

(가) 관의 조직 중 준안정상(相)이라 할 수 있는 시멘타이트(cementite)는 상온에서 분해되지 않지만 고온으로 장시간(예를 들면 480～650℃에서 10^3～10^4시간) 가열하면 펄라이트 조직이 응집하여 펄라이트 조직 중의 시멘타이트가 철과 흑연으로 분해(강의 흑연화)되고 흑연이 석출된다.

(나) 한편, 가열관에는 가열에 의해 열응력이 생성되고, 점상(點狀)으로 분산 석출된 흑연이 관축에 45° 방향인 최대 전단 응력면을 따라 집합하여 연속 단면에 보이는 선상(線狀) 흠이 발생하였다.

(다) 관내면은 고온 및 탄소를 포함한 가스로 인하여 메탈 더스팅 부식이 일어난다. 이 부식 현상으로 감육(減肉)과 선상(線狀) 흠이 있는 구상(溝狀) 침식이 발생하였다.

나. 43번 관의 파열

4번 관 개구부로부터 노 내에 분출 착화한 혼합 크실렌이 버너 불꽃과 같은 형태의 강한 화염이 되어 맞은편 43번 관에 직접 닿아 과열되었고, 과열로 연화된 부분이 내압으로 인하여 팽출 파열하였다.

07 배관의 파괴 사고

7.1 배관의 종류와 법규

배관은 가스체, 액체, 분체(粉體), 분체를 포함한 액체(슬러리) 등을 우송하는 데 사용하는 것이다. 우송 물질 중에는 부식성, 가연성, 폭발성, 중독성 등 위험한 성질을 띠는 것이 있어 배관 파괴로 종종 큰 사고가 발생하기도 한다.

7.1.1 배관의 종류

배관에는 우송 물질과 우송 조건에 따라 다음과 같은 종류가 있다.

(1) 고압 배관
LP 가스의 상온고압 저장조(약 17kg/cm^2), 폴리에틸렌 제조 장치(60～1500kg/cm^2) 등의 배관은 고압 조건에서 사용된다. 고압 배관은 통상 수 kg/cm^{2}에서 1500kg/cm^2 정도까지 상당히 광범위하게 사용되고 사용 압력에 따라 재료 및 연결법이 다르다.

(2) 고온고압 배관
석유정제공장에서 사용하는 접촉 개질(改質) 장치의 가열로 출입구와 반응탑 사이의 배관, 접촉 분해 장치의 재생탑과 반응탑 사이의 배관 등은 500～650℃에서 400kg/cm^{2}까지 가열 및 승압(昇壓)된 것으로 고압뿐만 아니라 고온 조건에서 사용된다.

(3) 저온 배관
LP가스의 저온 저장 장치(−45℃)의 배관 등은 저온에서 사용된다.

(4) 해수 배관
임해지역 공장에서는 공업용수 대신 해수를 사용하므로 해수 배관을 사용한다.

(5) 매설 배관
수도 및 가연성 물질의 장거리 배관은 용지의 이용 및 보안 관계로 주로 지하에 매설하여 사용한다.

(6) 장거리 배관
석유 콤비나트(combinat)나 공항 등에서는 원유 또는 항공기 연료 등을 비축 기지에서 기내로 우송하기 위해 수십 킬로미터 혹은 그 이상 장거리 배관을 사용한다.

7.1.2 배관의 법규

배관 관련 법규와 적용 구분, 적용 예는 다음과 같다.

(1) 산업통상자원부 소관의 예

가. 법규

- 고압가스안전관리법
- 액화석유가스의 안전관리 및 사업법

나. 적용 구분과 적용 예

(가) 고압가스 배관

사업소 내 고압가스 배관으로 LPG 배관 등이 이것에 해당한다. 단, 스팀 배관은 10kg/cm^{2}를 초과하여도 고압가스 배관으로 간주하지 않는다.

(나) 고압가스 도관

사업소 내 고압가스 배관으로 제3자의 용지를 통과하는 천연가스 도관이 이것에 해당한다.

(2) 행정안전부 소관의 예

가. 법규

- 위험물안전관리법

나. 적용 구분과 적용 예

위험물 배관 및 위험물 우송용 배관으로 사업소 내외 구분이 없다. 가솔린 배관 등이 이예에 해당한다. 배관 관련 부품은 파이프, 밸브, 관이음쇠, 플랜지 등의 밸브 피팅(Valve fitting), 개스킷, 스트래이너(Strainer), 스팀 트랩(Steam trap) 등 종류가 많다. 관이음쇠의 종류는 형상에 따라 엘보(Elbow), T, 크로스, 밴드 등이 있다.

7.2 배관 관련 규격 및 기준

법규 이외에도 국가나 학회, 업계단체가 제정한 배관 관련 주요 규격과 기준을 [표 6.7]에 정리했다. 파괴된 배관 관련 부분을 조사할 경우, 이 규격과 기준을 참고하여 사용 재료, 강도를 확인하도록 한다.

표 6.7 배관 관련 규격 및

한국 산업 규격	KS	재료기호
D 3575	고압 가스 용기용 이음매 없는 강관	STHG
D 3584	이음매 없는 유정용 강관(폐지)	
D 3574	기계구조용 합금강 강관(폐지)	
D 3537	수도용 아연도 강관(폐지)	

D 3565	상수도용 도복장 강관	
D 3566	일반 구조용 탄소 강관	SGT
D 3517	기계 구조용 탄소 강관	STKM
D 3536	기계구조용 스테인리스강 강관	STSTK
D 3585	스테인리스강 위생관	STS-TBS
D 3578	상수도용 도복장 강관 이형관	
D 3507	배관용 탄소 강관	SPP
D 3562	압력 배관용 탄소 강관	SPPS
D 3564	고압 배관용 탄소 강관	SPPH
D 3570	고온 배관용 탄소 강관(폐지)	
D 3583	배관용 아크 용접 탄소강 강관	SPW
D 3573	배관용 합금강 강관(폐지)	
D 3576	배관용 스테인리스 광관	STSTP
D 3569	저온 배관용 탄소 강관	SPLT
D 3563	보일러 및 열 교환기용 탄소 강관	STBH
D 3572	보일러, 열교환기용 합금 강관	STHA
D 3577	보일러, 열 교환기용 스테인리스 강관	STSTB
D 3571	저온 열 교환기용 강관(폐지)	
E 3114	시추용 이음매 없는 강관(폐지)	
D 3568	일반 구조용 각형 강관	SRT
D 4108	용접 구조용 원심력 주강관(폐지)	
D 4112	고온 고압용 원심력 주강관(폐지)	
D 4310	수도용 입형 주철 직관(폐지)	
D 4306	수도용 원심력 사형 주철관(폐지)	
D 4312	수도용 원심력 금형 주철관(폐지)	
D 4309	수도용 주철 이형관(폐지)	
D 4307	배수용 주철관	
G 5526	수도용 원심력 구상(球狀) 흑연 주철관	
G 5527	수도용 구상 흑연 주철 이형관	
B 2305	밸브의 호칭 지름과 구멍 지름	
B 2306	밸브의 면간 치수	
B 2304	밸브 검사 통칙	
B 2311	청동 10kgf/cm^2 나사식 글로브 밸브(폐지)	
B 2312	청동 10kgf/cm^2 나사식 앵글 밸브(폐지)	
B 2313	청동 10kgf/cm^2 나사식 게이트 밸브(폐지)	

B 2314	청동 10kgf/cm^2 나사식 리프트 체크 밸브(폐지)	
B 2315	청동 10kgf/cm^2 나사식 스윙 체크 밸브(폐지)	
B 2316	청동 10kgf/cm^2 플랜지형 글로브 밸브(폐지)	
B 2317	청동 10kgf/cm^2 플랜지형 앵글 밸브(폐지)	
B 2318	청동 10kgf/cm^2 플랜지형 게이트 밸브(폐지)	
B 2031	주철 5kgf/cm^2 플랜지형 바깥 나사 게이트 밸브	
B 2351	주철 10kgf/cm^2 플랜지형 글로브 밸브(폐지)	
B 2352	주철 10kgf/cm^2 플랜지형 앵글 밸브(폐지)	
B 2353	주철 10kgf/cm^2 플랜지형 안나사 게이트 밸브(폐지)	
B 2354	주철 10kgf/cm^2 플랜지형 바깥 나사 게이트 밸브(폐지)	
B 2355	주철 10kgf/cm^2 플랜지형 스윙 체크 밸브(폐지)	
B 2061	급수전	
B 2062	수도용 게이트 밸브	
B 2340	수도용 공기 밸브(폐지)	
B 2361	주강 플랜지형 밸브	
B 2365	주강 20kgf/cm^2 플랜지형 글로브 밸브(폐지)	
B 2366	주강 20kgf/cm^2 플랜지형 앵글 밸브(폐지)	
B 2367	주강 20kgf/cm^2 플랜지형 바깥나사 게이트 밸브(폐지)	
B 2368	주강 20kgf/cm^2 플랜지형 스윙 체크 밸브(폐지)	
B 2371	청동 나사식 플러그 콕(폐지)	
B 2372	청동 나사형 글랜드 콕(폐지)	
B 1501	철강제 관 플랜지의 압력 단계	
B 1519	관 플랜지의 개스킷 자리 치수	
B 1502	관 플랜지의 치수 허용차(폐지)	
B 1512	5kgf/cm^2 철강제 관 플랜지의 기본 치수(폐지)	
B 1513	10kgf/cm^2 철강제 관 플랜지의 기본 치수(폐지)	
B 1514	16kgf/cm^2 철강제 관 플랜지의 기본 치수(폐지)	
B 1515	20kgf/cm^2 철강제 관 플랜지의 기본 치수(폐지)	
B 1520	30kgf/cm^2 철·강관 플랜지의 기본 치수(폐지)	
B 1523	40kgf/cm^2 철·강관 플랜지의 기본 치수(폐지)	
B 1526	63kgf/cm^2 철·강관 플랜지의 기본 치수(폐지)	
B 1524	5kgf/cm^2 강관 삽입 용접식 플랜지(폐지)	
B 1516	10kgf/cm^2 강관 삽입 용접 플랜지(폐지)	
B 1504	16kgf/cm^2 강관 삽입 용접 플랜지(폐지)	

B 1505	20kgf/cm^2 강관 삽입 용접 플랜지(폐지)	
B 1525	30kgf/cm^2 강관 삽입 용접 플랜지(폐지)	
B 1517	30kgf/cm^2 강관 맞대기 용접식 플랜지(폐지)	
B 1521	유압용 21MPa 관삽입 용접 플랜지	
B ISO49	나사식 가단 주철제 관이음쇠(폐지)	
B 1533	나사식 강관제 관이음쇠	
B 1522	일반 배관용 강제 맞대기 용접식 관이음쇠	
B 1542	특수 배관용 강제 맞대기 용접식 관이음쇠(폐지)	
B 1541	배관용 강제 맞대기 용접식 관쇠이음쇠(폐지)	
B 1535	유압용 25MPa 물림식 관이음쇠(폐지)	
B 2401	O 링	
B 2804	오일 실	
B 2806	V 패킹	
B 2799	O 링 부착 홈부의 모양 및 치수	
B 2809	O 링용 백업링(폐지)	
B 1331	핸드휠	
B 1332	핸들(폐지)	
B 2603	노브(knob)	

7.3 배관의 사고

7.3.1 사고의 종류

배관 사고는 보일러나 압력용기의 사고와 거의 유사하여 파열, 열개, 팽출, 변질, 변형, 균열, 누설, 가스 폭발, 부식 등과 같은 종류가 있다. 화학 공장 등에서 배관 중 1개가 파열하면 공장 전체로 번지는 화재나 폭발 등 큰 사고가 발생하는 경우가 많다.

7.3.2 사고의 경향과 원인

고온고압 배관에는 강도 저하, 조직 흑연화, 크리프, 고온 부식(특히 황화수소에 의한 부식), 침식, 수소 취화 균열 등이 발생한다. 저온 배관에는 재료에 따라 저온 취성파괴가 발생할 때가 있다. 또한, 보냉재의 결함으로 대기 중의 습기가 침투하여 빙결, 팽창, 파괴 등이 발생한다. 해수 배관에는 염분으로 부식이 일어난다. 매설 배관에는 부식, 특히 전식(Stray current corrosion)이나 토양 중의 세균과 수분에 의해 부식이 발생한다. 그리고 지표면에서 자동차 등 교통기관의 충격, 진동하중, 토양의 침하에 의해 부식이 일어난다. 그 외에 도로의 건설 공사 등에서도 종종 기계적인 파괴가 발생한다. 또한 각종 배관에 공통으로 발생하는 사고는 열팽창 등 재료 신축, 진동, 이상압, 정전기(靜電氣) 등에 의한 파괴, 화재, 폭발이 있다. 그 외 조작 미스 등 인위적인 요인뿐 아니라 용접 결함, 용접 균열, 가공 불량, 설계 불량, 부식 등에 의한 사고가 자주 발생한다. 원래 배관의 용접 작업은 거의 실외에서 하고 작업 자체가 어려운 경우가 많다. 예를 들어, 뒷면 용접은 거의 작업이 이루어지지 않고 용접 자세가 제한되며 풀림 등 용접 전후 열처리가 어렵다. 그러므로 배관 용접 작업 시에는 개선(開先)면 부족 등 치수 불량, 블로 홀(Blow hole), 용입 부족, 언더컷, 용접 변형 등 용접 결함이 생기고 용접부의 강도 부족으로 용접부나 이번(二番, 용접 금속과 모재의 경계 부근의 열영향부)이 파괴되는 사고가 발생한다. 그리고 밸브, 플랜지, 패킹 등이 누설되거나 파괴되기도 한다.

7.4 배관의 파괴 사고 조사 사례

[사례] 원유 상압증류장치 배관의 블라인드 패치(blind patch) 파괴

(1) 사고 현장 조사

가. 사고 개요

석유정제 공장에 설치된 원유 상압증류장치 증류탑의 탑저(塔底)펌프 2대가 교대로 운전하던 중 펌프와 가열로를 연결하는 배관의 T(Tee) 관이음쇠 한쪽 끝에 용접된 블라인드 패치가 파괴된 후 낙하함으로써 배관 내 가열원유 누출로 화재가 발생하여 상압증류장치 일부가 불에 탔다.

나. T 관이음쇠 및 블라인드 패치 자료

(가) 사양

T

명칭 KS B 1542 특수 배관용 강제 맞대기 용접식 관이음쇠

공칭 지름 8(8" 관용, mm 환산 외경 216.3mm)

사용 재료 KS SPA 22 배관용 합금강 강관 22종으로 제조

블라인드 패치

명칭 블라인드 패치

단, KS B 1542 특수 배관용 강제 맞대기 용접식 관이음쇠 중 캡 3종

공칭 지름 10(10" 관용, mm 환산 외경 267.4mm)

이 캡은 크기가 너무 커서 위의 T와 맞지 않으므로 접시 부분을 가스 절단하고 외경을 T에 맞추어 블라인드 패치로 한 것이다. 사용 재료 KS D3562 SPPS 250 압력 배관용 탄소 강관으로 제조하고 사고 전 T관이음쇠 한쪽 끝

에 블라인드 패치를 용접하여 막아 둔 상태였다.

(나) 이력

T 및 블라인드 패치는 사고 발생 6년 3개월 전 정기 검수 시 설치하였다. 당시 공정 관계로 해당 부분에 설치되었던 다른 T 및 배관을 철거하고 엘보를 접속하려고 하였지만 배관 위치 때문에 엘보를 설치할 수 없어 부득이하게 한쪽 끝을 막은 T로 대신하였다. 하지만 8" 관용 T에 맞대기 용접으로 끝을 막는 캡을 구하지 못하여 10" 관용 캡을 가스 절단하여 8" T에 맞춘 접시 모양 블라인드 패치(원판)를 제작하여 T 한쪽 끝에 용접했다. 설치 완료 후 12.5~18kg/cm^2 가압시험을 하였고, 그 후 사고가 발생할 때까지 검사하지 않았다.

다. 탑저 펌프 및 블라인드 패치 부근 배관

사고가 발생한 탑저 펌프 및 블라인드 패치 부근 배관은 [그림 6.30]과 같다. 상압 증류장치에서 원유를 가온하여 탈염 처리한 후 200℃까지 가열하여 증류탑에 보낸다. 가스 및 일부 경질휘발유를 제외하고 다시 탑저 펌프로 가열로로 우송하여 320℃까지 가열하고, 정류탑에서 나프타 등 각 성분으로 나뉜다. 각 펌프에는 운전 정지 중 펌프의 배관 내 온도가 내려가 원유가 굳는 것을 막기 위해 오일의 일부가 바이패스 통로를 흐르게 되어 있다. 탑저 펌프는 사고 전날 운전 중이던 CP2A를 정지시키고 CP2B를 가동했다. 각 펌프는 증기 터빈 구동으로 토출량(吐出量) 320kℓ/h, 출구압력 15kg/cm^{2}이었다. 배관은 8" 관 및 8" 관 관련 부품이 사용되었고 10cm 두께의 단열재로 피복된 것이다.

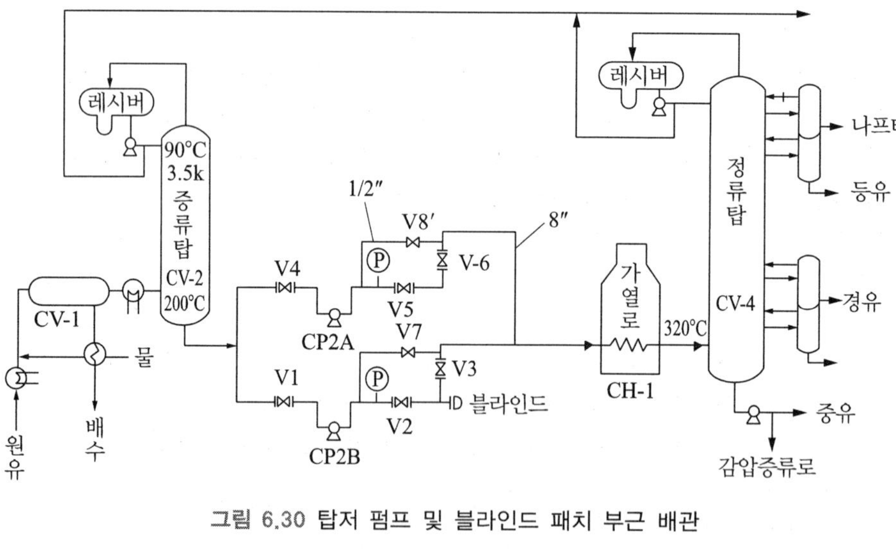

그림 6.30 탑저 펌프 및 블라인드 패치 부근 배관

라. 사고 발생 및 사고 전후 상황

점검 순회 중이던 작업원이 탑저 펌프 부근에서 하얀 연기가 피어오르는 것을 발견하고 확인하기 위해 가까이 다가갔을 때 불이 붙어 화재가 발생하였다. 사고 후 CP2B 위쪽 배관 중 T의 블라인드 패치가 높이 1.8m 위치에서 전방 2.2m 지면으로 떨어졌으며 원유가 누출되었다.

(2) T 및 블라인드 패치 시험 검사

가. 파단면 관찰

T의 거시적 파단면은 관 내측 루트면 및 개선(開先)면 일부가 전혀 용접되지 않은 상태로 용입 부족이 명확하게 드러났다. 파단은 용접 금속 부분에 발생하였고, T의 원질부에는 발생하지 않았다. 파단면에는 블로 홀이나 이물 혼입이 상당히 많다. 블라인드 패치의 거시적 파단면은 원주 파단면 내측이 계단 모양 혹은 층상인 비교적 무른 취성파괴가 대부분이고, 외측은 전단 가장자리가 보인다. 파괴 기점은 설치 위치보다 위쪽에 있으며 파괴 기점에서 좌우로 균열이 전파된 것이 나타난다 [그림 6.31].

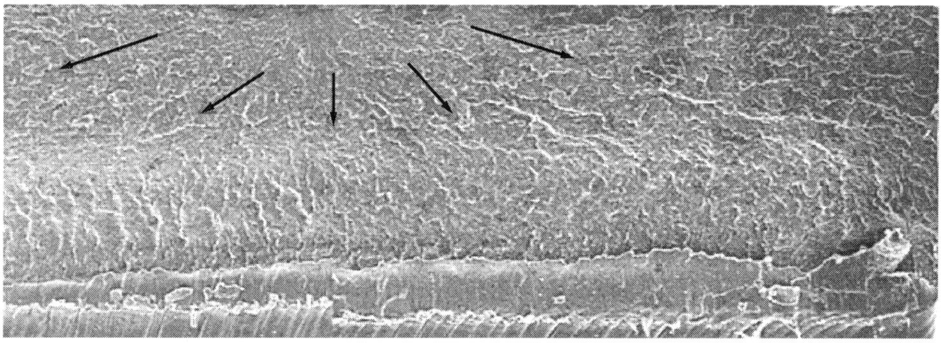

그림 6.31 위쪽 파단 기점 부근(화살표)

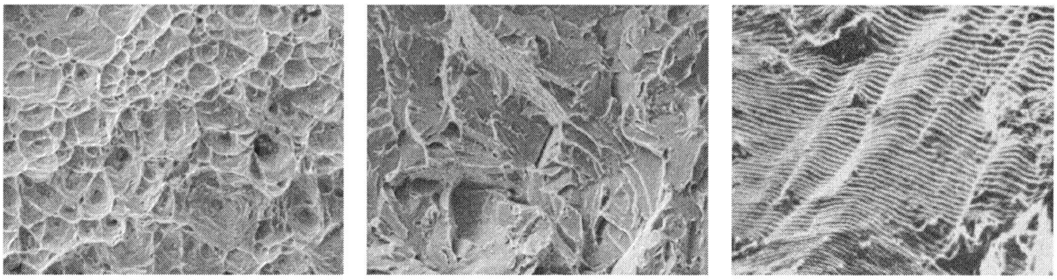

딤플 리버패턴 줄무늬 패턴

그림 6.32 미시적 파단면

거시적 취성 파단부분을 SEM으로 관찰하면 파단 기점 부근은 딤플이 보이고, 좌우측면은 딤플 혹은 줄무늬가 관찰되며 설치 위치의 아래쪽 부근은 리버 패턴이 나타난다[그림 6.32]. 또한, T측 파단면에도 블라인드 패치의 SEM 관찰 부분과 대응하는 위치에는 동일한 미시적 패턴이 관찰된다.

나. 형상 및 치수 등의 관찰과 계측

T와 블라인드 패치를 서로 맞추어 보면 경우에 따라서는 10mm 정도 틈이 있어 용접 시의 잔류 응력이 남은 것으로 보인다. 블라인드 패치는 완전한 원형이 아니고 상하가 좌우보다 길며 스테레오 카메라를 이용하여 등고선도를 작성하면 조금 찌그러진 곡면이 나타난다. 파단면 내측 3mm 폭 정도의 환상(環狀) 부분은 치수를

보아 T루트면과 접촉한 면으로 보인다. 용접금속은 T측에 다량 부착되어 있고, 블라인드 패치에는 캡을 가스 절단할 때 생성된 흔적이 있다. T와 블라인드 패치는 외견상 완전하게 용접된 듯이 보이지만, 실제로는 용착 부분(목두께(throat) 부분)이 적으며 용입 부족이다. [그림 6.34]의 (1)은 T와 블라인드 패치의 용접 형상이고, (2)는 정상적인 용접 형상이다.

다. 조성 검사

발광분광분석 및 그라인더 불꽃 시험으로 T와 블라인드 패치의 조성 검사를 한 결과, T는 탄소 0.15% 이하, 크롬 1.0%인 배관용 합금강 상당재(相當材)이며 블라인드 패치는 탄소 0.25% 이하인 압력 배관용 탄소강 강관 상당재로 밝혀졌다. 거시적 취성 파단부분을 SEM으로 관찰하면 파단 기점 부근은 딤플이 보이고, 좌우측면은 딤플 혹은 줄무늬가 관찰되며 설치 위치의 아래쪽 부근은 리버 패턴이 나타난다. 또한, T측 파단면에도 블라인드 패치의 SEM 관찰 부분과 대응하는 위치에는 동일한 미시적 패턴이 관찰된다.

라. 조직 검사

용입 부족부에 대해 매크로 조직 검사를 했다. 파단은 용접 금속 블라인드 패치의 조립역(粗粒域, Coarse grained region) 부분에 생성되었다. 광학현미경 조직에 특이사항은 없다.

마. 경도 시험

블라인드 패치의 17곳을 선택하여 브리넬 경도를 측정하면 HB(10/3000)109～125 범위이며 조금 무른 상태를 나타낸다. T측 파단부에 대해 미소 경도 시험기로 비커

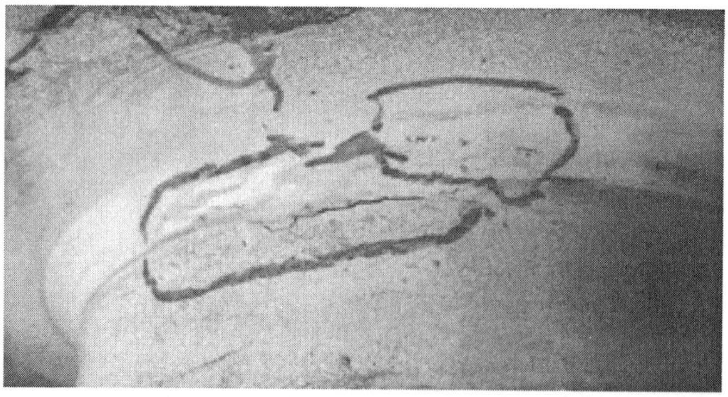

그림 6.33 블라인드 패치와 T 접합 부분

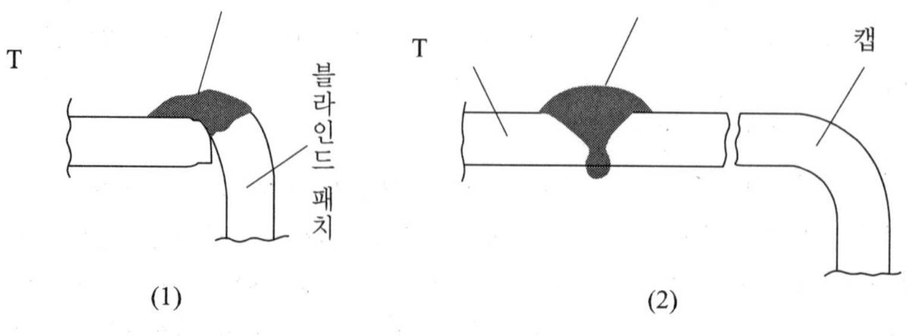

그림 6.34 용접 방법의 차이

커스 경도를 측정하면 열영향을 받지 않은 T의 모재 원질부에서 HV(0.3)150～160, 용접 금속부에서 HV(0.3)190～240이었다.

(3) 조사 및 시험 검사 결과 고찰

시험 검사 결과 용접의 용입 부족과 목두께 불균일이 확인되었고, 강도 측면에서는 노치 혹은 균열로 간주할 수 있다. 목두께의 경우 얇은 부분은 3mm에 지나지 않는다. T의 지부(枝部) 형상에서 블라인드 패치에 걸리는 굽힘 모멘트도 크며 고온, 부식 환경, 습도, 압력 변화로 배관 신축이 일어나 생성된 피로의 영향을 고려하면 사고 시 강도 한계에 달한 것으로 보인다. 또한 블라인드 패치에 대해 X선 응력 측정 장치를 이용하여 잔류 응력을 측정한 결과 최대 7.8kg/cm^{2}이었으며 용접에 의한 잔류 응력이 잔존한 것을 확인할 수 있어 파괴에도 영향을 미친 것으로 보인다.

08 저장조의 파괴 사고

8.1 저장조의 종류와 법규

8.1.1 저장조의 종류

저장조는 가스체 또는 액체나 고체 공업원료나 제품 등을 각 성질과 상태에 영향을 미치지 않고 저장하는 것이다. 종류에는 가스체를 저장하는 가스 홀더, 액체를 저장하는 액체 저장 탱크, 고체를 저장하는 사일로(silo)로 크게 나뉜다.

(1) 가스 홀더

가스 홀더의 종류는 [표 6.8]과 같다.

표 6.8 가스 홀더의 종류

- 가스 홀더
  - 고압가스 저장
    - 고압 봄베
    - 구형(球形)탱크
    - 원통형 탱크
  - 저압가스 홀더
    - 습식
      - 유주식(有柱式)
      - 무주식(無柱式, 나선식)
    - 건식
      - 피스톤식
        - 액봉식(液封式, liquid seal)
          - 타르 액봉식
          - 그리스 액봉식
        - 패브릭식
      - 기구식(氣球式)
        - 구형(球形)
        - 주머니형

(2) 액체 저장 탱크

액체 저장 탱크의 종류는 [표 6.9]와 같다.

표 6.9 액체 저장 탱크의 종류

- 액체 저장 탱크
  - 원통형 탱크
    - 수평형 탱크
      - 고정용
      - 이동용
    - 수직형 탱크
      - 고정지붕식 탱크
        - 콘 루프 탱크(cone roof tank)
        - 돔 루프 탱크(dome roof tank)
        - 엄브렐라 루프 탱크(umbrella roof tank)
      - 이동지붕식 탱크
        - 플로팅 루프 탱크(floating roof tank)
        - 리프터 루프 탱크(lifter roof tank)
      - 기타 (절충식 탱크)
        - 가변용량식 탱크
        - 부력막(浮膜) 탱크
        - 내부 부력 덮개 탱크
  - 특수 형상 탱크
    - 구형(球形) 탱크
    - 스페로이드(spheroid)탱크
    - 멀티 실링 탱크
    - 실린드로이드(cylindroid)
    - 고가(高架) 탱크
  - 저온 탱크
    - 강판 1겹 저온 탱크
    - 강판 2겹 저온 탱크
      - 원통형 구형
        - 횡치식(橫置式)
        - 종치식(縱置式)
        - 평저식(平底式)

8.1.2 저장조의 법규

저장조 관련 법규와 적용 구분 및 적용 예는 다음과 같다.

(1) 산업통상자원부 소관의 예

가. 법규

- 고압가스안전관리법
- 액화석유가스 안전관리법 및 사업법

나. 적용 구분과 적용 예

고압가스 저장조. 용적 300m^3 이상인 고압가스를 저장한다. 프로판 등 액화가스는 중량이 10kg을 용적 1m^{3}로 간주한다. 단, 용적이 0.15m^3(액화 가스 1.5kg) 이하인 것은 제외한다.

(2) 행정안전부 소관의 예

가. 법규

위험물안전관리법

나. 적용 구분과 적용 예

실외, 실내, 지하, 이동식 탱크류. 드럼통과 드럼통의 보관소, 원유 탱크, 지하 탱크, 서비스 탱크, 탱크로리 등이 있다.

8.2 저장조 관련 규격 및 기준

법규 이외 국가나 업계 단체가 제정한 저장소 관련 규격 및 기준은 [표 6.10]과 같다. 파괴된 저장조를 조사할 때에는 이 규격과 기준을 참고하여 사용 재료 및 강도를 확인하도록 한다.

표 6.10 저장조 관련 규격 및 기준

한국 산업 규격	KS
B 6225	용접식 강재 석유 저장 탱크의 구조

8.3 저장조의 사고

저장조의 사고는 부식, 용접 결함, 지반 부등 침하, 작업 미스 등으로 내용물이 누출되는 경우가 가장 많고, 이러한 원인으로 화재, 폭발, 파열, 주변 오염 등이 발생한다. 저장조의 파괴에 취성파괴가 많은 이유는 대개 저장조의 두께가 두껍고 또한 환경, 온도(저온, 고온), 용접의 영향을 받기 때문이다. 그리고 탱크에 유류를 주입할 때, 오일 중에 대전된 정전기의 방전이 발생하고 폭발성 혼합기가 존재하면 폭발 사고가 일어나는 경우가 있다.

09 크레인의 파괴 사고

9.1 크레인의 종류와 법규

9.1.1 크레인의 종류

크레인은 하역 기계의 하나로, 중량물을 들어 올려 수평 이동시켜 비교적 근거리로 운반하는 기계이다. 또한, 원동기를 내장하고 불특정 장소로 이동시킬 수 있는 것을 이동식 크레인이라고 하며 법규상으로 구분되어 있다. [표 6.11] 및 [표 6.12]는 크레인 및 이동식 크레인의 종류이다.

표 6.11 크레인의 종류

- 크레인
  - 천장 크레인
    - 보통형 천장 크레인
      - 호이스트식 천장 크레인
      - 크래브 트롤리식 천장 크레인
      - 로프 트롤리식 천장 크레인
    - 선회 맬 트롤리식 천장 크레인
    - 셔틀 거더식 천장 크레인
    - 선회식 천장 크레인
    - 제강 크레인
      - 장입 크레인
      - 주물솥 크레인
      - 강괴 크레인
      - 담금질 크레인
      - 원료 크레인
      - 단조 크레인
    - 창고용 천장 크레인
      - 스태커식 천장 크레인
  - 지브 크레인
    - 지브 크레인
      - 탑형 지브 크레인
      - 포스트형 지브 크레인
      - 저상 지브 크레인
      - 포털 지브 크레인
      - 세미 포털 지브 크레인
    - 해머형 크레인
      - 크래브 트롤리식 해머형 크레인
      - 로프 트롤리식 해머형 크레인
    - 인입 크레인
      - 더블 링크식 인입 크레인
      - 스윙 레버식 인입 크레인
      - 로프 밸런스식 인입 크레인
      - 텐션 로프식 인입 크레인
    - 벽 크레인
      - 호이스트식 벽 크레인
      - 크래브 트롤리식 벽 크레인
      - 로프 트롤리식 벽 크레인
  - 다리형 크레인
    - 보통형 다리형 크레인
      - 호이스트 다리형 크레인
      - 크래브 트롤리식 다리형 크레인
      - 로프 트롤리식 다리형 크레인
      - 맨 트롤리식 다리형 크레인
    - 선회 맨 트롤리식 다리형 크레인
    - 지브 크레인식 다리형 크레인
    - 인입 크레인식 다리형 크레인
  - 언로더
    - 보통형 언로더
      - 크래브 트롤리식 언로더
      - 로프 트롤리식 언로더
      - 맨 트롤리식 언로더
    - 선회 맨 트롤리식 언로더
    - 인입 크레인식 언로더
      - 더블 링크식 언로더
      - 로프 밸런스식 언로더
  - 케이블 크레인
    - 고정 케이블 크레인
      - 고정 케이블 크레인
      - 유동 케이블 크레인
    - 주행 케이블 크레인
      - 한쪽 주행 케이블 크레인
      - 양쪽 주행 케이블 크레인
    - 다리형 케이블 크레인
  - 텔퍼
    - 텔퍼

표 6.12 이동식 크레인의 종류

- 이동식 크레인
  - 트럭 크레인
    - 지브가 신축하는 트럭 크레인
    - 지브가 신축하지 않는 트럭 트레인
  - 휠 크레인
    - 지브가 신축하는 휠 크레인
    - 지브가 신축하지 않는 휠 크레인
  - 크롤러 크레인
    - 지브가 신축하는 크롤러 크레인
    - 지브가 신축하지 않는 크롤러 크레인
  - 철도 크레인
    - 로코 크레인
    - 구원 크레인
    - 거더 가설 크레인
  - 플로팅 크레인
    - 고정형 플로팅 크레인
    - 기복형 플로팅 크레인
    - 선회형 플로팅 크레인

9.1.2 크레인 등의 법규

크레인의 제조, 설치, 사용 등에 대해서는 다양한 법규와 규격, 기준에 따라 법적으로나 기술적으로 규제되어 있다. 규격과 기준에는 소관 관공청에서 정한 법칙에 따른 것과 학회나 업계단체가 정한 것이 있다. 이 규격과 기준을 근거로 크레인 등의 사고를 조사한다.

크레인 등 관련 법규는 다음과 같다.

(1) 고용노동부 소관의 예

- 산업안전보건법
- 산업안전보건기준에 관한 규칙

(2) 국토교통부 소관의 예

- 건설기계관리법
- 건설기계 안전기준에 관한 규칙

9.2 크레인 등 관련 규격 및 기준

[표 6.13]은 법규 이외에 국가 및 업계 단체가 규정한 크레인 등 관련 주요 규격 및 기준이다. 크레인 등의 파괴 사고를 조사할 때 이 규격과 기준을 참고하여 사용 재료, 강도를 확인하도록 한다.

표 6.13 크레인 등 관련 규격 및 기준

한국 산업 규격	KS
B 6228	천장 크레인(폐지)
B 6232	체인블록

B 6240	전기 체인블록 성능 시험 방법
B 6239	크레인의 정격 하중, 정격 속도, 선회 반지름(폐지)
B 6244	전기 체인 호이스트
R 0054	자주 크레인의 시방서 양식(폐지)
B 1333	새클
D ISO2262	강선 로프용 일반 심블 - 규격(폐지)
B 1335	훅
B 1344	와이어 클립

9.3 크레인의 사고

9.3.1 사고의 경향

크레인 사고는 이동식 크레인에 자주 발생하지만, 일반 크레인, 데릭, 건설용 리프트, 엘리베이터 등에도 발생하는 경우가 있다. 사고 경향은 인양 화물에 끼이거나 화물이 낙하하는 등 인양 작업 중에 사고가 발생하는 경우가 많다. 크레인의 붕괴 사고도 이동식 크레인에 많이 발생하고, 선회 중이거나 인양 중에 과하중, 연약 지반, 경사 지반 등의 상황이 원인이 된다. 또한, 지브나 붐(Boom) 등 부재의 파괴 사고도 발생하며 과하중, 기복용 와이어 로프의 풀림, 파단, 드럼의 역전, 공전, 시브 핀(Sheave pin)의 탈락 등이 원인이 된다.

9.3.2 사고의 원인

크레인 사고의 원인은 크레인 자체의 파괴나 고장인 경우와 크레인 작업의 인위적 미스인 경우가 대부분이다.

(1) 크레인 자체의 파괴 및 고장이 원인인 사고

예를 들면, 크레인 본체나 시브 또는 붐의 파괴, 재료의 파괴, 와이어 로프의 파단, 작업·제어 장치의 고장으로 인한 폭주 등이 있다. 파괴나 고장의 원인은 설계, 제조 가공, 용접, 재료의 결함, 취급 및 보수 불량 등에 있다.

가. 장기 사용으로 인한 마모나 피로파괴
나. 과하중, 즉 크레인에 설정된 작업반경에 따라 허용된 정격 총 하중 과대 초과
다. 사용방법 미스
라. 기계 설계 불량, 제조 가공 불량, 용접 불량, 재료 불량(재료 결함, 재료 설계 불량, 재료 사용 미스, 재료 열화) 등

(2) 크레인 작업의 인위적 미스가 원인인 사고

작업 미스로 인한 폭발, 과하중으로 인한 전도, 화물의 낙하, 화물과 기계의 접촉 등이 있다.

9.4 크레인 등의 파괴 사고 조사 사례

[사례] 트럭 크레인 부앙(俯仰)실리더핀의 파괴

(1) 사고 현장 조사

가. 사고 개요

선로를 탈선하여 옆의 도로로 전락한 전기기관차를 인양 작업 중이던 트럭 크레인의 붐 부앙실리더핀이 돌연 좌우 모두 파단하여 붐이 낙하했고 작업원 1명이 사망했다.

나. 트럭 크레인의 재료(발췌)

(가) 사양

명칭	유압식 고소작업차
주요 요소	
붐 길이	10.0～31.9m
시브 길이	8.1m 또는 13.5m
메인 훅 최대 인양 높이	31m
시브 훅 최대 인양 높이	44m
크레인차 전체 길이	12.30m
크레인차 전체 폭	2.87m
크레인차 전체 높이	3.50m
총중량	약 41.6t
최대 인양 능력	35t
형식	
붐 형식	박스형 전4단 구성, 신축부 3단, 전 유압 동시 신축식
지브 형식	트러스 박스형 2단 구성, 퀵 턴식(下抱格納式)
붐 신축 장치	복동유압 실린더식
붐 부앙 장치	복동유압 실린더 직압식
부앙 실린더핀	
외경	101.5mm
길이	190.5mm
사용 재료	KS D 3711 SCM 5 크롬 몰리브덴강 강재 5종

[그림 6.35]에 크레인의 전체상을 나타냈다. [그림 6.36]은 파단된 부양 실린더 핀이다.

(나) 이력 및 운전

운전 회사에서 리스용으로 사용하던 트럭 크레인이다.

가. 사고 발생 상황(개요)

크레인이 기관차(가스 절단 후 한쪽의 중량 22.9t)를 인양하여 한쪽 끝이 50cm 정도 올라간 상태에서(완전히 인양된 것은 아니었다) 부양 실린더가 갑자기 휘어졌으며 이어 좌측 실린더핀과 우측 실린더핀이 차례로 파괴되어 붐이 낙하했다.

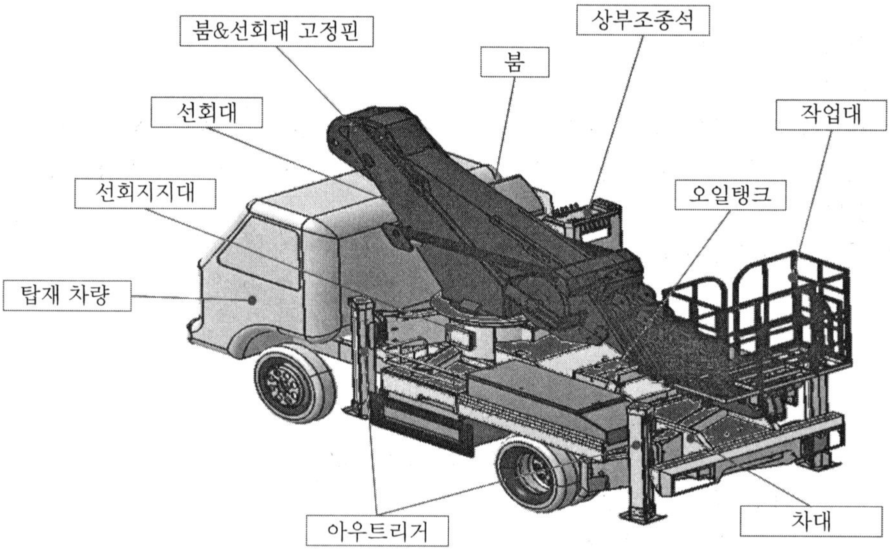

그림 6.35 이동식 고소작업차

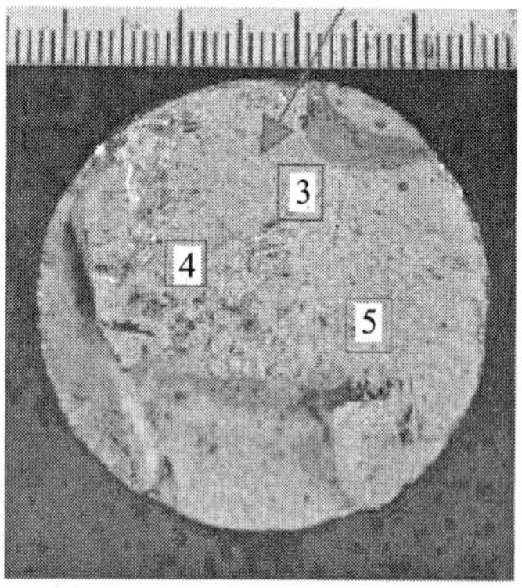

그림 6.36 부양 실린더핀

(2) 부앙실린더핀의 시험 검사

가. 파단면 관찰

파단된 핀의 파단면 ③ 부위 주변에서 균열 시초부와 화살표 방향으로 균열이 방사선 형태로 전파해 나간 균열 전파면상에 해안자국(Beach mark)이 육안으로 관찰되었다. 동심원의 중심이 되는 ③ 부위를 주사전자현미경으로 관찰하면 [그림 6.37], [그림 6.38], [그림 6.39]에서 보듯 ① 부위를 균열시작점으로 균열이 시작되고 ② 부위에서 균열 전파에 따른 평활한 원형의 피로균열 전파면이 관찰되고 전체 파단면 중 약 1/3쯤 진전 후 ③ 부위에서 더 이상 하중을 지탱하지 못하고 과부하에 의하여 찢겨진 벽개파괴(Cleavage)형상이 관찰되었다.

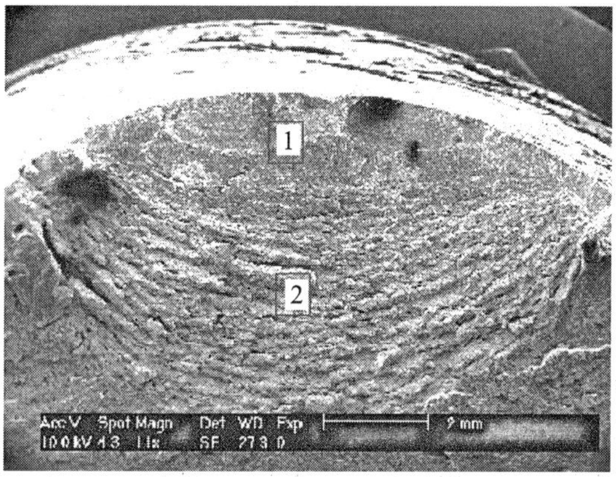

그림 6.37 파괴 시점의 균열 전파 형태

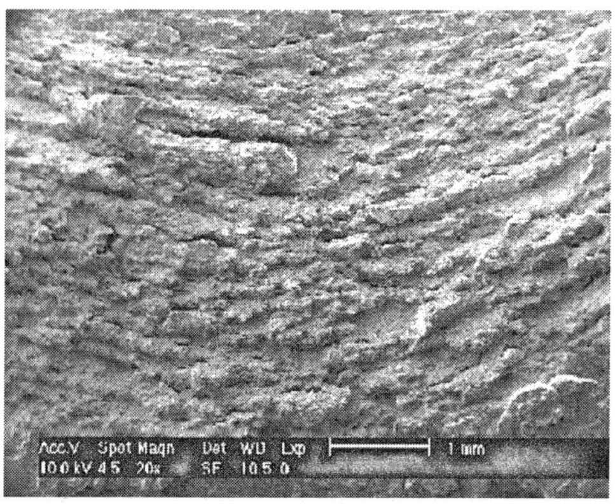

그림 6.38 피로파단면의 비치마크

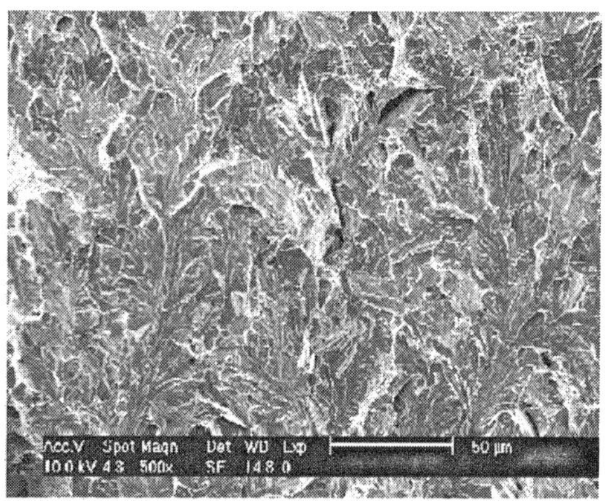

그림 6.39 벽개파괴 파단면

이러한 파단면 검사를 통해 고정핀은 수 차례 반복적인 굽힘하중에 의해 피로파괴를 당한 것으로 볼 수 있다. 또한, [그림 6.40]에 나타낸 바와 같이 균열시작점인 ① 부위에서 피로 줄무늬(Fatigue striation)가 관찰되는 것으로 보아 고정핀의 파손이 피로에 의한 것임을 재확인 하였다.

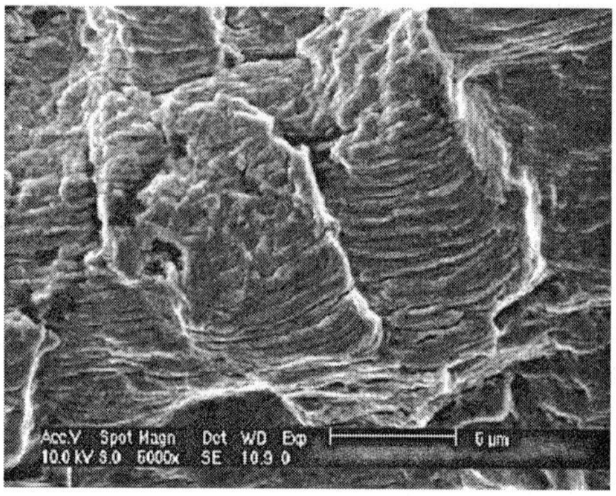

그림 6.40 피로 줄무늬 관찰 상태

나. 조성 검사

발광분광분석을 이용하여 핀의 조성을 조사한 결과, 크롬과 몰리브덴이 함유되어 있는 것을 확인하였으며 그라인더 불꽃 시험 결과와 종합하여 KS D 3711 SCM 5 크롬몰리브덴강 강재 5종으로 판정했다.

다. 조직 검사

광학현미경을 이용하여 파단면의 미세조직을 관찰한 결과 [그림 6.41]과 같이 퀜칭 앤 템퍼드 마르텐사이트(Quenched & Tempered Martensite) 조직이 관찰되는 것으로 보아 열처리 등에는 크게 문제가 없음을 알 수 있다. 피로 균열의 시초는 표면결함, 구조설계효과, 용접결함 등으로 인해 발생할 수 있으나 본 파단 고정핀의 경우는 파단부 주변에 노치 효과를 줄만한 날카로운 각도의 형상이 설계상 존재하지 않고 용접부가 없는 것으로 보아 구조설계 효과 및 용접결함으로 인해 피로 균열이 생성되었다기 보다는 표면연마, 표면가공 등의 표면결함에 의해 피로 균열의 시초가 발생된 것으로 판단했다.

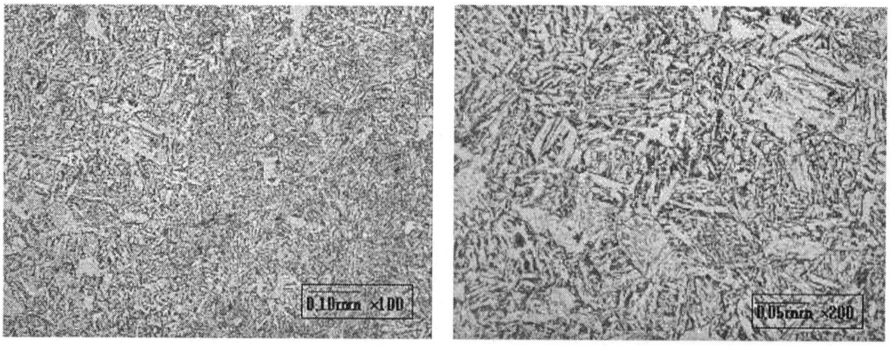

그림 6.41 미세조직 검사

라. 경도 시험

핀 축을 관통하는 단면에 대해 파단면 부근의 브리넬 경도와 로크웰 경도 시험을 하면 설계치보다 상당히 낮은 값이 측정되었다.

(3) 강도 검토

현장의 겨냥도에서 크레인 작업 반경을 산정하면 8.22m이다. 실제 인양 화물과 인양 조건에 따라 실측한 결과 사고 발생 시점의 인양 하중은 19.8t이었다. 작업 반경과 인양 하중을 이용하여 핀에 걸리는 하중을 계산하면 84.49t이다. 한편, 작업 반경 8.22m 일 때 사고가 발생한 트럭 크레인의 정격 총 하중은 [그림 6.42]와 같이 11.32t이며, 이때 핀에 걸리는 하중은 53.52t이다. 따라서 사고 당시 핀에 정격 하중의 1.58배가 되는 하중이 걸려있었다는 것을 알 수 있다. 부앙실린더핀의 설계 자료를 살펴보면 굽힘, 전단, 편진 굽힘 피로에 대해 각각 일정한 안전율을 고려되어 있지만, 사고 당시 하중은 핀의 설계 강도의 한계에 가까웠다. 더구나, 제조 시 핀 용접으로 인한 잔류 응력도 있을 것으로 보이며 실제로 핀의 근원 외주에 피로 균열이 발생하여 핀의 유효 지름이 감소하였고 노치 효과 등이 나타나 파괴가 일어났다.

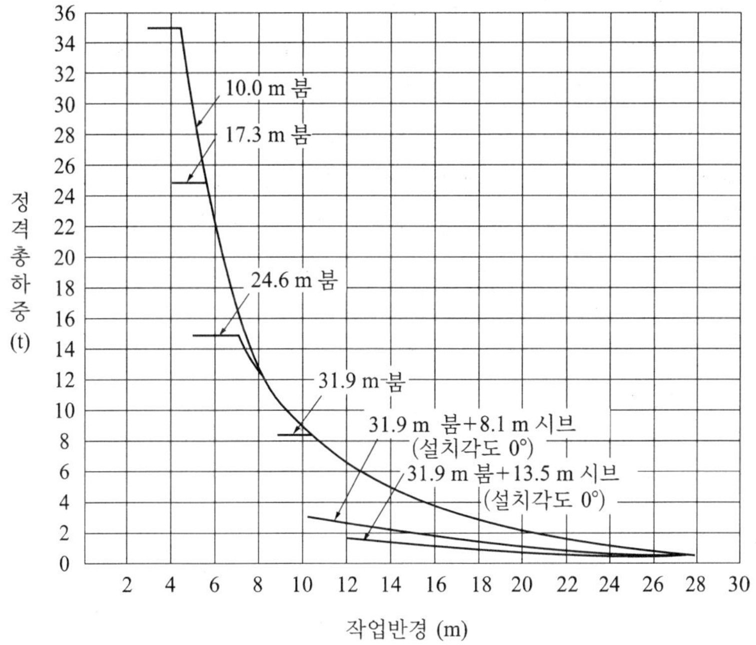

그림 6.42 정격 총하중 곡선

10 유리 파괴 사고

10.1 유리와 유리의 파괴

유리는 유리상태에 있는 물질을 가리킨다. 일반적으로 액체를 냉각하면 일정한 온도에서 응고하여 결정체가 된다. 하지만 어떤 종류의 액체는 냉각하면 점성이 더해져 일정 온도에서 응고하지 않고 더욱 점성이 증가하여 결국 결정화 상태가 되지 않고 그대로 응고 하여 고형물이 된다. 이와 같은 물질은 상온에서 온도가 상승하면 점차 연화하여 다시 액체가 되지만, 결정 물질처럼 일정한 융점을 나타내지 않는다. 이러한 비결정성 응고물을 유리 상태에 있다고 하며 유리 상태에 있는 물질을 유리라고 한다. 이러한 물질은 유기물에도 있고 무기물에도 있으며 양자에는 공통점이 있는가 하면 차이점도 있다. 여기에서는 건축자재나 실험기구 및 일용품의 용기로 가장 일반적으로 사용되는 유리인 무기 유리에 관해 설명하고자 한다. 유리는 무기 산화물이 용융한 혼합물이다. 유리의 조성은 일정하지 않으며 대개 다음과 같이 구분된다.

① 소다 석회 유리 : 소다 석회 유리는 산화규소(SiO_2), 산화나트륨(Na_2O), 산화칼슘(CaO)의 혼합물로 가장 널리 보급되고 있다. 병유리나 판유리 등 일상적으로 많이 사용되는 유리가 소다 석회 유리에 해당한다.

② 붕규산 유리 : 붕규산 유리는 산화규소에 산화붕소를 조금 섞은 것으로 실험 용구 등에 많이 사용한다.

③ 연(鉛)규산 유리 : 연규산 유리는 산화규소, 산화칼륨, 산화납 등의 혼합물로 굴절률이 높아 유리 장식품 재료로 사용된다.

시판되는 유리의 대표적 조성을 [표 6.14]에 정리하였다.

유리를 가열하면 체적이 크게 변화를 보이지 않다가 체적 변화율이 급격히 상승하는 시점이 있다. 이때의 온도를 전이 온도(Transformation temperature)라고 한다. 전위 온도 이상으로 가열하면 유리는 점차 강성을 잃고 점탄성 성질이 나타나며 마침내 연화 및 용융 상태에 이른다. 용융 상태 유리는 점성이 높은 액체로 점도는 10^2 poise이다. 냉각하면 점성은 점차 증가하며 스탬프 몰드(stamping mold) 성형 등에서는 $10^3 \sim 10^4$ poise가 적당하다. 점도 10^4 poise일 때의 온도를 작업 온도라고 한다. 연화점을 넘어 10^4 poise보다 값이 커지면 봉을 비틀어 점도를 측정하며, 10^{14} poise 이상일 때에는 통상 결정화한 고체와 마찬가지로 단단하여 점도를 구하는 자체가 무의미해진다. 이와 같이 액체에서 고체로 변화하는 연속적인 전이가 유리의 특질이다. 유리의 특이성은 파괴가 발생했을 때에도 보이며 독특한 파단 현상을 나타낸다. 일반적으로 유리의 파괴 현상은 다른 구조 재료와 달리 특이한 파괴 상황을 나타내는 것으로 알려져 있다. 유리는 점차 힘을 가하면 어느 순간 갑자기 파괴되며 완전히 조각이 되어 수리할 수 없는 상태가 된다. 하지만 파괴되지 않을 때에는 파괴 직전 상태까지 이르렀다 하더라도 외력을 제거하면 일부 또는 전체에 아무런 잔류 변형도 남지 않고 적어도 외견상으로는 전혀 이상을 발견할 수 없다. 이러한 경향은 다른 연질 재료에도 나타나지만, 유리만큼 '취성'에 가까운 형태인 재료는 없다고 할 수 있다(다른 환경에서 유리에 가까운 상태를 나타내는 재료도 있다).

재료 역학 분야에서는 이러한 현상을 다음과 같이 설명한다.

(1) 유리는 파괴에 이르기까지 완전한 탄성체로 훅의 법칙에 따라 항복점이나 재질의 영구적 변화를 보이는 것과 같은 변화는 나타나지 않는다.

(2) 파괴 기점은 유리 표면에 있다.

(3) 유리의 파괴는 대부분 흠 등 표면의 미시적 결함 주위에 생성된 상당히 큰 집중 응력이 원인이 되어 발생한다. 응력이 일정 값을 초과하면 흠은 확대되어 크레비스(틈)가 된다. 크레비스의 선단에는 작은 외력에도 큰 집중 응력이 생성되기 쉽고, 크레비스가 급속히 연신하여 유리 전체는 파괴에 이른다.

(4) 파괴가 상당히 격렬하다 할지라도 처음에는 미세한 흠이 원인이며, 흠의 정도와 위치는 특정 법칙에 따른 것이 아니므로 유리의 파괴 강도는 일반적으로 시료마다 변동이 크다.

다른 구조 재료는 재료에 따라(원료의 조성 및 제조 방법에 따라서도) 탄성 성질이 상이하며, 이 탄성 성질이 강도에 큰 영향을 미친다. 유리의 파괴 강도는 표면의 흠의 정도와 위치 등에 따라 크게 좌우되며 유리 재질을 나타내는 조성 및 배합 등은 그다지 관계가 없다. 특히, 가장 보편적으로 사용되는 판유리 등에는 조성 차가 있는 품종이 많지 않고 제조 공정도 동일하므로 탄성계수에 거의 변화가 없다. 반면, 표면 흠은 외적 원인에 의해 우발적으로 생성되므로 파괴 강도가 크게 변동한다. 표면 결함에는 제품이 시중에 출하된 뒤 생성된 취급 흠과 제조 공정에서 생성되는 고유한 흠이 있다. 보통 판유리와 같이 파이어 피니싱(Fire finishing)한 것과 마판 유리(Polished plate glass)와 같이 연마 공정한 것, 그리고 최근 많이 사용되는 플롯 유리(Float glass) 등을 비교하면 강도 평균값도 변동 폭도 서로 다르다. 또한, 고온 성형 후 냉각 조건에 따른 잔류 열응력이 다르므로 파괴 강도는 변화한다. 유리 공학에서는 잔류 열응력을 영구 변형 또는 변형이라고 하며, 강화 유리는 이 변형을 적극 활용한 예이다. 강화 유리는 급랭하여 표면에 큰 압축 응력을 가한 것이다. 그 외, 피로 현상도 유리 강도에 영향을 미친다. 피로는 금속의 경우 반복 응력으로 생성된 피로 균열의 전파를 동반하는 현상이고, 유리의 경우 장시간 지속된 응력에 의해 파괴 응력값이 저하하는 현상을 가리킨다. 유리에 장시간 하중이 가해져 변형 상태가 지속될 때, 하중이 일정하면 변형량에는 변화를 보이지 않지만, 어느 정도 시간이 경과한 뒤 돌연 파괴된다. 유리의 파괴는 표면 결함이 원인이며 피로 현상도 표면 결합부의 피로로 볼 수 있다. 그리고 강도 저하 정도는 온도 및 습도의 영향을 받는다.

유리 강도 등 기계적 성질과 파괴에 이르는 열적 성질 및 과학적 성질을 [표 6.14]~[표 6.22], [그림 6.43]~[그림 6.45]에 제시했다.

표 6.14 실용 유리의 조성과 비열(Cal/g℃)

번호	유리 조성(중량%)									비열		비고
	SiO_2	B_2O_3	Na_2O	K_2O	CaO	MgO	PbO	Al_2O_3	Fe_2O_3	40~800°	40~1000°	
1	74.1	–	16.65	0.04	4.65	3.23	–	0.33	–	0.280	0.292	소다 석회 규산 유리
2	71.88	–	*17.59		5.01	3.64	–	1.21	–	0.268	0.290	전구 밸브용 유리
3	73.28	–	*16.31		5.31	3.88	–	*0.48		0.280	0.285	병 유리
4	74.95	–	*15.82		4.79	3.30	–	*1.13		0.265	0.293	우유병 유리
5	71.58	–	14.00	–	12.94	0.10	–	0.54	0.12	0.274	0.289	판 유리
6	74.84	–	*16.48		2.55	1.77	–	*4.36		0.279	0.281	병 유리
7	61.91	–	8.32	6.19	tr	tr	22.23	1.00	0.15	0.211	0.224	전구 밸브용 납유리
8	80.10	12.6	4.17	0.15	–	0.02	–	1.92	0.077	0.271	0.287	붕규산 유리
9	67.53	–	8.48	–	10.48	–	0.097	6.01	0.081		0.269	유백 유리

* : 양쪽 성분에 걸친 조성 비율

표 6.15 유리의 탄성 정수

유리	영률 kg/mm^2	강성률 kg/mm^2	푸아송비 ν
석영	7,500	3,300	0.16
알루미노규산	9,300	–	0.26
붕규산	6,200	2,500	0.22
소다석회	7,500	3,200	0.21
연규산	6,200	–	0.21

표 6.16 실용 유리의 강도

유리 조건	굽힘 강도(kg/cm^2)
표면에 샌드 블래스팅(Sandblasting)한 유리	100~280
프레스 성형품	210~560
취입 성형(blow molding)품	
주형측	280~630
내면	1,050~2,800
인출관(outlet pipe)	420~1,050
마판 유리(polished plate glass)	560~1,100
인상 성형판	560~1,400
유리 섬유	

서랭(徐冷)품	700～2,800
성형 직후	2,100～28,000

표 6.17 경도 단위

모스 경도					비커스 경도	
활석	1	–	–	납	알루미늄	15
석고	2	–	–	풀림된 알루미늄	퍼스펙스(perspex)	22
				손톱		
방해석	3	–			연철	150
				동전		
				연철		
형석	4	–			텅스텐	350
인회석	5	–	–		유리	
				규산 유리	석영 유리	710
장석	6	–	–		알루미나규산 유리	590
				도구용 강철(예 : 줄)	붕규산 유리	580
수정	7	–			소다 석회 유리	540
황옥	8	–			연규산 유리	450
강옥	9	–			탄화텅스텐	2,400
				탄화텅스텐		
다이아몬드	10	–				

표 6.18 유리 열전도율(10-3cal/cm·℃) 측정값

1. 18% Na_2O_2, 82%($SiO_2+B_2O_3$)		
% B_2O_3	0℃	100℃
5	2.428	2.670
10	2.411	2.568
15	2.352	2.568
20	2.327	2.528
20	2.248	2.478

6. 18% Na_2O, 82%(SiO_2+ZnO)		
% ZnO		
5	2.386	2.606
10	2.213	2.326
15	2.150	2.321
20	2.024	2.210
30	1.928	2.094

2. 20% PbO, 80%(SiO_2+Na_2O)		
% Na_2O		
10	2.264	2.455
15	2.119	2.353
20	2.021	2.279
25	1.980	2.063

7. 18% Na_2O, 82%(SiO_2+BaO)		
% BaO		
5	2.258	2.457
10	2.201	2.398
15	1.967	2.194
25	1.908	2.110

3. 20% PbO, 80%(SiO_2+K_2O)		
% K_2O		
15	1.940	2.146
20	1.813	2.035
4. 18% Na_2O, 82%(SiO_2+MgO)		
% MgO		
5	2.368	2.612
8	2.419	2.644
10	2.327	2.553
12	2.282	2.460
15	2.270	2.453
18	2.271	2.447
5. 18% Na_2O, 82%(SiO_2+CaO)		
% CaO		
5	2.288	2.491
10	2.172	2.426
15	2.162	2.320
8. 18% Na_2O, 82%(SiO_2+PbO)		
% PbO		
5	2.153	2.355
10	2.151	2.356
20	2.090	2.297
25	2.018	2.221
9. 18% Na_2O, 82%($SiO_2+Al_2O_3$)		
% Al_2O_3		
2	2.322	2.582
6	2.301	2.559
9	2.293	2.461
12	2.261	2.450
10. 18% Na_2O, 82%($SiO_2+Fe_2O_3$)		
% Fe_2O_3		
5	2.208	2.530
10	2.250	2.474
15	2.191	2.504
20	2.133	

표 6.19 대표적 실용 유리의 선팽창계수

유리 종류	저온역 온도 범위℃	$\alpha \times 10^7$	고온역 온도 범위℃	$\alpha \times 10^7$
석영 유리	~1,000	5.5	–	–
바이코어(Vycor) 유리	~900	7.8	–	–
경질 1급 유리(Pyrex)	~471	36	552~751	151
경질 2급 유리(Schott u. Gen.)	~471	56	540~562	404
판유리	~461	99	563~579	373
병유리	~445	107	510~534	309
보통 유리(소다 석회 유리)	~372	120	506~525	234
전기용 납유리	~338	91	464~483	236
X선 관구(管球) 유리	~405	116	509~545	205

표 6.20 각종 판유리의 투과율

	평균 가시광선 투과율(%)	전 투과 에너지(%)
보통 판유리	90	85
블루 열선흡수 판유리	75	54
브라운 열선흡수 판유리	58	54

표 6.21 판유리의 평균 파괴 응력

종류	두께(mm)	평균 파괴 응력(kg/cm^2)
보통 판	1.9	500
보통 판	3.0	500
보통 판	5.0	500
보통 판	6.0	500
마판	5～15	375
마판 망입(網入)판	6.8	375
강화판	5～15	1,500

표 6.22 판유리의 파손 확률과 안전율

	파손 확률	안전율	허용 응력		파손 확률	안전율	허용 응력
보통 판유리	10^{-4}	2.63	190kg/cm^2	강화 판유리	$3 \cdot 10^{-5}$	2.00	750kg/cm^2
	$3 \cdot 10^{-4}$	2.34	214kg/cm^2		10^{-4}	1.87	805kg/cm^2
	10^{-3}	2.00	250kg/cm^2		$3 \cdot 10^{-4}$	1.75	859kg/cm^2
	$3 \cdot 10^{-3}$	1.85	271kg/cm^2		10^{-3}	1.60	940kg/cm^2
	10^{-2}	1.63	307kg/cm^2		$3 \cdot 10^{-3}$	1.52	987kg/cm^2
	$3 \cdot 10^{-2}$	1.46	343kg/cm^2		10^{-2}	1.41	1,067kg/cm^2
	10^{-1}	1.27	393kg/cm^2		$3 \cdot 10^{-2}$	1.31	1,148kg/cm^2
					10^{-1}	1.19	1,261kg/cm^2

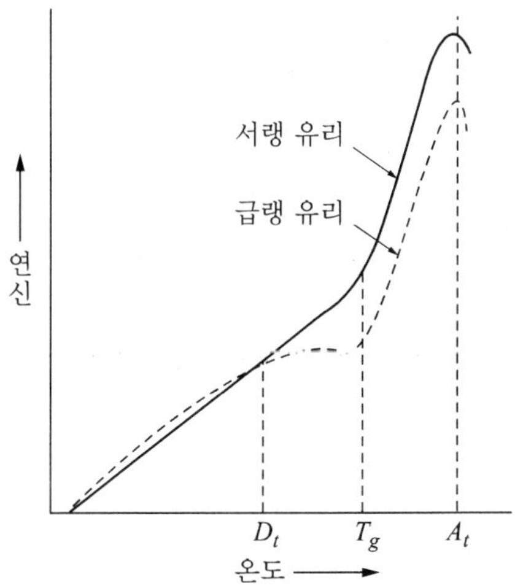

그림 6.43 유리의 열팽창 특성 곡선

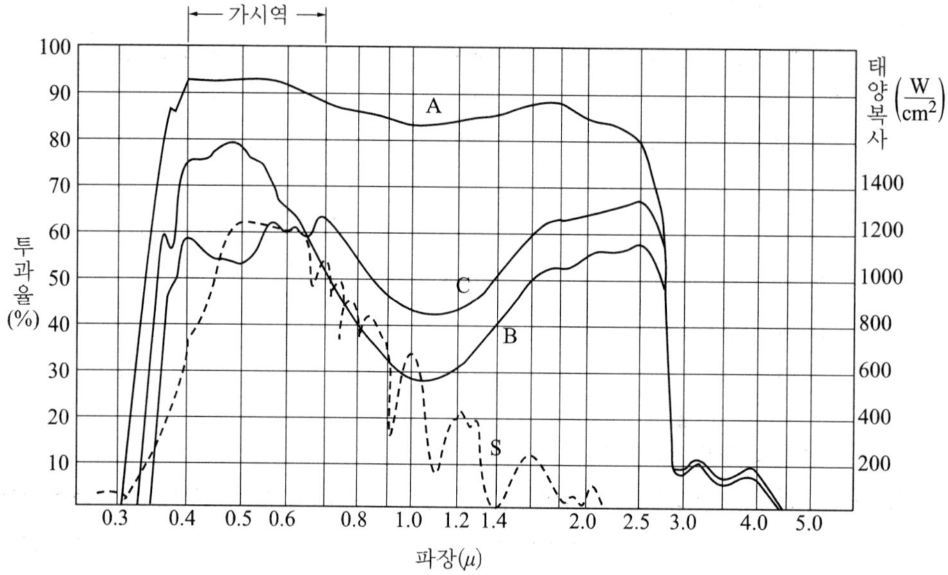

그림 6.44 각종 판유리의 광선 투과율(두께 5mm)

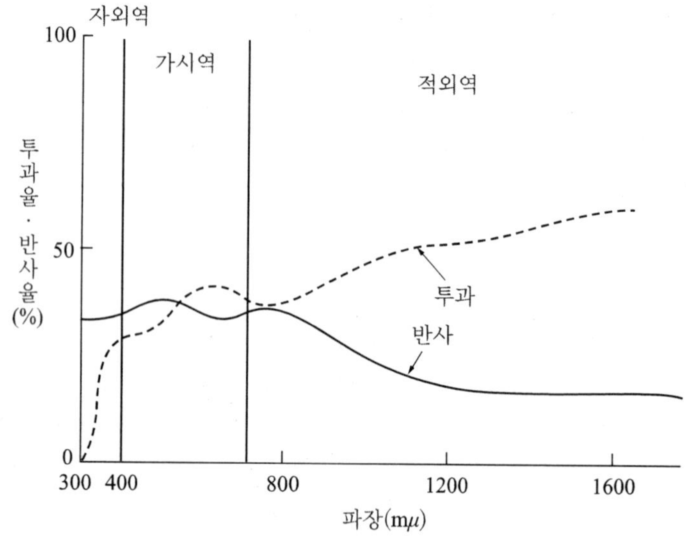

그림 6.45 산화코발트 피막 유리의 광학적 성질

10.2 파단면 검사법

유리의 파단 원인은 대개 파손된 유리 파편을 관찰 및 조사하여 밝혀야 한다. 하지만 실제로 파편을 관찰하여 원인을 규명하는 일은 쉽지 않은 경우가 많다. 여기서는 원인 규명을 위한 작업 순서, 파단면의 관찰, 종합 판단 등 기본적인 사항을 다루도록 한다.

10.2.1 작업 순서

(1) 파편 수집
유리 파손 원인을 밝히기 위해서는 파편 수집 과정이 가장 중요하며 가능한 한 모든 파편을 수집하는 것이 바람직하다.

(2) 복원
수집한 파편을 조합하여 형태를 갖춘다.

(3) 파손 시작점 결정
복원된 시료의 파쇄선(crushing line)을 관찰하여 파손 출발점(Origin)을 결정한다.
출발점은 1시료에 1곳으로 한정한다.

(4) 파단면 관찰
(3)항과 더불어 고려해야 하며 파손 원인을 판정한다.

10.2.2 판유리의 파쇄선 및 파단면 관찰 방법

파쇄선의 상태는 유리 파손의 원인이 된 외력(열충격 포함)의 종류나 파괴 시작점을 알 수 있는 유력한 자료이다. 파단면에 남은 모양도 파손 시작점, 파손 진행 방향, 진행 속도 등을 판단하는 근거이다. 유리 파손은 대부분 인장 응력 때문에 발생한다. 유리 파손의 원인은 충격, 열충격, 압력, 내부 변형, 피로 등 다양하지만, 이러한 원인이 유리에 영향을 미칠 때에는 주로 인장 응력에 의한 경우가 많다. 이 원칙을 숙지하며 관찰해야 한다.

(1) 파단면 모양
유리 파손에는 반드시 파손 시작점(Origin)이 있으며, 가장 먼저 파손 시작점을 찾는 작업을 진행해야 한다. 파손 시작점은 유리 파단면에 있다. [그림 6.46]은 파손 시작점이 있는 파단면의 모양이며 유리 표면의 미세한 결함을 파단면에서 관찰할 수 있다. 파단면은 균열이 진행되어 생성된 것이다. 파손 시작점은 광택의 있는 경면(Mirror)이 있으며 반원형인 형태로 나타나는 특징이 있다. [그림 6.46]의 (1) 확대도를 보면 경면은 파단면의 다른 부분에 비해 광택이 뚜렷하게 보이며 일반적으로 반원형이다. 경면의 외부는 동심원상인 파상(물결 모양 자국, Ripple mark)으로 둘러싸여 있으며 리플마크에 방사상 모양(Striation)이 수직으로 교차하고 있다. 또한, [그림 6.46]의 (3)은 (1), (2)와 다른 유형의 파손 시작점 부근이며, 광택을 띤 미러 외측에 미립자를 코팅한 듯한 무광택면(Dull surface)을 관찰할 수 있다. 무광택면의 외측에 빗살 모양 자국(Hackle mark)이 보이며, 이 빗살 모양 자국의 치밀한 조직이 무광택면에 해당한다. 파손 시작점의 미러를 통해 면적에 따른 파손 시의 상태를 알 수 있다. 미러 면적이 클 때에는 응력이 서서히 생성된 것이고, 미러 면적이 작을 때에는 극히 단시간에 큰 응력이 발생하여 일어난 파손이다. 파손 시작점을 찾아 파쇄선 모양을 관찰하는 것만으로도 유리의 파손 원인을 대부분 밝힐 수 있다. 다음으로 파단의 진행 방향 모양 관찰에 대해 살펴보면, [그림 6.47]과 같이 리플 마크와 같은 예가 있다. 리플 마크는 그림의 화살표 방향으로 파단이 진행된 사실과 함께 유리에 작용한 힘의 방향도 나타낸다([그림 6.47]의 (1)). [그림 6.47]의 (1)의 아래쪽 표면에는 작은 각도(←)를 이루는 쪽으로 압축 응력이 발생했고, 반대로 위쪽과 같이 유리 표면에 큰 각도(←)로 모양이 교차하는 쪽에는 인장 응력이 발생했다. 따라서 리플 마크(Ripple mark)를 거슬러 올라가면 파손 시작점을 발견할 수 있다. 또한, 핵클 마크(Hackle mark)의 선 역시 파단의 진행 방향을 나타낸다. 리플 마크와 핵클 마크는 서로 수직을 이루는 성질이 있다. 파괴가 전파되는 면이 만곡(彎曲)한 리플 마크는 파단 진행 상태를 상세히 나타낸다. 유리는 원자가 규칙적으로 배열된 면이 없으므로 물질 고유의 파괴되기 쉬운 면이 없다. 파단면은 선단(先斷)에서 순간적인 국부 최대 응력에 수직인 면으로 전파된다. 그러므로 처음 전파된 면은 인력 최대 방향으로 수직이다. 하지만 파단이 진행되면서 아직 파괴되지 않은 부분의 응력 크기는 물론 방향도 변화되므로 파단 진로를 예측하기 어렵다.

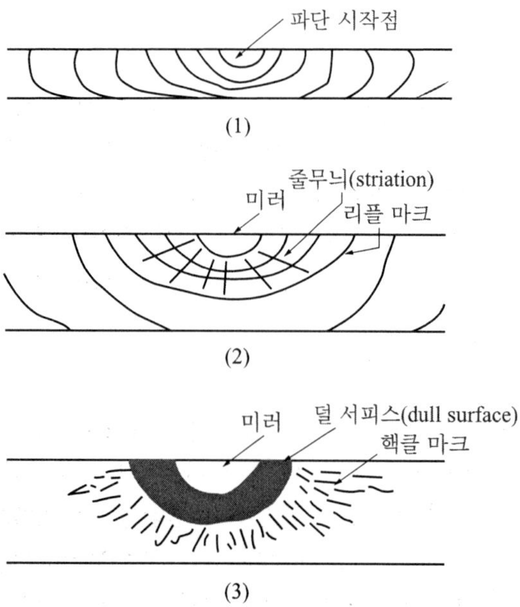

그림 6.46 파손 시작점 부근의 파단면 모양

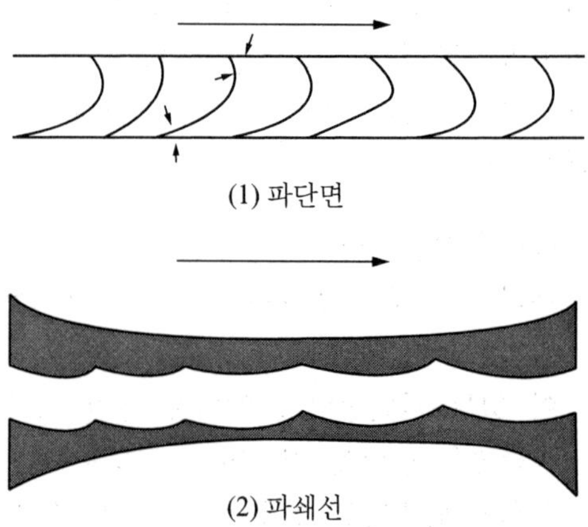

그림 6.47 파단의 진행 방향

(2) 파쇄선의 모양

유리 파편을 수집하여 복원하면 유리 표면에 파단(깨짐) 경로가 나타난다. 이 경로의 모양으로 파괴 원인을 밝힐 수 있으며 아래에 실제 예를 제시하였다. 유리 파괴에서 가장 문제가 되는 판유리에 관해 설명한 뒤 병유리에 관해 기술하고자 한다(기본적으로 동일하지만 형상의 차이에서 비롯되는 특수한 예도 드물게 나타난다).

가. 충격 파괴

충격으로 유리가 파괴될 때에는 충격이 가해지는 방법에 따라 모양이 다소 변한다.

충격이 강할 때, 예를 들어 총기 사격과 같이 작용 시간이 짧고 날카로운 물체가 부딪쳐서 충격을 받았을 때에는 [그림 6.48]의 (1)과 같은 모양이 나타난다. [그림 6.48]의 (1)은 충격 파괴의 전형적인 모양으로 퍼커션 콘(Percussion cone)이라고 하는 작은 구멍이 뚫려 있다. 더욱 날카로운 물체에 의한 충격이 가해지면 퍼커션 콘이 형성되지 않고 미세한 방사상의 금이 가는 경우도 있다([그림 6.48]의 (2)). 이것은 순간적으로 극히 작은 범위에만 강한 충격이 가해져 생성된 인장에 의해 파단된 것으로 보인다.

충격이 그다지 강하지 않을 경우는 [그림 6.47]과 같은 모양이 나타난다. 창유리가 파괴될 때 이와 같은 모양이 보이며 어느 정도 차이는 있지만, 충격이 다소 강할 때에는 [그림 6.49]의 (1), 비교적 약할 때에는 [그림 6.49]의 (2)와 같이 변한다. 즉, 기본적으로는 충격의 중심으로부터 방사상으로 파쇄선이 뻗어있고, 파쇄선과 교차하는 원호상(圓弧狀)의 파쇄선이 있는 것과 없는 것, 중심에 퍼커션 콘을 형성하는 것과 형성하지 않는 것이 있다. 일반적으로 다음과 같이 정리할 수 있다.

(가) [그림 6.48]과 같이 두드러진 퍼커션 콘이 나타나는 경우는 날카로운 물체로 강한 충격을 가했을 때 생성된 것이며 물체의 날카로운 정도가 줄어듦에 따라 중심부의 균열은 뚜렷한 형태가 점차 나타나지 않게 된다. 또한, 방사상의 균열은 충격이 클수록 균열 개수가 많다(퍼커션 콘 주위의 가늘고 짧은 균열은 제외).

(나) 원호상 파단이 생성된 경우는 하나 또는 반경이 다른 두 개의 원호가 나타나며 호의 반경비가 거의 정해져 있다.

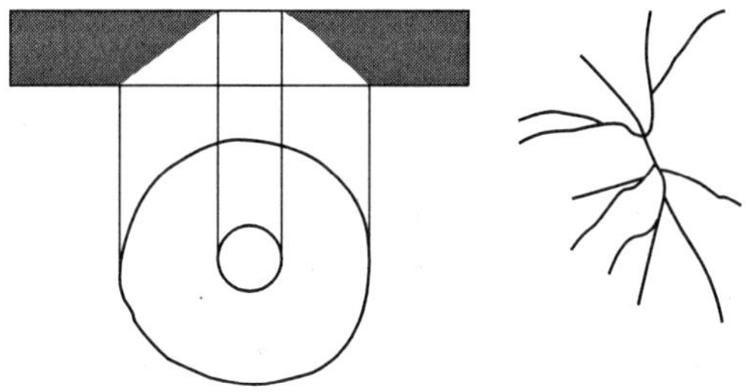

(1) 퍼커션 콘　　　　(2) 미세한 금(균열)

그림 6.48 퍼커션 콘과 미세한 금(균열)

특수한 예로는 파괴 원점이 1개소가 아닌 것도 있다([그림 6.49]의 (3)). 이것은 비교적 둔한 충격 등으로 충격 중심의 변형의 영향이 ②개소, 휨 응력에 의해 ②개소에서도 파괴가 시작된 것이다. 이상은 충격 하중 경우의 모양이지만, 정하중에서도 집중 하중이면 유사한 모양이 나타나며, 이런 경우는 당연히 충격이 가장 둔한 것으로 모양을 생각하면 된다.

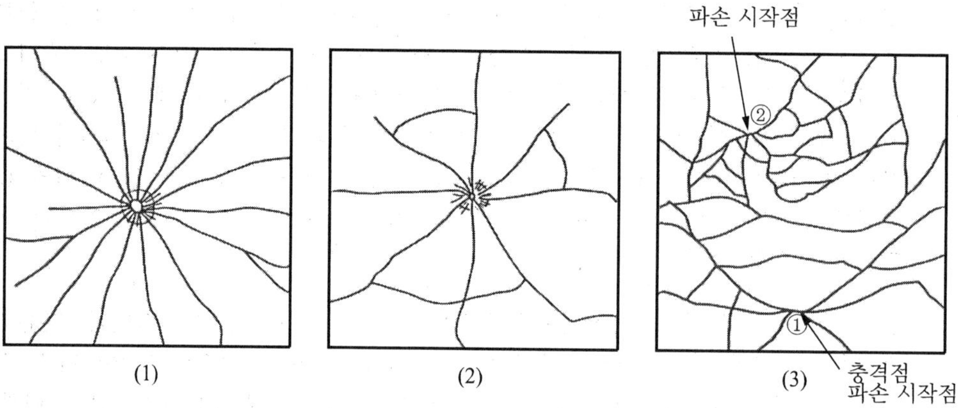

그림 6.49 파손 시작점 부근의 파단면 모양

이들은 모두 파괴 시의 응력 분포를 고려하면 [그림 6.50]과 같은 파괴 원점과 모양이 된다. 일반적으로 방사상의 균열은 하중을 받는 면의 반대편에 인장이 작용하기 때문에 [그림 6.50] (1)은 하부에서 파괴가 시작되고, [그림 6.50] (2)의 원호 모양의 균열은 하중을 받은 면에 인장이 작용하기 때문에 상부에서부터 파괴가 시작된다. 그러나 판유리의 주변 지지 상태에 따라 반드시 모두가 이렇게 되는 것은 아니고, 특히 후판유리는 파괴 진행에 따른 응력의 변화(전출) 등으로 도중에 인장, 압축 방향이 바뀌어 ① 방향으로 균열이 생기면서 리플 마크가 반대 방향으로 될 수도 있다(유리병에서는 매우 일반적으로 이러한 현상을 볼 수 있다).

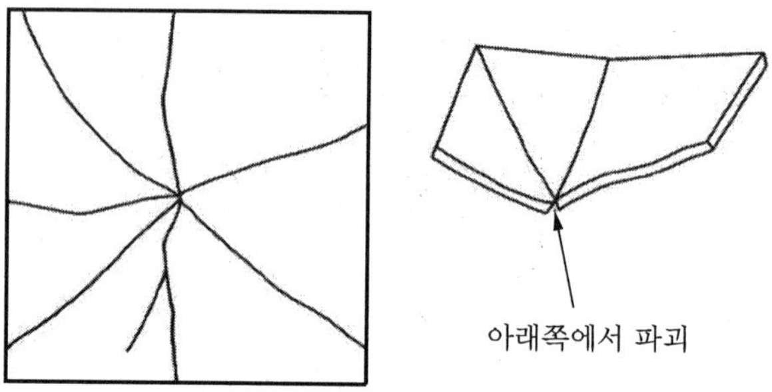

(1)

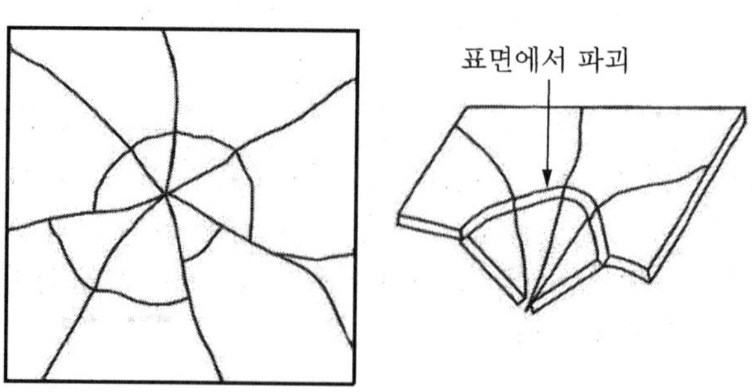

(2)

그림 6.50 방사형 균열 및 원호 형상 균열의 차이

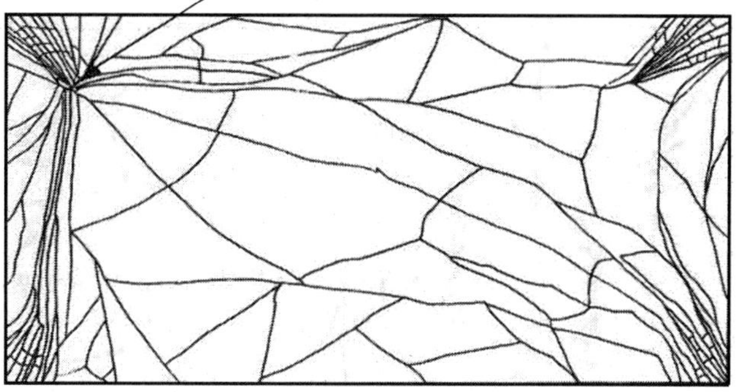

그림 6.51 풍압에 의한 파괴 예, 대형문의 박판 유리

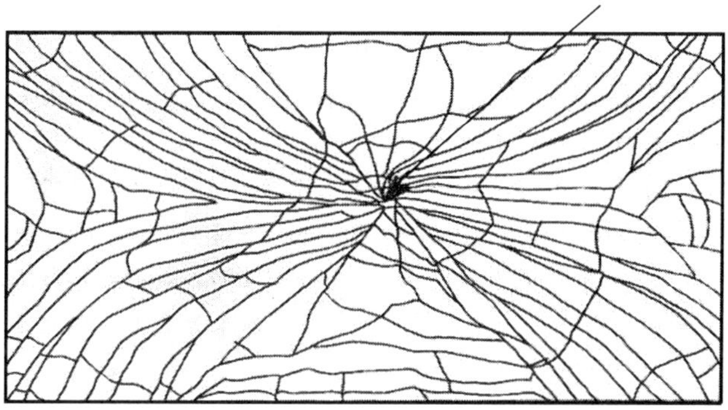

그림 6.52 풍압에 의한 파괴 예, 대형문의 후판 유리

나. 등분포 하중(예 풍압)에 의한 파괴

유리가 등분포 하중에 의해 파괴될 경우(태풍 시 유리창 등)는 유리의 크기와 두께에 따라 다소 다른 현상을 나타낸다. 다만, 일반적으로 현재의 건물에 사용되는 유리창은 충분한 안전율로 강도를 계산하기 때문에 거의 이러한 피해는 없으며, 실험으로 얻을 수 있다. [그림 6.52]는 면적에 비해 얇은 유리의 경우로, 파괴 원점은 모서리에 가까운 곳에 있다. 이것은 박판 유리에 등분포 하중을 가하면 초기에는 최대 응력이 유리의 중앙부에 발생하지만, 하중을 더 가하면 모서리 부근에 최대 응력이 집중되어 나타나고, 게다가 이 응력이 다른 부분의 응력에 비해 두드러진 크기를 나타낸다. 판유리는 중앙부 부근에 최대 응력이 생성되므로 [그림 6.52]와 같은 형태가 나타난다. 단, 이때 최대 응력점과 파괴 기점이 반드시 일치하지는 않는다. 유리는 표면 결함에 응력이 집중되어 파괴에 이르므로, 최대 응력점이 아니더라도 그 부근에 표면 결함이 있다면 최대 응력점보다 큰 응력이 집중되어 파괴 기점이 된다. 등분포 하중에 의한 파괴의 균열 모양은 파괴 시 유리에 생성된 응력의 분포가 비교적 잘 나타난다. 단, 위의 예는 크기가 큰 개구부 유리에 해당하는 설명이고, 크기가 작은 개구부 유리라면 [그림 6.53]과 같이 중심 부근이 파괴 기점인 예가 많다.

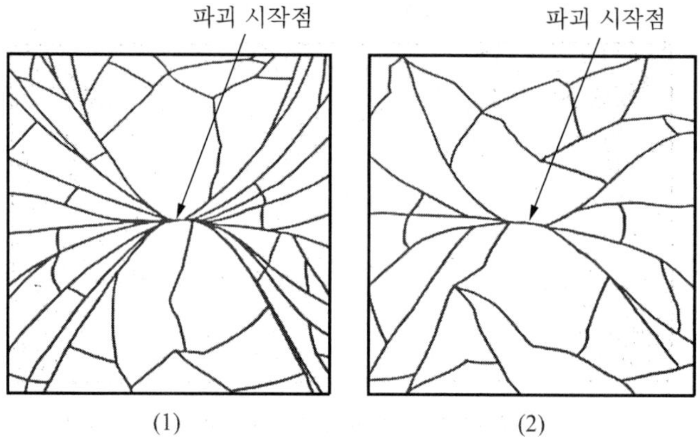

그림 6.53 풍압에 의한 파괴 예, 소개구부 유리

다. 열충격 파괴

열충격 파괴는 전형적인 형태가 없고 파쇄선이 구부러진 형태로 진행되는 점이 특징이다. 파단면은 매끄러우며 리플 마크가 나타나지 않아 파손 시작점을 발견하기가 쉽지 않은 경우가 많다. 그중에는 큰 온도 차로 인해 균열이 발생되었을 경우 핵클 마크가 관찰되는 예도 있다. 또한, 안팎 두 면 사이의 온도차로 파괴되었을 때에는 균열이 관통되지 않는 경우도 있다. [그림 6.54]는 파쇄선이 구부러진 형태로 진행되는 예이다.

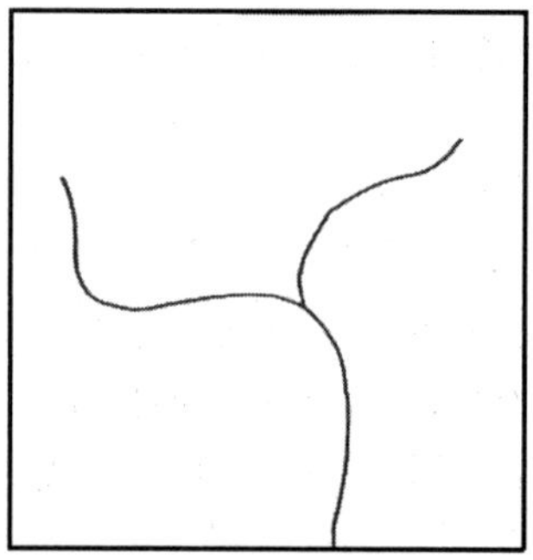

그림 6.54 열충격의 예

최근 열선 흡수 유리가 건축물에 많이 사용되지만, 열충격 파괴가 많이 발생한다는 보고가 있다.

라. 내부 변형에 의한 파괴

유리 제조 시 내부에 변형이 발생한 채로 제품화되어 시판되었을 때, 잔류 변형에 의해 내부 응력이 발생하여 파괴되는 경우와 내부 응력이 커지는 방향으로 하중이 가해질 때(아주 작은 하중에도) 파괴되는 경우가 있다. 잔류 변형은 대부분 냉각 단계에서 생성되고, 때로는 이물의 혼입이나 기포로 인해 생성되기도 한다. 파단 모양은 다른 파괴와 크게 다르지 않으며 각각 발생 응력에 따라 파괴 모양이 나타나고 파손 시작점에 이물이나 기포가 관찰되는 경우도 있다. 하지만 냉각 시 발생된 잔류 변형은 파괴되면서 대부분 사라지므로 편광 장치로 관찰하여도 변형을 발견하지 못하는 예가 많다. [그림 6.55]는 문에 설치된 대형 강화 유리에 혼입된 이물이며, 강화 유리 내부에 발생한 큰 인장 응력이 이물과 접촉된 면에도 작용하여 미세한 결함이 성장하며 파괴에 이른 예이다.

강화 유리는 파괴가 시작되면 내부 인장 응력에 의해 균열이 진행되며 분기(分岐)한다. 마지막에는 전면에 걸쳐 균열 모양이 나타난다(그림 6.56). 이 균열은 지연균열(Delayed crack)과 같은 경우 유리 표면까지 관통하지 않는 때가 많으므로 파편이 떨어지지 않는다. 예를 들어 자동차 프런트 유리에 발생한 균열은 시계를 방해하므로 부수어 제거해야 한다. 하지만 이 파편의 파단면은 각이 예리하지 않으며 파편 한 개의 중량도 적으므로(파편의 평균 크기는 냉각 과정에서 제어할 수 있으므로 용도에 맞게 변경할 수 있다) 위험하지 않다. 강화 유리는 파괴 강도가 크고 위험성이 적다는 장점이 있다. 또한, 강화 유리의 파단면은 [그림 6.57]의 (1)과 같이 대칭적 리플 마크가 나타나는 것이 일반적이고, 충격으로 파단될 때에는 충격 중심과 가까운 범위의 방사상 파단면에 [그림 6.57]의 (2)와 같이 2개의 리플 마크 경계선(화살표)이 한쪽으로 치우쳐서 나타나는 것을 관찰할 수 있다. [그림 6.57]의 (2)는 아래쪽에서 하중이 가해져 경계선이 위쪽으로 치우쳐 있는 예이다.

그림 6.55 유리 내부 이물

그림 6.56 강화 유리의 충격 파단 예

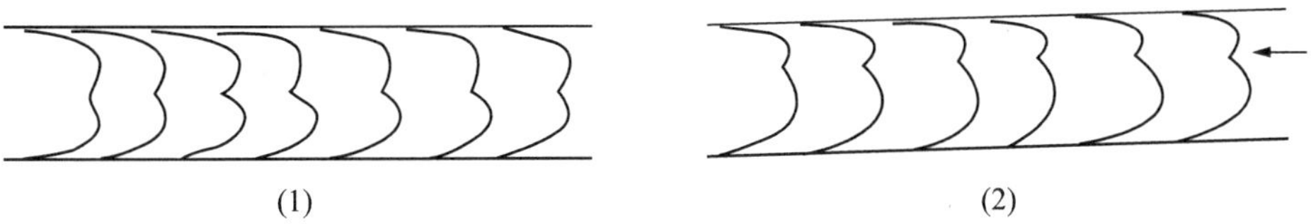

그림 6.57 강화 유리의 파단면

10.2.3 병유리

병유리의 파단도 기본적으로는 판유리와 같지만, 유리의 형태가 다르므로 병유리에만 나타나는 특징적 사항도 있다. 이것은 판유리 중에도 주위를 지지하는 방법에 따라 균열 방식이 달라지는 점과 같은 의미라고 할 수 있다. 병유리의 측면하중이 가해질 때 생성된 응력은 [그림 6.58]과 같다. 하중이 크면 [그림 6.58]의 화살표 1~4 중 한 곳에서 파괴된다. 병유리의 동일한 원통 부분에 하중이 가해질 때 하중의 종류에 따라 균열 방식이 다르다. 충격하중이라면 정하중과 상당히 다른 균열 방식이 나타난다. 날카로운 물체로 충격을 가할 때에는 판유리와 마찬가지로 퍼커션 콘 또는 방사상의 미세한 균열을 생성한다(그림 6.59). 조금 무딘 물체로 충격을 가할 때에는 [그림 6.60]과 같이 퍼커션 콘을 형성할 뿐만 아니라 방사상의 균열이 생성되거나, 퍼커션 콘이 남아 있는 경우도 있다. 조금 더 약한 충격으로 생성된 응력은 [그림 6.61]과 같다. 즉, 충격 개소에 휨 응력(flexural stress)이 발생하고 그 양쪽에는 힌지 응력(hinge stress)이 발생한다. 또한, 힌지 응력이 발생한 곳이 파손 시작점이 되는 경우가 많다. 그러므로 파손 시작점이 2곳인 경우도 있으며, 충격부도 파손 시작점이 되어 총 3곳에서 파괴되는 경우도 있다. 이러한 예는 [그림 6.61]과 같다. 힌지 응력에 의한 파괴는 병유리에서 자주 관찰된다.

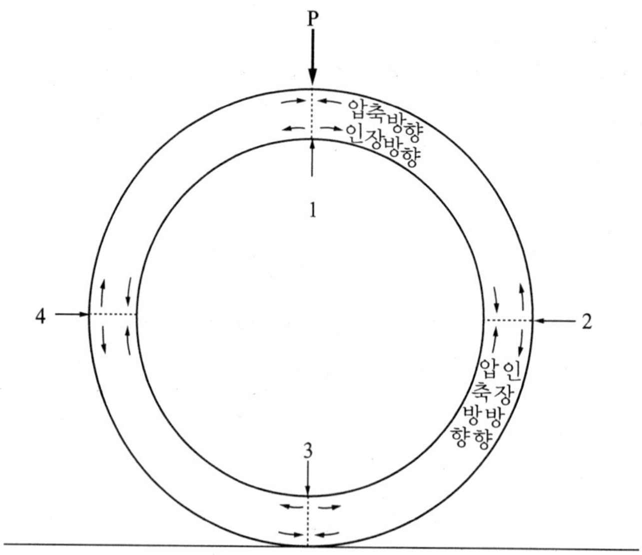

그림 6.58 하중 P를 가한 병에 생성된 응력

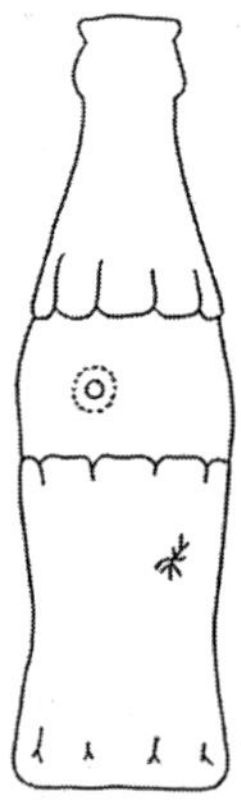

그림 6.59 퍼커션 콘과 미세한 균열(콜라병)

그림 6.60 퍼커션 콘과 방사상 균열(환타병)

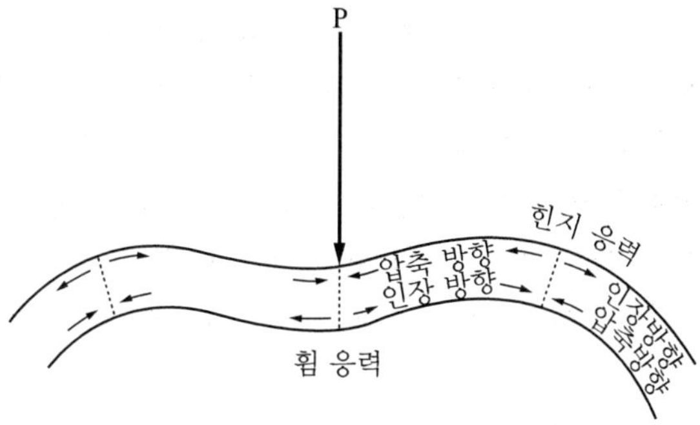

그림 6.61 힌지 응력의 발생

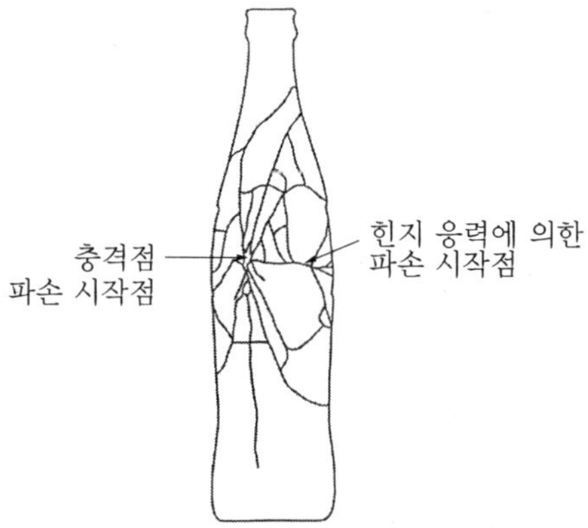

그림 6.62 힌지 응력에 의한 파괴 예(콜라병)

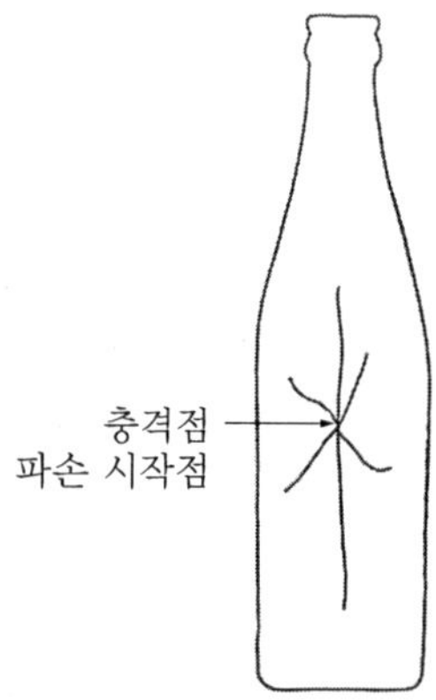

그림 6.63 휨 응력에 의한 파괴 예
(기린 레몬병 - 레몬 탄산음료)

힌지 응력이 가해졌을 때에는 병 표면 쪽에 인장이 작용하여 파손 시작점이 나타나는 것에 반해, 휨 응력이 가해졌을 때에는 병 내면에 인장이 작용하여 안쪽에 파손 시작점이 나타난다. 휨 응력의 파괴 모양의 특징은 [그림 6.63]과 같다. 병의 상하 방향으로 한 줄의 긴 균열이 생성된 것, 파손 시작점이 병의 안쪽 면에 있는 것이 힌지 응력과의 차이점이다. 힌지 응력과 휨 응력은 모두 충격부에서 파괴가 발생하지만, 충격의 크기와 병의 상태 등 서로 다른 원인에 의해 파괴에 이른다. 다음으로 내압에 의한 파괴에 관하여 설명하고자 한다. 탄산음료나 맥주 등 발포주와 같이 탄산가스가 포함된 음료를 담는 병은 진동이 가해지거나 주위 온도가 올라가면 내압이 상승하여 파괴되는 경우가 있다. 또한, 냉장차 온도를 내렸을 경우 내용물이 얼어 체적이 증가하면서 파괴되는 경우도 있다. 전자는 완전한 등분포 하중이고, 후자는 반드시 등분포 하중이라 할 수 없으므로 다소 다른 균열 모양이 나타나는 경우가 있다. [그림 6.64]는 전자의 전형적인 내압 파괴 예로, 한쪽에는 큰 압력이 가해지고 다른 쪽에는 작은 압력이 가해져 파괴된 것이다. 일반적으로 병의 내압이 상승했을 때에는 후프 응력(hoop stress)이 크므로 원통 부분에서 파괴되는 경우가 많다. 그중에는 [그림 6.65]와 같이 원통과 바닥 부분의 경계 부근이나 바닥면부터 균일이 발생하는 예도 있다. 내압이 가해진 병이 충격으로 파괴된 경우, 파단의 진행과 응력의 변화가 내압이 가해지지 않은 병에 비하여 복잡하며, 파단면을 관찰하면 내외면에 인장 응력과 압축 응력이 작용하는 방식이 교대로 나타나는 예도 있다. 열충격에 의한 균열은 일반적으로 균열 수가 적다. 열이 가해진 병을 온도가 낮은 장소에 두거나 이와 반대로 급랭시킨 병을 온도가 높은 장소에 두는 경우가 열충격을 받은 상태라 할 수 있으며 바닥 주위에 균열 기점이 보인다. [그림 6.66]에 열충격으로 파괴된 예를 제시하였고, 파단면은 매끄러우며 파손 시작점이 보이지 않는 경우도 있다.

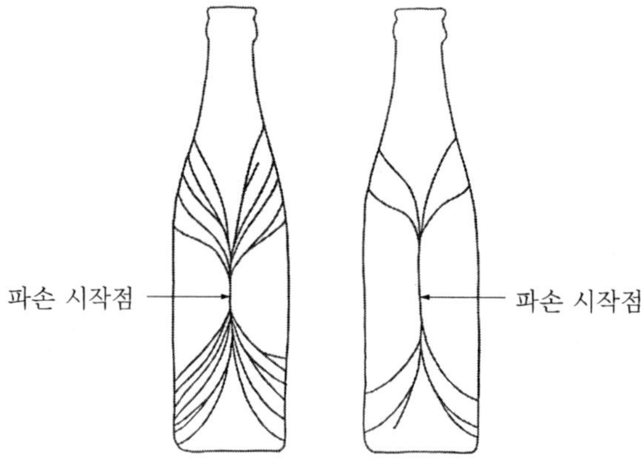

그림 6.64 내압에 의한 파괴 예
(1)이 큰 압력으로 파괴된 것(기린 레몬병)

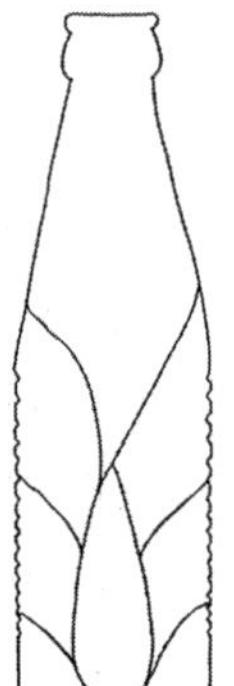

그림 6.65 내압에 의한 파괴 예(환타병)

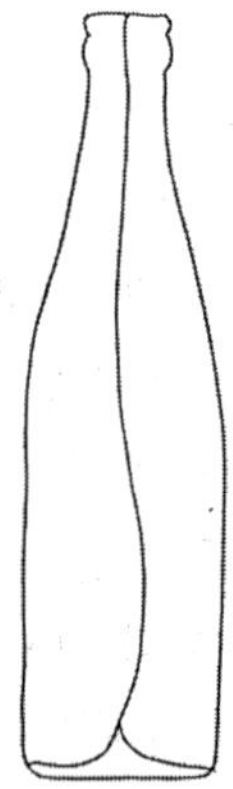

그림 6.66 열충격에 의한 파괴 예(기린 레몬병)

그리고 [그림 6.67]은 블루스(blues) 흠 또는 버터플라이(Butterfly, 형태에서 유래)라고 부르기도 하는 파단의 예이며 병유리의 파단에서 주요하게 다루는 사항 중 하나이다. 충격뿐만 아니라 쌓인 병끼리 접촉하여 큰 하중이 가해졌을 때에도 생성되는 것이며 지연균열이 나타나는 원인의 하나이다. 블루스 흠이 균열 기점이 되는 경우는 작은 응력에서 균열되는 때가 많으며 균열 수도 적다. [그림 6.68]에 그 예를 제시했다.

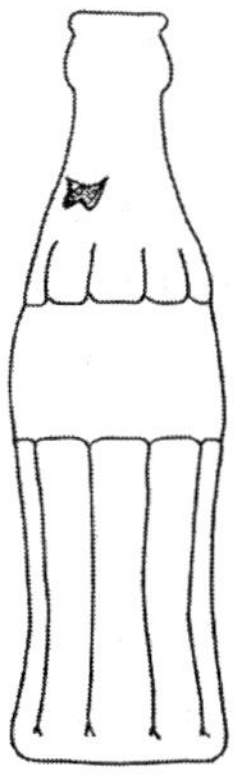

그림 6.67 블루스 흠(콜라병)

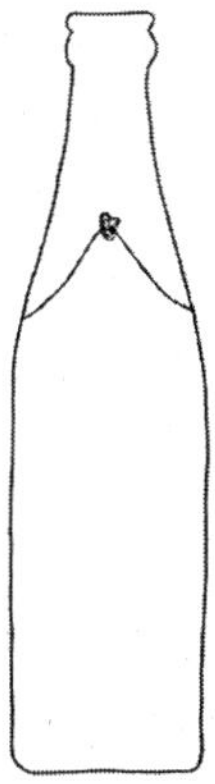

그림 6.68 블루스 흠에 의한 파괴 예(기린 레몬병)

그 외 병의 형태가 원인이 되는 파괴 중에는 워터 해머(Water hammer) 작용이 있다. 워터 해머는 액체가 들어간 병을 상하로 진동시키면 병 내부에 생성되는 진공 기포(또는 기포)가 병 내면을 때려서(Cavitation) 발생되는 현상이다. 대개 균열은 바닥부 부근에 발생한다. 또한, 병유리는 제조 시 냉각 공정에서 판유리보다 내부 변형이 발생하기 쉽다. 특히 충격 강도를 높이기 위해 두께가 두꺼운 병을 제조하면 내부 변형이 커지는 경향이 있다. 하지만 강화 유리의 예에서 살펴본 바와 같이 잔류 응력의 방향성에 따라서 내충격, 내내압성이 증가되는 경우도 있어 위험하다고 단정하기는 어렵다(물론 표준을 벗어난 잔류 응력은 논외로 한다). 오히려 두께를 두껍게 한 병은 열충격에 약한 결점이 있다.

10.2 유리의 강도 측정

지금까지 표와 그림을 통해 유리의 기계적 성질에 관하여 알아보았다. 이제 유리의 강도 측정 방법과 측정값에 대해서 살펴보고자 한다. 유리도 금속과 마찬가지로 인장, 압축, 굽힘, 충격 등을 측정한다. 하지만 인장 강도는 상당히 작으므로 실제로 유리 섬유에서만 인장 강도 값을 중요하게 다룬다. 압축 강도는 비교적 크며 인장 강도와의 비가 1:10을 상회하여, 공학적으로 병의 압축을 조사하는 측정 장치가 있다. 또한, 굽힘 강도 측정이 가장 실용적으로 활용된다. 판유리나 병유리의 굽힘 강도는 실생활에 응용되는 측면에서 유리의 기계적 성질의 기본이 된다. [표 6.16]은 굽힘 강도의 예이다. 표면 상태에 주의하면 극히 간단한 장치라도 굽힘 강도를 측정할 수 있다. 충격 시험은 금속의 시험과 동일한 장치(예를 들어 샤르피 충격 시험기)에서 해머를 이용하는 외에 KS에서는 강화 유리와 합판 유리(Laminated glass)에 대한 낙하 충격 시험 방법을 규정하고 있다. 이와 같은 시험을 통해 각 강도를 얻을 수 있지만, 실험값이 불규칙하게 분포하므로 실제로 유리를 부재로 사용할 때에는 특히 안전율에 유의해야 한다. 안전율은 평균 파괴 응력과 특정 파손 확률에서의 응력과의 비로 얻을 수 있다. [표 6.21]은 각종 판유리의 평균 파괴 응력이며 [표 6.22]는 현재 사용되는 판유리의 파손 확률과 안전율의 관계이다. 일반적으로 건축물에 설치하는 창유리는 파손 확률을 0.001로 한 응력에 대한 안전율 2.0을 채택한다. 또한, 장시간 유리에 하중이 가해질 경우, 피로에 의한 유리의 강도 저하율은 몇 년에 걸쳐 피로 시험을 한 결과 하중 지속 시간 100초를 1로 상정하여 10년 후의 강도를 측정하면 보통 판유리는 약 1/3이 된다는 보고가 있다. 강화 유리에 관한 상세한 시험 결과는 없지만, 강화 가공의 잔류 응력에 의한 강도 증가분에 대해서는 피로가 없는 것으로 알려져 있다. 강화 유리의 강도는 평균 1,500kg/cm^{2}이므로 강화에 의한 강도 증가분을 제외한 500kg/cm^{2}에 대해서만 피로를 고려하면 40년 후 강화 유리의 강도는 $1,000+500\times1/3=1,170$kg/cm^{2}이 된다(표 6.23). 현재 병유리는 대부분 자동 제병기로 제작한다. 제작 중 성형 후 냉각은 매우 중요한 과정으로 서랭으로 잔류 변형이 생성되지 않도록 주의하고 있다. 서랭 공정을 마친 병은 각종 검사를 거치며, 강도에 대해서는 발췌 검사(sampling inspection)를 한다. 종래 일본에는 강도에 관한 통일된 검사 방법이 없었다. 제병 메이커는 통상 ASTM(미국 재료 시험 협회)에 규정된 표준 방법으로 내압 시험(ASTM C-147-50)과 내열 시험(ASTM C-149-50)을 시행 해왔지만, 1974년 KS에 탄산음료용 유리병 시험 방법이 규정되었다. 또한, 병은 용량, 중량, 각부 치수 등을 일정하게 유지하는 점이 가장 중요하므로 계량법에도 특수 용기로서 정해진 규정이 있다. [표 6.24]는 특수 용기의 일람표이다.

표 6.23 40년 후의 강도와 안전율

품종	하중 시간 100초 일 때의 강도를 1로 상정한 경우 40년 후의 강도	피로 현상에 대한 안전율
보통 판유리 마판 유리	$\frac{1}{2.0} \sim \frac{1}{3.4} \fallingdotseq \frac{1}{3}$	3
강화 판유리	거의 $\frac{1}{1.5}$	1.5

내압이 높은 유리병이 파괴되면 파편이 빠른 속도로 비산된다. 탄산음료를 담은 병은 주의해서 취급하여야 한다. 병에 걸리는 내압에 대하여 탄산가스의 용해도, 탄산가스 흡수계수, 풍미의 종류에 따라 적절한 가스 용기를 표로 정리했다([표 6.25]~[표 6.26]). 그리고 유리의 기계적 성질 중 특히 실용적 강도에 관해서는 유리의 성질에 따라 다소 다른 결과를 얻을 수 있다. 또한, 최근 판유리는 플롯 유리가 높은 점유율을 나타내며 종래 사용하던 판유리보다 산란이 적다고 알려져 있다.

유리 파괴에 관한 참고 문헌과 규격은 다음과 같다.

(1) 규격

한국 산업 규격	KS
L 2506	유리의 평균 선팽창 계수 시험 방법

L 2505	유리의 스트레인점 시험 방법(폐지)
L ISO2504	유리 - 점도 및 점성 특성점 - 제7부 : 빔 굽힘을 이용한 유리의 서랭점 및 스트레인점 측정 방법
L 2001	보통 판유리(폐지)
L 2012	플로트 판유리, 마판 유리
L 2005	무늬 유리
L 2006	망 판유리 및 선 판유리
R 3205	합판 유리
L 2002	강화 유리
L 2013	광학용 적외선 흡수 유리(폐지)
L 2008	열선 흡수 판유리
L 2003	복층 유리
L 2004	접합 유리
L 2411	탄산음료용 유리병의 두께 측정 방법
L ISO7458	탄산음료용 유리병의 내부 내압력 시험 방법
L 2415	탄산음료용 유리병의 기계 충격 시험 방법
L 2414	탄산음료용 유리병의 열충격 시험 방법
L 2413	탄산음료용 유리병의 스트레인 시험 방법
L 2410	탄산음료용 유리병

표 6.24 특수 용기 일람표

양식	지정 상품	용량 cc	용량 공차 cc	병 높이 mm	용량기준선 Amm	공칭 mm	법률상 상품 주입 높이 Bmm	상품 주입 오차 A-B mm	참고 중량 g	비고
1	액상 농약	100	3	110	71	39	68	3	120	농약 1호 (스크루 캡)
1-2	우유	180	4	140	127	13	124	3	244	광구(廣口)형
1-3	청주, 합성청주	180	4	147	117	30	114	3	206	호리병형
1-4	청주, 합성청주, 소주, 미림	180	4	178	131	47	128	3	206	보통형
1-5	위스키, 브랜디, 감미과실주	180	5	153	118	35	115	3	236	타원형 포켓 (스크루 캡)
1-6	위스키, 브랜디, 감미과실주	180	5	153	118	35	115	3	236	덴트형 포켓 (스크루 캡)
1-7	유산 함유 청량음료	180	4	180	145	35	142	3	206	견장(肩張, 벌어진 어깨)형
1-8	과실음료	200	5	219	181	38	178	3	360	주스형
1-9	과실음료	200	5	219	181	38	178	3	390	주스형
1-10	과실음료	200	5	219	181	38	178	3	310	주스형
1-11	과실음료	200	5	219	181	38	178	3	365	주스형

양식	지정 상품	용량 cc	용량 공차 cc	병 높이 mm	용량기준선 Amm	공칭 mm	법률상 상품 주입 높이 Bmm	상품 주입 오차 A-B mm	참고 중량 g	비고
1-12	과실음료	200	5	219	181	38	178	3	340	주스형
1-13	청주, 식초, 소주, 미림, 합성청주	300	6	246	186	60	181	5	345	보통형
1-14		300	6	246	186	60	181	5	345	보통형 (스크루 캡)
2	맥주, 유산 함유 청량음료	334	6	241	181	60	맥주 171 유산음료 176	맥주 10 유산음료 5	375	견장형
3		334	6	241	181	60	맥주 171 유산음료 176	맥주 10 유산음료 5	390	무견(撫肩, 처진 어깨)형
3-2	청량음료	340	6	235	190	45	180	10	375	견장형
3-3	청량음료	340	6	235	190	45	180	10	375	무견형
4	식초	360	6	238	178	60	173	5	356	보통형
4-2	청주, 합성청주, 소주, 미림	360	6	213	158	55	153	5	338	신형
4-3	청주, 소주, 미림	360	6	213	163	50	158	5	338	스터피형
4-4	청주, 합성청주, 소주, 미림	360	6	213	163	50	158	5	338	스터피형 (스크루 캡)
5	소스	360	6	240	195	45	190	5	323	보통 소스형
5-2	맥주	500	8	255	190	65	179	11	500	견장형
5-3	맥주, 발포주	500	8	255	190	65	179	11	500	무견형
5-4	청주, 합성청주, 소주, 미림	500	8	257	192	65	187	5	488	보통형
5-5		500	8	257	192	65	187	5	488	보통형 (스크루 캡)
5-6		500	8	257	192	65	187	5	488	스터피형 (스크루 캡)
5-7	액상 농약	500	8	185	138	47	133	5	360	농약 5호 (스크루 캡)
5-8	위스키, 브랜디, 감미과실주	550	8	280	225	55	220	5	550	포도주형 (스크루캡)
5-9	청주, 소주, 미림	600	8	284	229	55	224	5	563	소주 600
5-10	청주, 합성청주, 소주, 미림	600	8	284	229	55	224	5	563	소주600 (스크루 캡)
5-11	발포주	600	8	289	221	68	209	12	560	발포주형
6	맥주, 소스, 유산 함유 청량음료	633	9	289	219	70	맥주 207 소스 214	맥주 12 소스 5	580	견장형
7		633	9	289	219	70	맥주 207 소스 214	맥주 12 소스 5	575	무견형
7-2	소주, 미림	640	9	287	232	55	227	5	608	소주 640
7-3	위스키, 브랜디, 감미과실주	640	9	267	210	57	205	5	570	둥근 목, 견장형 (스크루 캡)
7-4		640	9	267	210	57	205	5	570	좁은 목, 견장형 (스크루 캡)

양식	지정 상품	용량 cc	용량 공차 cc	병 높이 mm	용량기준선 Amm	공칭 mm	법률상 상품 주입 높이 Bmm	상품 주입 오차 A-B mm	참고 중량 g	비고
7-5	청주, 합성청주, 소주, 미림	720	9	297	227	70	222	5	581	보통형
7-6		720	9	297	227	70	222	5	581	보통형 (스크루 캡)
7-7	위스키, 브랜디, 감미과실주	720	9	290	225	65	220	5	619	보통형 (스크루 캡)
8	간장, 소주	900	11	314	234	80	229	5	638	보통형
8-2	청주, 합성청주, 식초	1,000	12	320	240	80	235	5	650	보통형
8-3		1,000	16	312	240	72	235	5	650	보통형 (스크루 캡)
9	청주, 합성청주, 식초, 위스키, 브랜디, 소주, 감미과실주, 간장, 소스	1,800		395	291	104	286	5	1,444	1되(升)형
10	간장, 소스, 식초	2,000	18	398	290	108	285	5	1,313	2리터형

표 6.25 용해표(1기압에서 탄산가스 용해도)

온도 ℃	l	g	온도 ℃	l	g	온도 ℃	l	g
0	1.713	3.347	8	1.282	2.494	16	0.985	1.904
1	1.646	3.214	9	1.237	2.404	17	0.956	1.845
2	1.584	3.091	10	1.194	2.319	18	0.928	1.789
3	1.527	2.979	11	1.154	2.240	19	0.902	1.736
4	1.473	2.872	12	1.117	2.166	20	0.878	1.689
5	1.424	2.774	13	1.083	2.099	21	0.854	1.641
6	1.377	2.681	14	1.050	2.033			
7	1.331	2.590	15	1.019	1.971			

11의 물에 용해되는 탄산가스를 1와 g로 표시했다.

표 6.26 탄산가스 흡수계수표 1

kg/cm^2	0	0.1	0.2	0.3	0.4	0.5	0.6	0.7	0.8	0.9	1.0	1.1
$1b/m^2$ / ℃		1.4	2.8	4.3	5.7	7.1	8.5	10.0	11.4	12.8	14.2	15.6
0	1.713	1.88	2.05	2.21	2.38	2.54	2.71	2.87	3.04	3.21	3.37	3.54
1	1.646	1.81	1.97	2.12	2.28	2.44	2.60	2.76	2.92	3.08	3.24	3.40
2	1.584	1.74	1.87	2.04	2.20	2.35	2.50	2.66	2.81	2.96	3.12	3.27
3	1.527	1.68	1.82	1.97	2.12	2.27	2.41	2.56	2.71	2.86	3.01	3.15
4	1.473	1.62	1.76	1.90	2.04	2.19	2.33	2.47	2.61	2.76	2.90	3.04
5	1.424	1.56	1.70	1.84	1.98	2.11	2.25	2.39	2.53	2.66	2.80	2.94
6	1.377	1.51	1.64	1.78	1.91	2.04	2.18	2.31	2.44	2.58	2.71	2.84

7	1.331	1.46	1.59	1.72	1.85	1.98	2.10	2.23	2.36	2.49	2.62	2.75
8	1.282	1.41	1.53	1.65	1.78	1.90	2.03	2.15	2.27	2.40	2.52	2.65
9	1.237	1.36	1.48	1.60	1.72	1.84	1.96	2.07	2.19	2.31	2.43	2.55
10	1.194	1.31	1.43	1.54	1.66	1.77	1.89	2.00	2.12	2.23	2.35	2.47
11	1.154	1.27	1.38	1.49	1.60	1.71	1.82	1.94	2.05	2.16	2.27	2.38
12	1.117	1.23	1.33	1.44	1.55	1.66	1.77	1.87	1.98	2.09	2.20	2.31
13	1.083	1.19	1.29	1.40	1.50	1.61	1.71	1.82	1.92	2.03	2.13	2.24
14	1.050	1.15	1.25	1.35	1.46	1.56	1.66	1.76	1.86	1.96	2.07	2.17
15	1.019	1.12	1.22	1.31	1.41	1.51	1.61	1.71	1.81	1.91	2.01	2.10
16	0.985	1.08	1.18	1.27	1.37	1.46	1.56	1.65	1.75	1.84	1.94	2.03
17	0.956	1.05	1.14	1.23	1.33	1.42	1.51	1.60	1.70	1.79	1.88	1.97
18	0.928	1.02	1.11	1.20	1.29	1.38	1.47	1.56	1.65	1.74	1.83	1.92
19	0.902	0.99	1.08	1.16	1.25	1.34	1.43	1.51	1.60	1.69	1.78	1.86
20	0.878	0.96	1.05	1.13	1.22	1.30	1.39	1.47	1.56	1.64	1.73	1.81
21	0.854			1.10	1.18	1.27	1.35	1.43	1.51	1.60	1.68	1.76
22	0.829				1.15	1.23	1.31	1.39	1.47	1.55	1.63	1.71
23	0.804					1.19	1.27	1.35	1.43	1.50	1.58	1.66
24	0.781						1.23	1.31	1.39	1.46	1.54	1.61
25	0.759							1.27	1.35	1.42	1.49	1.57

탄산가스 흡수계수표 활용 방법

(1) 탄산가스 흡수계수란 가스 용적(gas volume)을 가리킨다.

(2) 이 표를 병의 내압력 보정표로 활용하는 방법은 예를 들어, 병의 압력이 온도 10℃에서 3.0kg/cm^{2}일 경우, 표의 열에서 3.0kg/cm^{2}인 선과 10℃인 선이 교차하는 지점에서 가스 용적 4.66을 얻을 수 있다. 이 값으로 표준 온도 15℃인 경우로 보정하려면 표의 15℃ 행 선상에서 4.66에 가장 가까운 값을 찾아보면 4.67이 되는 것을 알 수 있다. 여기서 열의 상단을 짚어 올라가면 압력 3.7kg/cm^{2}을 구할 수 있다.

표 6.27 탄산가스 흡수계수표 2

1.2	1.3	1.4	1.5	1.6	1.7	1.8	1.9	2.0	2.1	2.2	2.3	2.4	2.5
17.1	18.5	19.9	21.3	22.8	24.2	25.6	27.0	28.4	29.9	31.3	32.7	34.1	35.6
3.70	3.87	4.03	4.20	4.36	4.53	4.70	4.86	5.03	5.19	5.36	5.53	5.69	5.86
3.56	3.72	3.88	4.04	4.19	4.35	4.51	4.67	4.83	4.99	5.15	5.31	5.47	5.63
3.42	3.58	3.73	3.88	4.04	4.19	4.34	4.50	4.65	4.80	4.96	5.11	5.26	5.42
3.30	3.45	3.60	3.74	3.89	4.04	4.19	4.34	4.48	4.63	4.78	4.93	5.07	5.22
3.18	3.33	3.47	3.61	3.75	3.90	4.04	4.18	4.32	4.47	4.61	4.75	4.89	5.04
3.08	3.22	3.35	3.49	3.63	3.77	3.90	4.04	4.18	4.32	4.46	4.59	4.73	4.87
2.98	3.11	3.24	3.38	3.51	3.64	3.78	3.91	4.04	4.18	4.31	4.44	4.58	4.71
2.88	3.01	3.13	3.26	3.39	3.52	3.65	3.78	3.91	4.04	4.16	4.29	4.42	4.55
2.77	2.89	3.02	3.14	3.27	3.39	3.52	3.64	3.76	3.89	4.01	4.14	4.26	4.38
2.67	2.79	2.91	3.03	3.15	3.27	3.39	3.51	3.63	3.75	3.87	3.99	4.11	4.23

2.58	2.70	2.81	2.93	3.04	3.16	3.27	3.39	3.51	3.62	3.74	3.85	3.97	4.08
2.49	2.61	2.72	2.83	2.94	3.05	3.16	3.28	3.39	3.50	3.61	3.72	3.83	3.95
2.41	2.52	2.63	2.74	2.85	2.95	3.06	3.17	3.28	3.39	3.50	3.60	3.71	3.82
2.34	2.45	2.55	2.66	2.76	2.86	2.97	3.07	3.18	3.28	3.39	3.49	3.60	3.70
2.27	2.37	2.47	2.57	2.68	2.78	2.88	2.98	3.08	3.18	3.29	3.39	3.49	3.59
2.20	2.30	2.40	2.50	2.60	2.70	2.79	2.89	2.99	3.09	3.19	3.29	3.39	3.48
2.13	2.22	2.32	2.42	2.51	2.61	2.70	2.80	2.89	2.99	3.08	3.18	3.27	3.37
2.07	2.16	2.25	2.34	2.44	2.53	2.62	2.71	2.81	2.90	2.99	3.08	3.18	3.27
2.01	2.10	2.19	2.28	2.36	2.45	2.54	2.63	2.72	2.81	2.90	2.99	3.08	3.17
1.95	2.04	2.12	2.21	2.30	2.39	2.47	2.56	2.65	2.73	2.82	2.91	3.00	3.08
1.90	1.98	2.07	2.15	2.24	2.32	2.41	2.49	2.58	2.66	2.75	2.83	2.92	3.00
1.85	1.93	2.01	2.09	2.18	2.26	2.34	2.42	2.51	2.59	2.67	2.76	2.84	2.92
1.79	1.87	1.95	2.03	2.11	2.19	2.27	2.35	2.43	2.51	2.59	2.67	2.75	2.83
1.74	1.82	1.89	1.97	2.05	2.13	2.20	2.28	2.36	2.44	2.52	2.59	2.67	2.75
1.69	1.76	1.84	1.92	1.99	2.07	2.14	2.22	2.29	2.37	2.44	2.52	2.60	2.67
1.64	1.71	1.79	1.86	1.93	2.01	2.08	2.15	2.23	2.30	2.37	2.45	2.52	2.60

표 6.28 탄산가스 흡수계수표 3

kg/cm^2	2.6	2.7	2.8	2.9	3.0	3.1	3.2	3.3	3.4	3.5	3.6	3.7
	37.0	38.4	39.8	41.2	42.7	44.1	45.5	46.9	48.4	49.8	51.2	52.6
0	6.02											
1	5.79	5.95	6.11									
2	5.57	5.72	5.88	6.03								
3	5.37	5.52	5.67	5.81	5.96	6.11						
4	5.18	5.32	5.46	5.61	5.75	5.89	6.03	6.18				
5	5.00	5.14	5.28	5.42	5.56	5.70	5.83	5.97	6.11			
6	4.84	4.98	5.11	5.24	5.37	5.51	5.64	5.78	5.91	6.04	6.17	
7	4.68	4.81	4.94	5.07	5.19	5.32	5.45	5.58	5.71	5.84	5.97	6.10
8	4.51	4.63	4.76	4.88	5.00	5.13	5.25	5.38	5.50	5.62	5.75	5.87
9	4.35	4.47	4.59	4.71	4.83	4.95	5.07	5.19	5.31	5.43	5.55	5.67
10	4.20	4.31	4.43	4.55	4.66	4.78	4.89	5.01	5.12	5.24	5.35	5.47
11	4.06	4.17	4.28	4.39	4.50	4.62	4.73	4.84	4.95	5.06	5.17	5.29
12	3.93	4.04	4.14	4.25	4.36	4.47	4.58	4.68	4.79	4.90	5.01	5.12
13	3.81	3.91	4.02	4.12	4.23	4.33	4.44	4.54	4.65	4.75	4.86	4.96
14	3.69	3.79	3.90	4.00	4.10	4.20	4.30	4.40	4.50	4.61	4.71	4.81
15	3.58	3.68	3.78	3.88	3.98	4.08	4.17	4.27	4.37	4.47	4.57	4.67
16	3.46	3.56	3.65	3.75	3.84	3.94	4.04	4.13	4.23	4.32	4.42	4.51
17	3.36	3.45	3.55	3.64	3.73	3.82	3.92	4.01	4.10	4.19	4.29	4.38
18	3.26	3.35	3.44	3.53	3.62	3.71	3.80	3.89	3.98	4.07	4.16	4.25
19	3.17	3.26	3.35	3.43	3.52	3.61	3.70	3.78	3.87	3.96	4.04	4.13
20	3.09	3.17	3.26	3.34	3.43	3.51	3.60	3.68	3.77	3.85	3.94	4.02
21	3.00	3.09	3.17	3.25	3.33	3.42	3.50	3.58	3.66	3.75	3.83	3.91
22	2.91	3.00	3.08	3.16	3.24	3.32	3.40	3.48	3.56	3.64	3.72	3.80

23	2.83	2.90	2.98	3.06	3.14	3.22	3.29	3.37	3.45	3.53	3.61	3.68
24	2.75	2.82	2.90	2.97	3.05	3.12	3.20	3.28	3.35	3.43	3.50	3.58
25	2.67	2.74	2.82	2.89	2.96	3.04	3.11	3.18	3.26	3.33	3.40	3.48

표 6.29 탄산가스 흡수계수표 4

3.8	3.9	4.0	4.1	4.2	4.3	4.4	4.5	4.6	4.7	4.8	4.9	5.0
54.0	55.5	56.9	58.3	59.7	61.2	62.6	64.0	65.4	66.8	68.3	69.7	71.1
6.20												
6.00	6.12											
5.79	5.91	6.03	6.15									
5.59	5.70	5.82	5.93	6.05								
5.40	5.51	5.62	5.73	5.85	5.96	6.07	6.18	6.29	6.40			
5.23	5.33	5.44	5.55	5.66	5.76	5.87	5.98	6.09	6.20	6.31	6.41	6.52
5.07	5.17	5.28	5.38	5.49	5.59	5.69	5.80	5.90	6.01	6.11	6.22	6.32
4.91	5.01	5.11	5.22	5.32	5.42	5.52	5.62	5.72	5.83	5.93	6.03	6.13
4.77	4.86	4.96	5.06	5.16	5.26	5.36	5.46	5.56	5.65	5.75	5.85	5.95
4.61	4.70	4.80	4.89	4.99	5.08	5.18	5.27	5.37	5.47	5.56	5.66	5.75
4.47	4.56	4.66	4.75	4.84	4.93	5.03	5.12	5.21	5.30	5.40	5.49	5.58
4.34	4.43	4.52	4.61	4.70	4.79	4.88	4.97	5.06	5.15	5.24	5.33	5.42
4.22	4.31	4.40	4.48	4.57	4.66	4.74	4.83	4.92	5.01	5.09	5.18	5.27
4.11	4.19	4.28	4.36	4.45	4.53	4.62	4.70	4.79	4.87	4.96	5.04	5.13
4.00	4.08	4.16	4.24	4.33	4.41	4.49	4.57	4.66	4.74	4.82	4.90	4.99
3.88	3.96	4.04	4.12	4.20	4.28	4.36	4.44	4.52	4.60	4.68	4.76	4.84
3.76	3.84	3.92	3.99	4.07	4.15	4.23	4.31	4.38	4.46	4.54	4.62	4.69
3.65	3.73	3.80	3.88	3.96	4.03	4.11	4.18	4.26	4.33	4.41	4.48	4.56
3.55	3.62	3.70	3.77	3.84	3.92	3.99	4.06	4.14	4.21	4.28	4.36	4.43

표 6.30 풍미별 최적의 가스 용적

가스 용적	1-2	2-3	3-4	4-5
병내 압력 kg/cm^2	0-1	1-2	2-3	3-4
병내 압력 psi	0-14	14-29	29-44	44-58
	과즙 함유 오렌지, 그레이프, 파인애플	오렌지, 그레이프, 파인애플, 체리, 스트로베리, 피치	레몬, 라임, 콜라, 크림 소다	진저에일 탄산 등 양주 혼합용

찾아보기

ㅈ

ㅊ

ㅋ

저 자 : **김 의 수** (金義洙, EUI SOO KIM)

- 현) 국립 한국교통대학교 안전공학과 교수
- 현) 경찰청 과학수사자문단 위원
- 현) 중앙소방학교 외래강사
- 현) 중앙소방학교 화재조사관 자격시험 출제위원
- 현) 한국소방안전원 초빙강사
- 현) 한국가스안전공사 사고조사전문위원
- 현) 경찰수사연수원 외래강사
- 현) 산업자원통상부국가안전대진단 민간위원
가스안전기술 심의위원
가스기술기준위원회 분과위원
- 현) 행정안전부안전정책자문위원
안전정책기동단 전문위원
안전한국훈련 중앙평가단 위원
- 현) 고용노동부 중대재해해제 심의위원
- 현) 대한기계학회/한국가스학회/한국법과학회
/한국화재조사학회 이사

- 전) 국립과학수사연구원 공업연구관
- 전) 대한민국 안전대상 심사위원
- 전) 서울대/중앙대 공과대학 객원교수
- 전) 미국 조지아텍 방문연구원
- 전) LG디스플레이/LG전자/삼성전자 선임연구원

파손분석실무개론 정가 22,000원

발 행 2021년 3월 10일 초판 1쇄
저 자 김의수
발행인 정우용
발행처 도서출판 **동 화 기 술**
경기도 파주시 광인사길 201(문발동, 파주출판도시)
Tel (031)955-4211~6 donghwapub@nate.com
Fax (031)955-4217 www.donghwapub.co.kr
(등록) 1977년 12월 19일/9-16호

Printed in Korea
ISBN 978-89-425-9312-5